（本书为教育部重点研究基地
重大项目《中华非物质遗产与“中华美学精神”》
项目号：16JJD720002）成果

Thirteen years of
Yongzheng
Furniture

雍正家具十三年

雍正朝家具与香事
档案辑录

周默 编著

江苏凤凰美术出版社

图书在版编目(CIP)数据

雍正家具十三年：雍正朝家具与香事档案辑录．上册／周默编著．—南京：江苏凤凰美术出版社，2021.12

ISBN 978-7-5580-9384-5

Ⅰ．①雍… Ⅱ．①周… Ⅲ．①家具—档案资料—中国—清代 Ⅳ．①TS666.204.9

中国版本图书馆 CIP 数据核字(2021)第 241788 号

出 品 人　陈　敏

责任编辑　孙　悦
扉页题字　徐天进
封面设计　马海云
责任校对　吕猛进
责任监印　生　媛

书　　名　雍正家具十三年：雍正朝家具与香事档案辑录．上册
编　　著　周　默
出版发行　江苏凤凰美术出版社(南京市湖南路1号　邮编：210009)
制　　版　江苏凤凰制版有限公司
印　　刷　南京新世纪联盟印务有限公司
开　　本　718 mm×1000 mm　1/16
总 印 张　67.5
版　　次　2021年12月第1版　2021年12月第1次印刷
标准书号　ISBN 978-7-5580-9384-5
总 定 价　320.00元(全套二册)

营销部电话　025-68155675　营销部地址　南京市湖南路1号
江苏凤凰美术出版社图书凡印装错误可向承印厂调换

图版

紫檀木嵌粉彩瓷片席心椅

紫檀木嵌桦木藤心椅

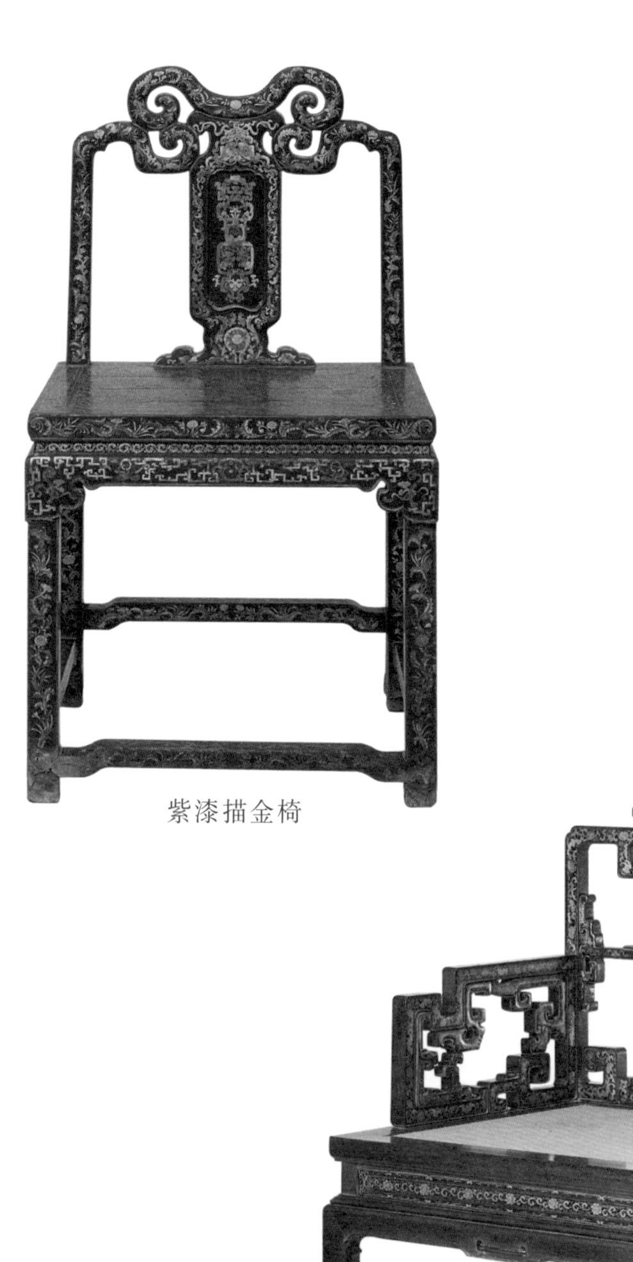
紫漆描金椅

紫檀木描金椅

填漆描金半圆桌

彩漆圆桌

斑竹嵌黑漆面长桌

黑漆描金长桌

黑漆描金花卉纹案

黑漆描金炕几

黑漆描金床

紫漆描金山水纹床

黑漆描金云龙纹雍正款长箱

剔红边嵌螺钿山水图挂屏

木雕山水图围屏

黑漆边黄纱双面透绣牡丹图围屏

黑漆边点翠花卉图围屏

紫檀木边平金九龙图围屏

填漆描金花卉纹格

填漆描金花卉纹格

凡　例

1. 本书档案条目辑自《清宫内务府造办处档案总汇》(中国第一历史档案馆、香港中文大学编,北京,人民出版社,2007 年)第 1—6 册,即雍正朝的档案。

2. 本书辑录的原则为涉及木作家具以及香事者,一律录入。内容既有家具和香料相关的购买、进奉、陈设、存贮、支用、销档等事宜,也有事关家具等器具设计、制作、修改、修补等过程。

3. 原档案条目分为木作、玉作、杂活作、皮作、铜作、炮枪作、弓作等各作,辑录时略做调整,使各年各作依次排列。诸如将弓作附入炮枪作、将牙作和砚作附入镶嵌作等做法,原档案即有,其中个别年份的原档案又有将这些作分开记录者,本书尽量统一附入。诸如漆作,有时又出现油作或油漆作,或许三者本有区别,所以并未统一名称。

4. 原档案手抄而成,字和词的使用有时代的局限性,本书按照现代汉语规范,对错字、别字、异体字、繁体字,进行更正和统一。对于文物名称及相关术语,根据目前研究成果,也进行了调整,但对于部分尚需进一步研究的字词,做了保留。《原档案勘误表》辑录了重点进行过更正的字词。

5. 此次选辑,为方便阅读,对档案进行了句读,以简单为原则,主要使用了逗号(,)、句号(。)和冒号(:),原则是旨意或口谕以冒号开端,以句号结束，以逗号间隔。为避混乱，对于并列的简短名词使用顿号（、），对于诗词、匾文等，使用引号（“”）。

6. 原档案条目即有分段，一般事关旨意的下达为一段，制作进度及回旨另起一段。个别档案抄录与此相悖，并未分段的，按照普遍规律，做了分段。

7. 原档案中对于器物尺寸等，以小号字注出的，甚至小号字中更有注解的，本书均使用其他字体以示区别。

8. 为方便查阅，本书每条档案都在前面加上编号，编号的前一位或前两位数字为该年各作自然顺序，编号后两位数字为该年该作内摘录条目的自然序号。对于同一年同一作同一日期的两个以上条目，加小数点后以自然序号识之。

9. 书前所附的文物，并非能与档案所载完全吻合，但这些器物对于理解雍正年间家具制作或审美取向颇有参考价值。

目　录

雍正十年

雍正十一年

为文人家具立言

朱良志

周默先生是著名文物专家，尤长于中国古典家具研究。此前出版的《木鉴》《紫檀》等著作在学界产生广泛影响，被视为近30年来这个领域中的经典作品。我与先生是朋友，常与先生品茗把酒交谈。在我的感觉中，他是一位古典家具方面全方位的专家，于制作、鉴定、研究几方面均有卓越建树。他首先是一位有重要贡献的学者，虽然不在高校或科研院所供职，过的不是书斋式生活，但他的研究态度和方法常令我等书斋之人汗颜。他的研究非常重视"原初性"，重视坐实的功夫。其两方面工作方式都令一般研究者很难达到：一是他每年大部分时间都在做实地考察。他多次深入东南亚热带雨林之地，寻找中国古典家具材料来源的信息，很多幽深的人迹罕至的森林中留下他的足迹。他可以一连数月在深山中考察，过着粗粝的生活，有时还身临险境。记得一个深夜他给我发来短信，那是他在缅甸的深山里刚刚躲过一次险境。二是他能深入到原始文献中爬梳剔抉，功夫极深，文心如发。现在我们读到的《雍正家具十三年——雍正朝家具与香事档案辑录》就是一部长于考据的著作。于传统家具研究领域，这是很难见到的有功力的作品。

此作辑录雍正十三年间有关家具以及香事的史料，并进行综合分析、考辨和理论发掘，俨然而成一部真正的雍正朝皇家家具实录。它具体到这十三年中与皇家家具发生关系的每一天，涉及到家具的形制、质料、用途、制作动机、雍正御批以及百官中有关家具来往交流情况，甚至包括每一件家具的尺寸、颜色、位置、陈设之间的关系等。全书分为四个部分：第一部分为辑录雍正十三年中家具的基本资料。第二部分是根据用材分类介绍家具，涉及到楠木、花梨木、紫檀、沉香木、高丽木、乌木、降香木、黄杨木等19种。第三部分则是逐年逐件标示出有尺寸记载的家具。第四部分附录，首先是名词解释，是对雍正朝家具的名目进行考证，涉及到很多有关明清家具理论中的关键性问题，作者细心辨析，以正学界之讹误。而附录的《档案涉及人名表》和《原档案勘误表》则对释读档案大有裨益。在此基础上，作者还著有长篇专论，综论有关雍正朝家具的相关理论问题，提出了很多具有启发性的观点。综此一书，雍正朝皇家家具整体发展情况得以窥见。

此作既有史家编年体式的梳理，又有他长于实地勘察的坐实功夫，总体通览和细部考察相结合，是作者继《木鉴》《紫檀》之后又一部重要著作。

在清代的康乾盛世中，位于其中的雍正朝仅持续了十三个年头，与前后的康熙、乾隆在位时间相比真是太短了，但绝对不是短到可以忽略不计。有清一代，在诸位帝王中，雍正是个特别的人物，撇开政治权力不谈，雍正是一位很有文人情怀的人，他不仅有深厚的佛学造诣和汉学学养，还是一位有很高审美品位的人。从圆明园的建设过程即可看出，这个初建于康熙末期，最初作为赐给皇四子胤禛(即后来雍正帝)的花园，带有鲜明的雍正的色彩。圆明园从雍正到乾隆年间的过渡，在审美风格上从一个潇散简朴的文人园林，一变而为恢弘奢靡的园林，成了中西园林的“混搭”。虽然在乾隆一朝圆明园作为“万园之园”享誉世界，但多少失去了“雍正园”的文人情韵。

这本著作通过雍正一朝皇家家具的沉浮，追踪中国家具的典范——明式家具的发展脉络，捕捉作为文人家具的最高体现——明式家具发展的最后余光，可谓独具匠心。雍正一朝不仅作为中国家具发展的转折点，甚至也是中国艺术发展的一个转折点。就像黄仁宇撰《万历十五年》一样，撷取一个历史断面，来辨析时代变化的光谱，《雍正家具十三年——雍正朝家具与香事档案辑录》所选择的这个时间断面，于中国家具发展史同样具有特别意义。作者几乎是用心灵的显微镜来分辨这一时间皇家家具的脉动，为从总体上把握中国文人家具销歇的最后时光的印痕提供方便。在这部著作中，我们不仅可以看到文人家具品位的持续，又预示着被奢靡风气影响的家具出现某种变化的蛛丝马迹。它所呈现的不光是当时家具的使用情况，还饱含着家具发展的种种精神性因素。从很多“御批”和怡亲王、海望等主管臣子的指令中可以看出当时家具品位的流向，从家具的材质、陈列等细节中可以咀嚼当时家具的审美理想。作者倾注了如此多的心血细细分辨，读者在细读中定会有所收获。

周默先生于本书中提出“文人家具”的概念非常重要，也是对传统家具理论的重要贡献。这个概念不仅完全可以成立，而且还是一个反映中国家具特色的关键性概念。

中国艺术发展在中唐以后渐渐形成一种“文人意识”，或者叫作“文人气”“士气”“士夫气”。文人意识虽然与文人集团有关，但它并不指特定的身份，也不光是艺术中所体现出的书卷气以及崇尚文静的艺术品位。文人意识也非强调文人所好，或者体会出文人生活的方式，如文房四宝之类，而是一种情趣、一种格调，一种优雅的情怀、一种远俗的韵致。“文人气”作为一个独特的概念，在中国艺术乃至文化的整体发展中具有重要意义。在追求文人气的思潮中，中国艺术在晚近千年的发展中形成了独特的文人艺术。

文人艺术的兴起在我看来有点像西方的文艺复兴对西方文化的影响。文人艺术的兴起始于中唐，成于两宋，至元明而大成，清初时渐次销歇。文人艺术开始由苏东坡及其文人集团所倡，强调突破外在形式，突破技术化，突破将艺术当作道德教科书的“比德”说，突破将艺术当作外在世界描摹的技巧观，重视人的内在灵觉，指向人的智慧，指向人活泼泼的生命体验；强调天工，反对技术化的道路。这给中国艺术带来根本性变化。

文人意识是在道禅哲学流布下产生的，它最早在书法中显现出来，在绘画中形成了最为丰富的理论，并影响到园林、建筑甚至盆景的制作之中。如我们今天讨论文人园林，然而元代之前园林的文人特性并不明显。像宋徽宗的艮岳，与明代末期张南垣等平冈小坡式的潇散园林是不可同日而语的。篆刻自先秦时期就有了，但基本是印信式的，到了明代中期以后篆刻渐渐发展为一种独立的艺术，文人印大兴。明代中期以后，文人艺术成为一种风潮，几乎影响了所有艺术种类。以明式家具为代表的文人家具如篆刻、园林等一样，正是在这个时期培植起来的，并衣被后代，成为中国家具艺术的最高典范。

从明代中期发展而来到雍正朝大体销歇的文人家具，具有很高的艺术价值。明式家具之所以具有难以穷尽的审美品格，最重要的原因，如周默先生在本书中反复指出的，它重视一种精神性因素。沈春泽在《长物志》序言中所说的“于此观韵”，一个“韵”字，可以说是明式家具的核心。像明代中后期陆续出现的曹明仲的《格古要论》、文震亨的《长物志》、屠隆的《考槃余事》和《游具雅编》、谷应泰的《博古要览》、李渔的《闲情偶寄》、戈汕的《蝶几图》、高濂的《遵生八笺》、王圻和王思义的《三才图会》等这些作品，品味包括家具在内的时玩，无一例外，都重视这个“韵”——所谓家具的精神性因素，而不是只重视家具的形制。

丹青难写是精神，家具也如此。文人家具不在形，而在神。这个神，当然不是有人所说的“精神享受”，而具有更深的内涵。它不是某种思想概念，而是独特的精神境界的呈现。王世襄先生所说的明式家具简练、淳朴、厚拙、凝重、雄伟、圆浑、沉穆、秾华、文绮、妍秀、劲挺、柔婉、空灵、玲珑、典雅、清新的“十六品”，就像明代徐上瀛《溪山琴况》论音乐的“二十四况”（空、虚、寂、静、远、幽、淡、枯、古、孤、清等）一样，所表现的就是境界，“十六品”就是明式家具的十六种境界。像《长物志》所说的：“安设得所，方如图画。云林清闷，高梧古石中，仅一几一榻，令人想见其风致。真令神骨俱冷。”文人家具陈设，不仅满足人的实用之需，更重要的是体现出人作花伴、清芬满床的情韵。像归有光描绘的“借书满架，偃仰啸歌，冥然兀坐，万籁有声……三五之夜，明月半墙，桂影斑驳，风移影动，姗姗可爱”。这样的陈设使人脱略尘氛，有远翥高飞之志。

由于文人家具对境界的重视，它在家具一行中树立了独特的“物”的观念，建立了一种新的“物意识”。

文人家具，强调对物的超越。再好的家具，也是一个物，一个供我使用的物品;它是外在于我的家什,一个用具而已。明式家具之所以超越前伦,不光在其卓越的技巧,更在于制作者有一种寄情于物的思致,有一种赏玩其间的情怀。他们所理解的"物"(家具),不仅是供我品玩的对象,不仅是供我消费的产品,不仅是具有一定体量的形式,而是人的生命的一部分;人与家具、家具所依托的独特空间形成一个生命的世界,人在这个世界中与香芬丽质相优游。明式家具展示出艺术与生活的一体化,但不是时人由西方理论来阐释的"生活的审美化",而是生命的一体化。

元人汤垕曾说:"看画如看美人,其风神骨相,有在肌体之外者。今人看古迹,必先求形似,次及传染,次及事实,殊非赏鉴之法也。元章谓好事家与鉴赏家自是两等。家多资力,贪名好胜,遇物收置,不过听声,此谓好事。若鉴赏,则天资高明,多阅传录,或自能画,或深晓画意,每得一图,终日宝玩,如对古人,虽声色之奉不能夺也。"

"好事家"与"鉴赏家"的区别,其实是对物态度的区别。前者是拘泥于物,是一种带有欲望的握有。而后者是一种超然于物,以精神的赏玩取代物质的占有。文徵明《真赏斋铭》说:"岂曰滞物,寓意施斯。乃中有得,弗以物移。植志弗移,寄情则朗。弗滞弗移,是曰真赏。"他提倡的真赏观,既不取物的态度,也不取审美的欣赏,而强调灵魂与之优游的过程。不是外在的"赏",而是生命真性的归复。它所强调的是人与世界共成一天的境界。东坡说"留连一物,吾过矣"。他要在落花如雨中,与世界相优游。明式家具将中国艺术中"寓意于物"而不"留意于物"的传统发挥到一个新的境界。文震亨《长物志》就在说一种"身无长物"的道理,家具为物,无物则无存,然不留意于物,而是寓意于一几一榻之间,得性灵之超脱。不是对物的"留恋",而是心的"流连"。

正因文人家具超越具体存在的"形",超越作为人相对的"象",也超越实用性因素的"物",文人家具要建立一个与人的生命相与优游的世界,所以在形式技巧上就有特别的追求。

"大匠不斫",这是文人家具的一条根本原则。家具是一种"匠作",家具的完成需要靠"手艺",家具是一种技巧性的工作,但文人家具最强调超越这种"作气",要"天工开物",体现出天趣。家具制作这种"人工"活,要掩盖人工的痕迹，宛如天开，做得就像没有做过的一样。像《长物志》所说的“位置有定”“巧而自然”，而不能“徒取雕绘文饰，以悦俗眼，而古制荡然”。文人家具最讲古朴简约，其实正是根源这种追求天趣的精神。

文人家具追求古朴、古雅、奇古、古质等。这里所说的“古”，不是对古制的恢复，而是远俗，“古”与“今”、与“俗”相对。古朴等追求以远俗为标点，但远俗又不离俗，重雅又不自高。明式家具在雅与俗、文人与市井、清高与浅近中不是取中和的态度，而是即生活即真实；不是对俗的低头，而是对雅俗的超越。文人家具一如文人画，也以“逸、神、妙、能”四品立高下。逸格最高，而重视工巧的能格则最低。文人家具是简远、天然、平淡、雅逸的。平淡中有幽深，简约中有繁复，色泽幽淡则绚烂俱足。所谓丹漆不文、白玉不雕、宝珠不饰。在画则为“绘事后素”，在《易》则为“白贲无咎”，在家具则为“淡然无极”。正如沈春泽序《长物志》所云：“游戏点缀中一往删繁去奢之意存焉。”文人家具虽罗室内之观，却存岩阿之志、山林之想，于陈设的潇散历落中即可得见。初视若散缓，细玩之则山高水长，于人有九曲回肠之妙。文人家具可以说是静心之物，是为人心作安顿之所。一个“静”字最是突出。文徵明弟子周天球于紫檀文椅上曾刻有句云：“无事此静坐，一日如两日。若活七十年，便是百四十。”文人家具是沉静的，无喧无闹，如大海息波、长河月落。正所谓无一物中无尽藏，有花有月有楼台，于无声中有宇宙无上音乐。像沈周所说的“只从个里观生灭”，在静中观个端倪，观出天地自长，宇宙自宽，生命自永。

值得一书的是此书还辑录了雍正朝十三年间有关香事档案。香的选择、制作和使用，也是意识走向的反映，对于了解雍正家具中的文人情怀，走进雍正的精神世界，必是有所补充的。香事是古代物质和精神生活重要组成，虽非此书重点，但也精彩频仍，不再赘言，读者自然有所体会。

周默先生《雍正家具十三年——雍正朝家具与香事档案辑录》为文人家具立言，带领我们走入文人家具的美妙世界。写下以上这段话，表达我对作者出版此书的深深祝贺和感谢之意。

返本开新

明式家具研究大家王世襄先生在探究“明式家具”的概念时认为，“明式家具”可以从广义与狭义两方面理解：“其狭义则指明至清前期材美工良、造型优美的家具。这一时期，尤其是从明代嘉靖、万历到清代康熙、雍正(1522—1735)这两百年间的制品，无论从数量来看，还是从艺术价值来看，称之为传统家具的黄金时代是当之无愧的。”①

王先生所界定的“明式家具”这一概念，在国内外学术界得到一致肯定。我们从这一段文字可以看出两个问题：

第一，雍正时期的优秀家具与明式家具一脉相承，是明式家具的重要组成部分；

第二，雍正时期是从明末定型而一直延续的明式家具之终结点。

这一时期，明式家具逐渐隐退，清式家具开始萌芽生长。雍正朝十三年在中国家具发展史上具有承前启后、返本开新的特殊意义，优秀的传统家具从形式到内容均发生了不可逆转的趋势，从艺术走向实用、从简约走向繁复、从传统走向中西合璧，这就是雍正朝十三年家具制造总的特点。

---

① 王世襄：《明式家具研究》，第6页，三联书店，2007年1月，第1版。

一　文人家具与雍正朝造办处的家具制作

“文人家具”的概念还没有一个清晰的界定，不过明末文震亨（1585—1645）在其《长物志》一书中有具体、细致的分类罗列，包括制式、尺寸、用料、颜色、工艺、功能，尤其是雅俗均有标准。如讲到“榻”，制式和尺寸如“榻座高一尺二寸、屏高一尺三寸、长七尺有奇、横三尺五寸，周设木格、中贯湘竹、下座不虚，三面靠背，后背与两旁等，此榻之定式也”。雅如“有古断文者，有元螺钿者”；“更见元制榻，有长一丈五尺，阔二尺余，上无屏者，盖古人连床夜卧，以足抵足，其制亦古”。俗如“忌有四足，或为螳螂腿”；“近有大理石镶者，有退光朱黑漆、中刻竹树以粉填者，有新螺钿者，大非雅器”；“一改长大诸式，虽曰美观，俱落俗套”。用材如“花楠、紫檀、乌木、花梨，照旧式制成，俱可用”。

文氏在谈及方桌与八仙桌时称：“方桌旧漆者为最佳，须取极方大古朴，列坐可十数人者，以供展玩书画，若近制八仙等式，仅可供宴集，非雅器也。”文氏论及几榻更让人开悟，“古人制几榻，虽长短广狭不齐，置之斋室，必古雅可爱，又坐卧依凭，无不便适。燕衎之暇，以之展经史、阅书画、陈鼎彝、罗肴核、施枕簟，何施不可？今人制作，徒取雕绘文饰，以悦俗眼，而古制荡然，令人慨叹实深”。

可见文人家具不仅在制式与尺寸、用材等诸方面有其定式，而且其主要功能在于满足文人精神层面的享受，以内心愉悦为上。而一般家具如八仙桌之类仅仅满足人欲即“宴集”。这也是一般家具与文人家具的分界线。

明式家具的形制源于北宋，到明末更加完备。明式家具也是当时的文人复古与创新的必然结果。我们从《长物志》中可以听到文人的歌唱，看到名士的风骨。

王世襄先生也给了明式家具或文人家具一个评判标准，即“十六品”与“八病”，以揭示其“雅”与“俗”：

十六品：

简练 淳朴 厚拙 凝重
雄伟 圆浑 沉穆 秾华
文绮 妍秀 劲挺 柔婉
空灵 玲珑 典雅 清新

八病：

繁琐 赘复 臃肿 滞郁
纤巧 悖谬 失位 俚俗

王先生对每一“品”与“病”，均有家具实例与文字评介，非常直观，但仍须学养、审美功力深厚者才能把握。其“品”与“病”源于唐司空表圣《诗品二十四则》、清黄左田《画品二十四篇》及梁沈约论诗“八病”、明李开先《中麓画品》之“四病”。王先生将古代文艺批评的方法移之于明式家具的品评，是具有开创性的，使我们站在更高的一个精神层面来认识、欣赏优秀的传统家具及文明成果。

雍正时期的家具经朱家溍先生清点，可以肯定的实物不多：圆明园正大光明殿五屏风宝座、雍正四年五月二十日船上用高丽木矮宝座、雍正五年七月二十六日高九寸后面安靠背的大杌子、雍正六年七月初五日乾清宫东暖阁楼上高八尺四寸楠木书格及半出腿靠墙的玻璃插屏等。但我们根据大量的档案资料还是能够找到雍正时期家具的一些基本特点，其文人家具的特征表露无遗。文人家具始终是雍正十三年发展的主线，即忠实于前朝优秀家具的形神，并在此基础上发扬光大，也即“照着做”与“接着做”之并行或交叉。雍正时期的家具十分讲究形制、尺寸的优美与合理，对于材料的挑选与搭配极符合文人的审美与心理预期，冷暖关照，雅致、生动而活泼。其功能多与文人的生活态度、习惯相吻合。从雍正时期的家具中，文人的影子与文人的气息始终让我们心生敬畏，感到愉悦与温暖。

(一)参与家具设计、制作、督办的人员

1. 雍正、怡亲王、海望、唐英

雍正的才气学问在清朝的皇帝中并不逊色于其他有成就的皇帝。《清世宗实录》卷一称:“天表奇伟,隆准颀身,双耳半垂,目光炯照,音吐宏亮,举止端凝……幼耽书诗,博览弗倦,精究理学之原,旁彻性宗之旨。天章浚发,立就万言。书法道雄,妙兼众体。每筹度来事理,评骘人才,因端竟委,烛照如神。韬略机宜,皆所洞悉。”雍正著述甚多,参与编著的书籍主要有《世宗宪皇帝御制文集》《世宗宪皇帝圣训》《圣谕广训》《大义觉迷录》《执中成宪》《悦心集》和《庭训格言》,另雍正还编有两本关于佛学的书,即《御选语录》和《拣魔辨异录》。

雍正朱批语言平实流畅、思维缜密、旨意明确,包括对绘画、瓷器、漆器、家具等的制作方面。雍正对每件家具几乎从样式、尺寸、用料、工艺及功能各方面均有独到的批示,反映了其家具设计的主体思想与审美取向。雍正时期的家具主体之所以成为传统家具中优秀的明式家具,与雍正个人的才学及艺术涵养是分不开的。

怡亲王,名允祥,康熙十三子。生于康熙二十五年,卒于雍正八年。康熙六十一年十一月十四日,与允禩同被胤禛封为亲王,同日胤禛命允禩、允祥、大学士马齐、隆科多总理事务。怡亲王忠诚守道,为雍正最为信任的近臣。除总理政务外,还有一项最重要的兼职便是管理造办处。事无巨细,参与造办处各作的设计、制作与监管,其艺术修养十分精深、全面。

海望(? —1755),乌雅氏,满洲正黄旗人。雍正元年擢内务府主事,累迁郎中。雍正八年,擢总管内务府大臣,兼管户部三库。雍正九年,迁户部侍郎,仍兼管内务府,授内大臣。海望于雍正时期在家具设计、陈设、内檐装饰及漆器、盆景、瓷胎画珐琅器的画样等多方面,均得到雍正与怡亲王的高度赏识。

唐英(1682—1756),隶汉军正白旗,清雍正和乾隆朝内务府员外郎。事于养心殿、景德镇御窑厂督窑官。其在任时期的景德镇御窑制品,世称

“唐窑”。唐英在戏曲、绘画、篆刻、诗词等多方面均有不俗的成就，在雍正时期也多次参与家具设计、画样与监管。

2. 高级监管人员

如太监李统忠、马尔汉、焦进朝、张玉柱、李久明、程国用、王进玉、刘玉、刘希文、萨木哈、潘义明、苏培盛、刘山久、毛团、佛伦、蔡玉、杜寿、郑忠等首领太监、总管、司库或大臣，另外还有苏尔迈、富拉他等多人本身就是制作水平很高的木匠或设计师、监管人员，这样能够保证雍正时期高水平家具的制作。

3. 木匠及其他匠人

广东的罗元、林彩、贺五、梁义、林大、陈斋公、小梁、罗胡子、霍五，江西的余节公、余君万，苏州的方昇、邓连芳。还有南木匠许定、汪国兴、汪元功、施天章、袁景劭，木匠卢玉、白子、胡智及临时招聘的漆匠、藤匠、雕銮匠及木工。有一些太监本身也是木匠，其名单不详。从各地来的木匠基本上均为手艺出众的高手，但进宫后也要进行考察即试手，不合格者将退回原籍。

我们从以上三个不同层次的人员组成来看，雍正时期家具不仅仅是为了满足一般功能或人欲的，而是追求超越流派、追求精神层面的文人家具。

（二）怡亲王与雍正时期的家具

1. 亲自参与家具的设计与打样

> （雍正元年正月）二十三日，做得套桌样一件，怡亲王呈览。奉旨：照样准做。

> （雍正元年四月）二十日，画得陈设玩器书格样二件，怡亲王呈览，奉旨：照样做楠木书格，每样一对，俱高四尺，面宽二尺五寸，入深一尺五寸，两旁下边俱安板子。钦此。

> （雍正元年九月）二十三日，怡亲王谕：照先做过楠木床样再做一张，外口长七尺，里口宽四尺五寸，三面安栏杆，柱子用钩

搭，两边配做衣架，前面安挂幔帐，杆子要用时安上，不用时便取得下来方好。遵此。

2. 与雍正、海望及南木匠有关家具的讨论

（雍正三年九月）二十二日，郎中赵元奉怡亲王谕：拖床做硬木的甚沉，今或做彩漆，或做油漆，照样料估做法，几时可得，议妥回我知道。遵此。

于二十六日郎中赵元回称：南木匠汪国兴等说，拖床宜用榆木、杉木、楠木，做法等应启知怡亲王，奉王谕：好，尽力将油漆的并彩漆的各做二张。遵此。

于十月二十二日画得油色拖床样三张，员外郎海望呈怡亲王看，奉怡亲王谕：黄油地暗三色夔龙照样做一件，其余二张不必做油的，尔用木包镶的做高丽木栏杆宝座。遵此。

于十二月初六日员外郎海望奉旨：将未做完花梨木包有推杆拖床上叠落处照矮处取平，前帮上的面板做窄些，宝座平帮安扶手，靠背不必做高了。钦此。

（雍正三年九月）三十日，员外郎海望奉旨：着做见方八寸，高三尺书格一件，尔先做样呈览。钦此。

于十月十五日做得书格样一件，见方八寸，高三尺，员外郎海望呈览，奉旨：照样做一件，其柱子边框用紫檀木做，牙子用象牙做。钦此。

于十月二十九日做得紫檀木四面镶象牙牙子书格一架，员外郎海望呈进讫，奉旨：照此书格尺寸一样再做一架，比此样尺寸放大些亦做一件。钦此。

这样上下交流，反复切磋、琢磨的例子几乎每天都有，每一件家具的设计图纸、打样也多次修改，这也是雍正时期家具包括在优秀的明式家具

之中的重要原因。

3. 怡亲王与雍正之间家具的恭进与赏赐

怡亲王与雍正的亲密关系在很多方面均有体现，而在家具的恭进与赏赐方面，在同时期的宫廷之中是不多见的。这种互动也促进了雍正时期优秀家具的传承与进步。

日　期	恭进或赏赐	备　注
雍正二年十一月初五日	赏：花梨木竖柜一对、顶柜一对	上朝旧物
雍正四年十月二十四日	赏：花梨木架洋金边玻璃插屏一件	
雍正四年十月三十日	进：活腿四方香几	传旨：照怡亲王进的活腿四方香几做二件，或漆的，或木的，做秀气着(后仿做得紫檀木香几二件)。
雍正四年十月二十二日	赏：洋漆书格一对、洋漆桌二张	
雍正四年十月二十四日	赏：洋漆桌二张	
雍正五年正月二十三日	赏：杉木胎香色紫油面画三色夔龙拖床二张	
雍正五年正月二十三日	进：无量九尊紫檀木龛一座	系怡亲王、信郡王同造办处官员人等恭进。
雍正五年十二月二十一日	进：① 紫檀木边黄杨木心雕刻万寿山水人物花卉围屏一副(计十六扇，紫檀木墩十五个)；② 紫檀木边黄杨木心有抽屉插屏式书格二架	传旨：着送圆明园交与总管太监，将牡丹台屋内现陈设的围屏收去，将此围屏陈设上。其原陈设的宝座不必动，插屏式书格二架陈设在四宜堂至诚不息屋内宝座西边，要相对东面现陈设的书格。钦此。

续表

日　期	恭进或赏赐	备　注
雍正五年正月二十三日	进:九如九件(黄杨木如意一件、鸂鶒木如意一件、乌木如意一件、紫檀木如意一件、象牙茜绿色如意一件、花梨木如意一件、沉香如意一件、柏木如意一件、白檀香如意一件)	
雍正五年正月二十三日	进:合牌胎退光漆地彩画洋金流云蝠葫芦形圆明九照一件	
雍正五年正月二十三日	进:万年九英一件、文房九宝一件、嘉禾九瑞盆景一件	
雍正五年正月二十三日	进:蟠桃九熟一件	
雍正七年五月初四日	赐:画洋金花安象牙夔龙牙子都承盘二件	

我们从以上资料可以发现,怡亲王所恭进的家具受到雍正的喜爱与高度重视,不仅仿做怡亲王所进的活腿四方香几,强调"做秀气着",而且更有趣的是雍正五年十二月二十一日,怡亲王恭进花卉围屏及书格二架,雍正立即将原有围屏撤除,换上怡亲王恭进的"紫檀木边黄杨木心雕刻万寿山水人物花卉围屏",二架书格也陈设于四宜堂至诚不息屋内。怡亲王对于家具艺术的准确理解与实践,从这两个方面可以看得十分清晰。这对于雍正时期家具发展趋势起到了一个模范的启示作用。

(三)海望与雍正时期的家具

除了怡亲王,对雍正时期家具参与、影响最大的应属海望。雍正元年，我们几乎见不到海望的身影，但雍正二年二月初五日，总管太监张起麟奉怡亲王谕："着员外郎海望管理造办处事务。遵此。"从此，海望参与各作的设计、绘图、打样、制作与监管，始终把握着雍正时期家具发展的脉搏与动向。

(雍正三年七月)十六日，员外郎海望传旨：着做抽长花梨木床二张，各高一尺，长六尺，宽四尺五寸，中心安藤屉，用锦做床刷子，高九寸。钦此。

于十九日做得抽长床小木样一件，员外郎海望呈览，奉旨：腿子上做顶头螺丝。钦此。

于八月初八日员外郎海望又奏：为抽长床上刷子应用何样做等语，奉旨：床刷子做锦的，床面做毡的好，其做床刷应用锦，尔将造办处库内锦拿几样来，俟朕选过再做。钦此。

于初九日选得造办处库内锦七匹，缎库内锦五匹，员外郎海望呈览，奉旨：准深蓝地小菱花锦做床套用。钦此。

(雍正三年八月)初八日，员外郎海望奉旨：尔照先传做的花梨木藤屉床尺寸一样做柏木床二张，其刷子、抽长腿子俱照样做，再做花梨木格子一对，高二尺七寸，宽一尺三寸，长四尺，中层安小抽屉，下层要配安大抽屉，外面挂缎帘子，抽屉俱安西洋锁，画样呈览过再做。钦此。

于八月初九日员外郎海望画得花梨木书格样四张呈览，奉旨：尔照此六个抽屉的画样，做花梨木书格四个，其余三张每样做一个，共做七个。钦此。

(雍正三年九月)十八日，员外郎海望奉上谕：圆明园后殿仙楼下做硬木书格一件，先做样，呈览过再做。钦此。

于二十九日画得书格画样一张，员外郎海望呈览，奉旨：俟量准尺寸时再做。钦此。

又于十月十一日画得书格画样一张 高六尺五寸，宽五尺三寸，入深五尺三寸，员外郎海望呈览，奉旨：照样做花梨木书格。钦此。

（雍正七年六月）初三日，据圆明园来帖内称，本月初一日，郎中海望奉旨：大理石做高香几好，尔随大理石大小形式做高香几几件。钦此。

于十二月十一日据柏唐阿苏尔迈来说，因样式未准，未经成造。记此。

（雍正七年十月）二十九日，郎中海望奉旨：着做花梨木竖柜二对，中层安二层抽屉，上层安一层抽屉，中层安隔断板一层，画样呈览过再做。钦此。

于十一月初五日画得花梨木竖柜样一张，郎中海望呈览，奉旨：中层抽屉落矮些，上层添一屉板，照样做三对。钦此。

于十二月初九日做得花梨木竖柜三对，各高五尺九寸六分，宽三尺六寸，深一尺六寸八分，俱钉白铜饰件，白铜锁钥匙，里糊杭细。

本日郎中海望奏称，花梨木竖柜三对做完，请旨交与何处等语，奉旨：做完交给刘希文呈览。钦此。

（四）唐英、沈嵛、郎世宁与雍正时期的家具

唐英、沈嵛、郎世宁部分参与了家具的设计与制作。

（雍正五年七月）二十一日，郎中海望奉旨：养心殿东暖阁陈设的镶银母花梨边插屏式钟一件，上嵌银母花纹甚好，尔照黑漆面抽长扶手香几的尺寸配合做花梨木桌一张，其面上安玻璃，着郎世宁画画一张衬在玻璃内，周围边上照插屏式钟上花样用银母镶嵌。钦此。

(雍正六年正月)十三日，太监王太平传旨：照先做过的玻璃面镶嵌银母花梨木桌再做二张，其高矮、宽窄、大小尺寸俱照旧桌一样做，桌面不必镶嵌，做黑漆面的一张，红漆面的一张。钦此。

于本月十四日员外郎唐英带木匠卢玉量得桌长二尺三寸七分，宽一尺〇四分，通高一尺一寸，边宽九分，厚九分，腿子卷头一寸〇半分，高八分，见方九分。记此。

于八月初八日做得黑退光漆面镶嵌银母西番花边花梨木桌一张，郎中海望呈进，奉旨：尔照此桌样再做几张。钦此。

本日郎中海望，员外郎沈嵛、唐英定得先做二张。记此。

于八月十七日做得红漆面镶嵌银母西番花边花梨木桌一张，郎中海望呈进，奉旨：镶嵌云母桌俱做黑漆面。钦此。

(雍正六年二月)初七日，郎中海望奉旨：着照先进的万国来朝吊屏再做几件，吊屏上不必做堆纱的，着郎世宁画画片，上罩玻璃转盘，其吊屏不必照先做过的尺寸样做，但量玻璃的尺寸，做小些亦可。钦此。

于十二月二十八日做得紫檀木边玻璃面内衬郎世宁画片安活轮子四套寿意吊屏一件，郎中海望呈进讫。

(雍正六年三月)十六日，郎中海望、员外郎沈嵛、唐英传：做紫檀木集锦书格一件 面宽一尺八寸，入深九寸，高一尺四寸。记此。

于七年五月初四日做得紫檀木集锦书格一件，随石榴五瑞盆景一件，象牙茜匙箸瓶香盒一件，绿玻璃小瓶一件，珐琅水丞一件，郎中海望呈进讫。

我们并不认为文人参与就是文人家具，但没有文人参与肯定不能称其为文人家具。前人如北宋、明代所设计制作的优秀家具，也是文人直接参与的文明结晶，我们可以照着做，这也是文人家具。雍正时期这种“照着做”的例子是很多的。

二 “照着做”与“接着做”

哲学家冯友兰先生于20世纪30年代的《新理学》中提出，中国哲学有两种讲法：“照着说”与“接着说”。“照着说”，即原汁原味的中国哲学，也包括宋明理学；而“接着说”，则是在尊重中国哲学的基础上，引入西方哲学、西方思想重新认识中国哲学，使其有所发展、有所创新。

16—18世纪的中国，西风东渐，西方的传教士在中国的各个层面已有很大的影响，如天文历法、数学、水利、绘画诸方面。西方的科学仪器特别是钟表等奇器，康熙、雍正、乾隆均十分痴迷，尤其雍正对于西方的钟表几乎均配以紫檀或楠木的架、底座、盘子、盒子等。这也是中西合璧的一个例子。圆明园有一部分建筑就是由西方传教士参与设计的，而陈设其中的家具也配合其建筑风格而置。但圆明园的主体风格还是中国的、传统的。雍正时期的家具在“照着做”与“接着做”之间交叉进行，虽然其主要风格仍保持优秀的明式，但已有走向明式家具的反方向的迹象，即在“接着做”方面出了问题，直接导致清式家具的产生。

（一）“照着做”

雍正骨子里还是讲究“雅”，追求“式样”的极致，也即“内廷恭造式样”。

> （雍正五年闰三月）初三日，据圆明园来帖内称，郎中海望奉上谕：朕从前着做过的活计等项，尔等都该存留式样，若不存留式样，恐其日后再做便不得其原样，朕看从前造办处所造的活计好的虽少，还是内廷恭造式样，近年来虽甚巧妙，大有外造之气，尔等再做时，不要失其内廷恭造之式。钦此。

为了保护“内廷恭造式样”，雍正于雍正三年六月初二日有极其严厉的批示：

抢风帽架只允许里边做，不可传与外人知道，如有照此样式改换做出，倘被拿获，朕必稽查缘由，从重治罪。钦此。

这些批示也是“照着做”，保持“内廷恭造式样”的必要措施。

1. 楠木书格

楠木书格式样是标准的“明式”，其样式成为反复被“照着做”的标本。

(雍正六年七月)初五日，副总管太监苏培盛传旨：乾清宫东暖阁楼上着做楠木边书格六架，要安得五百二十套书，每架屉上随纱帘一件，其帘照西暖阁内书架上纱帘一样做。钦此。

员外郎唐英随量得书格每架通高八尺四寸，宽五尺六寸五分，进深一尺六寸，每架书格做四屉，每屉高一尺七寸六分。记此。

于七月二十日，据圆明园来帖内称，太监王玉来说，副总管太监苏培盛传旨：摆书书格着用楠木做。钦此。

(雍正九年十二月)初九日，宫殿监督领侍陈福，副侍李英、刘玉、苏培盛等同传旨：着照乾清宫东暖阁楼上陈设的楠木书格样式，做楠木书格六件。钦此。

(雍正九年十二月)十六日，司库常保来说，宫殿监副侍苏培盛传：照本月初九日奉旨着照楠木书格样式再做二个，添旁板，背后添做蓝布面月白杭细里帘二架。记此。

2. 花梨木竖柜

(雍正二年十一月)初五日，总管太监张起麟交花梨木竖柜一对，顶柜一对，传旨：着粘补收拾好赏怡亲王。钦此。

(雍正七年十月)二十九日，郎中海望奉旨：着做花梨木竖柜二对，中层安二层抽屉，上层安一层抽屉，中层安隔断板一层，画样呈览过再做。钦此。

于十一月初五日画得花梨木竖柜样一张，郎中海望呈览，奉旨：中层抽屉落矮些，上层添一屉板，照样做三对。钦此。

于十二月初九日做得花梨木竖柜三对，各高五尺九寸六分，宽三尺六寸，深一尺六寸八分，俱钉白铜饰件，白铜锁钥匙，里糊杭细。

本日郎中海望奏称，花梨木竖柜三对做完，请旨交与何处等语，奉旨：做完交给刘希文呈览。钦此。

赏赐给怡亲王的花梨木竖柜，从档案描述方面来看，应为前朝之物；而雍正七年新造竖柜，也不会脱离前朝之物太远，且抽屉用之于家具在明末便已时兴。故竖柜也是标准的"明式"之一，也是"照着做"的样式之一。

3. 活腿四方香几

(雍正四年十月)三十日，太监刘玉传旨：照怡亲王进的活腿四方香几做二件，或漆的，或木的，做秀气着。钦此。

4. 一封书式

何谓"一封书式"？王世襄先生认为是"方角柜形式之一。无顶箱，外形有如一套线装书"。胡德生先生认为应为无束腰、牙子的家具，如四面平。

"一封书式"在明式家具里比较常见，雍正时期的家具里就有一封书式炕桌、床、底座等。

(雍正元年十月)初十日，郎中保德奉旨：做一封书楠木桌一张 高一尺八寸，长三尺六寸，宽一尺九寸，桌边要出五寸。钦此。

(雍正四年正月)二十六日，据圆明园来帖内称，太监杜寿传旨：着做一封书楠木床十八张，各长三尺七寸，宽二尺二寸，高九寸。钦此。

(雍正四年八月)二十三日,据圆明园来帖内称,郎中海望奉旨:着照如意馆内陈设的一封书炕桌样式尺寸,做高丽木边紫檀木心炕桌几张,再比此尺寸收小些炕桌亦做几张。钦此。

我们从原始档案中可以找到一封书式楠木床、楠木一封书式桌、花梨木一封书式桌、高丽木边紫檀木心一封书炕桌、高丽木边紫檀木心长方一封书炕桌、一封书式楠木图塞尔根桌、花梨木一封书式小床、西洋柜楠木一封书式底座。王世襄先生的观点侧重于"一封书式"经典家具,也描述了"一封书式"的具体形状;而胡德生先生的观点则简明扼要、概括性强。故一封书式家具品种多样,而表现形式则只有一种,即"一封书"。"一封书式"的反复出现,从一个方面印证了"照着做"的延续。

5. "做素净些""往秀气里收拾"

在雍正有关家具的批示里有大量的"往秀气里收拾""做素净些""做文雅""款式俱蠢"之语,从这些批语中还是有不少"照着做"的影子。

(雍正元年七月)十七日,奏事太监贾进禄、刘玉传:做花梨木桌一张 长三尺,宽一尺四寸,高二尺一寸五分,做素净些。记此。

(雍正元年五月)十三日,太监刘玉交紫檀木炉座一件,传旨:面上炉足窝不必动,下边座足花纹改做素的,有收拾处收拾。钦此。

(雍正八年十一月)十三日,太监张玉柱传旨:月台上拆卸围屏佛龛内紫檀木供桌略高些,落矮二三寸,素净些再做一张。钦此。

(二)"接着做"

1. 杉木床

(雍正元年七月)二十三日,郎中保德传旨:着做杉木床一张长七尺五寸，宽五尺五寸，连架子高六尺五寸，不要甚重，做轻着些，周围安楠木栏杆架。钦此。

(雍正元年七月)二十六日，郎中保德传：做杉木矮床一张长七尺五寸，宽五尺五寸，高四寸，床架子用楠木做。钦此。

(雍正九年十一月)初五日，司库常保来说，宫殿监督领侍陈福，副侍刘玉传旨：乾清宫西丹墀下转角板房东一间羊皮帐内，原安设床移在前边安设，后边添做床一张，两边安牌插皮帐，中间做一有角门，二面羊皮隔断，其隔断上两边各开一方窗，衬纱，床上铺氆氇褥，两边皮帐上开一玻璃窗，对玻璃窗板墙开一方窗，再切廊下盖大些板房三间。钦此。

雍正时期的杉木家具，包括床(敚床、矮床、架子床)、八仙桌(方桌、膳桌)、画桌、案、香几、杌子等作为日常用具一直都在做，改动不大，尺寸及配料(主要是楠木)变化也不大，基本上保持了杉木家具朴素、圆浑与简洁，宋明之式样得以延续，这也是“接着做”的典范。

2. 香几

(1) 叠落香几

(雍正五年六月)二十四日，据圆明园来帖内称，郎中海望奉旨：着做长五尺四寸，宽三尺三寸，高一尺四寸八分紫檀木包镶床一张，随床做图塞尔根桌一张，再床旁边做一叠落香几，通长三尺二寸，宽一尺，头层比床高一尺，面长一尺二寸，二层比床高二寸，面长二尺。钦此。

(2) 楠木香几

(雍正四年九月)十七日，郎中海望奉旨：着做寿意香几一件。钦此。

(雍正五年八月)二十四日,郎中海望奉上谕:着将搁炉小香几做几件,其香几面子见方六七寸,高二三寸,下安四腿,腿心挖空,从香几面上透眼,一边插匙,一边插箸,中间安炉。钦此。

于八月二十七日搁炉楠木香几一件呈览,奉旨:香几腿子再往里挪些,安抽屉,不必做长方,做见方的。钦此。

于九月初三日照尺寸做得楠木香几一件,随老鹳翎色匙箸一份,郎中海望呈进讫。随奉旨:着照此样略放高些,或漆,或紫檀木酌量做,一边安炉刷,一边安镊子。钦此。

(雍正五年十月)初一日,郎中海望奉旨:着照九洲清晏陈设的洋漆方香几大小高矮做圆腿香几,托板下安算盘珠式四足,或做硬木面,下边安小牙子,或做漆面,下边用铁拉扯,不必安牙子。钦此。

(3) 紫檀香几

(雍正五年八月)初八日,太监刘希文持来嵌绿色石面紫檀木香几一件,传旨:此香几样式好,其牙上花纹粗些,再往细致里用黄蜡石面做一件。钦此。

(雍正五年八月)二十六日,据圆明园来帖内称,本月二十四日,郎中海望奉上谕:尔将乌拉石面香几做几件,用硬木做,其圆腿该安枨子并如何尺寸,尔等酌量配合。钦此。

(4) 花梨木香几

(雍正五年八月)初十日,首领太监程国用交来石面花梨木香几一件，说太监刘希文传旨：此香几款式甚好，着尔等用好石面照样做几件。钦此。

（雍正八年八月）初八日，据圆明园来帖内称，本月初五日宫殿监副侍苏培盛交来秀青村陈设的黄杨木小香几一件，传旨：香几绦环夔龙团不好，着另换花梨木绦环，牙子粘补收拾。钦此。

（雍正九年九月）初六日，乾清宫太监张志旺持来花梨木边石心香几一件，说宫殿监副侍苏培盛传：着将香几石心换做木心。记此。

从上述资料看，雍正时期的香几无论从样式、材料方面来看已呈多样化，并开始向更加实用的方面过渡，并非一味追求艺术性。叠落香几是雍正时期新的样式，也是从实用、方便的角度考虑，但并未失去其文人家具的基本特征。原来的楠木香几、花梨木香几开始发生变化，活腿香几可以置于炕床或地上，也可以携出外用。后来的紫檀香几在用材上开始趋于多样，如雍正五年二月二十一日镶玳瑁象牙紫檀香几，同年十一月初一日珐琅顶紫檀木边镶玻璃罩座紫檀木香几。

雍正五年八月二十四日，雍正有关搁炉楠木香几的反复批示，其中样式、尺寸、部件、用材、用途及香几上搁放的器物均一一列明，这一小香几也反复四次按雍正的旨意修改、制作，海望监管。八月二十七日做得搁炉楠木香几一件，九月初三日做得楠木香几一件(尺寸、样式已变)，十一月十一日做得紫檀木小香几一件(尺寸、材料已变)，十二月三十日做得楠木胎黑漆透眼香几二件，至此这种样式的小香几才定型制作。从这一过程我们可以看到雍正、海望在追求雅致的同时，并没有遗忘实用这一主要功能。其实，家具有用是第一位的，在有用的前提下必须注重样式与审美，缺一不可。

3. 图塞尔根桌

什么是“图塞尔根桌”？目前比较典型的看法有两种：

朱家溍先生认为，炕桌、炕案、炕几为图塞尔根桌，饭桌、膳桌、筵桌都属于炕桌类型。清代宫中凡正式的筵宴，还保留着历代大宴的惯例，即席地而坐，地下铺棕毯和坐垫，用矮桌①。

而台湾学者吴美凤女士则持完全相反的观点："图塞尔根桌"应是满文"tusergen"之音译，为筵席用高桌，专事存放宴会中的杯盘酒具等物，并非膳桌或炕上用的矮桌，也不是设椅坐人的桌子。吴女士追溯其历史：一百多年前(注：雍正朝往前推)努尔哈赤"建元即帝位"大宴群臣时，所见二人抬举之桌，应即为"tusergen"(图塞尔根)桌，也可能就是天聪六年(1632)，在岳托贝勒与驸马总兵佟养性结亲的筵席上，诸贝勒与台吉们进宴时所备妥的"抬举之桌"。果真如此，则当年桌上之"礼物"即为酒品与酒具了②。

我们将雍正时期已有的图塞尔根桌尺寸列表如下：

日　期	名　称	尺　寸	资料查找序号
雍正五年正月十五日	花梨木图塞尔根桌	长三尺六寸×宽二尺四寸三分×高一尺八寸	木作　102
雍正六年五月二十二日	紫檀木边楠木心图塞尔根桌	长三尺三寸×宽一尺九寸×高一尺四寸八分	木作　134
雍正六年六月初一日	紫檀木边楠木心图塞尔根桌	长三尺三寸×宽一尺七寸五分×高一尺四寸八分	木作　137
雍正十年九月十一日	楠木图塞尔根桌	长三尺二寸×宽二尺二寸×高一尺七寸	木作　158.2

雍正五年正月十五日之花梨木图塞尔根桌原样长度可能较长：

① 朱家溍：《故宫退食录》，第127页，紫禁城出版社。
② 吴美凤：《盛清家具形制流变研究》，第194—195页，紫禁城出版社。

> 散秩大臣佛伦传旨：筵宴上用的图塞尔根桌子两头太长些，抬桌子人难以行走，着交养心殿造办处另做一张，比旧桌做短些，外用黄缎套。钦此。

从这一记述及表中资料来看，图塞尔根桌还应该是炕上使用的桌案类家具，尺寸也比较小，长者不过三尺六寸，宽不过二尺四寸，这正是高者亦仅一尺八寸，其余仅一尺七寸或一尺四寸八分。

> （雍正八年四月）十八日，据圆明园来帖内称，本月十三日太监刘希文传旨：万字房对响水玻璃窗户外廊处着做图塞尔根桌一张，后面安接楠木小床一张，长四尺六寸，宽三尺二寸六分，高一尺五寸，合图塞尔根桌一般高，随黄氆氇面月白云缎里坐褥一件，葛布单一块。钦此。
>
> 于四月二十日照尺寸做得楠木床一张，随黄氆氇面月白云缎里坐褥一件，葛布挖单一件并图塞尔根桌一张，催总常保持进交首领太监杨忠讫。

这里的楠木小床高仅一尺五寸，“合图塞尔根桌一般高”，故此桌的高度比表中的高度更矮些。

> （雍正四年八月）十六日，郎中海望持出杉木罩油图塞尔根桌一张，奉旨：着照此款式，面用紫檀木，其边与下身俱用杉木，做红漆彩金龙膳桌二张，酒膳桌二张。钦此。
>
> 于十二月二十日做得紫檀木面红漆彩金龙膳桌二张，酒膳桌二张并原样桌一张，郎中海望呈进讫。

我们循着图塞尔根桌的样式还可以找出许多炕上用的家具，以至于炕上、地上两用的家具。地上所用的高家具开始多起来，如高桌、高香几、案、床、书格。这是雍正时期家具发展的一条明显的运行轨迹。

4. 接腿桌及漆面紫檀家具

(雍正十年十一月)初二日,太监赵朝凤持来楠木活腿炕桌大小三张,说宫殿监督领侍苏培盛传:着将此大桌二张腿接高一寸六分,小桌一张腿接高二寸。记此。

于十一月初三日将原交楠木活腿炕桌大小三张照尺寸接腿安妥,柏唐阿苏尔迈交太监赵朝凤持去讫。

(雍正十年十一月)初六日,太监赵朝凤持来楠木接腿桌大小三张,说宫殿监督领侍苏培盛传:另换做整楠木桌腿。记此。

(雍正十年十一月)十五日,司库常保、首领萨木哈持出仿洋漆书桌一张,说太监刘沧洲传旨:此桌面甚好,但桌腿不好,可将桌面取下另做紫檀木桌腿,其原漆桌腿另配做紫檀木桌面,再漆桌面边上回纹锦不用,着用紫檀木包镶。钦此。

在史料中有不少换面、换腿、将腿接长的记录,除了腿的尺寸加长外,也有将面和腿用其他材料置换的。如雍正十年十一月初六日,换成整楠木桌腿;十一月十五日,将洋漆桌面、漆桌腿分拆,漆腿配紫檀木面,漆面心配紫檀木腿;雍正十二年十月二十三日,将洋漆炕桌四张与洋漆书桌两张均配接做得紫檀木活腿高桌,之前先用椴木雕刻桌腿打样,再换用紫檀木;而雍正十一年三月十九日,除制作一块玉紫檀木桌外,还令做楠木胎洋漆桌、漆面紫檀木边腿桌。

紫檀木、楠木、花梨木或其他木材与漆面混制,或木面与漆腿、漆边混制,并不是雍正的独创,明代或更早即已开始。如王世襄《明式家具研究》之"插肩榫漆面嵌螺钿画案",以紫檀木制成"案面沿边起拦水线,面心漆地,用厚螺钿嵌折枝花卉纹"①。

① 王世襄:《明式家具研究》,第133页,三联书店,2007年。

雍正别具心裁的改制，即接高、改高、换面、换腿，正是雍正时期中国优秀家具血脉不断“接着做”的明证。

5. 西洋柜

雍正一向对西洋奇器抱有浓厚的好奇心，他有一张画像的发式即西洋式。家具方面也大量引进了西洋元素，西洋的玻璃用于佛龛、插屏、座屏、桌子（玻璃面内衬花篮花卉画镶银母紫檀木桌，郎世宁画）、笔筒、床等。比较典型的西洋式家具便是陈设于圆明园“西峰秀色”殿内的背面挂玻璃镜西洋柜。

（雍正七年七月）二十一日，据圆明园来帖内称，本月十四日太监刘希文传旨：西峰秀色殿内陈设的背面挂玻璃镜紫檀木西洋柜矮了，下边再添做一楠木一封书式座子，比桌面放宽一寸五分，长不用放，要高一尺。钦此。

于七月二十二日做得楠木一封书式座一件，高一尺，长三尺二寸五分，宽一尺六寸三分，郎中海望持进安讫。

上半部分是西洋式，下半部分一封书式座则纯为明式，这也是中西合璧的典型例子。

楠木一封书式座做完后，雍正始终不满意。七月二十六日又要求再做一件，要矮一寸五分。七月二十七日做得，海望将其安在“西峰秀色”殿。七月二十九日又要求再做一件，要矮一寸，即高九寸，于八月初二日做得。

雍正同样对陈设于“九洲清晏”西边的紫檀木镶玻璃门西洋柜子很感兴趣。

（雍正七年六月）初九日，据圆明园来帖内称，四月十九日郎中海望奉旨：九洲清晏西边陈设的紫檀木镶玻璃门西洋柜子下身座子不好，尔另用紫檀木做一西洋座子，其中间缩腰安西洋柱子，座子上水栏或安或不安，尔酌量，其柜旁倒环一边上层只有一个，或中间或下面两边各添一倒环，再照此样做小些检妆一二件，柜内远近玻璃不必安，或安抽屉或安何物，两边鼓面上或镶牛油石或镶何石。钦此。

于六月十六日做得面长三尺二寸二分，横头宽一尺四寸八分，高一尺一寸六分紫檀木西洋座子一件，黄铜镀金倒环二件，曲须四个，眼钱八个，郎中海望带领催白世秀持进安在九洲清晏讫。

于九月十四日据圆明园来帖内称，本月十一日做得仿西洋式镶牛油石紫檀木检妆一对，内安玻璃镜二个，随紫檀木、黄杨木、楠木座二个，各高一尺六寸，宽一尺二寸，入深八寸，郎中海望呈进，奉旨：再做两三件，俱镶摆锡玻璃。钦此。

于八年十月二十九日做得玻璃西洋检妆一对，郎中海望呈进讫。

西洋柜的实物，我们不得而见，雍正似乎对其十分偏爱，从视觉上觉得稍矮一点，故加了一个纯明式的一封书式座，不断从尺寸、木材与功能上加以修改以期完善，但似乎一直未能如意。这本来就是一件不伦不类的家具，想通过一封书式底座加以匡正、纠偏，当然不会达到事先设定的效果。西洋柜对于乾隆及乾隆以后的清式家具来说是开了一个恶劣的先例，以至于日本也产生了紫檀镶玻璃多宝格等一批较拙劣的家具。

6. 新式家具

实际上我们已经列出了雍正时期不少家具的新品种。我们还可以列出一些：

楠木座半截腿玻璃镜

楠木床（三面安栏杆，两边配做衣架）

抽信楠木杌子

贴金顶豆瓣楠木玻璃柜

楠木寿意香几

楠木转板桌

搁炉楠木小香几

楠木胎黑漆透眼香几

楠木有抽屉床

紫檀木包镶楠木有抽屉博古书格

寿意花楠木面紫檀木桌

雕刻紫檀木边腿豆瓣楠木心嵌银母如意花纹桌

嵌银母如意花纹楠木面紫檀桌

雕刻豆瓣楠木桌

竹宝座楠木靠背

抽长花梨木床

五个抽屉花梨木书格

六个抽屉花梨木书格

七个抽屉花梨木书格

八个抽屉花梨木书格

花梨木百寿饭桌

花梨木包镶有抽屉床

花梨木包镶樟木高丽木宝座拖床

花梨木床(夔龙栏杆上做紫檀木圆盘帽架、铜梃铜卡紫檀木痰盂托)

黑退光漆面镶嵌银母西番花边花梨木桌

红漆面镶嵌银母西番花边花梨木桌

黑漆面镶嵌银母西番花边花梨木桌

紫檀木牙红豆木案

红豆木转板书桌

雕刻番花紫檀木玻璃镜插屏

紫檀木博古书架

退光漆紫檀木座扶手

紫檀木四面镶象牙牙子书格

紫檀木托泥洋漆小柜

紫檀木边座玻璃小插屏(背后贴画)

紫檀木转板矮书桌

紫檀木转板桌

紫檀木嵌玉宝座

紫檀木圆光象牙镶玳瑁寿字安玻璃镜书格

紫檀木镶嵌银累丝玻璃靠板床

紫檀木活腿四方香几

紫檀木玻璃围屏

玻璃面内衬花篮花卉画镶嵌银母紫檀木桌

镶嵌银母西番花紫檀木都承盘

紫檀木边黄杨木心雕刻万寿山水人物花卉围屏

紫檀木边黄杨木心有抽屉插屏式书格

镶玳瑁象牙紫檀木香几

紫檀木边玻璃高桌(镶玻璃面紫檀木高桌)

紫檀木边镶玻璃心柜

紫檀木包镶楠木有抽屉博古书架

紫檀木边玻璃面内衬郎世宁画片安装活轮子四套寿意画屏

紫檀木边腿画洋金花案

镶嵌乌拉石紫檀木宝座

镶嵌乌拉石紫檀木桌子

象牙寿意紫檀木帽架

紫檀木边衬色玻璃笔筒

包镶紫檀木边楠木宝贝格

紫檀木边黑洋漆宝贝格

玻璃镜面西洋美人紫檀木边吊屏

以上各式家具仅从名称就可以分析出多数家具已与传统的优秀家具渐行渐远,这也是“接着做”的必然结果之一。“接着做”有可能在原有的基础上向好的方向发展而形成更好的家具派别，也有可能产生另外一种不好的结果，我们这两方面都已看到。清式家具有相当一部分的明显特征是不惜材料、不惜工本、繁琐臃肿、满眼雕绘、错彩镂金，且榫卯结构也不尽合理，“样式”更走向明式家具的反面。当然，我们并不否认清式家具中有一部分家具风格高雅、样式清新、结构合理，但其所占比例还是不足以改变清式家具各个方面整体下滑的局面，这与雍正时期家具的发展步入歧途是有很大关系的，如玻璃的大量使用、西风东渐而一味追求奢华与实用，好文饰、好美材、好怪诞，这些趋势反映到家具的设计与制作方面，则直接走向了清式家具。

三　家具用材

雍正时期家具用材主要有以下几个特点。

(一) 种类较多

1. 木材

主要有紫檀、楠木（花楠木、豆瓣楠木、楠树根）、杉木、花梨木（花梨根）、黄杨木、高丽木、瘿木、乌木、柏木、榆木（黄榆木、花榆木）、椴木、鸂鶒木、红豆木、桄榔木。

另外，档案中还有乌拉松木、蛇木、牛筋木、山檀木、苦檀木、万年青、栗子、扎布扎牙木、老鹳眼、白果木、樟木、广东木、杏木（杏木根）、凤眼木、云楸木、桦木、柳木、橄榄木、六道木（六道木根）、丁香木、棕木、色木（色木根）、酸枣木、刺榆木、梨木、白蜡木、核桃木、狗奶子木（狗奶子木根）、落叶松、樯木及各种天然木等木材用于家具或其他器物的记录。不过在雍正时期还未出现红木即黄檀属的红酸枝木，朱家溍先生在《故宫退食录》中认为“红豆木”即红木，这一看法值得商榷。红豆木隶豆科红豆属，如果勉强也只能划入鸡翅木类。二者同科不同属，并不是同一种木材。

2. 香材

沉香、沉速香、檀香木、伽楠香、降香（紫降香）。

3. 竹

桃丝竹、湘妃竹、斑竹等。

4. 石材

乌拉石、大理石(八哥纹、山水纹)、黄蜡石、绿松石、寿山石、白玉。

5. 玻璃

6. 其他

玳瑁、象牙、玛瑙、珊瑚、贝壳类等。

(二) 两种以上木材或其他材料并用的现象普遍

明朝末年家具制作已有此现象,但到了雍正时期开始成为普遍,有些搭配超乎了一般审美的范围。

1. 楠木与多种木材在同一件家具上的使用

雍正对于楠木的喜爱超乎想象,无处不用,特别是对于豆瓣楠木及花楠木的使用十分合理,成为瘿木使用的模范:

包鋄银饰件紫檀木边楠木心桌
赤金饰件紫檀木边豆瓣楠木心桌
鋄银饰件花梨木边楠木心桌
楠木栏杆架杉木床
豆瓣楠木心花梨木矮桌
贴金顶豆瓣楠木玻璃柜
紫檀木边豆瓣楠木心炕桌
杉木柏木边楠木心落地罩
糊布里紫檀木边楠木心图塞尔根桌
雕刻紫檀木边腿豆瓣楠木心嵌银母如意花纹桌

2. 紫檀木与多种材料在同一件家具上的使用

(1) 紫檀木除与楠木、豆瓣楠木一起使用外,也与高丽木、红豆木搭配

高丽木边紫檀木心一封书式炕桌
高丽木边紫檀木心长方一封书式炕桌
高丽木栏杆紫檀木都承盘
紫檀木牙红豆木案

高丽木颜色浅白或浅黄色，属暖色，并无奇妙的纹理与色彩，适于独自成器，也可与乌木、红木或其他颜色反差较大的木材使用。与紫檀木配除二者地位悬殊外，用浅色木材做边，深色木材为心，特别是尊贵的紫檀木为心，在雍正之前或之后也很稀少，从审美的角度来说并不合适。红豆木大量生长于南方，鲜有材质佳者，紫檀木几乎无纹，而红豆木鸡翅纹明显，用价如黄金的紫檀木做牙子，二者颜色近似，这种搭配很让人费解。这些独特的家具用材方式也是研究雍正时期家具的特征时应该关注的。

（2）紫檀木与象牙、玳瑁搭配使用

紫檀木四面镶象牙牙子书格
镶象牙底盖紫檀木挂笔筒
紫檀木圆光象牙镶玳瑁寿字安玻璃镜书格
黄杨木面紫檀木墙金珀寿字象牙长寿嵌玳瑁夔龙捧寿盒
紫檀木镶嵌象牙八仙长方八角盘
镶玳瑁象牙紫檀木香几
象牙寿意紫檀木帽架
象牙紫檀木独梃帽架

以上仅录几例。象牙与紫檀木相配直接用于家具，不是雍正的独创，但如此频繁与普遍应始于雍正。这一形式对于清式家具产生了深远的影响。乾隆时期的清代家具开始大量使用象牙、玉石、珠宝及贝类，材料越贵重、越稀有，色彩越鲜艳，则奉为无上妙品。这些材料用之于家具或其他器物，使艺术化的家具开始走向庸俗与堕落。

3. 高丽木与其他木材的配合

清以前，宫廷及主流上层社会很少有使用高丽木做家具的记录，打破这一纪录者还是入关后的满族人。高丽木即柞木，主要产于东北的吉林与黑龙江及朝鲜，以长白山两侧生长的高丽木为上。雍正时期用高丽木做家具的记录并不多。主要用于压纸、刀把、轿杆，比较大一点的家具即为雍正三年九月二十二日之花梨木包镶樟木高丽木宝座拖床，雍正四年的高丽木矮宝座、高丽木边紫檀木心一封书式炕桌。这些家具无论从配料或审美均不能称为“上品”，但这是雍正时期对于高丽木使用的一个侧重面或特点。有人认为高丽木在清朝宫廷家具中占有较大的份额和地位，这个论断显然是站不住脚的。

4. 花梨与其他木材的配合

雍正时期并未将今人所称之“黄花黎”“草花梨”区分开。从目前所存的故宫家具及国外博物馆、私人收藏家的藏品看，“黄花黎”还是多制成家具，“草花梨”多用于内檐装饰如门窗、落地罩等。不管怎样，雍正时期的花梨家具在家具总量中所占比重很小，不仅不如紫檀木、楠木，甚至还不如普通的杉木。这是一般人没有想到的。这可能与当时重紫檀木、重楠木的时尚有关，或与雍正对于木材的偏好有关。

花梨除与楠木、豆瓣楠木相配外，极少与其他木材相配而独自成器。雍正三年九月二十二日花梨木包镶樟木高丽木宝座拖床，雍正四年六月初三日紫檀木边框花梨木宝座，也只有这两例比较醒目。

雍正时期的花梨木家具多数还是“照着做”或“接着做”中按照优秀家具的形式有限、有序而变化，形、神并未与传统隔绝。如花梨木竖柜、花梨木格子、花梨木折叠桌、花梨木书格、花梨木条桌，多数都可以归入优秀的明式家具之中。

（三）雍正及怡亲王、海望对于木材之材性与用途十分了解

1. 杉木与楠木

在宫廷的每一处几乎均可以见到杉木，卷杆、正子、壁子、匣、箱、盒、冰桶、春凳、敓床、枕子、床或拖床、地平床、矮床、条桌、八仙桌、膳桌、图塞

尔根桌、吊屏、围屏、镇纸、高凳、高梯、板凳、画桌、香几、曲尺礓礤靠板以及建筑、内檐装饰等。杉木用于家具从量及范围来看，在已有的档案中，雍正时期是一个特例，对于杉木家具的辨识也有很好的启示。

(雍正元年八月)十一日，郎中保德传：做杉木高梯一张，长一丈八尺。

(雍正六年十二月)初二日，首领太监王辅臣来说，副总管太监苏培盛传：乾清宫东暖阁楼上摆书，楠木书格六架上着添做杉木见柱六十根。记此。

于七年三月三十日做得杉木见柱六十根，各长一尺八寸、径一寸二分，首领太监王辅臣持去讫。

(雍正七年十二月)十四日，首领太监张尔泰来说，郎中海望传：熏罐上的楠木火箱唯恐木性爆裂，欲再做一件备用。

杉木洁净、纹理顺直且排列有序，树龄较大的杉木年轮清晰，行话称为“红筋”，将浅黄浅白的杉木无限分割，受到很多文人喜爱。特别是做成家具后长时间的氧化、风化，杉木家具红筋外凸面形成自然沟壑状，显得古朴、沧桑。这也可能是雍正、怡亲王、海望、唐英将其选做家具用材的主要原因吧。楠木同杉木有一点相同，即多直纹、直丝，竖直承重性能良好，其横向承重性能较差，故用楠木做家具要十分慎重。乾清宫东暖阁楼楠木书格六架，体量庞大，每架通高八尺四寸、宽五尺六寸、进深一尺六寸，要安放 520 套书承重便是一个大问题，故添做杉木见柱以分担书格的承重。杉木的比重在 $0.3g/m^3$ 左右，极轻但其承重性能极好，用作高梯或杉木正子、壁子可以减少自重，便于移动与承重。楠木直纹直丝，不仅开锯时容易顺纹开裂到底，遇窑干或火烤也极易炸裂，这是其重要木性之一。火箱用楠木做，并不是最佳选择，雍正注意到了这一点。

2. 白檀与黄杨木

(雍正八年三月)十八日,据圆明园来帖内称,本月十五日郎中海望持出白瓷罗汉一尊,奉旨:着好手匠役,或用白檀或用黄杨木仿做一尊,其形容愈喜相愈好,左手持十八罗汉数珠,右手持芭蕉扇,如木不能甚大,即收小些做亦可。

(雍正十三年三月)初三日,奉旨:着照造过的永明寿禅师像用白檀香造二十尊。

制造佛像,佛教界十分注意用材,其原则有二:一是与佛有缘的树木,如檀香、沉香、紫檀、娑罗双;二是纯净无纹宜于雕刻的木材,如乌木、黄杨木、楠木(无纹者)、柚木、椴木,而极少使用樟木、油杉、酸枝、黄花黎、鸡翅木及南美的绿檀等木材。佛像讲究法相庄严、端正,有纹或色彩斑斓、不干净的木材制造佛像会亵渎佛祖、有辱神灵。当然有一些寺庙也有樟木、杉木,比较讲究的还是仅以此为胎,外涂油漆以掩色杂乱纹。

数珠(有人称佛珠)用材也是如此,如沉香、伽楠香、降香、女儿香、东莞香、黑香、柏木根、砗磲、菩提子、紫檀、乌木。

3. 一件家具不同木材的美妙组合

雍正、怡亲王、海望利用各种木材的自然属性如纹理、比重、颜色、光洁度的不同,合理地在同一件家具的不同部位进行赏心悦目的组合,这样可避免家具颜色单一、死板、拖沓,雍正在这方面可谓用尽心机。

(雍正三年九月)十八日,员外郎海望奉旨:圆明园南所后殿内仙楼下做床一张,抽长套筒仪器一件,琴桌一张。钦此。

于十月二十一日做得合牌小床样一件,内藏套床二张,抽屉二个,抽长套筒仪器轴托板样一件,合牌琴桌小样一件,员外郎海望呈览,奉旨:合牌小床样放大样,边腿用花梨木做,牙子用紫檀木做,踢脚板用柏木做,琴桌用紫檀木做,抽长套筒仪器轴托板样下座放小些，筒子座子俱烧珐琅，抽长柜子并托板俱用紫檀木做。钦此。

(雍正六年五月)二十七日，据圆明园来帖内称，四月十三日郎中海望奉旨：着将折叠米家围屏戏台做一份，前面不必用柱子，单安踢脚栏杆，其栏杆围屏或用紫檀木，或用花梨木镶锦，托泥用楠木做，不必做整的，每面两三节做亦可。

我们从上面两个例子可以看出雍正、海望对于材料的使用和颜色的搭配与对比，可谓"巧"与"妙"，这种冷暖关照、画龙点睛的例子还有不少。如紫檀木与楠木、豆瓣楠木，紫檀木边框花梨木宝座、乌木边嵌檀香木香几。

(四) 玻璃的使用

雍正朝十三年的家具在材料使用上还有一个最大特点，即木材与玻璃大量而普遍的结合：

楠木边玻璃镜(配楠木架)
楠木边摆锡玻璃吊屏(包括竖吊屏、横吊屏)
楠木边双圆玻璃窗
楠木边座玻璃镜插屏
乌木边楠木架玻璃镜
半出腿楠木架玻璃镜
楠木边座雕夔龙整腿玻璃镜
洋漆架玻璃插屏镜
花梨木边玻璃插屏
花梨木架洋金边玻璃插屏
紫檀木边玻璃插屏
紫檀木西洋花玻璃镜镜支

紫檀木架四面玻璃镜

雕刻番花紫檀木玻璃镜插屏

紫檀木边座玻璃小插屏(背后贴画)

紫檀木玻璃吊镜

玻璃镜嵌汉玉紫檀木镜支

玻璃镜面内衬花篮花卉画镶银母紫檀木桌

紫檀木独梃座玻璃轩辕镜帽架

紫檀木边玻璃高桌

紫檀木镶玻璃心柜

紫檀木玻璃面内衬郎世宁画片安活轮子四套寿意吊屏

背面挂玻璃镜紫檀木西洋柜楠木一封书式座

紫檀木镶玻璃门西洋柜子配紫檀木西洋座子

紫檀木镶玻璃笔筒

紫檀木边衬色玻璃笔筒

紫檀木边嵌拱花玻璃八角笔筒

紫檀木嵌玻璃匣

玻璃面镜紫檀木圆盒

紫檀木镜面西洋美人紫檀木边吊屏

紫檀木镶玻璃堆福禄寿山水插屏

紫檀木松柏鹤鹿同春玻璃插屏

以上仅仅摘录了使用玻璃所制成家具的一部分资料,但同样可以看到清式家具或乾隆时期家具清晰的轮廓,故带玻璃的家具准确年代的判断是十分困难的,而我们不能一看到这些家具便断定为清晚期甚至民国,这也有违历史的真实。虽然玻璃在中国使用的历史十分悠久,但即使到了雍正时期也是十分珍贵的稀罕物。雍正有关玻璃的使用、储存与保存均有许多仔细繁琐而有趣的批文,在此不一一列举。我们可以肯定地判断:雍正时期带玻璃的家具很大部分充斥于圆明园,这与其建筑的形式与内容是符合的,而其直接作用则是加快催生了清式家具的产生与发展,也是终结明式家具的撒手锏。带玻璃的家具产生的历史也有可能更早，但在雍正时期应该处于上升期，以致后来的清朝、民国达到泛滥的地步。至今的现代家具也少不了玻璃，如衣柜的柜心板用玻璃代替。

四　家具配饰

雍正时期的家具（包括其他器物）不仅讲究样式、用材与工艺，而且十分讲究配饰的用料、颜色与尺寸。各种家具的样式、尺寸、颜色不一样，其配饰也有很大的不同。我们现在看到的家具都是光秃秃的，似乎只剩下木材和使用功能，没有任何相应的饰物相配。美国有一些研究人员专门研究中国传统家具的配饰，据说得到博士学位的人不在少数，而我们中国在这方面的研究十分薄弱。我将雍正朝十三年家具方面的配饰做了一个简要的归纳，希望能引起有志于这方面研究的学者的注意，特别是家具制作、修复、陈列与研究方面的学者。

雍正朝十三年家具配饰一览表

日　期	器物名称	配饰详情
雍正元年七月二十四日	楠木桌	①随黄布面白布里毡衬桌套一个，见方三尺；②黄布挖单一块，四角钉布带。
雍正元年九月十二日	楠木包镶书格	配做素缎帘。
雍正元年十一月二十四日	楠木床	三面安栏杆，柱子用钩搭，两边配做衣架，前面安挂幔帐，杆子要用时安上，要不用时便取得下来方好。
雍正元年二月二十七日	楠木折叠桌	照原样换做黄布新套一件，添做红黄布挖单各一块。
	黄榆木折叠腿桌	照样换做黄布新套一件。
	佛柜	照样换做黄布新套一件。

续表

日　期	器物名称	配饰详情
雍正元年三月初五日	包镶毛竹边洋松木活腿桌	①配做得新古绒套二件;②油单套二件;③布套二件;④纺丝垫子二个。
雍正元年三月二十五日	楠木桌	配做得官用鹅黄缎套一件。
雍正元年七月二十三日	杉木床	①周围做缎刷;②纺织夹幛帐一架;③被褥、枕头。
雍正元年九月二十三日	楠木床	①两边配做衣架,上面做帘子,帘里用红色或黄色俱可,不必用蓝色;②十一月二十七日做得衣架上红纺丝帘子一个。
雍正元年十月初一日	楠木床	①上配半截锦套一件;②锦坐褥一个。
雍正元年二月二十四日	雕刻紫檀木书格	①配做得铜镀金饰件;②黄杭细面、红杭细里外套一件。
雍正三年正月二十六日	楠木小杌子	上配青高丽布褥子一件、青古绒褥子一件。
雍正三年七月十六日	抽长花梨木床	①奉旨:床刷子做锦的,床面做毡的好。其做床刷应用锦,尔将造办处库内锦拿几样来,俟朕选过再做;②奉旨:准深蓝地小菱花锦做床套用。
雍正三年十二月二十五日	有栏杆紫檀木小盘	其盘内做拱秀花卉垫子,拱秀的枝梗、花头余空处要放的稳表。
雍正四年六月初三日	紫檀木边框花梨木宝座	①葛布坐褥一件;②藤屉靠背一件。
	黑退光漆宝座	①葛布坐褥一件;②藤屉靠背一件。

续表

日　期	器物名称	配饰详情
雍正四年十一月初一日	雕紫檀木边座玻璃插屏	随紫缎绣龙套。奉旨：……此套甚好，不可用在插屏上，尔等配合，或做经袱，或在佛龛上用。
雍正五年正月十五日	图塞尔根桌	外用黄缎套。
雍正五年正月二十二日	紫檀木边豆瓣楠木心炕桌	随绵套。
	紫檀木边雕龙心百衲脚踏	随黄云锦套。
雍正五年十一月初一日	楠木杌子	随锦垫三个。
	楠木高桌	随锦帏三个。
雍正五年十一月十一日	紫降香龛	①配做黄布面杭细里夹套一件；②糊黄纸杉木外套匣一件。
雍正六年二月二十六日	紫檀木桌	随黄云缎夹套一件。
雍正六年七月初五日	楠木边书格	每架屉上随纱帘一件，其帘照西暖阁内书架上纱帘一样做。
雍正六年十月二十八日	杉木地平床	随黄细布单套。
雍正六年十二月二十七日	楠木匣	糊黄杭细软里，鞔黑毡包黄布外套。
雍正六年五月初五日		①象牙边象牙席迎手靠背两份；②象牙席圆枕四个；③象牙席黄缎边褥子四个。
雍正六年十月二十六日	汉玉福寿磬	上盖黄杭细里挖单一块。
雍正六年十二月初二日	养心殿后殿正宝座	随杉木床，白毡面，石青缎，刷子床套一件。

续表

日　期	器物名称	配饰详情
雍正七年八月十三日	杉木胎黄油桌	配黄云缎里黄杭细里夹帏桌一件。
雍正七年八月十七日	楠木矮床	①床面四角打眼安竹竿帽架，夹春绸帐幔；②蓝布面青云缎里帐顶、红杭细帐里。
雍正八年二月十七日	紫檀木圆桌	随红猩猩毡里锦刷云缎里。
雍正八年四月十八日	楠木床	①随黄氆氇面、月白云缎里坐褥一件；②葛布挖单一件。
雍正八年九月二十九日	楠木琴桌	随红猩猩毡。
雍正八年十月十八日	竹宝座	着照秀青树竹宝座靠背一样做楠木靠背，再做石青缎面月白缎里薄绵套二个。
	杉木杌子	里面布续黑春毛毡褥一个。
	楠木杌子	石青素氆氇面布衬里续黑春毛毡棉花褥一个。
雍正八年十月二十七日	黄油面杉木条桌	随夹黄布面黄缎刷黄杭细里桌围一件。
雍正八年十月三十日	杉木黄油桌	随黄缎面黄杭细里刷子黄布夹面桌幛一件。
雍正九年十二月十六日	楠木书格	背后添做蓝布面月白杭细里帘二架。
雍正十一年正月初五日	楠木折叠桌	随黄布面毡套二件。
雍正十一年正月二十一日	楠木折叠桌	随木匣布套一份、黄氆氇拜垫一份。

雍正时期家具的研究，也仅见于朱家溍先生及台湾吴美凤女士的论著，二位学者在这方面已打开了一扇透光的窗户。我以上肤浅的认识及史料整理也是为探索这一转折时期的家具发展史提供另外一个方便途径。在本篇文章中也仅仅是多角度地提出了一些问题，更有待结合雍正时期的家具实物及其他方面的知识如清史、文学、哲学、美学等学问一并解读，才能绘出一张比较清晰的雍正朝家具发展路线图。

一　档案辑录

雍正元年

1. 木作

正月

101. 初五日，自鸣钟首领太监张朝凤差太监陈璜交茅葫芦木架五份随毡里黄布外套五份，镶锡里木匣四个，外匣四个，据太监陈璜详称，启过怡亲王：着照样另做五份，再做五幅见方黄布挖单五个。遵此。

于三月二十一日做得新茅葫芦木架五份，随毡里黄布外套五份，五幅见方黄布挖单五个，镶锡里木匣四个，外匣四个，交原茅葫芦木架五份，毡里黄布外套五份，镶锡里木匣四个，外匣四个，据交太监陈璜持去。

102. 初六日，总管太监张起麟奉怡亲王谕：着做长九寸，宽六寸，高七寸高丽木箱子一个。遵此。

于八月十七日照尺寸做得高丽木箱子一个，怡亲王呈进。

103. 初八日，怡亲王交小吊屏三件，王谕：做紫檀木边。遵此。

于正月十四日配做紫檀木边小吊屏三件，怡亲王呈进。

104. 二十一日，画得牌龛纸样一份，怡亲王呈览，奉旨：台阶做一层，其余照样做。钦此。本日发下牌样上御书朱字一行，“圣祖仁皇帝大恩皇考圣灵之宝位”，奉旨：先将字篆出来，呈览过再刻。钦此。

于正月三十日怡亲王交滕继祖篆样一张，袁景劭篆样一张呈览，奉旨：准滕继祖篆书。钦此。

于四月初四日做得紫檀木边玻璃门牌龛一座，怡亲王呈进。

105. 二十三日，做得套桌样一件，怡亲王呈览。奉旨：照样准做。钦此。

于三月初八日照尺寸做得紫檀木边豆瓣楠木心套桌一张，怡亲王呈进。

106. 二十六日，怡亲王奉旨：着做小佛龛二个。钦此。

于四月初七日做得紫油喷金玻璃门佛龛二座，总管太监张起麟交太监焦进朝持去。

二月

107. 初五日，怡亲王谕：着做紫檀木凹面镜架一件，高八寸，宽一尺二寸。遵此。

于三月初一日做得紫檀木架凹面镜一件，怡亲王呈进。

108. 初六日，怡亲王交葫芦管抓笔一支，王谕：笔头甚好，另换紫檀木笔管。遵此。

于三月初二日将葫芦管抓笔一支，另换得紫檀木管。总管太监张起麟交太监纪文持去讫。

109.1. 初七日，怡亲王谕：着做排窗四扇。遵此。

于二月二十五日做得杉木排窗四扇，交总管太监张起麟持去讫。

109. 2. 初七日，怡亲王谕：着做紫檀木弯尺一根。遵此。

于二月十三日做得紫檀木弯尺一根，交太监苏培盛持去讫。

110. 十一日，总管太监张起麟传旨：蒙古包内床上着做楠木靠背一份。钦此。

于三月二十四日做得楠木靠背二份，交总管张起麟持去讫。

111. 十三日，怡亲王谕：着做流云吊屏一件。遵此。

于三月二十四日做得楠木边流云吊屏一件，交总管太监张起麟持去讫。

112. 十五日，怡亲王谕：着做紫檀木镶玻璃龛，几座高一尺五寸五分，面宽八寸，入深七寸，毗卢帽高二寸。遵此。

于四月初四日做得紫檀木边楠木镶玻璃门佛龛一座，卷棚脊镶玻璃门楠木佛龛一座，毗卢帽镶玻璃门楠木佛龛二座，张起麟交太监焦进朝收。

113.1. 二十日，怡亲王谕：着做紫檀木膳桌八张，花梨木膳桌三张。遵此。

于三月十四日做得包鋄银饰件紫檀木边楠木心桌二张，赤金饰件紫檀木边豆瓣楠木心桌一张，包鋄银饰件花梨木边楠木心桌二张，怡亲王呈进。

三月二十三日做得包赤金饰件紫檀木边豆瓣楠木心桌三张，包鋄金紫檀木边豆瓣楠木心桌一张，怡亲王呈进。

四月十四日做得包赤金饰件紫檀木边豆瓣楠木心桌一张，鋄银饰件花梨木边楠木心桌一张，怡亲王呈进。

113.2. 二十日，怡亲王交高丽木桌二张，花梨木折叠桌七张，紫檀木桌三张，王谕：着收拾见新。遵此。

于二月二十三日收拾得包鋄银饰件花梨木折叠桌二张，怡亲王呈进讫。

于三月十四日收拾得包镀银饰件花梨木折叠桌五张，包赤金饰件紫檀木桌三张，怡亲王呈进讫。

于三月二十二日收拾得包安簧鋄银金饰件高丽木桌二张，怡亲王呈进讫。

113.3. 二十日，怡亲王交官窑花樽一件 紫檀木座，王谕：着收拾座子。遵此。

于二月二十五日收拾得官窑樽紫檀木座一件，怡亲王呈进。

114.1. 二十四日，总管太监刘进忠传：做坤宁宫用的楠木佛龛一座，闲余一份。记此。

于三月二十日，做得楠木佛龛一座，闲余一份交总管太监刘进忠讫。

114.2. 二十四日，总管太监刘进忠、王以诚、张起麟传：做太后坐的亮轿一乘，做榆木轿杆，或长一丈，或长九尺俱可。记此。

于本日总管太监张起麟启知怡亲王，奉王谕：着做榆木金漆亮轿。遵此。

于三月二十五日据总管太监刘进忠来说，此轿不必做了。记此。

115. 二十七日，首领太监刘希文、太监杜寿交铜架子一件，铜罩一件，灯匣一个，楠木盘一个，刻木板二块，大经匣一件，小经匣一件，楠木折叠腿桌一张，拆卸插屏架一件，锡香炉蜡台三件，灯罩一对，铅条四根，七寸黄瓷盘十二件，钟四件，锡奠池一件，茶盘一件，铁纸炉一件，说怡亲王谕：灯匣、楠木盘、大经匣、小经匣俱着照样各做一件，刻木板着收拾，再楠木折叠桌、拆卸插屏架、黄瓷盘钟、锡香炉蜡台、奠池茶盘、铜架子、罩子、铅条灯罩、纸炉等件，俱着酌量各配做木套匣盛装。遵此。

于三月二十五日做得杉木灯匣一件，楠木盘一件，杉木大经匣一件，杉木小经匣一件，刻木板二块，收拾得楠木折叠腿桌一张，配做得长三尺六寸，宽二尺二寸，高二尺七寸杉木套匣一件，拆卸插屏架一座，配得杉木套匣一件，锡香炉蜡台三件，配做得杉木套匣一件，黄瓷龙盘十二件，钟四件，配做杉木套二匣一件，灯罩一对，锡条四根，配做杉木套匣一件，锡奠池一件，茶盘一件，配做杉木套匣一件，铁纸炉一件，配做杉木套匣一件，并原样灯匣一件，楠木盘一件，大小经匣二件，交太监刘希文、杜寿讫。

三月

116. 初三日，怡亲王交红瓷水瓶一件，王谕：着配做紫檀木座子。遵此。

于三月十八日配做得红瓷水瓶紫檀木座一件，怡亲王呈进。

117.1. 初九日，怡亲王交豆瓣楠木小茶盘一件 系年羹尧进，王谕：收着，有用处用。遵此。

于本日将豆瓣楠木小茶盘一件交司库伊拉齐收库讫。

117.2. 初九日，怡亲王交紫檀木腰圆盘一件，王谕：着照样做几件。遵此。

于六月二十五日做得紫檀木腰圆盘四件，并原样盘一件，怡亲王呈进。

118. 二十日，怡亲王交红瓷花瓶一件，王谕：着配座子。遵此。

于四月初七日红瓷花瓶一件，配做得紫檀木座一件，怡亲王呈进。

119. 二十三日，怡亲王谕：着做花梨木膳桌六张。遵此。

于五月二十四日做得包赤金角花梨木小桌一张，大桌一张，柏唐阿硕塞交米仓库衣达众神保持去讫。

八月十一日做得包赤金角花梨木桌三张，郎中保德交内管领巴泰和尚尼牙哈持去讫。

九月初九日做得包赤金角花梨木桌一张，郎中保德交内管领多尔吉案布里持去讫。

120. 二十五日，怡亲王交暗白瓷圆罐一件，王谕：着配座子。遵此。

于六月二十五日暗白瓷圆罐一件，配紫檀木座完，怡亲王呈进讫。

四月

121.1. 初六日，怡亲王谕：着做冰桶一件。遵此。

于五月初四日做得红漆杉木冰桶一件交讫。

121.2. 初六日，怡亲王谕：着做花梨木帘板七副。遵此。

于四月初八日做得花梨木帘板七副，郎中保德交衣库员外郎四保持去讫。

122. 初七日，怡亲王奉旨：着做矮栏杆床一张 长七尺，宽五尺二寸，高一尺二寸，右边扶手上配做楠木夔龙式衣架一件，随帘子，左边扶手上配做楠木夔龙式帽架一件。钦此。

于七月二十二日，照尺寸做得矮栏杆楠木床一张，上配做楠木夔龙式衣架一件，帽架一件，帘子一件，怡亲王呈进。

123.1. 初十日，怡亲王交官窑瓷渣斗一件，王谕：着配座子。遵此。

于四月十四日官窑瓷渣斗一件，配做得紫檀木座一件，怡亲王呈进。

123.2. 初十日，怡亲王交青花白地小瓷罐一件，王谕：着配座子。遵此。

于五月初二日青花白地小瓷罐一件，配做得紫檀木座一件，怡亲王呈进。

123.3. 初十日，太监杜寿传：做楠木踏跺一件，高一尺五寸，宽一尺，进深一尺八寸。记此。

于四月十一日照尺寸做得楠木踏跺一件，交太监杜寿持去。

124. 十一日，太监杜寿传：做楠木杌子一个 见方一尺二寸，高八寸。记此。

于四月十三日照尺寸做得楠木杌子一件，交太监杜寿持去讫。

125. 十二日，太监杜寿传：做楠木桶座一件 高八寸五分，见方一尺二寸。记此。

于四月十三日照尺寸做得楠木桶座一件，交太监杜寿持去讫。

126.1. 十九日，怡亲王交白瓷炉一件，王谕：着配做紫檀木盖座。遵此。

于五月十八日配做紫檀木盖座完，怡亲王呈进讫。

126.2. 十九日，清茶房首领太监吕兴朝传旨：着做楠木春凳二个，杉木罩油春凳四个，俱长四尺三寸五分，宽一尺三寸，高一尺二寸五分。钦此。

于四月二十一日照尺寸做得楠木春凳二个，交太监徐进朝持去讫。

126.3. 十九日，怡亲王谕：着做杉木敓床四张。遵此。

于五月十七日做得杉木敓床四张，交总管太监张起麟持去讫。

127. 二十日，画得陈设玩器书格样二件，怡亲王呈览，奉旨：照样做楠木书格，每样一对，俱高四尺，面宽二尺五寸，入深一尺五寸，两旁下边俱安板子。钦此。

于八月十一日照尺寸做得楠木书格二对，怡亲王呈进。

128.1. 二十一日，怡亲王交银累丝长方小盒一件，王谕：收拾配做紫檀木边框玻璃罩匣。遵此。

于七月二十三日，银累丝长方小盒一件，配做得紫檀木边框玻璃罩匣一件，怡亲王呈进。

128.2. 二十一日，怡亲王交官窑瓷罐一件，王谕：着配座子。遵此。

于六月二十七日，官窑瓷罐一件，配做得紫檀木座一件，怡亲王呈进。

129. 二十三日，怡亲王交紫檀木座一件，王谕：改做螭虎腿子。遵此。

于六月二十二日改做得螭虎腿紫檀木座一件完，交首领太监程国用持去。

130.1. 二十五日，怡亲王交龙泉窑大小瓷盆二件，王谕：着配座子。遵此。

于六月二十五日龙泉窑大小瓷盆二件，配做得紫檀木座完，怡亲王呈进。

130.2. 二十五日，怡亲王交宣窑青龙白地瓷盆一件，王谕：着配做座子。遵此。

于六月二十五日，宣窑青龙白地瓷盆一件，配做紫檀木座一件，交总管太监张起麟呈进讫。

130.3. 二十五日，怡亲王交官窑瓷碗一件，王谕：着配座子。遵此。

于六月二十五日，官窑瓷碗一件，配做紫檀木座一件，怡亲王呈进。

130.4. 二十五日，司房太监张进喜传旨：着做杉木踏跺一座，面阔二尺五寸，高八尺五寸，再做杉木春凳十个，不必安牙子，做直腿。钦此。

于五月初四日照尺寸做得杉木踏跺一座，交太监张进喜持去讫。

七月十一日做得杉木春凳十条，交太监张进喜持去讫。

131. 二十六日，奏事太监刘玉交古铜鼎一件 紫檀木座，嵌玉紫檀木盖，传旨：着另配盖座。钦此。

于六月二十二日，将古铜鼎一件，配做得紫檀木座盖，并原交紫檀木座，嵌玉紫檀盖，交太监刘玉讫。

132. 二十八日，太监鲁裕堂交合牌样八条 上写尺寸，传旨：着照样做木棍四十四根。钦此。

于本日照合牌样尺寸做得杉木棍四十四根，交太监鲁裕堂持去。

133. 二十九日，太监杜寿传旨：养心殿东暖阁书格上用做杉木撑棍 见方五六分，长一尺二寸五分 二根，长一尺二根，长四寸一分二根，长五寸二根，长一尺五寸八分二根，长六寸五分二根，长九寸三分二根，长九寸五分二根，长七寸八分二根，长一尺四寸二根。俱糊鱼白杭细。钦此。

于五月初一日照尺寸做得杉木撑棍二十根，俱糊鱼白杭细完，交太监杜寿持去。

六月

134. 初十日，太监焦进忠传：做楠木桌一张 长五尺一寸，宽一尺六寸，高三尺一分。记此。

于八月十七日照尺寸做得楠木桌一张，交太监焦进忠持去。

七月

135. 初六日，太监王安传旨：着做杉木杌子一张 高二尺，长一尺四寸，宽一尺二寸，小水牌三面各宽八寸。钦此。

于七月初十日做得杉木杌子一张，小水牌三面，总管太监张起麟交太监王安讫。

136. 十七日，奏事太监贾进禄、刘玉传：做花梨木桌一张 长三尺，宽一尺四寸，高二尺一寸五分，做素净些。记此。

于八月十二日照尺寸做得花梨桌一张，总管太监张起麟交太监刘玉讫。

137.1. 二十三日，郎中保德传旨：着做杉木床一张 长七尺五寸，宽五尺五寸，连架子高六尺五寸，不要甚重，做轻着些，周围安楠木栏杆架。钦此。

于十月初十日照尺寸做得楠木栏杆架杉木床一张，郎中保德呈进讫。

137.2. 二十三日，郎中保德奉旨：着做拿鼠椴木猫十个。钦此。

于八月初六日做得拿鼠椴木猫十个，郎中保德持进，交太监刘玉讫。

138. 二十四日，首领太监郑忠、卢玉堂传：乾清宫弘德殿用楠木桌一张 长二尺七寸，宽二尺，高二尺，随黄布面白布里毡衬桌套一个，见方三尺，黄布挖单一块，四角钉布带。记此。本日张起麟启知怡亲王，奉王谕：准照样做给。遵此。

于八月十三日照尺寸做得楠木桌一张，随套一件，布挖单一件，交首领太监郑忠持去讫。

139. 二十六日，郎中保德传：做杉木矮床一张长七尺五寸，宽五尺五寸，高四寸，床架子用楠木做。钦此。

于十月二十一日照尺寸做得楠木架杉木矮床一张，郎中保德持进安讫。

八月

140. 初一日，郎中保德传：做紫檀木佛龛一座。记此。

于八月十六日做得紫檀木佛龛，郎中保德交讫。

141. 初五日，郎中保德传：做杉木条桌二张。记此。

于八月二十日做得杉木条桌二张，郎中保德持进养心殿用讫。

142.1. 初八日，郎中保德传：做杉木灯匣一个。记此。

于八月十七日做得杉木灯匣一件，郎中保德交总管太监李承禄讫。

142.2. 初八日，郎中保德传：做包镶楠木边水牌十二面。记此。

于十月初八日做得包镶楠木边水牌十二面，郎中保德持去讫。

143.1. 初十日，首领太监苏培盛传：做椴木卷杆二根，各长一尺二寸，粗四分。记此。

于本日照尺寸做得椴木卷杆二根，柏唐阿苏尔迈交首领苏培盛讫。

143.2. 初十日，首领太监苏培盛交紫檀木匣二个，着收拾。记此。

于八月十二日将紫檀木匣二个收拾完，总管太监张起麟交首领太监苏培盛收。

143.3. 初十日，郎中保德传：做搁花盆杉木杌子六个。记此。

于九月初二日做得杉木杌子六个，首领太监程国用持进，交总管太监李承禄收。

144.1. 十一日，郎中保德传：做花梨木六方灯一对。记此。

于十月初十日做得花梨木六方灯一对，郎中保德呈进。

144.2. 十一日，郎中保德传：做杉木高梯一张，长一丈八尺。记此。

于八月十六日做得杉木高梯一张，郎中保德持进，交太监刘玉收。

145. 十四日，郎中保德传：做紫檀木龛一座。记此。

于九月十四日做得紫檀木龛一座，郎中保德交讫。

146.1. 十八日,员外郎沈嵛传:做楠木插屏二个。记此。

于十月十九日做得楠木插屏二个,交总管太监张起麟持进讫。

146.2. 十八日,郎中保德传:做紫檀木盆景座子一个。记此。

于十月二十七日做得紫檀木盆景座一个,保德交讫。

146.3. 十八日,郎中保德传:做楠木佛龛三座。记此。

于十月初六日做得楠木佛龛三座,保德交讫。

146.4. 十八日,郎中保德传:做杉木八仙桌二张。记此。

于八月十九日买得八仙桌二张,保德交讫。

九月

147.1. 初五日,怡亲王交紫檀木边玻璃插屏一座 镜高六尺三寸,宽三尺四寸,通高八尺,紫檀木边玻璃插屏一座 镜高五尺一寸,宽三尺五寸,通高六尺四寸,宽四尺三寸,紫檀木边玻璃插屏一座 镜高五尺,宽三尺五寸,通高六尺三寸,宽四尺三寸,花梨木边玻璃插屏一座 镜高一尺六寸五分,宽一尺三寸五分,通高三尺五分,宽一尺九寸五分,怡亲王谕:收拾出来备用。遵此。

于十月初八日紫檀木边玻璃镜插屏一座通高六尺三寸,宽四尺三寸,收拾完怡亲王呈进。

三年六月十五日郎中保德要去通高八尺紫檀木边玻璃镜一座,通高六尺四寸,宽四尺三寸紫檀木边玻璃插屏一座,圆明园内用讫。花梨木边玻璃插屏一座现存库。

147.2. 初五日,庄亲王交楠木边玻璃镜一件 无架子,镜高五尺二寸,宽三尺二寸五分,怡亲王谕:配做架子备用。遵此。

于十一月二十七日楠木边玻璃镜子一件,配做得楠木架一件,总管太监张起麟呈进。

147.3. 初五日,庄亲王交坏玻璃镜顶子一件,摆锡玻璃片一块 长三尺,宽一尺四寸五分,怡亲王谕:做吊屏用。遵此。

于十一月初六日摆锡玻璃一块,配做得楠木边吊屏一件,总管太监张起麟呈进。

148. 初六日,郎中保德传:做杉木桶二个,上用铁箍,铁倒环,锡里。

记此。

于九月二十五日做得锡里杉木桶二个，总管太监张起麟持去。

149. 初七日，太监苏培盛传：做杉木卷杆 长二尺五寸二十根，长四尺五寸五根。记此。

于九月初八日照尺寸做得杉木卷杆二十五根，遂交太监夏安持去。

150.1. 十二日，太监王安传：做楠木包镶书格三架 高七尺，宽三尺，入深一尺二寸。记此。

于十一月二十七日做得楠木包镶书格三架，配做素缎帘，总管张起麟交太监王安持去讫。

150.2. 二十日，郎中保德传：做椵木杌子二张。记此。

于十一月二十七日做得椵木杌子二张，郎中保德持去讫。

150.3. 二十日，郎中保德传：做松木佛柜四个。记此。

于十一月二十六日做得松木佛柜四个，郎中保德交总管太监李承禄讫。

150.4. 二十日，郎中保德传：做椵木供桌一张。记此。

于十一月二十七日做得椵木供桌一张，交总管太监张起麟持去讫。

150.5. 二十日，郎中保德传：做楠木插屏一座。钦此。

于十一月初二日做得楠木插屏一座，郎中保德交太监王安持去讫。

150.6. 二十日，总管太监张起麟交红瓷瓶一件，传：配做座子。记此。

于十一月初四日将红瓷瓶一件配做得紫檀木座一件，总管太监张起麟呈进。

151. 二十三日，怡亲王谕：照先做过楠木床样再做一张，外口长七尺，里口宽四尺五寸，三面安栏杆，柱子用钩搭，两边配做衣架，前面安挂幔帐，杆子要用时安上，不用时便取得下来方好。遵此。

于十一月二十七日照尺寸做得楠木床一张，交总管太监张起麟持去讫。

十月

152.1. 初一日，郎中保德奉旨：做楠木床一张 高二尺二寸五分，长三尺五寸，宽二尺五寸，做结实着。钦此。

于十月初十日照尺寸做得楠木床一张，郎中保德呈进。

152.2. 初一日，总管太监张起麟持出铜珐琅瓶一件 随坏紫檀木座一件，传：照样配做新座子。记此。

于十月初三日铜珐琅瓶一件，配做紫檀木座一件，并旧座一件，交太监周世辅讫。

153. 初二日，郎中保德传：做杉木壁子四扇 长五尺九寸，宽九尺六寸。记此。

于十月初五日照尺寸做得杉木壁子四扇，郎中保德持进安讫。

154. 初十日，郎中保德奉旨：做一封书楠木桌一张 高一尺八寸，长三尺六寸，宽一尺九寸，桌边要出五寸。钦此。

于十月初十日照尺寸做得一封书楠木桌一张，郎中保德呈进讫。

155. 十六日，果郡王交琍玛文殊菩萨一尊，奉旨：开光配龛。钦此。

于十月二十日文殊菩萨开光，配得紫檀木龛一座，郎中保德呈进讫。

156. 二十一日，总管太监张起麟持出玻璃竖吊屏一件，奉旨：交造办处收着。钦此。

于三年六月十五日将玻璃竖吊屏一件，配做得楠木边玻璃镜一件，郎中保德要去，圆明园用讫。

157. 二十七日，郎中保德传旨：着做半截腿靠墙安的玻璃镜一面。钦此。

于十一月二十七日做得楠木座半截腿玻璃镜一面，郎中保德呈进讫。

十一月

158. 二十日，总管太监张起麟持出钵盂式小白瓷缸一口，磬口牙色小瓷缸一口 釉上有道子，传旨：着配架子。钦此。

于二年五月初五日钵盂式小白瓷缸一口，磬口牙色小瓷缸一口，各配做紫檀木架一件，总管太监张起麟呈进讫。

159.1. 二十四日，首领太监苏培盛传旨：着做装御笔的楠木匣一个 各长二尺五寸，见方一寸八分，外做黄布面毡衬里外套。钦此。

于十二月初四日照尺寸做得楠木匣二个，随外套二件，总管太监张起麟交首领太监苏培盛讫。

159.2. 二十四日，总管太监张起麟持出楠木边玻璃横吊屏一件，传旨：收着。钦此。

于二年二月十八日将玻璃横吊屏一件，郎中保德交总管太监张起麟持进讫。

十二月

160. 初三日，首领太监苏培盛传旨：着做长二尺五寸，见方一寸八分楠木匣二个，其样法照前做过的样法一样做。钦此。

于十二月初十日照尺寸做楠木匣二件，柏唐阿苏尔迈交首领苏培盛讫。

161. 十七日，怡亲王交宜兴挂釉大乳炉一座内有铜香模一份，王谕：此炉系熊窑的，配做紫檀木座盖，将原来瓷顶仍嵌上。遵此。

于十二月二十五日配做得铜香模一份紫檀木座盖完，怡亲王呈进讫。

162. 二十一日，怡亲王交犀角笔架一件，绿虬角槽笔架一件，王谕：着配座子。遵此。

于二年正月十四日犀角笔架配做得紫檀木座完，怡亲王呈进讫。

于二年二月初十日绿虬角笔架配做得紫檀木座完，怡亲王呈进讫。

163.1. 二十四日，总管太监张起麟交周青绿亚夫方鼎一座嵌玉凤顶紫檀木盖座，嵌玉花顶紫檀木盖一件，奉旨：将此紫檀木盖上玉花顶子取下来，换在方鼎盖上，将方鼎盖上玉凤顶子取下来，安在此紫檀木盖上，方鼎上的原木盖不可换，将座子往秀气里收拾，糊的锦去了。钦此。

于二年正月十七日周青绿亚夫方鼎一座，嵌玉凤顶紫檀木盖座，嵌玉花顶紫檀木盖一件俱换做收拾完，总管太监张起麟呈进。

163.2. 二十四日，总管太监张起麟交周青绿中以父卣一件随紫檀木座一件，奉旨：将紫檀木座往秀气里收拾。钦此。

于二年正月十七日周青绿中以父卣一件，紫檀木座一件，总管太监张起麟呈进。

163.3. 二十四日，总管太监张起麟交商金银蟠螭圆鼎一件 随紫檀木座一件，奉旨：将紫檀木座肚子去了，往秀气里收拾。钦此。

于二年正月十七日商金银蟠螭圆鼎一件，紫檀木座一件收拾完，张起麟呈进。

163.4. 二十四日，总管太监张起麟交汉青绿调和罐一件 青绿匙一把，紫檀木座一件，奉旨：紫檀木座子活动了，往秀气里收拾。钦此。

于二年五月十七日汉青绿调和罐一件，青绿匙一把，紫檀木座一件收拾，总管太监张起麟呈进。

163.5. 二十四日，总管太监张起麟交六朝镶金银犀牛笔插一件 随紫檀木座一件。奉旨：原座子不好，另换秀气些的紫檀木座子。钦此。

于二年正月十七日六朝镶金银犀牛笔插一件，另换做紫檀木座一件，总管太监张起麟呈进。

164. 二十六日，首领太监苏培盛交漆管抓笔一支。传旨：照此笔管样式，用紫檀木做笔管三支。钦此。

于十二月二十八日做得紫檀木笔管二支，并原样漆笔管一支，交太监夏安持去。

于二年正月二十三日做得紫檀木笔管一支，交首领太监苏培盛持去讫。

2. 玉作

正月

201. 二十二日，怡亲王交六兽纽黄寿山石“体元主人”图书一方，双龙白玉“万几余暇”图书一方，檀香木“敬天勤民”图书一方，奉旨：白玉图书上“万几余暇”字磨平，将檀香木图书上“敬天勤民”字砣做在白玉图书上，其檀香木图书不必动，再将白玉图书上“万几余暇”字照“体元主人”图书式样另寻寿山石补做一方。钦此。

于二月初四日刻得收贮螭纽寿山石“万几余暇”图书一方，并原交“体元主人"图书一方,怡亲王呈进讫。

三月初一日砣做得双龙白玉"敬天勤民"图书一方,随象牙顶锦匣,怡亲王呈进讫。

七月二十五日原交檀香木"敬天勤民"图书一方,首领太监苏培盛持去,入在大宝箱内讫。

二月

202. 初十日,怡亲王交玉杏叶壶一件 随紫檀木座,玉净瓶一件有破处,玉茶壶一件,玉蒜头壶一件,玉提梁壶一件,碧玉碗一件,玉桃式水丞一件,蜜蜡荷叶式水丞一件,玛瑙梧桐叶笔砚一件,玉圆盒一件,银晶盒一件 随嵌玉花紫檀木匣,王谕:收拾见新。遵此。

于四月初七日收拾得玉圆盒一件,怡亲王呈进讫。

五月十三日收拾得玛瑙梧桐叶笔砚一件,怡亲王呈进讫。

五月十八日收拾得碧玉碗一件,银晶盒一件完,怡亲王呈进讫。

六月二十五日收拾得玉桃式水丞一件,蜜蜡荷叶式水丞一件,保德呈进奉旨:俱配象牙匙座。钦此。

八月十三日蜜蜡荷叶式水丞一件配得象牙座白玉匙完,白玉桃式水丞一件配得象牙座珊瑚匙完,怡亲王呈进讫。

九月十六日收拾得玉茶壶一件,玉提梁壶一件,怡亲王呈进讫。

雍正二年四月初九日收拾得玉杏叶壶一件,怡亲王呈进讫。

七月初九日收拾得玉净瓶一件,怡亲王呈进讫。

雍正十三年十二月十四日将玉蒜头壶一件,司库常保、首领萨木哈交太监毛团呈进讫。

203. 十三日,怡亲王交定瓷小瓶一件 随乌木座,嘉窑小扁瓷盒一件,白玉小水注一件,官窑花瓶一件,竹节式瓷壶一件 随紫檀木座,定瓷炉一件 随紫檀木盖座,白玉菱花式执壶一件,王谕:俱着唐英照样画。遵此。

于本月十六日定瓷小件等共七件,照样画样完,唐英呈怡亲王看,准将此定瓷小瓶一件,嘉窑小扁瓷盒一件,白玉小水注一件,官窑花瓶一件,竹节式瓷壶一件,定瓷炉一件,白玉菱花式执壶一件,怡亲王俱呈进讫。

204. 十四日，怡亲王交假官窑瓷瓶一件，玉壶一件，汉玉水丞一件随玉匙一件，紫檀木座，王谕：交唐英画样。遵此。

于本日假官窑瓷瓶照样画样完，唐英呈怡亲王看准，随将假官窑瓷瓶一件，玉壶一件，汉玉水丞一件，紫檀木座，俱呈进讫。

205. 二十七日，奏事太监李进玉交紫檀木嵌玉压纸十八件，传旨：将玉拆下来收拾干净仍呈上，其紫檀木压纸收着。钦此。

本日即将玉拆下收拾干净完，交讫。

三月

206. 十一日，怡亲王交汉玉圆炉一件随紫檀木盖座，王谕：另做飞檐盖子，安天然珊瑚顶，座子收拾。遵此。

于二十二日配做紫檀木盖珊瑚顶完，怡亲王呈进讫。

207. 十二日，怡亲王交汉玉螭虎二件，王谕：配做压纸。遵此。

于二十三日配做得紫檀木压纸二件，怡亲王呈进讫。

五月

208. 初二日，怡亲王交玛瑙碗二件，玛瑙浅碟大小八件，玛瑙高杯一件，玛瑙钟子四件，玉菊花式耳钟一件，嵌玉紫檀木压纸二件，青金石橄榄式笔洗一件，青金石单耳小杯一件，白玉小匙三件，王谕：俱收拾。遵此。

于六月二十二日收拾得青金石橄榄式笔洗一件，怡亲王呈进讫。

六月二十五日收拾得青金石单耳小杯一件，怡亲王呈进讫。

六月二十五日收拾得嵌玉紫檀木压纸一件，郎中保德呈览，奉旨：将玉纽上花纹磨去。钦此。

于二十七日遂磨去玉纽上花纹，郎中保德呈进讫。

于七月初二日收拾得玛瑙浅碟二件，怡亲王呈进讫。

雍正二年十二月三十日收拾得嵌玉紫檀木压纸一件，怡亲王呈进讫。

于四年八月十四日收拾得玉菊花式耳钟一件，裕亲王、信郡王、员外郎海望呈进讫。

于十三年十二月十五日将白玉小匙一件，司库常保、首领萨木哈交太监毛团呈进讫。

十月

209. 二十日,郎中保德交水晶花插一件,碧玺一块,玛瑙石子三件,玉盒一件,藤盒一件 内盛沙心玛瑙石一件,传旨:水晶花插改做匙箸瓶,其余应做何物。钦此。

本日郎中保德交海望持去玛瑙石子二件。

于雍正二年三月十四日做得玛瑙石五灵芝一件,紫檀木座,郎中保德呈进讫。

于雍正二年十二月二十九日收拾得玉盒一件,配在四面平安灯格内,怡亲王呈进讫。

于雍正三年九月初七日将藤盒一件内盛沙心玛瑙石子一件,郎中保德呈进讫。

于十三年十二月十八日将水晶花插一件,司库常保交太监毛团呈进讫。

于十三年十二月二十七日将碧玺一块,司库常保交太监毛团呈进讫。

3. 杂活作

二月

301. 二十日,怡亲王交洋漆方套匣一份 内盛镶嵌鼻烟壶一件,奉旨:各匣内酌量配做物件。钦此。

于三月十七日配做紫石砚一方,折子二个,银盒一件,红黑墨二锭,水丞一件,仿圈镇纸一份,黄杨木砚山一件,玛瑙鼻烟壶一件,笔二支,画尺一件,笔船一件,玻璃镜一面,玳瑁梳篦三件,显微镜一件,椰子数珠一盘,书灯一件,方盘一件,册页一件,骨牌一份,火镰包一件,镶嵌鼻烟壶一件,规矩十六件,日晷一件,眼镜一副,千里眼一件,收贮白玉小盒一件,桃式琥珀扇器一件,怡亲王呈进讫。

三月

302. 二十五日，太监杜寿传旨：照沙滚子砖的尺寸做白檀香一块，倘无此香不拘用何样香做亦可。钦此。随定尺寸：长一尺二寸，宽七寸，厚一寸五分。

于四月初七日照尺寸做得白檀香砖一块，重五斤八两，交太监杜寿讫。

四月

303. 十九日，怡亲王交西洋花玻璃镜一件，王谕：配做镜支。遵此。

于六月二十日将西洋花玻璃镜一件，配做得紫檀木镜支一件，怡亲王呈进讫。

304. 二十一日，怡亲王交银台撒方箱一件，王谕：内换紫檀木里，两边安西洋簧，酌量配合盛各样对象。遵此。

于十二月十七日配合簧完银台撒方箱一件，怡亲王呈进讫。

305. 二十七日，奏事太监刘玉交汝窑瓷炉一件嵌鸳鸯荷叶玉顶紫檀木盖，官窑瓷炉一件嵌鹤鹿玉顶紫檀木盖座，哥窑瓷炉一件嵌双螭虎玉顶紫檀木盖座，传旨：汝窑炉上照官窑炉座样配做座子，再汝窑炉盖玉顶与哥窑炉盖顶玉顶选换，其余收拾。钦此。

于六月二十五日汝窑炉一件添做座子一件，汝窑炉盖玉顶与哥窑炉盖玉顶选换，其余俱收拾完，怡亲王呈进讫。

五月

306. 十三日，太监刘玉交紫檀木炉座一件，传旨：面上炉足窝不必动，下边座足花纹改做素的，有收拾处收拾。钦此。

于六月二十二日紫檀木炉座一件收拾完，交太监刘玉持去。

六月

307. 初十日，怡亲王交嵌硝子石紫檀木镇纸二件，王谕：着收拾。

遵此。

于十三年十一月初八日将硝子石紫檀木镇纸二件,交太监毛团呈进讫。

九月

308. 初七日,怡亲王交双荔枝皮一件,王谕:同前交的荔枝皮一并配做盆景。遵此。

于九月十四日同八月十三日交的荔枝皮一件,配做得紫檀木座玻璃罩盆景一件,怡亲王呈进讫。

十月

309. 初一日,郎中保德交朱笔"寿山福海""葫芦福桃""节节平安""福寿香盒""双圆福寿""万福盒""百寿盒"等字样,奉旨:尔等照此字样,各色配盒,酌量多做些活计。钦此。

于十月二十九日做得黄杨木彩漆万字福寿方盒一件,黄杨木节节平安花插一件,象牙双圆福寿盒一件,黄杨木福寿长春漆盒一件,玳瑁六合同春盒一件,龙油珀面玳瑁墙福寿转盒一件,洋漆万福方盒一件,玳瑁福寿双圆转盒一件,黄杨木百寿香盒一件,黄杨木盖八仙祝寿万字方盒一件,绣火镰包二件,龙油珀火镰盒一件,白石双莲嵌紫端墨团紫石荷叶砚一方,嵌紫端墨团绿端石葫芦砚一方,嵌紫端墨团紫石寿山福海砚一方,嵌绿色象牙座寿山石海螺水丞一件,怡亲王呈进讫。

十二月

310. 十六日,怡亲王交蓝方瓷瓶一件 紫檀木座,王谕:配做瓶花,安玻璃罩子。遵此。

于十二月二十九日蓝方瓷瓶一件,配做得玻璃罩五副,青平万寿长春花,怡亲王呈进讫。

311. 十七日,怡亲王交伽楠香一块,王谕:着认看。遵此。

于二年五月初五日怡亲王呈进讫。

312. 二十一日，怡亲王交白石砚山一件，王谕：两边配合对象添做座子。遵此。

于二年正月十四日配做得紫檀座一件，玛瑙水丞一件，墨床一件，怡亲王呈进讫。

4. 皮作

二月

401. 二十七日，首领太监刘希文、太监杜寿交楠木折叠腿桌一张，黄榆木折叠腿桌一张，佛柜一件，金灯匣一件，木匣一件 内盛铜蜡台一对，香炉一件，灯盏二十二件，黄龙瓷钟四件，说怡亲王谕：楠木折叠腿桌子收拾见新，照样换新套，添做红布挖单一个，黄布挖单一个，黄榆木折叠腿桌子收拾见新，照样换新套，佛柜比旧样里口高宽入深俱放五分，另换新套，金灯匣照样另做一件，随配做套、铜蜡台、香炉、灯盏、黄龙瓷一，匣上另配做套。遵此。

于三月二十五日楠木折叠桌一张，收拾见新，照样换做黄布新套一件，添做红黄布挖单各一块，黄榆木折叠腿桌一张，收拾见新，照样换做黄布新套一件，佛柜一件，以旧样里口高宽入深俱放五分，换做黄布新套一件，重做得金灯匣一件，配做得黄布新套一件，盛铜蜡台、香炉、灯盏，黄龙瓷钟匣一件，配做黄布套一件，交首领太监刘希文持去讫。

三月

402. 初五日，大殿首领太监郑忠交包镶毛竹边洋松木活腿桌二张 油单套二件，古绒套二件，布套二件，纺丝垫子二个，说怡亲王谕：着见新收拾，其桌套俱换做新套。遵此。

于三月十六日包镶毛竹边洋松木活腿桌二张，俱收拾见新，配做得新古绒套二件，油单套二件，布套二件，并原油单旧套二件，布套二件，纺丝垫子二件，交首领太监郑忠持去讫。

403. 二十五日，首领太监苏培盛交楠木桌一张，说怡亲王谕：着换面子，见新，配做鹅黄缎套。遵此。

于八月十四日楠木桌一张，换面见新，配做得官用鹅黄缎套一件，交讫。

七月

404. 二十三日，郎中保德传旨：做杉木床一张 长七尺五寸，宽五尺五寸，连架子高六尺五寸，周围做缎刷，配做夹帏帐、被褥、枕头。钦此。

于十月初十日衣服库做得缎刷一份，纺丝夹帏帐一架，被褥、枕头完，郎中保德呈进讫。

九月

405. 二十三日，怡亲王谕：照先做过楠木床样再做一张，两边配做衣架，上面做帘子、帘里，或用红色，或用黄色俱可，不必用蓝色。遵此。

于十一月二十七日做得衣架上红纺丝帘子一个，首领太监程国用持去交太监刘希文讫。

十月

406. 初一日，郎中保德奉旨：做楠木床一张，上配做半截锦套，床上做锦坐褥，棉花要实着，不要泡了，锦选活软些的方好。钦此。

于十月初十日做得半截锦套一件，锦坐褥一个，随床一张，郎中保德呈进讫。

5. 铜作

二月

501. 十三日，怡亲王交哥窑小花樽一件 紫檀木座，王谕：将座子收拾，铜边掐口。遵此。

于二月二十日哥窑小花樽一件，镶铜扣，座子俱收拾完，怡亲王呈进讫。

502. 二十四日，府内取来雕刻紫檀木书格一对，怡亲王谕：着配做饰件、外套。遵此。

于四月初五日雕刻紫檀木书格一对，配做铜镀金饰件，黄杭细面，红杭细里外套一件，怡亲王呈进讫。

6. 炮枪作 附弓作

九月

601. 初五日，怡亲王交虎枪四十杆，王谕：内橄榄木的十七杆，衣巴丹的十五杆，俱见新收拾，再衣巴丹的八杆另换枪头。遵此。

于二年正月二十四日收拾得橄榄木虎枪十七杆，衣巴丹木虎枪十五杆，并衣巴丹木虎枪八杆上枪头另换新枪头八个，呈怡亲王看，奉王谕：好生收着，此枪杆若是虫蛀坏了时，即启我知道，另换枪杆。遵此。

十月

602. 二十四日，黑达子交来桦木乂刀把十个，说怡亲王谕：有用处用。遵此。

于本日随交库依达依拉齐，收库讫。

7. 珐琅作 附大器作、镀金作

三月

701. 十四日，怡亲王交来大小腰圆形珐琅片六片，大小圆形珐琅片七片，大小长方珐琅片十四片，王谕：或配做紫檀木方匣，或做大小盒子，上俱嵌珐琅片，要做秀气些。遵此。

于九月初八日做得嵌珐琅片紫檀木盒一件，怡亲王呈进讫。

于十三年十月二十一日将大小珐琅片二十六件，司库常保持进，交太监毛团呈进讫。

于五年十月十六日穆森持去温都里那石四片，镶鼻烟壶口用讫。

十二月

702. 十五日，总管太监张起麟，茶房首领太监明自忠、李英、吕兴朝同持出交平面桌一张 宜兴壶三把，腰形紫檀木茶盘一件，小瓷缸一件，青花白地瓷钟二件，传旨：平面桌下中间放盛水缸一口，上添做缸盖一件，银水舀子一件，桌面上配银茶叶罐四件，银火壶一把，银凉茶壶一把，银里木盆一件，银屉子一件，银勺子一把，银匙一件，火夹一把，再安宜兴壶三把，茶圆四个，二个在盘子里放着，二个在屉子里收着，腰形茶盘一件，配做泥鳅沿，盘内做双圆套环，双圆内都要托足，往秀气里配合。钦此。

于二年十二月三十日将平面桌一张，上配做得银火壶一把，屉子一件，内随茶圆二件上配金盖一件，银盖一件，银茶叶罐四件，银里木盆一件，银凉茶壶一件，银水舀子一件，匙子一件，勺子一件，火夹子一件，纱兜圈子二件，并原交小瓷缸一口，上配紫檀木缸盖一件，改做得腰形紫檀木茶盘一件，原交青花白地瓷钟二件，宜兴壶三把，总管太监张起麟呈进讫。

8. 镶嵌作 附牙作、砚作

三月

801. 初九日，怡亲王交西洋花玻璃把小刀二把，象牙把小刀一把，银把高丽木鞘小刀一把，铜把小刀二把，王谕：铜把小刀二把俱改做象牙把，其余俱收拾。遵此。

于三月十八日改做收拾得小刀六把，怡亲王呈进讫。

四月

802. 二十九日，郎中保德奉怡亲王谕：尔等用白端石做宝塔一座，先画样看，俟准样时再做。遵此。

于五月十一日画得宝塔纸样一张，郎中保德呈怡亲王看，奉王谕：照样准做。遵此。

于十月三十日照样做得白端石宝塔一件，怡亲王呈进讫。本日奉旨将紫檀木洋金宝塔做一件，其样式照白端石塔一样做。钦此。

于三年八月二十日做得紫檀木洋金宝塔一件，总管太监张起麟持进，供奉在寿皇殿。

9. 匣作

四月

901. 二十一日，奏事侍卫拉锡交玻璃花瓶一件，黄玻璃瓶一件，红玻璃碗一件，蓝玻璃碗一件，红瓷靶碗一件，白瓷靶碗一件，说怡亲王谕：各配做合牌匣，外另做一木匣，装裹妥当。遵此。

于本日玻璃花瓶等六件，各配做合牌匣盛装外，另做杉木套匣一件，包裹妥当，仍交侍卫拉锡持去。

10. 刻字作

六月

1001. 十九日，郎中保德交御笔朱书“太慈后母圣灵之宝位”，奉旨写篆字，刻香牌，配做牌龛。钦此。

于七月初二日南匠袁景劭篆得“孝恭仁皇后大慈皇妣圣灵之宝位”篆文一张，怡亲王呈览，奉旨：准照样刻。钦此。

于九月二十五日做得紫檀木边玻璃门牌龛一座，牌上刻得孝恭仁皇后大慈皇妣圣灵之宝位完，怡亲王呈进讫。本日奉旨：牌龛照样再做一份。钦此。

于三年八月二十日做得紫檀木边玻璃门牌龛一座，牌上刻得孝恭仁皇后大慈皇妣圣灵之宝位完，总管太监张起麟持进，供奉在佛堂内讫。

七月

1002. 十五日，太监胡全忠来说，奏事太监刘玉传旨：将高一寸，宽五分木牌做二件，上刻“总督年羹尧”字样，或用紫檀木，或用黄杨木做俱可。钦此。

于本日照尺寸做得黄杨木牌二件，刻字完，交太监刘玉收讫。

11. 雕銮作 附旋作

三月

1101. 十三日，怡亲王交银丝木笔筒一件，王谕：着改旋直的，下边线要去了，底上起边线。遵此。

于三月十八日改做得银丝木笔筒一件，怡亲王呈进。

1102. 二十二日，怡亲王谕：要做瘿子木痰盂二件。遵此。

于三月二十五日做得痰盂二件,怡亲王呈进讫。

六月

1103. 初五日,总管太监张起麟交圣祖御笔“四星容华”匾一面 冰纹绢地,花梨木夔龙边,高二尺二寸五分,连边宽五尺四寸。传旨:钩下字来照样做匾一面,佛前悬挂,此旧匾仍交进。钦此。

于八月初二日做得匾一面,随锦套并旧匾交首领太监李进朝持去讫。

1104. 二十五日,总管太监刘进忠等交圣祖御笔“四星容华”匾字本文一张,传旨:现今佛堂供的“四星容华”匾不必动,将此真笔交养心殿做匾一面,俟七月内上大坟时放了。钦此。

于七月初十日将真笔“四星容华”匾字本文一张,配做得花梨木夔龙边冰纹绢地“四星容华”匾一面,交首领太监李进朝持去讫。

12. 漆作

八月

1201. 初二日,弘德殿首领太监郭进玉交厂官窑缸一口 花梨木座,小钵盂缸一口 槐木座,传旨:配做彩漆架子,画样呈览再做。钦此。

于九月二十八日画得厂官窑缸上座子纸样一张,小钵盂缸上座子纸样一张,怡亲王呈览,奉旨:照样准做。钦此。

于十二月二十九日小钵盂缸一口配做得彩漆缸架一件,怡亲王呈进。

13. 记事录

三月

1301. 十一日,怡亲王选得本库收贮一等伽楠香重二斤十一两一块,二等伽楠香重四斤六两一块,重四斤二两一块呈览,奉旨:着好生收着,配锡匣，安插盖，勿使透气方好。钦此。

14. 雍正元年正月吉造办处库内收贮档

正月

1401. 十四日，四执事首领太监苗虎、陆全义交长把刀、腰刀共四十一把，双刀一鞘 雍正元年二月初三日，怡亲王呈进讫，洋剑三十七口，枪三十六杆 雍正二年二月初三日，怡亲王谕：交武备院甲库收着，小攮子一件 雍正元年二月初三日，怡亲王呈进讫，钩子四把 雍正二年二月初三日，怡亲王谕：交武备院甲库收着，铁弩弓一件，棒二根，鞭子四把 内安西洋剑红毛藤二根，安西洋剑红毛藤鞭子二把，怡亲王谕：且收在尔等处，俟着收贮物件时再定夺。遵此。

本日太监苗虎交橄榄木长枪五杆，安西洋剑椿皮杆鞭子一把，王谕：着归在先交的一处。

1402. 十九日，四执事首领太监苗虎交安通千里眼红毛藤拄杖六根 内一根底掉了，上截安千里眼红毛藤拄杖十根 内一根不是千里眼，是安□□□的，上截安千里眼竹柱状五根，红毛藤拄杖十一根 内有枪十根，山麻秸拄杖十根，老鹳眼木拄杖七根，竹拄杖四根，棕竹拄杖二根，刺榆拄杖二根，天竺拄杖一根，万年藤拄杖一根，黄杨木拄杖一根，六道木拄杖一根，红毛藤规矩一件，安千里眼铜棒一根，红毛藤二十二根，怡亲王谕：暂且收着，俟看收贮物件时再定夺。遵此。

棉木棒七根，刺榆棒四根，老鹳眼木拄杖二根，人面竹十根 雍正元年正月十五日，首领太监苗虎交下，说此系先交的一事。

二月

1403. 初五日，怡亲王交下黄色冻石一块 十三斤，白色玉石一块 十九斤，奉旨：收着。钦此。总管太监刘进忠交朱砂一块 重二百五十七两，朱砂一块 重一百二十七两五钱，奉旨：收着。钦此。

府内交来寿山石一百斤，紫檀木五百斤 二根，白檀香一百斤，玳瑁五

十片 重七斤，银母五十片 重四十七斤，碧玉一块 重十七斤，白玉一块 重二十五斤，湘妃竹粗细二百根。怡亲王谕：收着。遵此。

1404. 二十七日，奏事太监李进玉交紫檀木嵌玉镇纸十八件，传旨：将玉好生取下来，收拾干净，仍呈上，紫檀木镇纸收着。钦此。

三月

1405.1. 初九日，奏事员外郎双全交下象牙一对 重六十斤，系云南巡抚杨名时进，豆瓣楠木四块 重四十一斤，系总督年羹尧进，传旨：交养心殿。钦此。

1405.2. 初九日，怡亲王交豆瓣楠木小茶盘一件。收着。遵此。系年总督进。

四月

1406. 初四日，珐琅处交来乌木一根 长九尺，重六十四斤，白果木一根 长六尺五寸，凤眼木一块 长二尺五寸，奉怡亲王谕：有用处用。

1407. 二十五日，交碧玉小扇牌一件，龙油珀五小片，御风石四块，洋漆盒三件，金花皮火镰包二件，怡亲王着有用处用。

本日，庄亲王着郎中三保交紫檀木座子大小十二件，贴金花座一件，黄缎袱子二件。

九月

1408. 初五日，郎中保德交有用处用紫檀木边玻璃插屏二座，花梨木边玻璃插屏一座。

十月

1409. 初五日，太监郑忠交来水牛角六十八支，野牛角三十一支，盘羊角十二支，特克角六十一支，羰羊角一百三十三支，黄羊角一百七十八支，鹿角四支，小鹿角四十四个，野猪牙二百个，弓面二副，骲头四百〇三个，骲头杯九十七个，木碗杯八十四个，云楸木五块，桦木根十一块，王谕：收用。

十二月

1410. 初六日,郎中保德交楠木边玻璃吊屏二件。

1411. 十一日,交下金珀笔架一件,怡亲王谕:入在作材料数内用。

1412. 二十一日,交蜜蜡二块 重五两八钱,玛瑙石三块 二十一斤,玉镶嵌一件 入在本年五月初六日档讫,玉觥一件,怡亲王谕:收着作材料用。

雍正二年

1. 木作

正月

101.1. 初四日,怡亲王谕:佛堂西边方龛内配做楠木龛罩榻板一份,踏跺高二寸,宽二尺二寸,进深一尺一寸。遵此。

于正月二十二日方龛上照尺寸做得楠木龛罩榻板一份,总管太监裴起麟交太监焦进朝收。

101.2. 初四日,怡亲王谕:着做楠木长方盘一件,长二尺三寸,宽一尺五分,外口高一寸一分。遵此。

于正月二十二日照尺寸做得楠木长方盘一件,首领太监程国用持去,交总管太监王以诚收。

101.3. 初四日,怡亲王谕:着做楠木悬龛一座,面宽六尺九寸,高二尺三寸,进深七寸五分。遵此。

101.4. 初四日,怡亲王谕:着做楠木挂龛二份,面宽一尺,高七寸,进深一尺八寸,顶柱高一尺六寸,上面出牙子。遵此。

于正月二十二日照尺寸做得楠木挂龛二份,首领太监程国用持去交太监焦进朝收。

101.5. 初四日，怡亲王谕：着做楠木剑架二份。遵此。

于正月二十二日做得楠木剑架二份，太监马进忠持去交太监王安讫。

102. 初九日，怡亲王交铜古佛一尊，王谕：着沈崳送与大喇嘛装藏开眉眼完，再配做新样紫檀木龛。遵此。

本日沈崳遵王谕将铜古佛一尊请至大喇嘛处，装藏开眉眼完，仍请回，配做得紫檀木新样龛一座，随佛衣佛垫，于正月二十五日怡亲王呈进。

103. 十八日，怡亲王交青绿百乳钟一件，王谕：着配做木架。遵此。

于二月十七日青绿百乳钟一件配做得夔龙架木样一件，怡亲王呈览，奉旨：照样用紫檀木做。钦此。

于四月初三日青绿百乳钟一件配得紫檀木夔龙式架一件，怡亲王呈进。

104. 二十三日，总管太监张起麟交铜手铃样一件 外口三寸五分，传旨：着配沉重座子。钦此。

于二月二十三日铜手铃样一件上配得紫檀木座一件，总管太监张起麟呈进。

105.1. 二十四日，总管太监张起麟交红玛瑙碗一件，传旨：着配做好紫檀木座。钦此。

于三月二十四日红玛瑙碗一件配得紫檀木座一件，总管太监张起麟呈进。

105.2. 二十四日，总管太监张起麟交汉玉磬一件，传旨：着配架子，尔等先做样呈览，朕看准时再做。钦此。

于二月十七日做得夔龙式磬架木样一件，怡亲王呈览，奉旨：照样用紫檀木做。钦此。

于四月初三日汉玉磬一件配得紫檀木夔龙式架一件，怡亲王呈进。

二月

106. 初五日，总管太监张起麟交铜小钟一件 随木架一件，木锤一件，传旨：着另配做木架，添做珐琅钩，尔等先做样呈览，俟准样时再做。钦此。

于二月十七日做得夔龙式钟架木样一件，怡亲王呈览，奉旨：照样准做。钦此。

于三月二十四日铜小钟一件上配得紫檀木夔龙式架一件，挂钟的珐琅钩一件，锤子一件，并原交木架木锤一件，怡亲王呈进。

107. 三十日，怡亲王交楠木提梁小匣二个，楠木小方匣一个，王谕：此匣系里边用的，尔等好生收着。遵此。

本日随交木作催总马尔汉、木匠卢玉持去。

三月

108. 初五日，太监夏安来说，首领太监苏培盛传：做杉木卷杆十根，各长二尺八寸，见方六分。记此。

于三月十八日照尺寸做得杉木卷杆十根，交太监夏安持去。

109. 二十二日，总管太监张起麟传旨：着照红氆氇褥子做杉木杌子四个，各高五寸五分，见方二尺四寸。钦此。

于三月二十三日照尺寸做得杉木杌子四个，首领程国用持去交太监王安讫。

四月

110. 初一日，太监陈泰交玻璃镜一面 长四尺，宽三尺一寸三分，随破玻璃镜边条一根，传旨：此玻璃镜做吊屏用。钦此。

于五月初四日做得楠木边玻璃镜吊屏一件，总管太监张起麟呈进。

111. 十二日，太监张进喜交豆瓣楠木心花梨木矮桌一张，说太监陈泰传旨：此桌撬了，压好，裂缝处粘补收拾。钦此。

于四月十五日粘补收拾得楠木心花梨木矮桌一张，交太监张进喜持去。

112. 十四日，太监刘玉交红地五彩花碗二十件，传旨：着配做木匣二个，每匣内盛碗十件，里边安格屉板，外糊黄纸。钦此。

于四月十五日做得杉木匣二件，每匣内盛红地五彩花碗十件，首领程国用持去交太监刘玉收。

六月

113. 初八日，广储司茶叶库员外郎厄尔敏送来紫檀木六根，说庄亲王传旨：交养心殿有用处用。钦此。

114. 二十一日，奏事太监刘玉传旨：着做盛锡匣杉木外套匣二个，里外俱糊黄纸。钦此。

于七月初三日做得糊黄纸杉木外套匣二个，首领程国用持去交太监刘玉收。

115. 二十四日，奏事太监张玉柱传旨：做好佛龛一座，佛身高五寸五分，入深四寸二分，面宽四寸八分。钦此。

于七月十五日照尺寸做得紫檀木玻璃门龛一座，总管太监张起麟呈进。

116. 二十八日，奏事太监刘玉传旨：着做杉木发报匣一个，长七寸，宽六寸，高七寸五分，里外俱糊黄纸。钦此。

于六月二十九日照尺寸做得杉木糊黄纸发报匣一件，首领程国用持去交太监刘玉收。

117. 三十日，奏事太监刘玉交扬幡一对，传旨：着配做木箱一个。钦此。

于本日做得杉木箱一件，内盛扬幡一对，首领程国用持去交太监刘玉收。

七月

118. 初七日，太监郑忠来说，总管太监张起麟传旨：着做盛玻璃盘碗壶杉木发报匣九个，外套匣二个。钦此。

本日做得杉木套匣二个交太监郑忠持去。

于七月初十日做得杉木发报匣九个，交太监郑忠持去。

八月

119. 十二日，郎中保德奉旨：着做紫檀木异兽靶碗座子九对，异兽身上安并头莲，空内开眼，安瓷把，其碗向总管太监处要有寿意宣瓷靶碗用。钦此。

于八月二十九日做得紫檀木异兽靶碗座子九对，总管太监张起麟向里边要出寿意宣瓷靶碗九对，郎中保德呈进。

九月

120. 十二日，郎中保德传做紫檀木盘子二个。记此。

于九月十五日做得紫檀木盘子一个，交沈祥送至圆明园交郎中保德收。

于九月二十日做得紫檀木盘子一个，郎中保德呈进。

十月

121. 初一日，奏事太监刘玉交紫檀木匣套六件 每件前面嵌玻璃片一片，传旨：交养心殿有用处用。钦此。

于十月十四日总管太监张起麟启知怡亲王，奉王谕：玻璃片做窗户用，紫檀木匣套装着。遵此。

122. 十二日，怡亲王交汝窑瓷盒一件 随紫檀木套盒一件，王谕：着收拾。遵此。

于十一月初七日收拾得汝窑瓷盒一件，紫檀木套盒一件，怡亲王呈进。

123. 二十七日，总管太监张起麟交佛一尊，说奏事太监刘玉传旨：着配做如意龛。钦此。

于十月三十日佛一尊配得紫檀木如意龛一座，首领程国用持去交太监刘玉收。

十一月

124.1. 初五日，总管太监张起麟交宋瓷炉一件 无座，哥窑炉一件 无座，汉玉杠头瓶一件 无座，三喜觥一件 无座，哥窑瓶一件 木匣盛，天然石笔洗一件 木匣盛，宋汝窑瓶一件 木匣盛，白玉透花小插屏一件 木匣盛，传旨：无座子的俱配做紫檀木座子，匣子收拾。钦此。

于十一月初六日宋瓷炉一件,汉玉杠头瓶一件,三喜觥一件,哥窑炉一件,各配做得紫檀木座一件,天然石笔洗一件,宋汝窑瓶一件,白玉透花小插屏一件,青瓷瓶一件,哥窑瓶一件,各将原随木匣收拾完,总管太监张起麟呈进。

124.2. 初五日,总管太监王以诚、刘进忠交宣窑青花马褂瓶一件 无座,青绿太极壶一件 无座,玉笔洗一件 木匣盛,玉船一件 木匣盛,珊瑚龙一件 木匣盛,官窑笔洗一件 木匣盛,汉玉磬一件 木匣盛,银晶琴式笔格一件 木匣盛,白玉笔格一件 木匣盛,玉单靶杯一件 木匣盛,葵花笔洗一件 木匣盛,青绿双喜樽一件 木匣盛,汉玉三喜觥一件 木匣盛,传旨:无座子的俱配做紫檀座子,匣子收拾完。钦此。

于十一月初六日宣窑青花马褂瓶一件,青绿太极壶一件各配做紫檀木座一件,玉笔洗一件,玉船一件,珊瑚龙一件,官窑笔洗一件,汉玉磬一件,银晶琴式笔格一件,白玉笔格一件,玉单靶杯一件,葵花笔洗一件,青绿双喜樽一件,汉玉三喜觥一件,各将原交木匣收拾完,总管太监张起麟呈进。

124.3. 初五日,总管太监张起麟交花梨木竖柜一对,顶柜一对,传旨:着粘补收拾好赏怡亲王。钦此。

于十一月二十八日收拾粘补得花梨木竖柜一对,顶柜一对,催总马尔汉送至怡亲王府交收。

125. 初六日,总管太监张起麟交古铜樽三件,古铜钟一架 随紫檀木木锤架,传旨:古铜樽配做紫檀木座子,钟锤上换新绦子,其钟架见新收拾。钦此。

于十一月初七日古铜樽三件配做得紫檀木座子三件,古铜钟一件,木锤架换绦子见新收拾完,总管太监张起麟呈进。

126. 二十九日,太监宋礼传旨:将柳木牙签做些备用。钦此。

于十二月初五日做得柳木牙签二百根交太监宋礼持去。

十二月

127. 初五日,郎中保德传旨:着做抽信楠木杌子二件,上下要见方一尺一寸,牙子上下俱要矮些,合尺寸,其信子本身高九寸,抽起要一尺八寸,放下只九寸。钦此。

于十二月十七日照尺寸做得抽信楠木杌子二件交太监夏安持去。

128. 初十日，奏事太监刘玉、张玉柱交佛一尊 系达赖喇嘛进，传旨：着配做紫檀木如意龛。钦此。

于十二月三十日佛一尊，配得紫檀木如意龛一座，首领程国用持去交太监刘玉、张玉柱同收。

2. 玉作

二月

201.1. 十一日，怡亲王交汉玉插屏一件 乌拉石座，王谕：仍做插屏，镶紫檀木边。遵此。

于十三年十月十九日将汉玉插屏一件，司库常保交太监毛团呈进讫。

201.2. 十一日，怡亲王交九龙荆州石瓶一件 紫檀木座，王谕：改做收拾。遵此。

于三年五月初五日收拾得荆州石瓶一件，紫檀木座，怡亲王呈进，奉旨：将宋龙螭纹磨去，改做素的，其嘴腰上花纹留着。钦此。

于本年八月十一日改做得荆州石瓶一件，紫檀木座，怡亲王呈进讫。

201.3. 十一日，怡亲王交汉玉九螭瓶一件 底子系安的紫檀木座，王谕：此瓶着人认看，若改做得再改做。遵此。

于二月二十一日据玉匠邹本文认看得系汉玉的，其瓶底系安做的，难以改做。怡亲王呈进讫。

202. 二十日，怡亲王交蓝色玛瑙石一块，王谕：着改做笔架。遵此。

于三月二十四日改做得紫檀木座玛瑙笔架二件，怡亲王呈进讫。

3. 杂活作

正月

301. 初九日，怡亲王交水晶太平车一件 玛瑙把，王谕：将拴绦子处改做。遵此。

于二月初一日收拾得玛瑙把水晶太平车一件，郎中保德呈怡亲王看，奉王谕：好生配架子，入在博古书格内。遵此。

于十月二十八日配做得紫檀木架水晶太平车一件，随博古格，怡亲王呈进。

302. 二十七日，总管太监张起麟交青绿双耳瓶一件 嵌玉顶紫檀木盖座，奉旨：将此座子边子做文雅，着盖子收拾紧凑。钦此。

于二月十八日收拾得青绿双耳瓶一件，交总管太监张起麟持去讫。

303.1. 二十八日，郎中保德奉怡亲王谕：尔等将活计预备做些，端阳节呈进，俟后中秋节、万寿节、年节下俱预备做些活计呈进，其应做何活计，尔等酌量料理。遵此。

于五月初四日做得镶嵌五毒鼻烟壶一件，镶嵌福儿鼻烟壶一件，雕刻桃核花篮一件，杏木菱角核桃荔枝笔架一件，青瓷瓶莲艾一件，温都里那石盒二件，蓝玻璃瓶一件，紫檀木座，怡亲王呈进。

于八月十四日做得节节双喜象牙盒一件，福寿长春象牙盒一件，镶嵌紫檀木日月长明盒一件，镶嵌玉兔秋香鼻烟壶一件，镶嵌蟾宫折桂鼻烟壶一件，通草戴花二十四匣，娃娃十匣，怡亲王呈进讫。

于十月二十九日做得黄色石万福来朝盒紫端石砚一方，紫色石鹦鹉献桃盒绿端石砚一方，象牙雕五鹅笔架一件，象牙雕九鹑团聚笔架一件，黄杨木如意一件，匙箸瓶一件，葡萄香碟一件，灵芝香盒一件，镶嵌四季花紫檀木笔筒一件，玳瑁罩套火镰包二件，镶嵌福如东海紫檀木圆盒一件，绣线火镰包二件，镶嵌芝仙祝寿紫檀木圆盒一件，红羊皮彩画寿意火镰包二件，镶嵌福寿三多盆景一件，眉寿青瓶一件，镶嵌紫檀木方笔筒玻璃碟四件，镶嵌紫檀木芝仙祝寿盒二件，玻璃杯八件，寿山福海水丞一件，象牙茜绿座镀金匙福寿长春盒一件，象牙茜绿座万事如意盒一件，蟠桃九熟盆景一件，长方假松石盆万国先春盆景一件，海棠式瓷盆天禄万年盆景一件，海棠式假寿山石盆福寿三多盆景一件，长方形假寿山石盆，怡亲王呈进讫。

于十二月三十日做得彩漆圆盒一件，通草戴花八十匣，翎管花二十匣,娃娃四十匣,霁青瓶一件上配灵芝花一束,彩漆描金盆景一份上配珐琅大萝卜一件,虬角白菜匙箸瓶一份随镀金珐琅匙箸白端石香盒一件,紫端石砚一方,白玻璃水丞一件随珊瑚水提,玛瑙面紫檀木墨床一件,白玉桥梁紫檀木镇纸一件,蜜蜡灵芝笔架一件随笔二支,本折二件,紫檀木都盛盘一件内盛满朝如意黄石盒紫端砚一方,寿山石笔架一件,白端石鹅形水丞一件随珊瑚匙象牙座,象牙三阳开泰镇纸一件,象牙手格一件,西山石葡萄式笔砚一件,黄杨木笔筒一件,紫檀木葡萄叶盘一件内盛象牙果子式鼻烟壶四件,杏木根如意一件,四面平安灯格一架内盛行库贮碧玉杯一件,白玉小圆盒一件,白玉小执壶一件,匣作收贮金银双喜瓶一件,青绿天鸡水注一件,宣铜虬耳炉一件,文藻石砚一方,玛瑙碟子一件,玛瑙面腰圆玳瑁盒一件,寿山石鹦鹉献桃陈设一件,玉八宝十份,怡亲王呈进讫。

303.2. 二十八日,郎中保德奉怡亲王谕:将紫檀木帽架做二份,白檀香帽架亦做一份。遵此。

于五月十七日做得紫檀木帽架二份,白檀香帽架一份,俱安黄铜镀金卡子,怡亲王呈进讫。

303.3. 二十八日,郎中保德奉怡亲王谕:着做紫檀木架四面玻璃镜一件。遵此。

于七月初九日做得紫檀木架四面玻璃镜一件,怡亲王呈进讫。

五月

304. 二十五日,郎中保德奉旨:着做风扇一座。钦此。

于五月二十九日做得楠木架铁信风扇一架,上安小羽扇六把,郎中保德呈进,奉旨:再做一份,架子矮着些,安大些的羽扇,再将葵黄纱风扇做一份。钦此。

于六月初八日做得紫檀木架嘛呢顶大羽毛扇一份,葵黄纱扇一份,郎中保德呈进,奉旨:葵黄纱扇做的好,照样再做二份,将蓝色绫风扇亦做二份。钦此。

于六月十七日做得葵黄纱风扇一份,交太监韩贵持去讫。

于六月十九日做得葵黄纱风扇一份,首领太监程国用持去交总管太监李承禄讫。

于六月二十八日做得蓝绫风扇一份，交太监芮席持去讫。

八月

305. 十二日，总管太监张起麟交西洋鞭子把子破坏，奉旨：照样做一把，其饰件做铜的，安紫檀木把。钦此。

于八月二十二日做得紫檀木把铜饰件鞭子一把，并原样鞭子一把交太监韩贵持去讫。

306.1. 十九日，总管太监张起麟交玻璃镜二块，奉旨：配楠木架，雕刻镶嵌寿字。钦此。

于八月二十四日做得画银母寿字镶嵌紫檀木红福楠木插屏样一件，通高八尺，宽三尺五寸，玻璃镜心高五尺六寸五分，宽三尺六寸，总管太监张起麟呈览，奉旨：照样做，此插屏后面用金笺纸写篆石青百寿图。钦此。

于十月二十九日照尺寸做得银母寿字镶嵌紫檀木红福，背后金笺纸上篆石青字百寿图楠木插屏二座，总管太监张起麟呈进讫。

306.2. 十九日，总管太监张起麟交玻璃镜一块，奉旨：配雕刻紫檀木架。钦此。

于八月二十四日做得雕刻番花紫檀木插屏样一件，通高五尺九寸，宽三尺三寸，玻璃镜心高三尺六寸五分，宽二尺七寸八分，总管太监张起麟呈览，奉旨：此插屏亦照楠木插屏样大边做素的，其牙子座子俱照样做。钦此。

于十月二十九日照尺寸做得雕刻番花紫檀木插屏一座，总管太监张起麟呈进讫。

306.3. 十九日，总管太监张起麟交玻璃镜一块，奉旨：配雕刻楠木架。钦此。

于八月二十四日做得画雕刻番草楠木插屏样一件，通高五尺九寸，宽三尺三寸，玻璃镜心高三尺六寸五分，宽二尺七寸八分，总管太监张起麟呈览，奉旨：此插屏大边做素的，其牙子座子俱照样做。钦此。

于十月二十九日照尺寸做得雕刻番草楠木插屏一座，总管太监张起麟呈进讫。

九月

307. 初一日画得双圆盒样一件，双佛手盒样一件，双石榴盒样一件，松竹梅如意盒样一件，双桃盒样一件，郎中保德呈览，奉旨：照样做。钦此。

于十月二十九日做得象牙双圆夔龙盒一件，松竹梅如意盒一件，黄杨木双桃盒一件，双石榴盒一件，双佛手盒一件，怡亲王呈进讫。

十月

308. 二十七日，总管太监张起麟交桦木刀把八件，说奏事太监刘玉传旨：有用处用。钦此。

4. 炮枪作 附弓作

二月

401. 三十日，郎中保德查得康熙六十一年十二月十四日，四执事交出橄榄木长枪五根，并武备院甲库送来橄榄木长枪一根，启知怡亲王，奉王谕：橄榄木枪杆好，暂放着。遵此。现存库。

十二月

402. 二十二日，怡亲王交上用衣巴丹木虎枪杆四根，阿尔斑衣巴丹木枪杆七根，衣巴丹木长枪杆六根，核桃木长枪杆三根，落叶松交枪鞘六件，落叶松线枪鞘八件，柳木箭杆一百根，桦木箭杆一百根，王谕：此箭杆交在箭匠房，枪杆好生收着。遵此。

于本日将箭杆二百根交固山达四格持去讫。

于四年十二月二十九日将衣巴丹木虎枪杆十一根，长枪杆六根，核桃木长枪杆三根，落叶松交枪鞘八件，线枪鞘八件俱火毁讫。

5. 镶嵌作 附牙作、砚作

四月

501. 十二日，怡亲王交蜜蜡鸳鸯暖手一件，二等伽楠香一块重四斤六两，王谕：将此伽楠香照蜜蜡鸳鸯样做暖手二件，余剩伽楠香应做何物，酌量用。遵此。

于四月十五日做得伽楠香鸳鸯暖手二件，重六两六钱，折耗一两二钱，并原交蜜蜡鸳鸯暖手一件，并做得伽楠香扇器三件，重二两七钱，怡亲王呈进。

于四月十九日做得伽楠香山子一件，重一两二钱，怡亲王呈进。

于六月初四日将伽楠香三斤十两三钱，郎中保德持去呈怡亲王收下。

五月

502. 二十一日，总管太监张起麟交瘿子木、花榆木攽凑桃式盒紫端砚一方，传旨：照样做几方，原砚收拾干净仍呈进。钦此。

于八月十一日做得花榆木攽凑桃式盒紫端石砚二方，怡亲王呈进。

于十二月三十日做得花榆木攽桃式盒紫端砚二方，并原交瘿子木、花榆木攽凑桃式盒紫端砚一方，怡亲王呈进。

503. 二十七日，太监胡全忠交来紫端石砚一方花梨木根匣，说太监刘玉传旨：收着。钦此。

于八月十九日将紫端石砚一方随匣仍交太监胡全忠持去。

十月

504. 二十七日，总管太监张起麟交桦木刀鞘二件，说太监刘玉传旨：配做压纸，其纽亦用此样木做。钦此。

于十二月二十五日配做得桦木压纸二件，总管太监张起麟呈进。

十一月

505. 二十九日，怡亲王选得库内收贮歙石砚一方，王谕：着配杏木砚盒，内配做小饰物件。遵此。

于十二月初五日歙石砚一方配得杏木盒一件，内配折叠竹尺一件，象牙起子一件，黑红墨二锭，紫檀木笔船一件，牙把小刀一件，铜铅笔一支，员外郎海望呈怡亲王看，奉王谕：着将此砚内黑红墨、笔船、小刀、铅笔俱取出不用，另做大小规矩一份，再砚盒口亦紧，好生收拾。遵此。

于三年四月十二日歙石砚一方，内另配得大小规矩一份，怡亲王呈进。

6. 匣作

正月

601. 初四日，总管太监张起麟传旨：着做博古书格二个。钦此。

于正月二十四日做得合牌百什件书格样一件，怡亲王呈览，奉旨：照样准做。钦此。

于十月二十八日做得紫檀木博古书格二个，怡亲王呈进。

雍正三年

1. 木作

正月

101.1. 初三，总管太监张起麟交坐像无量铜佛一尊，传旨：着李振芳开光，做龛，漆佛衣。钦此。

于二月二十二日配做得紫檀木龛一座，随黄缎佛衣一件，并原交坐像无量铜佛一尊着李振芳开光讫。总管太监张起麟请进呈进讫。

101.2. 初三日，总管太监张起麟交立像铜金刚一尊，传旨：着李振芳开光，做龛，佛衣纽扣拆去。钦此。

于二月二十二日配做得紫檀木龛一座，原佛衣纽扣拆去，并原交立像铜金刚一尊，着李振芳开光讫。总管太监张起麟请进呈进讫。

102.1. 初十日，总管太监张起麟交红藏香一根 长四尺五寸五分，传旨：着配做木匣盛装。钦此。

于本月二十五日配做得杉木匣一件，内盛原交红藏香一根，总管太监张起麟呈进讫。

102.2. 初十日，怡亲王交内造缎二十匹，青玉盒一件，珐琅炉瓶盒一份，玻璃大碗四件，汉玉磬一件，玻璃盖碗六件，玉罐一件，青花白地龙凤盖碗十二件，玉壶一件，青花白地龙凤盖钟十件，玉圆盒一件，瓷胎烧金珐琅有把盖碗六件，汉玉腰圆炉一件，青龙暗水大碗十件，青玉圆花插一件，青团龙大碗十件，玉九螭觥一件，青花莲子大碗十二件，红地万福青水宫碗十件，绿地紫云茶碗十件，五彩万寿字宫碗十二件，绿龙六寸盘十件，青花如意盘二十件，五彩万寿字八寸盘十二件，填白八寸盘十二件，紫檀木盒绿端砚二方，怡亲王奉旨：着配做木箱盛装，赏暹罗国。钦此。

于本月十八日将原交内造缎等项共二十八项，俱配木匣装固妥，郎中保德、员外郎海望同交礼部主客、清吏司主事徐士林领去讫。

103. 二十六日，总管太监王以诚传：做楠木小杌子一张 长一尺三寸，宽一尺二寸五分，高四寸二分，上配青高丽布褥子一个，古绒褥子一个。记此。

于本月二十七日照尺寸做得楠木杌子一张，上配做青古绒褥子一件，高丽布褥子一件，首领太监程国用持去交太监王以诚讫。

二月

104. 十九日，怡亲王交御笔墨迹，鹅黄绫画泥金九龙流云边“日南世祚”匾一张，古文渊鉴四套 二十四本，佩文韵府十套 九十五本，渊鉴类函二十套 九十五本，内造缎二十匹，珐琅炉瓶盒一份，玉壶一件，玉花插一件，青玉壶一件，白玉花瓶一件，碧玉花插一件，玉笔洗一件，玉圆盒一件，玉长方炉一件，玻璃大碗四件，顶圆紫青玻璃盖碗六件，青花白地盖碗十二件，青花白地龙凤盖钟十件，青龙暗水大碗十件，青团龙大碗十件，红地万福宫碗十件，五彩万寿宫碗十件，绿龙六寸盘十件，万寿五彩八寸盘十二件，青团龙暗水大宫碗十件，青花绿龙宫碗十件，霁青暗龙白里盘二十件，祭红八寸盘十二件，紫檀木盒绿端砚一方，葫芦盒砚一方，怡亲王奉旨：着配做木箱盛装，赏安南国。钦此。怡亲王又交赏安南国陪臣三人每人银一百两，官用缎六匹。遵此。

于本月二十四日将原交赏安南国王，御笔墨迹“日南世祚”匾等项共三十项俱做木箱，装固妥并赏陪臣三人每人银一百两，官用缎六匹，郎中保德、员外郎海望同交礼部主客、清吏司主事徐士林领去讫。

105. 二十九日，总管太监张起麟着太监陈进朝交来铜佛一尊 系坐像，左耳边有磕坏处，镶嵌绿宝石少九块，传旨：着配龛。钦此。

于三月二十五日配做得紫檀木龛一件，并原交坐像铜佛一尊，总管太监张起麟交太监陈进朝请去讫。

三月

106. 初三日，太监刘玉传旨：着做喇嘛香样三根，长五尺，径一寸七分五厘一根；长四尺二寸，径一寸六分一根；长三尺五寸，径一寸五分一根。钦此。

于三月十五日照尺寸做得杉木香样三根，首领太监程国用持去交太监刘玉呈进讫。

四月

107. 十三日，做得刷黄椴木签筒样一件 随竹签一根，总管太监张起麟呈览，奉旨：签筒盖座顶子俱照此样款式做二件，要雅素，不必雕花，其高矮随签子尺寸酌量做，外面要扫金罩漆做法，签子二份，每份计一百支，各通长一尺一分，签头长一寸，雕做夔龙式贴金，签身二面罩粉油。钦此。

于八月十三日做得扫金罩漆签筒二件，竹签子二份，总管太监张起麟呈进讫。

于八月十五日首领太监程国用来说，总管太监张起麟传：做椴木胎，糊黄绢面红绢里盛签筒匣二件，签匣二件。记此。

于八月十七日做得椴木胎外糊黄绢面红绢里签筒匣二件，签匣二件，总管太监张起麟交首领太监李统忠讫。

108. 二十七日，郎中保德查得造办处库贮紫檀木玻璃插屏一座 玻璃长五尺，宽三尺三寸，玻璃镜一面 玻璃长三尺，宽二尺一寸五分，边宽五寸，广储司库贮玻璃一块 长三尺四寸五分，宽二尺三寸五分，玻璃镜一面 玻璃长三尺四寸，宽二尺四寸，边宽五寸二分，缮折启知怡亲王，奉王谕：尔持去圆明园用。遵此。

于本日将玻璃镜四面，郎中保德持去圆明园用讫。

七月

109.1. 十六日，员外郎海望传旨：着做抽长花梨木床二张，各高一尺，长六尺，宽四尺五寸，中心安藤屉，用锦做床刷子，高九寸。钦此。

于十九日做得抽长床小木样一件，员外郎海望呈览，奉旨：腿子上做顶头螺丝。钦此。

于八月初八日员外郎海望又奏，为抽长床上刷子应用何样做等语，奉旨：床刷子做锦的，床面做毡的好，其做床刷应用锦，尔将造办处库内锦拿几样来，俟朕选过再做。钦此。

于初九日选得造办处库内锦七匹，缎库内锦五匹，员外郎海望呈览，奉旨：准深蓝地小菱花锦做床套用。钦此。

于八月二十四日照尺寸做得藤屉抽长花梨木床二张，随锦刷子二份。员外郎海望奏闻，奉旨：送往圆明园安放。钦此。

于八月二十五日抽长花梨木床二张，随锦刷子二份，柏唐阿苏尔迈送去交郎中保德收讫。

109.2. 十六日，员外郎海望奉上谕：圆明园后殿板墙上，朕欲安一戳灯样，二面安玻璃，中间格挡，尔画几张呈览。钦此。

于七月十九日画得戳灯样一张，员外郎海望呈览，奉旨：不必做灯，二面安玻璃，中间衬红。钦此。

于八月二十日做得糊连四纸杉木板墙上戳灯一份，安玻璃二块，各长一尺七寸五分，宽一尺五寸五分，中间衬红杭细合牌挡板一块，员外郎海望带催总常保赴圆明园后殿安讫。

八月

110. 初四日，总管太监刘进忠交珐琅抽长蜡台一对，着做木套软里匣。记此。

于本月十九日做得珐琅蜡台一对，杉木软里匣一件，首领太监程国用持去交总管太监刘进忠收讫。

111. 初六日，首领太监哈元臣来说，太监杜寿传：做木匣一件，里口长一尺八寸，宽九寸，高七寸。记此。

于本日照尺寸做得杉木匣一件，首领太监哈元臣持去交太监杜寿收讫。

112. 初八日，员外郎海望奉旨：尔照先传做的花梨木藤屉床尺寸一样做柏木床二张，其刷子、抽长腿子俱照样做，再做花梨木格子一对，高二尺七寸，宽一尺三寸，长四尺，中层安小抽屉，下层要配安大抽屉，外面挂缎帘子，抽屉俱安西洋锁，画样呈览过再做。钦此。

于八月初九日员外郎海望画得花梨木书格样四张呈览，奉旨：尔照此六个抽屉的画样，做花梨木书格四个，其余三张每样做一个，共做七个。钦此。

于八月二十四日做得长四尺，宽一尺二寸，高二尺七寸六个抽屉花梨木书格四架，员外郎海望呈上留下。

于九月初七日做得长四尺，宽一尺三寸，高二尺七寸七个抽屉花梨木书格一架，八个抽屉花梨木书格一架，五个抽屉花梨木书格一架，总管太监张起麟呈上留下。

于四年三月二十一日做得抽长柏木床二张，菱花锦套二件，随红白毡，员外郎海望呈上留下。

113. 初九日，总管太监刘进忠、王以诚交蓝龙白地厂官窑缸一口随旧座一件，传旨：着另配座子，比旧座放高二寸，用榆木做，打花梨木色。钦此。

于十月初二日配做得榆木打花梨木色缸座一件，并原交蓝龙白地厂官窑缸一口，随旧座子一件，首领程国用持去交总管太监王以诚收讫。

114.1. 初十日，员外郎海望奉旨：将盛东西的匣子或一尺上下，或宽八九寸，高六七寸，尔等酌量配合，做硬木的几对，匣内安隔断屉子，匣上合扇或镀金或镀银，安西洋锁。钦此。

于八月二十四日做得花梨木糊合牌屉黄绫匣一对，员外郎海望呈进讫。

于八月二十五日做得花梨木糊合牌屉黄绫匣一对，员外郎海望呈进讫。

于九月初四日做得花梨木糊合牌屉黄绫匣一对，员外郎海望呈进讫。

114.2. 初十日,员外郎海望奉旨:将四方书格,或见方一尺八寸以下,一尺二寸以上,高六尺以下,一尺五寸以上,尔将硬木的做几对,上安栏杆。钦此。

于九月初九日做得紫檀木安栏杆四方小书格一对,总管太监张起麟呈进讫。

于十月二十九日做得紫檀木安栏杆四方小书格一对,总管太监张起麟呈进讫。

115.1. 十一日,怡亲王传:做签筒一对,腰身做整竹筒,上口略窄些,座盖或做紫檀木,或做高丽木,签筒内做合竹签子二百根,签头上照先做过的夔龙式,不必满贴金,做钩金的。遵此。

于九月二十日做得紫檀底盖竹筒一对,合竹签二百支,首领程国用持去,总管太监张起麟收讫。

115.2. 十一日,怡亲王奉旨:将闲余臂搁做几件。钦此。

于八月二十四日做得楠木闲余臂搁六副,员外郎海望呈进,随奉旨:送往圆明园去。钦此。

于本日将闲余臂搁六副交催总马尔汉送至圆明园,交郎中保德讫。

116. 二十五日,员外郎海望奉旨:着做花梨木雕寿字饭桌十八张。钦此。

于本月二十六日做得百寿桌样一张,员外郎海望呈览。奉旨:照样准做。钦此。

于九月二十八日做得花梨木百寿饭桌十八张,员外郎海望呈进讫。

117. 二十七日,首领太监程国用来说,养心殿佛堂内太监焦进朝传旨:着做如意佛龛一座,随佛衣一件。钦此。

于九月二十八日做得紫檀木佛龛一件,首领太监程国用持去交太监焦进朝讫。

118. 二十八日,据圆明园来帖内称,总管太监张起麟传旨:着做宽四尺三寸,高六尺硬木靠墙半出腿玻璃镜一面,再有架子玻璃镜挂屏,或造办处库内,或广储司库内多选几份。钦此。

于二十九日郎中保德又传旨:尔等将靠墙陈设半出腿玻璃镜,并墙上挂的玻璃镜,可选库贮大些的玻璃多做几面。钦此。

于九月十五日总管张起麟说,太监刘希文、杜寿传旨:做的半出腿玻璃插屏并玻璃吊屏怎么样了,再将所有的大小玻璃插屏俱查来。钦此。

于九月十七日做得楠木半出腿玻璃插屏一座,又查得造办处库贮楠木边横玻璃镜吊屏一件,高二尺九寸,宽三尺七寸,玻璃边玻璃吊屏一件,高二尺八寸,宽一尺八寸,花梨木边玻璃插屏一座,高二尺〇七分,宽一尺九寸五分,紫檀木边玻璃插屏二座,各高一尺五寸,宽九寸五分,首领太监程国用持去,交太监刘希文、杜寿收讫。

119. 二十九日,据圆明园来帖称,总管太监刘进忠交镶楠木边玻璃长二尺一寸五分,宽一尺六寸二分一块,玻璃长三尺五寸五分,宽二尺三寸五分二块,玻璃长二尺五寸七分,宽一尺九寸五分一块,传旨:此三块玻璃照此镶楠木边玻璃一样,配做楠木边。钦此。

于九月初一日做得镶楠木边玻璃三块,并原样楠木边玻璃一块,太监吕进朝持去交总管张起麟、刘进忠收讫。

九月

120. 初三日,据圆明园来帖内称,总管太监张起麟交玉瓶一件,传旨配做紫檀木座。钦此。

于九月初五日玉瓶一件上配做得紫檀座子一件,首领太监程国用持去,交总管太监张起麟收讫。

121. 初四日,员外郎海望传旨:养心殿后殿暗楼下,着做有抽屉楠木闲余板一份。钦此。

于十月初五日做得有抽屉楠木闲余板一份,员外郎海望持进安讫。

122. 初五日,据圆明园来帖内称,首领太监程国用来说,总管太监刘进忠、张起麟,太监杜寿交官窑缸一口上有惊璺四道,传旨:配架子,做法照先做过的内养心殿绿龙缸架样做,俟后凡有交出来的缸,或做花梨木、紫檀木、楠木架,或做漆架,着海望酌量配做。钦此。

于十月十六日官窑缸一口,上配做得花梨木架一件,竹缸盖一件,首领太监程国用持去,交总管太监张起麟收讫。

123.1. 十一日，太监王进玉交汝窑宋瓷洗三件 紫檀木座二件，传旨：此座子二件款式俱蠢，往细处收拾，其一件无座的宋瓷洗配紫檀木座。钦此。

于十月十三日收拾得紫檀木座二件，并配得紫檀木座一件，汝窑宋瓷洗三件，首领程国用持去，交太监杜寿讫。

123.2. 十一日，太监王进玉交腰刀五把 内荷兰国刀一把，日本国刀一把，其余三把无签，传旨：着配黄毡套，做木匣一件盛装。钦此。

于本年十月初二日将腰刀五把配得黄毡套木匣一件，首领程国用持去交太监王进玉讫。

123.3. 十一日，太监王进玉交楠木抽长杌子一件，传旨：着照样做三个，俟做得时，将二个送到圆明园，其一个交进内养心殿。钦此。

于本日将原交楠木杌子一件仍交太监王进玉持去讫。

于十月初十日做得抽长杌子一个，太监吕进朝持去，交首领太监哈元臣讫。做得抽长杌子二个，催总汗送至圆明园，交首领太监程国用持进交讫。

124. 十四日，据圆明园来帖内称，总管太监张起麟交哥窑瓶一件 口上有坏处，传旨：瓶口上粘处别动，要收拾一色紫檀木座，往细致里收拾。钦此。

于九月十九日收拾得哥窑瓶一件，紫檀木座一件，首领程国用持去交总管太监张起麟讫。

125. 十五日，据圆明园来帖内称，佛堂太监焦进朝交紫檀木龛一件，着将此龛收拾好，交在内养心殿。记此。

于九月十七日收拾得紫檀木方龛一件，太监吕进朝持去，交养心殿首领太监李进玉收讫。

126.1. 十八日，员外郎海望奉上谕：圆明园后殿内仙楼下做双圆玻璃窗一件，做样呈览过再做。钦此。

于二十二日做得双圆玻璃窗合牌样一件，员外郎海望呈览，奉旨：双圆玻璃窗做径二尺二寸，边做硬木的，前面一扇画节节双喜，后面一扇安玻璃，玻璃后面板墙亦画节节双喜。钦此。

于十月十五日做得双圆玻璃窗合牌样一件，员外郎海望呈览，奉旨：照样准做，俱安玻璃。钦此。

于十月二十一日画得双圆窗内画样二张，员外郎海望呈览，奉旨：将尺寸传与蒋廷锡，画花卉二张，其点景石头令伊着会画石头之人画。钦此。

于四年正月二十五日做得楠木边双圆玻璃窗一件，员外郎海望呈览，奉旨：准安。钦此。

本日将楠木边双圆玻璃窗一件，员外郎海望安在圆明园后殿仙楼下讫。

126.2. 十八日，员外郎海望奉上谕：圆明园后殿仙楼下做硬木书格一件，先做样，呈览过再做。钦此。

于二十九日画得书格画样一张，员外郎海望呈览，奉旨：俟量准尺寸时再做。钦此。

又于十月十一日画得书格画样一张 高六尺五寸，宽五尺三寸，入深五尺三寸，员外郎海望呈览，奉旨：照样做花梨木书格。钦此。

于三年十二月十二日做得花梨木波浪有栏杆书格一件，员外郎海望呈进讫。

126.3. 十八日，员外郎海望奉旨：圆明园南所后殿内仙楼下做床一张，抽长套筒仪器一件，琴桌一张。钦此。

于十月二十一日做得合牌小床样一件，内藏套床二张，抽屉二个，抽长套筒仪器轴托板样一件，合牌琴桌小样一件，员外郎海望呈览，奉旨：合牌小床样放大样，边腿用花梨木做，牙子用紫檀木做，踢脚板用柏木做，琴桌用紫檀木做，抽长套筒仪器轴托板样下座放小些，筒子座子俱烧珐琅，抽长柜子并托板俱用紫檀木做。钦此。

于十一月初七日又做得合牌有靠背套床样一件，高一尺四寸八分，长七尺，宽四尺五寸，员外郎海望呈览，奉旨：着照样做一张床，边上另安靠背。钦此。

于四年二月初四日做得珐琅仪器扶手一件，海望呈进，奉旨：照样做二份，下座不必做珐琅，做铜的，比珐琅的略收小些，上面板子不必用紫檀木的，花草做漆的。钦此。

于三月二十一日做得花梨木包镶有抽屉床一张，紫檀木琴桌一张，海望呈进讫。

四月初九日做得珐琅仪器扶手一份，海望呈进讫。

五月十六日做得退光漆板紫檀木座扶手一件，海望呈进讫。

五月二十六日做得退光漆板烧古铜座扶手一件，海望呈进讫。

七月十九日做得退光漆板烧古铜座抽长扶手二件，海望呈进讫。

八月初二日做得紫檀木托珐琅仪器扶手一件，海望呈进讫。

127. 十九日，据圆明园来帖内称，太监杜寿来说，京内有首领太监哈元臣交的汝窑盘三件，着将原有座子二件往文雅处收拾，其一件无座子的盘上亦配做座子。记此。

于十月十四日将原交汝窑盘三件，并原随盘座二件，俱收拾妥，又配做得紫檀木盘座一件，首领程国用持去交太监杜寿收讫。

128. 二十日，据圆明园来帖内称，奏事太监张玉柱交勤政殿东五间填漆格内伽楠香重十三两五钱一块，重六两五钱一块，重八钱一块，锡匣盛，沉香重一斤十两一块，重三斤二两一块，重一斤十一两一块，传旨：交养心殿好生收着。钦此。

以上伽楠香、沉香，郎中保德照数交司库伊拉齐收库讫。

129. 二十二日，郎中赵元奉怡亲王谕：拖床做硬木的甚沉，今或做彩漆，或做油漆，照样料估做法，几时可得，议妥回我知道。遵此。

于二十六日郎中赵元回称，南木匠汪国兴等说，拖床宜用榆木、杉木、楠木，做法等应启知怡亲王，奉王谕：好，尽力将油漆的并彩漆的各做二张。遵此。

于十月二十二日画得油色拖床样三张，员外郎海望呈怡亲王看，奉怡亲王谕：黄油地暗三色夔龙照样做一件，其余二张不必做油的，尔用木包镶的做高丽木栏杆宝座。遵此。

于十二月初六日员外郎海望奉旨：将未做完花梨木包有推杆拖床上叠落处照矮处取平，前帮上的面板做窄些，宝座平帮安扶手，靠背不必做高了。钦此。

于十二月十四日做得花梨木包镶樟木、高丽木宝座拖床一张，员外郎海望呈进讫。

于十二月十六日做得杉木油漆拖床二张，柏唐阿六达子送至圆明园，交郎中保德收讫。

130. 三十日，员外郎海望奉旨：着做见方八寸，高三尺书格一件，尔先做样呈览。钦此。

于十月十五日做得书格样一件，见方八寸，高三尺，员外郎海望呈览。奉旨：照样做一件，其柱子边框用紫檀木做，牙子用象牙做。钦此。

于十月二十九日做得紫檀木四面镶象牙牙子书格一架，员外郎海望呈进讫，奉旨：照此书格尺寸一样再做一架，比此样尺寸放大些亦做一件。钦此。

于四年二月十四日做得紫檀木四面镶象牙牙子书格一架，员外郎海望呈进讫。

于五月二十三日做得紫檀木四面镶象牙牙子书格一架，员外郎海望呈进讫。

十月

131.1. 初十日，首领太监王进玉传：做椴木匣一件，每个高一尺四寸，面宽一尺一寸，入深九寸，俱糊黄杭细里，钉长四寸，宽六分，亮铁了吊。记此。

于十月十三日照尺寸做得椴木匣一件，首领太监程国用持去，交首领太监王进玉讫。

131.2. 初十日，据圆明园来帖内称，郎中保德传做：照家内供斗母的踏跺板凳等件一份，照年节下用的供器等件一份，照中秋节用的供器等件做一份。记此。

于十二月十一日做得杉木油色插屏三座，供桌六张，灯罩三对，首领太监马温良持去讫。

131.3. 初十日，首领太监王进玉传做：杉木桌罩一件，见方二尺八寸，高二尺。记此。

于十月十三日照尺寸做得杉木桌罩一件,首领太监程国用持去,交首领太监王进玉讫。

132. 十七日,据圆明园来帖内称,总管太监张起麟传:做随围用的盛佛龛匣一个,里口长一尺三寸,宽五寸,高一尺五分,前要插盖,木板做厚些,杭细包毡里,毡布外套,钉皮绊。记此。

十五日,员外郎海望交洋漆小柜一件 内有洋漆小盒二件,盘子一件,奉旨:下边配紫檀木托泥,四角安紫檀木柱,壁上安顶板,嵌在吊屏旁,板壁上用原有饰件,合扇不好,另做,再做水牌子一面,水牌的两面周围边画彩漆,中心油粉油,上安转轴提环挂在板壁上,以备当书格用,尺寸按书格横头做。钦此。

于十二月十九日做得紫檀木托泥洋漆小柜一件,黄铜转轴粉油水牌一面,员外郎海望呈进讫。

于十一月初五日照尺寸做得杉木插盖糊杭细包毡里盛佛龛匣一件,钉皮绊毡布外套一件,首领太监程国用持去,交总管太监张起麟收讫。

133. 二十日,据圆明园来帖内称,奏事太监刘玉、张玉柱等交朱砂一块 重二十一斤,雄黄一块 重十八斤,传旨:朱砂一块着配紫檀木座,将下面白石稍露出些来,雄黄一块亦配做紫檀木座,将雄黄立直,底下缺处用一色雄黄粘补。钦此。

于四年三月初七日朱砂一块,雄黄一块配做得紫檀木座二件,员外郎海望奉呈览,奉旨:将朱砂山子留下,雄黄山子持出,安在养心殿东暖阁。钦此。

于三月初九日将雄黄山子一件,随紫檀木座一件,员外郎沈嵛交养心殿首领王进玉持去讫。

134.1. 二十一日,太监王守贵传:做杉木匣一件 长三尺一寸五分,宽四寸六分,入深五寸八分,板厚五分,内外糊黄纸。记此。

于十月二十三日照尺寸做得杉木匣一件,交太监王守贵持去讫。

134.2. 二十一日,员外郎海望持出天然树石插屏一件 紫檀木座一件,奉旨:花纹边框不好,改做收拾。钦此。

于四年二月二十九日改做得天然树石插屏一件,员外郎海望呈进讫。

134.3. 二十一日，员外郎海望传旨：再照呈样的琴桌式做矮书桌一张，或用楠木，或用紫檀木，尔等配合做。钦此。

于十一月二十八日做得楠木矮书桌一张，员外郎海望呈进讫。

135. 二十二日，员外郎海望传旨：尔将供佛的闲余板，长一尺二三寸，宽六七寸，下配流云佛托，或用象牙雕刻彩色，或烧珐琅，或用木雕刻彩漆做一份。钦此。

于四年二月二十八日做得楠木闲余板配彩漆流云佛托一份，员外郎海望呈进讫。

136. 二十五日，据圆明园来帖称，太监杜寿传旨：着做长三尺四寸，宽八寸四分闲余板一份。钦此。

于十一月二十八日做得楠木闲余板一份，员外郎海望呈进讫。

137. 二十九日，据圆明园来帖内称，奏事太监刘玉交桦木乂大小四件，收着。记此。

于本年十二月二十日将桦木乂大小四件，交太监刘玉持去讫。

十一月

138. 初一日，据圆明园来帖内称，太监杜寿交紫檀木边座玻璃小插屏二个，传旨：着改做收拾。钦此。

于四年三月初七日改做得紫檀木边座玻璃小插屏二个，员外郎海望呈览，奉旨：背后贴画。钦此。

于九月初七日将紫檀木边座玻璃小插屏二件贴画完，员外郎海望呈进讫。

139. 初四日，太监杜寿交荷叶式玛瑙水丞一件 镀金匙一件，传旨：着配座子。钦此。

于十二月二十九日配做得紫檀木座一件，并原交荷叶式玛瑙水丞一件，镀金匙一件，怡亲王呈进讫。

140. 初六日，员外郎海望奉怡亲王谕：照此三只腿仪器架做三份，再或用榆木，或用硬木做盛仪器匣子一件。遵此。

于十一月二十日做得榆木三只腿仪器架，松木匣一件，奉怡亲王谕：

交钦天监。遵此。

本日随交钦天监刘裕锡持去讫。

141. 初七日，员外郎海望奉旨：着做玻璃插屏二架，一架玻璃镜心或高四尺上下，宽二尺上下，做硬木边框，外面以包柱平，一架玻璃镜心或高二尺上下，宽三尺上下，玻璃镜下边至地高一尺，边框用硬木做半出腿。钦此。

于十二月初五日照尺寸做得玻璃半出腿插屏一件，高玻璃镜一座，海望呈进讫。

142. 十三日，首领太监哈元臣交海棠式不灰木火盆三个 随铁丝罩木架三个，传：着收库。记此。

于本年十二月初七日将不灰木火盆三个，首领程国用持去交首领哈元臣讫。

143. 十七日，太监刘玉、张玉柱、陶进孝、陈璜交来衣架纸样一件，传旨：照样做楠木衣架一件，高二尺五寸，宽三尺，上边横梁做圆的，两边立柱用木枨，中间横枨亦做圆的，两边托泥木长一尺，厚二寸，下底要平，上面做磨楞，两边托泥横枨做扁方的。钦此。

于十一月二十八日照样尺寸做得楠木衣架一件，并原交的纸样一件，首领程国用持去，交太监刘玉、张玉柱收讫。

144.1. 二十日，据圆明园来帖内称，畅春园伊尔希达、雅图持来贴金顶豆瓣楠木玻璃柜一件，说总管太监刘进起、李凤祥传旨：着收拾。钦此。

于十二月初八日贴金顶豆瓣楠木玻璃柜一件，收拾完交伊尔希达、雅图持去。

144.2. 二十日，首领太监程国用来说，太监常玉交荷叶式水晶笔洗一件 随猩猩毡垫一件，传旨：着配做木座。钦此。

于四年正月十八日将水晶笔洗一件配得紫檀木座一件，首领太监程国用持去，交太监杜寿收讫。

144.3. 二十日，据圆明园来帖内称，员外郎海望持出白玉一块 长九寸六分，宽二寸四分，厚六分，传旨：配紫檀木座。钦此。

于十二月十四日白玉一块配做得紫檀木座，海望呈进讫。

144.4. 二十日，据圆明园来帖内称，员外郎海望持出白玉昭文带一件 长三寸五分，宽八分，厚一分五厘，传旨：配做紫檀木尺。钦此。

于十二月十四日白玉昭文带一件配做得紫檀木尺，海望呈进讫。

144.5. 二十日，据圆明园来帖内称，员外郎海望持出汉玉昭文带一件 长二寸三分，宽六寸五厘，厚一分，传旨：配紫檀木尺。钦此。

于十二月十四日汉玉昭文带一件配做得紫檀木尺，海望呈进讫。

144.6. 二十日，据圆明园来帖内称，员外郎海望持出紫檀木嵌汉玉昭文带一件，传旨：紫檀木尺面上银丝不好，去平。钦此。

于四年七月初五日收拾紫檀木嵌木嵌汉玉昭文带一件，员外郎海望呈进讫。

144.7. 二十日，据圆明园来帖内称，员外郎海望持出白玉小花插一件 随紫檀木架一件，传旨：将架子不用，另配座子，添匙箸。钦此。

于四年三月初八日白玉小花插一件配得紫檀木座一件，珐琅匙箸完，首领程国用持去，交太监杜寿收讫。

145. 二十一日，据圆明园来帖内称，总管太监李德传旨：圆明园陈设的大小瓷缸十五个，俱交养心殿造办处，俱各配做各色各样硬木座子。钦此。

于四年正月十二日做得紫檀木夔龙缸架五件，太监吕进朝持去交总管太监李德收讫。

于四年二月十四日做得楠木夔龙式缸架二件，花梨木圆缸架二件，夔龙式缸架六件，交太监陈玉持去讫。

146.1. 二十二日，员外郎海望奉旨：花梨木床夔龙栏杆上，做圆盘帽架，抽筒痰盂托。钦此。

于十二月初六日员外郎海望奉旨：花梨木床夔龙栏杆上做铜卡铜梃紫檀木痰盂托二件，梃子再放长些。钦此。

于十一月二十七日做得紫檀木圆盘帽架一件，员外郎海望呈进讫。

于十二月初五日做得铜梃铜卡紫檀木痰盂托一件，员外郎海望呈进讫。

于四年二月初八日做得铜梃铜卡紫檀木痰盂托二件，员外郎海望呈进讫。

146.2. 二十二日，员外郎海望传旨：圆明园南所后殿仙楼上做紫檀木吊镜一个，里口宽一尺六寸二分，高八寸五分，边宽一寸三分。钦此。

于四年正月十二日做得紫檀木边玻璃吊镜一件，催总马尔汉送至圆明园，交郎中保德安在后殿仙楼讫。

147.1. 二十七日，据圆明园来帖内称，太监王安交哥窑花插一件，传旨：配一色紫檀木素圆座子。钦此。

于四年正月二十三日哥窑花插一件配做得紫檀木座一件，首领太监程国用持交太监杜寿讫。

147.2. 二十七日，据圆明园来帖内称，太监杜寿交汝窑炉一件 随锦匣一件，传旨：配紫檀木座子，其匣里另糊黄绢。钦此。

于十二月初三日汝窑炉一件配做得紫檀座一件，另糊里锦匣一件，首领太监程国用持去，交太监杜寿讫。

147.3. 二十七日，据圆明园来帖内称，太监杜寿交定窑瓶一件 紫檀木座一件，传旨：将原紫檀木座去矮些。钦此。

于十二月初三日定窑瓶一件，紫檀木座一件收拾完，首领太监程国用持去，交太监杜寿讫。

147.4. 二十七日，据圆明园来帖内称，太监杜寿交汉玉合卺双管花插一件 随紫檀木匣一件，传旨：收拾匣子。钦此。

于十二月初三日汉玉合卺双管花插一件，紫檀木匣一件收拾好，首领太监程国用持去，交太监杜寿讫。

147.5. 二十七日，据圆明园来帖内称，太监杜寿交腰圆白玉笔洗一件，传旨：配紫檀木座。钦此。

于十二月初三日配做得紫檀木座一件，并腰圆白玉笔洗一件，首领太监程国用持去，交太监杜寿讫。

147.6. 二十七日，据圆明园来帖内称，太监杜寿交海棠式玛瑙小碗一件，传旨：着配紫檀木座。钦此。

于十二月初三日配做得紫檀木座一件，并原海棠式玛瑙小碗一件，首领太监程国用持去交太监杜寿讫。

147.7. 二十七日，据圆明园来帖内称，员外郎海望持出白玉昭文带一件，传旨：配紫檀木压纸，其宽长俱放些。钦此。

于十二月十四日配做得紫檀木压纸一件，上嵌白玉昭文带一件，员外郎海望呈进讫。

148.1. 二十八日，据圆明园来帖内称，太监杜寿交白玉孟母教子一件，传旨：配紫檀木座。钦此。

于十二月初三日白玉孟母教子一件，配做得紫檀木座一件，首领太监程国用持去交太监杜寿讫。

148.2. 二十八日，据圆明园来帖内称，太监杜寿交龙泉窑花插一件，传旨：配一色紫檀木素圆座一个，上木腿子要可着瓶底。钦此。

于十二月二十三日配得紫檀木座完，首领程国用持去交太监杜寿讫。

十二月

149.1. 初六日，员外郎海望传旨：板壁上用铜筒紫檀木梃托盘一件，再做花梨木矮床一张 高七寸二分，长五尺八寸，宽三尺三寸八分，鱼缸上着配牛角帽架式紫檀木衬纱盖一件。钦此。

于十二月十四日照尺寸做得花梨木包镶矮床一张，员外郎海望呈进讫。

于四年二月初十日做得铜筒紫檀木梃托盘一件，员外郎海望呈进讫。

于四年二月十五日做得牛角帽架式紫檀木衬纱盖一件，员外郎海望呈进讫。

149.2. 初六日，员外郎海望传旨：将紫檀木转板矮书桌再做一张，转板出长些。钦此。 桌高一尺，长三尺，宽二尺。

于四年二月初七日做得紫檀木转板桌一张，海望呈进讫。

149.3. 初六日，员外郎海望交柏木压纸样一件，传旨：照此样沉重些做几件。钦此。

于十二月十四日做得嵌紫檀木把春皮压纸二件，海望呈进讫。

150.1. 十八日，圆明园来帖内称，总管太监郑忠传旨：将方紫檀木砚托一件改做圆的一件，靠窗户紫檀木衣杆做一件。钦此。

于十二月二十四日改得紫檀木圆砚托一件，并做得紫檀木衣杆一件，首领程国用持去，交总管太监郑忠收讫。

150.2. 十八日，据圆明园来帖内称，员外郎海望传旨：着做长二尺，宽五寸五分闲余板一份。钦此。

于十二月二十二日照尺寸做得楠木闲余板一份，员外郎海望呈进讫。

150.3. 十八日，据圆明园来帖内称，员外郎海望传旨：做四宜堂后殿东间花梨木床东边，照西边围屏亦安二扇。钦此。

于四年正月二十日做得杉木围屏二扇，员外郎海望安讫。

2. 玉作

正月

201. 十九日，郎中保德、员外郎海望交玛瑙葵花椽一件，玛瑙海棠椽一件，白玉八仙长圆笔洗一件 有透眼，墨晶甜瓜壶一把，玛瑙水注一把，玛瑙灵芝靶杯一件，玛瑙三仙寿杯一件，花玛瑙天麟杯一件，白玉寿字圆盒一件，汉玉拱璧一件，玛瑙碗二件，花玛瑙石子一件，传旨：应收拾的收拾，有更改处即改做。钦此。

于四月十二日改做收拾得玛瑙海棠椽一件，白玉八仙长圆笔洗一件，墨晶甜瓜壶一把，玛瑙水注一把，玛瑙灵芝靶杯一件，玛瑙三仙寿杯一件，怡亲王呈进。

于五月初一日改做得玛瑙葵花椽一件，玛瑙碗二件，怡亲王呈进。

于八月二十五日改做得汉玉拱璧一件，怡亲王呈进。

于十月二十九日收拾得花玛瑙天麟杯一件，配玛瑙底珊瑚匙，怡亲王呈进。

于十月二十九日改做得花玛瑙石花瓶一件，配紫檀木座，怡亲王呈进。

于四年三月三十日收拾得白玉圆盒一件，员外郎海望呈进。

八月

202. 十八日,太监杜寿交紫檀木匣盖一件 上嵌破坏玻璃一块,长四寸,宽四寸二分,着另换玻璃一块。记此。

于本日紫檀木匣盖一件,上另换玻璃一块,交首领太监程国用持去,交太监杜寿讫。

九月

203. 初三日,据圆明园来帖内称,总管太监张起麟交象牙嵌红玛瑙片痰盒一对,汉玉圆炉一件 随嵌珊瑚顶紫檀木座盖紫檀木座一件,传旨:着收拾。钦此。

于九月初五日,收拾得象牙嵌玛瑙片痰盒一对,汉玉圆炉一件,随珊瑚顶紫檀木盖座,交总管太监张起麟讫。

204. 初六日,据圆明园来帖内称,总管太监张起麟交玉磬一件 随紫檀木架,玉插屏一件,传旨:玉磬配做锤子,贴金笺纸签,玉插屏亦贴金笺纸签。钦此。

于九月初六日玉磬一件配做得锤子一件,贴金笺纸签,玉插屏一件,亦贴金笺纸签,首领太监程国用持去,交总管太监张起麟收。

205. 初十日,员外郎海望交白玉仙人一件 紫檀木龛,茜绿牙座,传旨:此龛样款式不合,另改样,或六角式,或四方式,镶玻璃,立柱或烧珐琅,或錾花镀金。钦此。

于十月二十九日白玉仙人一件,茜绿牙座改做得紫檀木龛,配得退光漆画洋盒,四面镶玻璃顶珐琅片,员外郎海望呈进。

十月

206. 十七日,据圆明园来帖内称,太监杜寿交汉玉水丞一件 随紫檀木座一个,传旨:着配好水提一件。钦此。

于十月二十九日,汉玉水丞一件上配得珊瑚水提一件,员外郎海望呈进。

十一月

207. 初四日,太监杜寿交玛瑙如意云牌一件,传旨:上边花纹收拾,另安卡子配架子。钦此。

于六年十二月二十八日玛瑙如意云牌一件收拾完,配做得紫檀木架镀金饰件象牙茜红罐子牛角把,郎中海望呈进。

208. 十九日,太监常玉交合牌匣,内盛石子一件,汉玉花插一件,传旨:汉玉花插配做珐琅匙箸紫檀木座,其合牌匣收拾口。钦此。

于四年三月初八日汉玉花插一件配做珐琅匙箸一份,首领太监程国用持去,交太监杜寿讫。

于三月初十日收拾得合牌匣,内盛石子一件,首领太监程国用持去,交太监杜寿讫。

209.1. 二十日,据圆明园来帖内称,员外郎海望持出白玉镇纸一件长七寸一分,宽九分,厚二分五厘,传旨:收拾花纹配紫檀木尺。钦此。

于十二月二十一日白玉镇纸一件配紫檀木尺,海望呈进。

209.2. 二十日,据圆明园来帖内称,员外郎海望持出青玉长方盘一件,传旨:底不平,收拾配紫檀木座。钦此。

于三年十二月收拾得青玉长方盘一件配紫檀木座完,怡亲王呈进。

209.3. 二十日,据圆明园来帖内称,员外郎海望持出花玛瑙鸡一件,传旨:其翎毛□磨的不好,收拾配座。钦此。

于四年五月初一日玛瑙鸡一件收拾完,配紫檀木座,海望呈进。

十二月

210. 初七日,员外郎海望交白玉双鸡一件,传旨:收拾配座,做笔架用。钦此。

于四年正月二十三日白玉双鸡一件配紫檀木座一件,海望呈进。

3. 杂活作

四月

301. 十二日，总管太监张起麟交茶晶眼镜一副，玻璃眼镜一副，传旨：此茶晶眼镜光做的甚好，以后做眼镜时俱照此光的远近再做，玻璃眼镜光亦好，着另换整圈梁，其梁上中间雕一“寿”字。钦此。

于四月二十八日换得玳瑁整梁圈中间雕“寿”字玻璃眼镜一副，并原交茶晶眼镜一副，总管太监张起麟呈进。

302. 二十九日，员外郎海望奉怡亲王谕：将独梃帽架做几件。遵此。

于六月初二日做得象牙五乂伞花梨木腿钢箍抢风帽架一份，羊角五乂伞牛角腿帽架一份，象牙四乂伞三支腿黄铜箍抢风帽架一份，黄铜五乂伞五支腿铜箍抢风帽架一份，怡亲王呈进，奉旨：抢风帽架只许里边做，不可传与外人知道，如有照此样式改换做出，倘被拿获，朕必稽查缘由，从重治罪。钦此。

于七月初二日做得金瓜帽架一件，水牛角象牙鸳鸯帽架一件，湘妃竹转簧帽架一件，竹式迸黄帽架一件，象牙螺丝帽架一件，湘妃竹重筒帽架一件，杏木根如意式帽架一件。员外郎海望呈进，奉旨：好，再将金瓜式帽架再做两件，杏木根如意式帽架做两件，其余每样亦做一二件。钦此。

于八月初八日做得金瓜帽架一件，水牛角象牙鸳鸯帽架一件，湘妃竹转簧帽架一件，竹式迸黄帽架一件，象牙螺丝帽架一件，湘妃竹重筒帽架一件，杏木根如意式帽架一件，员外郎海望呈进。

五月

303. 初三日，总管太监张起麟着将造办处库贮的伽楠香送进三十两来备用。记此。

于五月初五日将本库旧贮伽楠香十五两，并三年二月初六日怡亲王交贮伽楠香十五两共三十两，首领太监程国用持去，交总管太监张起麟讫。

304. 初十日，总管太监张起麟交沉香一根 重二十一斤，系汉侍卫林祖成进，传旨：着收着。钦此。

305. 十一日，总管太监张起麟交桦木乂小刀鞘二件 长八寸八分，宽九分，厚七分，桦木小刀把二件 长四寸四分，宽九分半，厚六分半，柏木包小刀鞘二件 长七寸五分，宽八分半，厚六分，影子木小刀鞘二件 长八寸五分，宽一寸二分，厚八分，传旨：着收着，有用处用。钦此。

六月

306. 二十九日，奏事太监刘玉、张玉柱交楠木桌上陈设的三十岁眼镜一副，传旨：此眼镜甚好，但圈上粘的阿格里木皮掉了，着收拾好，明日一早呈进。钦此。

于七月初一日茶晶眼镜一副收拾好，首领太监程国用持去，交太监刘玉呈进。

九月

307. 初六日，据圆明园来帖内称，总管太监张起麟交镶嵌紫檀木圆盒一件，寿意瓷盒一件，福寿木盒一件，传旨：镶嵌紫檀木圆盒，寿意瓷盒，福寿木盒俱配袱子收拾。钦此。

于九月初六日镶嵌紫檀木圆盒一件，寿意瓷盒一件，福寿木盒一件俱收拾完，上配做得铁绣锦面红杭细里夹袱三件，首领太监程国用持去，交总管太监张起麟讫。

308. 二十八日，员外郎海望传旨：做墙壁砚托板二份，板上各配紫端石砚一方，水丞一件，挂笔竹式铜筒一件，筒内插笔二支，穿山甲痒痒挠一件。钦此。

于十月十一日做得铁鋄金边紫檀木砚托板一件，紫端石流云砚一方，柿黄玻璃水丞一件，鋄金水提鞔春皮穿山甲痒痒挠一件，象牙茜色挂笔筒一件，内盛笔二支，员外郎海望呈进。

十二月初五日做得鋄金边紫檀木砚托板一件，紫端石砚一方，红玻璃水丞一件,鋄金水提鞔春皮穿山甲痒痒挠一件,象牙茜色挂笔筒一件,内盛笔二支,员外郎海望呈进。

于十三年十一月初九日做得象牙挂笔筒一支,司库常保交太监毛团呈进。

十一月

309. 初四日,太监杜寿交碧玉双管花插一座 随紫檀木座,传旨:将花插内铜起下来收拾。钦此。

于十一月初六日收拾得碧玉双管花插一件,紫檀木座,怡亲王呈进。

310. 二十三日,据圆明园来帖内称,太监王守贵交紫檀木把玉剑一把,传旨:将此剑把粘结实着。钦此。

于十一月二十六日粘得紫檀木把玉剑一把,首领太监程国用持去,交太监王守贵讫。

十二月

311. 初七日,员外郎海望交白玉拱璧一件 见圆七寸六分,白玉拱璧一件 见圆六寸五分,汉玉拱璧一件 长七寸四分,宽五寸九分,汉玉拱璧一件 长四寸九分,宽四寸三分,传旨:着配镜支,镜子做玻璃镜。钦此。

于四年五月初四日做得玻璃镜嵌汉玉紫檀木镜支一件,海望呈进。

四年五月十六日做得玻璃镜嵌汉玉紫檀木镜支一件,海望呈进。

于十三年十二月十四日将白玉拱璧二件,司库常保、首领萨木哈交太监毛团呈进。

312. 十八日,据圆明园来帖内称,员外郎海望传旨:着做铜梃紫檀木痰盂托一件。钦此。

于四年正月二十一日做得铜梃紫檀木痰盂托一件,员外郎海望呈进讫。

313. 二十六日,太监杜寿交紫金釉钵盂炉一件 紫檀木嵌汉玉顶紫檀木座,传旨:着认看。钦此。

本日据西洋人郎世宁认看得,系看书用的,得以便记号,首领太监程国用持去,交太监杜寿讫。

4. 皮作

六月

401. 十一日,总管太监张起麟来说,四阿哥、五阿哥盛书杉木箱八个,各长三尺,宽二尺五寸,高一尺五寸,俱鞔皮罩油,内二个安屉子隔断,俱做蓝布里,外钉皮绊,皮鞔手,皮套环,背箱皮条,启知过怡亲王,奉王谕:着照样做给。遵此。

于十二月二十日照做得鞔皮罩油面蓝布里皮箱一个,交首领太监程国用持去,交总管太监张起麟讫。

于十月二十日做得鞔皮罩油蓝布里皮箱一个,交太监吕进朝持去,交转角房太监张明收讫。

于十一月初六日做得鞔皮罩油蓝布里皮箱六个,首领太监程国用持去,交总管太监张起麟收讫。

5. 铜作

八月

501. 二十八日,据圆明园来帖内称,员外郎海望奉旨:着照做过的珐琅蜡台样,做烧古蜡台几对,其黑漆灯档后面做两开的。钦此。

于十一月二十七日做得黄铜抽长烧古花梨木梃蜡台一对,金花退光漆边画花卉灯档一件,员外郎海望呈进讫。

于四年四月二十八日做得黄铜抽长烧古花梨木梃蜡台一对,金花退光漆边画花卉灯档二件,员外郎海望呈进讫。

九月

502. 初七日，据圆明园来帖内称，柏唐阿齐蓝保、寿山持来供器一份随木箱一个，插盖杉木匣一个 长二尺八寸八分，宽一寸二分半，高八分半，灯罩一对，锡香炉一个，锡奠池一个，锡蜡阡一对，铅条四根，团桌一个，黄漆高桌一张，铜遮火二个，铜条一对，接香灰铜片一个，供架子一个，杉木匣子一个，云匙一个，说太监刘希文传：着将此供器一份内添做铁纸炉一件，铁引灯一件，再照样做供器二份备用。记此。

于九月十四日将原交的供器一份共计二十一件俱交头等侍卫明德领去。

十月十四日做得供器二份，领催白世秀领去，交太监刘希文讫。

503. 十五日，圆明园来帖内称，郎中保德差柏唐阿崔维美交掐丝珐琅海灯一件，说着配立柱六根，铜蒙罩一个，天圆地方紫檀木座一个，赶十八日要得。记此。

于十六日郎中保德又着柏唐阿崔维美来说，海灯座子不要紫檀木座子了，要比海灯上口大出五分的黄铜盘子做二个，盘中心要平的。记此。

于九月二十二日交来掐丝珐琅海灯一件，上配做得铜立柱六根，铜丝蒙罩一个，随黄铜盘子二个，交柏唐阿催维美持去讫。

504. 二十九日，太监刘希文交紫檀木香盒一件 高二寸四分，径一寸六分，传旨：照此样铜烧古的做几个。钦此。

于十月初二日将原交的紫檀木香盒一件，首领太监程国用持去交太监刘希文收讫。

于十月二十九日做得红铜烧古福寿香盒二个，员外郎海望呈进讫。

于四年五月十三日做得铜烧古福寿香盒二个，程国用持去交总管刘进忠讫。

505. 三十日，据圆明园来帖内称，郎中保德交紫檀木柱铜座一件，着照样做二十个，比此样放大些做二十个，半圆的亦做二十个，再铜座上的紫檀木杆做二十根，比大些的杆各放长些。记此。

于十二月十四日做得照尺寸的铜座二十个，比此样放大些的铜座二十个，半圆的铜座二十个，紫檀木杆二十根，并原铜座样一件，催总张四持至圆明园，交郎中保德收讫。

6. 炮枪作 附弓作

二月

601. 二十三日，弓作柏唐阿拉哈里奉怡亲王谕：选得西十库内收贮头等白蜡木长枪杆一百根，头等白蜡木虎枪杆五十根，头等橄榄木杆五十根，二等白蜡木虎枪杆一百根，以上共三百根，呈怡亲王看，王谕：留着做长枪、虎枪用。遵此。

于三年五月初十日弓作柏唐阿拉哈里来说怡亲王谕：用头等白蜡木虎枪四根，交太监张玉柱。记此。

于三年五月十一日总管太监张起麟选得头等白蜡木长枪杆三十根，头等橄榄木杆二根，交圆明园教习云升持去讫。头等白蜡木长枪杆七十根，头等白蜡木虎枪杆五十根，二等白蜡木虎枪杆一百根，头等橄榄木杆四十八根存弓作。

五月

602. 初九日，弓作柏唐阿拉哈里送来衣巴旦木枪杆十份，奉怡亲王谕：配赏用虎枪用。遵此。

七月

603. 初二，员外郎海望奉怡亲王谕：畅春园用做白蜡木杆长枪五百杆，橄榄木杆长枪五百杆。遵此。

于八月十一日做得白蜡木杆长枪五百杆，橄榄木长枪五百杆交教习云升持去讫。

604. 二十五日，员外郎海望奉王谕：现做的五百杆橄榄木长枪，着鞔撒林皮枪帽。钦此。

于八月二十日将做得橄榄木长枪五百杆，鞔撒林皮枪帽完，交教习云升持去讫。

九月

605. 初四日，据圆明园来帖内称，总管太监张起麟交刀子样二把，剪子样一把，着照样每样做一个，其刀子配合做柳木鞘子。记此。

于九月初八日做得柳木黄杨皮鞘刀子二把，剪子一把并原交的木样三件，首领太监程国用持去，交总管太监张起麟收。

十二月

606. 二十二日，太监刘义又持出桦木乂鞘花羊角把小刀一件 鞘子破了，说总管太监张起麟传：另换鞘。记此。

于十二月二十八日羊角把小刀一件换鞘完，交太监刘义持去。

7. 珐琅作

八月

701. 初五日，首领太监王守贵交珐琅蜡台一件，大盘跌坏，传：着速补烧，配匣盛装。记此。

于九月十一日补烧完珐琅蜡台上跌坏大盘一件，配杉木匣一件，首领太监吴书持去，交首领太监王守贵讫。

九月

702. 初十日，员外郎海望交绿色玻璃鸡鼓鼻烟瓶一件 随乌木座，传旨：着照此款式做红玻璃，两头或烧珐琅，或錾花镀金，中间夔龙款式，尔等酌量配合，鸡鼓盖子上的鸡生动些，口子开大些，做水注用，多做几个，其匙子改做提水圆匙，原座子样不好，改月牙鼓架式做。钦此。

于本日绿色玻璃鸡鼓鼻烟瓶一件随乌木座，太监吕进朝持去，交太监杜寿讫。

于四年三月十三日做得红玻璃鸡鼓水注一件，珐琅鸡鼓水注一件，俱随象牙茜绿座，郎中海望呈进。

于五年闰三月二十日做得珐琅鸡鼓水注一件，随象牙茜红座，郎中海望呈进。

703. 十一日，员外郎海望传旨：着做珐琅葫芦瓶一个，高一尺，上下周身画枝梗花叶，下配紫檀木架，上插通草桃十八个。钦此。

于九月二十八日做得珐琅葫芦瓶一件，随紫檀木架一件，通草桃十八个，员外郎海望呈进。

704. 十八日，据圆明园来帖内称，员外郎海望交镶嵌钧窑盆景一件，上随 缠金镀藤镀金树一棵，珠子七十三颗，宝石二十一块，红玛瑙寿星一件，珊瑚二枝，珊瑚灵芝一件，珊瑚福一个，珊瑚花头一个，蜜蜡山子一个，蜜蜡鹿一件，蜜蜡花头一个，蜜蜡桥一件，绿苗石二块，紫檀木座一件，象牙仙鹤一双，传旨：将此镶嵌地景起下来，另配云母盆，此钧窑盆仍交进。钦此。

于四年八月十四日配得云母盆福禄寿盆景一件，郎中保德呈进。

705. 二十九日，太监刘希文交紫檀木香盒一件 高二寸四分，径一寸六分，传旨：照此样珐琅的烧几个。钦此。

于十月初二日将原交的紫檀木香盒一件，首领程国用持去交太监刘希文收下。

于十月二十九日做得铜胎福寿香盒一对，员外郎海望呈进讫。

于雍正四年五月十三日做得铜胎福寿香盒二对，首领程国用持去交总管太监刘忠讫。

于雍正四年七月初六日做得铜胎福寿香盒一对，首领程国用持去交太监刘希文讫。

十二月

706. 二十九日，郎中保德传：做圆明园佛堂银珐琅五供果托一份，银錾花珐琅镀金座五件，银錾花珐琅托子二十五件，银顶花五枝，镀金红铜丝罩二十五个，六供一份。将原玉靶碗一个上配做珐琅盖一件、楠木座一件；玉瓶一个上配做银珐琅花一枝、楠木座一个。再做银海灯一个镀金红铜丝罩一个，红铜烧古小碟一个，响铜铃一件找镀金配楠木座一个，香山一件配楠木座一个，行取广储司黄瓷绿龙小碟一件配楠木座一件，七供二份，行取广储司瓷钟八个、黄瓷绿龙小碟二个、白瓷红团鹤靶杯二个。再做黄铜海灯二个、镀金红铜丝罩二份。记此。

于四年正月十三日做得五供果托一份，银錾花珐琅镀金座五件，银錾花珐琅托子二十五件，银顶花五枝，镀金红铜丝罩二十五个，六供一份，并原交的玉靶碗一个，另配得银珐琅盖一件随楠木座一个；玉瓶一件，配得银珐琅花一枝随楠木座一个、银海灯一个、镀金红铜丝罩一个、红铜烧古小碟一个。并交出的响铜铃一件找镀金，另配得楠木座一件；香山一件配得楠木座一个；行取广储司黄瓷绿龙小碟一件随楠木座一个，七供二份；行取广储司黄瓷钟八个、黄瓷绿龙小碟二个、白瓷红团鹤靶杯二件、黄铜海灯二个、镀金红铜丝罩二个。催总张自成送至圆明园，交郎中保德供在佛堂内讫。

8. 镶嵌作 附牙作、砚作

二月

801. 二十九日，怡亲王谕：俟后将小式活计做些。遵此。

于五月初一日做得象牙雕葵花笔格一件，松鼠葡萄笔架一件，扇器二件，花囊八件，镶嵌各式鼻烟壶扇器十件，俱拴鹅黄穗，怡亲王、信郡王呈进讫。

于初五日做得通草凤仙万寿菊盆景一盆，松树灵芝盆景一盆，俱随酱色金钱如意锦罩，象牙雕鸡式笔架一件，荷叶式臂搁一个，荸荠菱角式盒一件，佛手橘子式鼻烟壶一件，嵌黄绿石夔龙面白端石宝月瓶一件随紫檀木座，嵌黄绿石夔龙纽紫檀木压纸一件，镶嵌四时吉庆花一件，紫青玻璃瓶一件，怡亲王呈上留下。

于五月十二日做得通草福寿万年绿腰圆瓷盆景一件，芝兰祝寿蓝瓷六角盆景一件，象牙福寿花盒二件，虬角福寿簪一支，虬角松鹤簪一对，沉香佛手鼻烟壶一件，沉香事事吉祥如意一件，象牙芝仙祝寿花囊扇器一件，福寿花囊扇器一件，核桃三色花篮一件，镶嵌福寿长春玳瑁鼻烟壶一件，双寿玻璃鼻烟壶一件，四时长如意花一瓶，琥珀色玻璃黄杨木福缘□庆盒一件，莲艾盒一件，象牙彩画福寿盒一对，彩画长春花盒一对，通草福寿花十匣八十枝，交员外郎海望呈上留下。

于八月十五日做得象牙茜色鸡冠花白端石盆景一件，茜色老来少白端石盆景一件，各随锦罩，象牙茜色华封三祝面松盆景一件，怡亲王呈上留下。

于八月十六日做得象牙茜色盒二对，香囊二件，虬角莲艾簪一对，芝仙祝寿簪一对，沉速香如意一件，鼻烟壶一件，紫绿石如意盒一件，象牙彩漆盒一对，福寿长春盆景一件，紫檀木百寿盒一对，玳瑁盒一对，鼻烟壶一件，怡亲王呈上留下。

于九月初九日做得象牙茜色金菊秋香盆景一件，象牙五美重阳笔架一件，镶嵌金莲宝相盆景一件，总管太监张起麟呈上留下。

七月

802. 十一日，太监刘希文交杏木根花篮一件，炉瓶三设盆景一件，芝仙祝寿盆景一件，太极图香盒一件，传旨：收拾粘补。钦此。

于本日收拾得杏木根花篮一件，炉瓶三设盆景一件，芝仙祝寿盆景一件，太极图香盒一件，首领太监程国用持去交太监刘希文呈进讫。

八月

803. 十九日，员外郎海望传旨：做赏用黄杨木如意一件。钦此。

于八月二十一日做得黄杨木如意一件，锦袱一个，买得哥窑瓶一件，员外郎海望呈进讫。

804. 二十六日，员外郎海望传旨：着做绿端石砚二方，长六七寸，要寿意款式做，紫檀木盒盖上镶嵌。钦此。

于九月二十八日做镶嵌玻璃面紫檀木盒绿端石福禄寿砚一方，夔龙桃砚一方，员外郎海望呈进讫。

九月

805. 初四日，员外郎海望传旨：硬木香盒子做些。钦此。

于九月初九日做得紫檀木香盒六个，总管太监张起麟呈进讫。

806. 初七日，太监杜寿交老鹳眼木双梗双叶九如意一件，仍交太监杜寿持去讫。

于十月二十八日做得双圆如意一件，员外郎海望呈进讫。

807.1. 十一日，员外郎海望传旨：着做镶嵌插屏一件，高一尺三寸，宽一尺八寸，周围边框座子用紫檀木做，配做象牙双鹌鹑一茎二穗，一茎九穗谷子二颗，其地景花卉亦用象牙做，外面罩玻璃，背面糊金笺纸。钦此。

于九月二十八日做得紫檀木镶嵌岁岁双安插屏一件，员外郎海望呈进讫。

807.2. 十一日，员外郎海望传旨：着做镶嵌插屏一件，高二尺二寸，宽一尺八寸，周围边框座子用紫檀木做，前面做寿山石寿星等人物四个，前面罩玻璃后面糊金笺纸，其地景款式尔等酌量配合。钦此。

于九月二十八日做得紫檀木镶嵌寿星仙人插屏一件，员外郎海望呈进讫。

808. 二十九日，太监刘希文交紫檀木香盒 高二寸四分，径一寸六分，传旨：照此样象牙的做几个。钦此。

于十月初二日将原交的紫檀木香盒一件，首领太监程国用持去，交太监刘希文收讫。

于十月二十九日做得象牙福寿香盒二件，员外郎海望呈进讫。

于四年五月十三日做得象牙福寿香盒四个，首领程国用持去，交总管太监刘进忠讫。

十月

809. 初一日，首领太监程国用来说，太监杜寿传旨：将寿意小器皿活计做些。钦此。

于十月二十九日做得紫檀木镶嵌眉寿香几一件，随珐琅寿字香炉一件，匙箸一份，杏木根座一件，象牙茜绿香盒一件，象牙匙箸瓶一件，员外郎海望呈进讫。

于十月三十日做得芝仙祝寿盆景一件，内买宣石盆，福寿荣贵瓶花一件，买办瓷瓶日月平安报好音瓶花一件，随瓷器库古铜瓶一件，买办沉香如意一件，自鸣钟穰子一份，铜镀金磬一件，嵩龄祝寿瓶花一件，随杏木根座，买办绿瓷盆一件，红瓷瓶一件，员外郎海望呈进讫。

十一月

810. 初一日，员外郎海望持出五岳图一轴，传旨：照此字样，着玻璃衬五色，随大随小匾额做几面，再照此字样金圆光下安月牙式八达马座，背面錾番书六字咒语做几副，再将长八九寸铜台錾镀金番字做几个，再盆景罩做一个，四面俱安玻璃，顶底边框着合牌做。钦此。

于十一月初四日画得篆字五岳图一轴，长二尺八寸，宽一尺，员外郎海望呈览，奉旨：照此图样尺寸，其地栿或用楠木做，或用紫檀木做，字用玻璃镶嵌衬五色匾做一面，比此样小些的匾做八面，共做九面。钦此。

本日画得见圆二寸有座五岳图样一张，见圆一寸三分有座五岳图样一张，员外郎海望呈览，奉旨：照此图样尺寸，用金台錾，每样做一对，前面五岳图字用青金、珊瑚、琥珀、乌玉、白玉镶嵌，内一对后面安玻璃镜，一对后面台錾番书六字咒语，中心錾太极图。钦此。

于十一月二十三日做得金圆光五岳图一对，上嵌珊瑚、青金、白玉、乌玉、蜜蜡字各二个，随象牙茜红座一对，员外郎海望呈进讫。

于十二月初七日做得楠木地栿嵌玻璃衬五色字五岳图匾一面，员外郎海望呈览，奉旨：收拾字。钦此。

于十二月初十日做得玻璃盆景罩一件，收拾得楠木地栿玻璃衬五色字五岳图匾一面，员外郎海望呈进讫。

于十二月二十九日做得金圆光五岳图一对，上嵌珊瑚、青金、白玉、乌玉、蜜蜡字各二个，随象牙茜红座一对，楠木地栿嵌玻璃衬五色字五岳图小匾八面，怡亲王呈进讫。

811. 十六日，总管太监张起麟交：压纸大小九件 系嵌汉玉五根，关东一根，水晶一根，碧玉一根，玛瑙一根，玛瑙水丞一件，黄杨木白菜匙箸瓶一件 随干漆座，甜瓜瓣葫芦一件 随铜镀金嘴，上下珊瑚珠二个，天然木根一件，传旨：玛瑙水丞配镀金匙，将座子粘好重新画颜色，再匙箸瓶座子轻，内灌铅，甜瓜瓣葫芦的辫子重，换珊瑚珠，收拾天然木根，擦抹，其压纸九根，俱收拾。钦此。

于十一月二十八日收拾得压纸大小九根，黄杨木白菜匙箸瓶一件随干漆座，甜瓜瓣葫芦一件，天然木根一件，总管太监张起麟呈进讫。

于四年三月初七日玛瑙水丞一件配镀金匙座子另茜颜色，员外郎海望呈进讫。

9. 匣作

四月

901. 二十日，奏事太监刘玉、张玉柱传：做合牌匣，长九寸五分，宽八寸，高三寸五个；长七寸，宽六寸，高二寸五分五个；长七寸，宽四寸八分，高二寸五个；俱糊做黄纸面红纸里，紫檀木别子。记此。

于四月二十五日照尺寸做得合牌匣子十五个，交太监韩贵持去。

九月

902. 初六日，据圆明园来帖内称，总管太监张起麟交玉花瓶一件 随紫檀木座，玉瓶一件 随紫檀木座，玉三足杯一件，传旨：各配做合牌锦匣。钦此。

于九月初六日玉花瓶一件随紫檀木座，玉瓶一件随紫檀木座，玉三足杯一件，各配做合牌锦匣一件，首领太监程国用持去交总管太监张起麟收下。

903. 二十九日，总管太监张起麟交西番字降香数珠一盘 东珠佛头四个，白玉记念十个，珊瑚记念二个，蜜蜡记念十个，松石塔一个，夹间珠子三颗，墨晶豆一个，青金方胜一个，松石钱一个，蓝宝石坠角一个，救其里一个，着配匣子。记此。

于九月三十日将西番字降香数珠一盘，配做得铁绣锦面合牌盒一件，首领太监程国用持去，交总管太监张起麟收下。

904. 三十日，总管太监张起麟交青绿天鹿一件 随紫檀木匣，青绿鼎一件 随紫檀木座，传旨：配匣子，贴签。钦此。

于本日将青绿天鹿一件原随紫檀木匣一件糊里收拾，青绿鼎一件配得糊锦匣一件，俱贴金笺纸签子，首领太监程国用持去，交总管太监张起麟收下。

十二月

905.1. 初六日，员外郎海望交汉玉英雄合卺觥四件，传旨：盛在青绿瓶紫檀木座匣内，配一架。钦此。

于四年四月初四日汉玉英雄合卺觥四件配得合牌胎退光漆描金架一件，首领太监程国用持去，交太监杜寿讫。

905.2. 初六日，员外郎海望交汉甘黄玉飞熊陈设一件 随紫檀木座，金珀云龙笔山一件 随紫檀木座，传旨：盛在青绿有盖彝匣内，配锦座。钦此。

于四年四月初四日汉甘黄玉飞熊陈设一件，金珀云龙笔山一件，配得紫檀木合锦座，交首领太监程国用持去，交太监杜寿讫。

905.3. 初六日，员外郎海望交玛瑙面紫檀木插屏一架，传旨：紫檀木架改做，配入青绿有盖饕餮樽格内。钦此。

于四年四月初四日玛瑙面紫檀木插屏一架改做得紫檀木架。首领太监程国用持去，交太监杜寿讫。

10. 雕銮作 附旋作

二月

1001. 初六日，首领太监程国用来说，奉怡亲王谕：颜料库内有伽楠香选几块用。遵此。

于二月初八日选得广储司颜料库内收贮伽楠香二块，重二十八两一块，重十七两一块，员外郎海望呈怡亲王看，遂选出伽南香重二十八两一块，又锯得重一两五钱一块，首领太监程国用持去交太监刘希文收拾除净，用伽楠香二十九两五钱，外折耗五钱，余剩下伽楠香一块重十五两，交司库伊拉奇收库讫。

又于五月初五日司库伊拉奇将此项收贮伽楠香十五两，交首领太监程国用持去，交总管太监张起麟收讫。

九月

1002. 十六日，据圆明园来帖内称，首领太监郑忠交花梨木玻璃插屏一件 角上水银走了，传旨：将此插屏边框上狮子去掉，做半入角，上下绦环板亦去掉，另换做实地雕夔龙板，打紫檀木色，其余不必动。钦此。

于十月十八日收拾得花梨木玻璃插屏一件，交首领太监郑忠持去讫。

1003. 二十九日，太监杜寿传旨：龙凤盒内将各样香做盛寿字香饼，盛在盒内，不要压成面子做，用香木做。钦此。

于九月三十日做得沉香、降香、檀香饼五百个，员外郎海望呈上留下。

11. 漆作

六月

1101. 十一日，为做宝座、屏风，行取紫檀木事。怡亲王奏闻，奉旨：

不必用紫檀木做，做漆的。钦此。

于八月二十六日做得退光漆五屏风宝座一张，地平一份，柏唐阿六达子送至圆明园，交郎中保德，安在正大光明殿内讫。

1102. 十九日，员外郎海望奉旨：尔做书格一架，先做样呈览。钦此。

于本月二十二日做得合牌书格样一件，员外郎海望呈览，奉旨：此书格做杉木胎，外用漆做，前面安玻璃片，格内着郎世宁画各式陈设物件，背面画书格，顶上壁子柱中安书格，后面依壁子平，尔等将书格上用的玻璃与保德商议妥当再做。钦此。

二十四日员外郎海望往圆明园查得玻璃数目，于二十七日回奏，奉旨：此书格留下，安玻璃分位，俟做成时再看，若用安玻璃再安，若不合玻璃即罢。钦此。

于八月二十二日做得杉木胎退光漆书格一件，内安画各样陈设片，背面画假书，员外郎海望呈进讫。

八月

1103. 十一日，员外郎海望奉怡亲王谕：将做成的紫檀木彩画洋金塔一座，塔内用漆盒，二十三日之内若遇皇上祭奉先殿之日，将此塔交与张起麟送在寿皇殿呈供，再太皇牌龛一座，俟送塔之日一并交与张起麟供在佛堂内，再照此塔样做一份，塔内漆盒做高些，盒内居中添一高台，将原供的玉石盒放在漆盒内居中，送至畅春园呈供。遵此。

于八月二十日将紫檀木洋金宝塔一座随漆盒一件，总管太监张起麟持进，供奉在寿皇殿讫，又将紫檀木边玻璃门牌龛一座上刻孝恭仁皇后大慈皇妣圣灵之宝位，总管太监张起麟持进，供奉在佛堂内讫。

于四年三月十七日做得紫檀木洋金宝塔一座随玉盒一件，内盛东珠坠一副，内管领穆森，首领太监萨木哈同送至畅春园，交果郡王供奉在恩佑寺讫。

十月

1104. 初五日，太监杜寿交黄油高桌一张，紫檀木座四十六件，彩漆座一件，楠木座一件，糊锦座二件，着收拾擦抹。记此。

于十月十一日将原交黄油高桌等件俱收拾完，交太监吕进朝持去，交太监杜寿收讫。

1105. 初九日，太监杜寿交岁岁平安插屏一件，四方漆盒一件，长螺丝盒一件 内盛物件，说怡亲王谕：着送至圆明园，遵此。

本日将原交岁岁平安插屏等件俱交柏唐阿六达子送至圆明园交太监杜寿收讫。

1106. 十一日，据圆明园来帖内称，首领太监苏培盛交御笔“洞天日月多佳景”匾一面 长三尺八寸，宽九寸二分，“会心处”匾一面 长三尺二寸，高一尺三寸，传旨：交与海望，照此匾二面各做小匾样一件呈览。钦此。

于十月十八日做得“洞天日月多佳景”小匾样一件，“会心处”小匾样一件，员外郎海望呈览，奉旨：“洞天日月多佳景”匾照样做黑漆地一块玉做法，画金如意草，铜镀金字，如意草不□画大了，“会心处”匾木样做石青地一块玉做法，通身画金云夔龙洋金字。钦此。

于十一月二十二日做得黑漆地泥金番花铜镀金字“洞天日月多佳景”匾一面，催总刘山久持进安在九洲清晏讫。

石青地画金云夔龙洋金字“会心处”匾一面，催总刘山久持进安在九洲清晏讫。

1107. 二十二日，员外郎海望奉旨：照做过的珐琅流云“戒急用忍”牌做一件，将彩漆牌亦做几件，字用石青色地，或用退光漆描金，或用黄色，尔等酌量配合。钦此。

于四年二月初五日做得彩漆地石青“戒急用忍”字吊牌四件，退光漆地黄泥金“戒急用忍”字吊牌四件，员外郎海望呈进讫。

十一月

1108. 二十日，据圆明园来帖内称，员外郎海望持出万福漆盒一件 内盛合牌桃一件，奉旨：比此样放大些，多做几对。钦此。

于四年五月十二日做得万福长方盒二对，海望呈进讫。

于四年八月十四日做得万福长方漆盒二对并原交盒样一件，怡亲王呈进讫。

1109. 二十日，据圆明园来帖内称，员外郎海望持出洋漆抽屉匣一对，奉旨：抽屉上的环子不好，另做夔龙式环，象牙边线，中心糊金笺纸，写石青字诗句。钦此。

于四年二月二十二日将洋漆抽屉匣一对上配铜镀金夔龙式环中心糊金笺纸写石青字诗句完，员外郎海望呈进讫。

1110. 二十二日，员外郎海望传旨：着做高三尺，见圆一尺二寸，四柱圆形，上、中、下三层屉板上俱安夔龙栏杆红漆书格一架。钦此。

于四年七月十五日做得朱漆圆书格一架，海望呈进讫。

1111. 二十二日，员外郎海望奉旨：着做高二尺二寸，见方一尺洋金香几一件。钦此。

于四年七月初五日做得洋金香几一件，海望呈进讫。

12. 自鸣钟

九月

1201. 初十日，员外郎海望交铜云板磬一件，传旨：此磬声音甚好，着照此样做二件，牌头打双眼，架子款式虽文，还有不妥当处更改。钦此。

于十月二十九日做得花梨木架铜云板磬二件，并原交的铜云板磬一件，员外郎海望呈上，留下。

1202. 十一日，员外郎海望奉上谕：圆明园后殿内仙楼板墙上安表一件，板墙上做一铜火盆，不必用架子，改配座子，使表轮子藏内，其表上针透下楼板，楼板下画一表盘，表轮子声音不要甚响。钦此。

于二十二日员外郎海望奏称，查得自鸣钟处收贮有径一尺八寸双针表一件，若安在板墙上尺寸相对等语奏闻，奉旨：俟朕进宫之日，将表呈览。钦此。

于二十九日将自鸣钟处收贮双针表一件，员外郎海望呈览，奉旨：准安。钦此。

于九月三十日将自鸣钟处收贮双针表一件，并做得黄铜火盆一件，随紫檀木座一件，员外郎海望带领催白老格持去圆明园后殿内安讫。

13. 鋄作

十二月

1301. 二十六日，太监杜寿交紫檀木把鋄金夔龙槌一件，传旨：照样做一件。钦此。

于四年正月十三日做得紫檀木把鋄金夔龙槌一件，并原交槌子一件，首领太监程国用持去，交太监杜寿讫。

雍正四年

1. 木作

正月

101.1. 初二日，首领太监程国用请出铜胎佛一尊法身高四寸七分，宽三寸五分，厚一寸九分，说太监焦进朝传旨：着配龛。钦此。

于本月三十日铜胎佛一尊配做得紫檀木龛一座，随衣一件，垫一件，太监王玉持去，交太监祁尚英收讫。

101.2. 初二日，员外郎海望奉怡亲王谕：着做暖轿一乘，往精细里做，赶冬令务必要得，其轿杆用高丽木做，此杆我着人送来。遵此。

于九月二十五日做得暖轿一乘，呈怡亲王看，奉王谕：此轿尺寸不对。遵此。

102. 初五日，太监杜寿交来高丽木压纸二件，传旨：此压纸蠢，着往秀气里收拾。钦此。

于正月二十二日收拾得高丽木压纸二件，员外郎海望呈进讫。

103. 初十日，太监杜寿传旨：圆明园安围屏灯，平台处东西长炕中间着做床一张，高九寸，长六尺，其宽的尺寸除炕沿九寸以里为宽。钦此。

于三月二十六日照尺寸做得楠木床一张，员外郎沈嵛交太监杜寿持去讫。

104. 十二日，太监杜寿交来乌木座一件，传旨：着将此座画下，俟后有做座子处，或方或圆俱照此样做。钦此。

于本日将原样乌木座一件，首领太监程国用持去，交太监杜寿收讫。

105. 十三日，太监杜寿交来雄黄一块，寿山石异兽一件，传旨：照先交的茜红象牙座子的样式做法一样，配做木座子。钦此。

于二月二十九日寿山石异兽一件配做得紫檀木座一件，员外郎海望呈进讫。

于三月初七日雄黄一块配做得紫檀木座一件，员外郎海望呈进讫。

106. 二十三日，太监刘玉、张玉柱、陈璜、姚进孝交来蛇木大小十一根 锡匣盛，蛇木大小八根 锡匣盛，传旨：交养心殿造办处收着。钦此。

随交司库福森收库讫。现存库。

107. 二十六日，据圆明园来帖内称，太监杜寿传旨：着做一封书楠木床十八张，各长三尺七寸，宽二尺二寸，高九寸。钦此。

于四月十一日照尺寸做得楠木一封书床十八张，首领太监程国用持去，交太监杜寿收讫。

108. 二十八日，圆明园来帖内称，太监杜寿传：做紫檀木佛龛二座，楠木佛龛一座，皇上进宫去时随进，圆明园来时亦随了来。记此。

于二月初六日做得紫檀木佛龛二座，首领太监程国用持去，交太监焦进朝收讫。

于七月二十八日做得楠木佛龛一座，首领太监程国用持去，交杜寿收讫。

109. 三十日，员外郎海望持出玉狗一件，奉旨：着配做压纸。钦此。

于四年二月二十二日玉狗一件，配做得紫檀木压纸一件，员外郎海望呈进讫。

二月

110. 十一日，据圆明园来帖内称，首领程国用来说，太监杜寿传：做紫檀木佛龛二座，其大小款式照先做过的一样做，不必太精细了。记此。

于七月二十八日做得紫檀木佛龛二座，首领太监程国用持去，交太监杜寿讫。

111.1. 十五日，员外郎海望奉旨：养心殿东暖阁门内安玻璃插屏一座。钦此。

于本月十八日将收贮紫檀木边座玻璃插屏一座，催总刘山久持进，安在养心殿东暖阁内讫。

111.2. 十五日，首领太监哈元臣来说，太监王安传旨：着做楠木桌一张，长二尺二寸一分，宽一尺四寸五分，高五寸，再比楠木桌放高六分用紫檀木做一张。钦此。

于七月十六日照尺寸做得楠木桌一张，紫檀木桌一张，首领太监程国用持去，交太监哈元臣讫。

112. 十六日，太监刘玉传旨：着做罩盖楠木匣一件，长二尺，宽七寸，高一寸八分。钦此。

于本月二十二日照尺寸做得楠木罩盖匣一件，首领太监程国用持去，交太监刘玉收讫。

113. 十七日，太监杜寿传旨：着做楠木一封书桌一张，宽二尺二寸，高一尺四寸八分，长三尺六寸，再照此尺寸做花梨木小桌一张。钦此。

于五月二十日照尺寸做得楠木一封书桌一张，花梨木一封书桌一张，首领太监程国用持去，交太监杜寿收讫。

114. 十九日，太监潘凤来说，太监王安传旨：着做楠木罩盖匣，见方三寸五分，高二寸匣二件；长二尺三寸，宽七寸，高二寸匣一件。钦此。

于五月十三日照尺寸做得楠木罩盖匣大小三件，催总马尔汉交太监潘凤持去讫。

115. 二十三日，首领太监李统忠传旨：着做楠木折叠小桌一张，长二尺，宽一尺三寸，高一尺。钦此。

于五月十七日照尺寸做得楠木折叠小桌一张，柏唐阿苏尔迈交太监夏安持去讫。

116. 二十九日，太监杜寿交来象牙茜红把镶白玛瑙如意一件 楠木匣盛，传：楠木匣甚长，着去些，另安卡子。记此。

于三月初二日收拾得楠木匣一件安卡子完，内盛白玛瑙如意一件，交太监杜寿送至果郡王府讫。

三月

117. 初一日，首领太监哈元臣来说，太监杜寿传旨：养心殿西围房着做装古董三层杉木格子十二个，随布帘。钦此。

于六月十二日做得杉木五层格子十二个，俱随布帘，柏唐阿苏尔迈交首领太监哈元臣持去讫。

118. 初五日，据圆明园来帖内称，首领太监程国用持出佛二尊，随衣二件，说太监刘玉柱传旨：着配龛。钦此。

于四月二十三日佛二尊，随衣二件，配做得紫檀木龛二座，员外郎海望呈进讫。

119. 初七日，员外郎海望持出紫檀木转板桌一张，奉旨：转板往长里改做，其裂缝处线补。钦此。

于本日收拾得紫檀木转板桌一张，员外郎海望呈进讫。

120. 1. 十三日，员外郎海望持出白玉梅桩双喜觥一件，奉旨：着配座子。钦此。

于七月二十三日白玉梅桩双喜觥一件配做得紫檀木座，郎中海望呈进讫。

120. 2. 十三日，员外郎海望持出汉玉方池一件。奉旨：着配座子。钦此。

于七月初五日汉玉方池一件配做得紫檀木座，郎中海望呈进，奉旨：着配珐琅盖。钦此。

于九月初五日将汉玉方池一件，随紫檀木座配得珐琅盖，郎中海望呈进讫。

120. 3. 十三日，员外郎海望持出玛瑙勺一件，奉旨：着配紫檀木把。钦此。

于六月二十日玛瑙勺一件配得紫檀木把，郎中海望呈进讫。

120. 4. 十三日，员外郎海望持出天然树根一件，奉旨：着配座子。

钦此。

于六月二十九日配做得紫檀木座天然树根一件，郎中海望呈进讫。

120.5.十三日，员外郎海望持出拱花白洋瓷靶杯一件，黑釉金龙洋瓷靶杯一件，奉旨：将此靶杯照都盛盘式做西洋栏杆，将靶杯或十二只一盘，或十八只一盘，足子俱要下稳，盘子或做漆的，或做棕木的亦可。钦此。

于五月初七日做得高丽木栏杆紫檀木都盛盘二件，并瓷靶杯二件，员外郎海望呈进讫。

120.6.十三日，员外郎海望持出灵璧石磬一件 紫檀木架，奉旨：此磬声音甚好，但“太古之音”四字刻法不好，或改八分书，或去平，尔等酌量做，再绦子甚长，做短些，架子不好，另换架子。钦此。

于十二月二十八日改做得灵璧石磬一件，另配紫檀木架，怡亲王呈进讫。

121. 十六日，据圆明园来帖内称，首领太监程国用持来珐琅缸一口，说太监杜寿传旨：着配架子。钦此。

于五月十一日配做紫檀木架完，首领太监程国用持去交太监杜寿讫。

122. 十七日，据圆明园来帖内称，首领太监程国用持来梧桐树皮一件 提督陆振声进，说太监刘玉传旨：着配紫檀木座，背后下象牙牌，上写出则文。钦此。

于五月初七日蒋廷锡做得梧桐木记一篇，海望呈览，奉旨：准做。钦此。

于七月十四日梧桐树皮一件，配做得紫檀木座象牙牌，上写出则文，郎中海望呈进讫。

梧桐树皮出则文：甘肃提督陆振声在巴里坤出兵回来时，在哈密东北八十余里有地名为长流水，此处有梧桐树林，内拾得梧桐木皮一块，其林内梧桐树叶小，树身不甚直，与内地梧桐不同。

123. 二十二日，员外郎海望奉旨：着做包镶花梨木床一张，高一尺一寸，宽四尺五寸，长七尺。钦此。

于六月十八日做得合牌小床样一件，郎中海望呈览，奉旨：着照样做，但两横头各安抽屉二个。钦此。

于七月十四日做得包镶花梨木床一张,郎中海望呈进讫。

124. 二十三日,据圆明园来帖内称,首领太监程国用持来绿玻璃镶铜镀金飞禽一件,说太监杜寿传旨:着配座子。钦此。

于十二月二十八日铜镀金嵌绿玻璃飞禽一件配做得紫檀木座,怡亲王呈进讫。

四月

125. 初一日,太监刘玉、张玉柱交来朱砂一块,传旨:着配座子。钦此。

于五年五月初四日将朱砂一块配得紫檀木座一件,信郡王呈进。

126. 初八日,据圆明园来帖内称,首领太监程国用持来红豆木十块蔡珽进,说太监杜寿传旨:着交养心殿造办处收着。钦此。

于六月十六日做得紫檀木牙红豆木案一张,郎中海望呈进讫。

于七月十四日做得红豆木案一张,郎中海望呈进讫。

127. 十七日,据圆明园来帖内称,太监杜寿交来宣窑双凤花樽一件,传旨:着配座子。钦此。

于四月二十三日宣窑双凤花樽一件配做紫檀木座,首领太监程国用持去交太监杜寿收讫。

128. 十八日,据圆明园来帖内称,太监杜寿交来博古格内汉玉有盖觥一件,汉玉蓍草瓶一件,汉玉圆花樽一件,汉玉八角觥一件,汉玉双喜璧一件,白玉夔龙觥一件,汉玉双喜合卺觥一件,青金莲喜洗一件,珊瑚双凤陈设一件,银晶天鹿一件,汉玉昭文带十八件,成窑鸡缸杯十八件,传旨:将昭文带、鸡缸杯配架子,其余俱配座子。钦此。

于七月二十三日将汉玉有盖觥一件,汉玉蓍草瓶一件,汉玉圆花樽一件,汉玉八角觥一件,汉玉双喜璧一件,白玉夔龙觥一件,汉玉双喜合卺觥一件,银晶天鹿一件,汉玉昭文带十八件,成窑鸡缸杯十八件,各配做紫檀木架座,海望呈进。

于八月初二日将珊瑚双凤陈设一件配得紫檀木座,首领程国用持去交太监杜寿讫。

于八月二十四日将青金莲喜洗一件配紫檀木座，首领程国用持去交太监杜寿讫。

129. 十九日，据圆明园来帖内称，太监杜寿交来博古格内蜜蜡松石陈设一件，碧玉三喜觥一件，汉玉双凤一件，碧玉鳌鱼一件，汉玉四方一统陈设一件，玛瑙水丞一件，传旨：蜜蜡陈设，碧玉觥配做架子，汉玉凤、碧玉鱼其匣内安合牌屉，其余俱配做座子。钦此。

于七月二十三日将蜜蜡松石陈设一件，碧玉觥一件各配紫檀木架，汉玉双凤一件，碧玉鱼一件各安合牌屉，汉玉四方一统陈设一件，玛瑙水丞一件各配紫檀木座，海望呈进。

130.1. 二十三日，据圆明园来帖内称，员外郎海望持出玉昭文带一件，奉旨：着配做紫檀木压纸。钦此。

于七月十八日配做得嵌玉紫檀木压纸一件，怡亲王呈进。

130.2. 二十三日，据圆明园来帖内称，员外郎海望持出玉荷叶式水丞一件，奉旨：着配座子。钦此。

于七月十八日将玉荷叶式水丞一件配紫檀座一件，怡亲王呈进讫。

130.3. 二十三日，据圆明园来帖内称，员外郎海望持出嵌玉面乌木架墨床一件，奉旨：此墨床架子款式不好，但玉面可用，尔等酌量，比此样放长，收窄，配合着做几个。钦此。

于九月十六日配做得墨床一件，怡亲王呈进讫。

130.4. 二十三日，据圆明园来帖内称，员外郎海望奉旨：着将蔡珽进的红豆木做案二张，画样呈览，准时再做。钦此。

于五月十六日做得合牌小案样一件，员外郎海望呈览，奉旨：照样准做。钦此。

于六月十六日做得长七尺五寸，宽一尺五寸六分，高二尺七寸三分紫檀木牙红豆木案一张，郎中海望呈进讫，奉旨：再照样做一件。钦此。

于七月十四日做得长六尺，宽一尺五分，高二尺八寸红豆木案一张，海望呈进讫。

130.5. 二十三日，据圆明园来帖内称，员外郎海望奉旨：着配做都盛盘几件，其盘内或盛瓶四件，或盛瓶六件及八件，尔等酌量配合着做。

钦此。

于八月十一日瓷瓶大小三十五件配做得紫檀木都盛盘六件，怡亲王呈进讫。

131. 二十四日，据圆明园来帖内称，首领太监程国用来说，太监杜寿交红玛瑙三喜水丞一件，传旨：着将座子安稳着。钦此。

于本日收拾得红玛瑙三喜水丞一件紫檀木座，首领太监程国用持去交太监杜寿收讫。

132. 二十六日，据圆明园来帖内称，首领太监程国用来说，太监杜寿交定窑花樽一件，传旨：着配座子。钦此。

于五月初一日定窑花樽一件配做得紫檀木座，首领太监程国用持去交太监杜寿收讫。

133. 二十九日，据圆明园来帖内称，太监杜寿交玛瑙甜瓜式水丞一件，传旨：着配座子。钦此。

于五月初二日玛瑙甜瓜式水丞一件，配做紫檀木座，首领太监程国用持去交太监杜寿收讫。

五月

134. 初一日，据圆明园来帖内称，员外郎海望持出端石插屏一件紫檀木架，奉旨：此架子款式不好，着收拾，若收拾不得，另配做架子。钦此。

于六月十六日端石插屏一件配做得紫檀木架，郎中海望呈进讫。

135. 初二日，据圆明园来帖内称，太监杜寿交来博古格内定窑花瓶一件，汝窑炉一件，汉玉鼎一件，汉玉四方一统陈设一件，传旨：着俱配做紫檀木座子。钦此。

于七月二十三日定窑花瓶等四件各配紫檀木座四件，郎中海望呈进讫。

136. 初三日，据圆明园来帖内称，首领太监程国用持来白地青葵花瓷樽一件，说太监杜寿传旨：着配座子。钦此。

于五年初四日白地青葵花瓷樽一件配得紫檀木座，首领太监程国用持去，交太监杜寿收讫。

137. 初七日，据圆明园来帖内称，员外郎海望奉旨：四宜堂东次间着照先做过靠床围屏做四扇，二面俱糊纱，前面或玉色，或月白色，后面或香色，或淡红色，此四扇围屏系夏天用的。钦此。

于五月二十日做得围屏四扇，首领太监程国用持去，交太监杜寿讫。

138. 十二日，据圆明园来帖内称，太监王安传旨：着做船上用的矮宝座一张。钦此。

于本日做得矮宝座合牌样一件，员外郎海望呈览，奉旨：扶手不必做花的，做素圆枨，靠背做宽些，穿藤子。钦此。

于六月初三日做得高丽木矮宝座一张，随葛布坐褥一个，藤屉靠背一件，郎中海望呈进讫。

139. 十八日，据圆明园来帖内称，太监赵雅图交来斑竹帽架一件，传旨：着照此样做几件。钦此。

于七月初二日做得斑竹帽架二件并原样一件，郎中海望呈进讫。

140. 十九日，据圆明园来帖内称，太监王安传旨：着做高五寸五分，宽四寸六分，长八寸三分或花梨木，或紫檀木匣子做一个，钉合扇。钦此。

于六月十五日做得高五寸五分，宽四寸六分，长八寸三分紫檀木匣一件，郎中海望呈进讫。随奉旨：此匣安穿钉，再照此匣尺寸做楠木匣一件。钦此。

于本月二十日安穿钉完，呈进讫。

于七月初五日照尺寸做得楠木匣一件，郎中海望呈进讫。

六月

141. 初三日，据圆明园来帖内称，首领太监荣望传旨：着照船上高丽木宝座尺寸款式，做花梨木宝座一张，红豆木宝座一张。钦此。

于六月二十四日做得紫檀木边框花梨木宝座一张，随葛布坐褥一个，藤屉靠背一件，郎中海望呈进讫。

于七月十四日做得红豆木宝座一张，随葛布坐褥一个，藤屉靠背一件，郎中海望呈进讫。

142. 初七日，据圆明园来帖内称，太监杜寿交来古铜钟一件，传旨：

着配紫檀木架。钦此。

于七月二十八日做得紫檀木架一件,并原交古铜钟一件,怡亲王呈进讫。

143. 十一日,据圆明园来帖内称,做得紫檀木衣杆架一件,海望呈进,奉旨:此衣杆架子太高,另添鼓墩做衣架用,再照此衣杆架上二层尺寸做紫檀木衣杆架。钦此。

于六月十五日做得照二层高紫檀木衣杆架一件,郎中海望呈进讫。

于七月二十八日做得照二层高紫檀木衣杆架一件,郎中海望呈进讫。

144. 十三日,据圆明园来帖内称,太监赵雅图交来青地金龙瓷靶杯一件,传旨:着照此杯大小,配合摆得下十件靶杯的木盘做一件。钦此。

于七月十九日做得紫檀木盘一件,并原交瓷靶杯一件,郎中海望呈进讫。

145.1. 十五日,据圆明园来帖内称,员外郎海望奉旨:着照先做过转板书桌样,用红豆木做一张。钦此。

于七月二十五日做得红豆木桌一张,郎中海望呈进讫。

145.2. 十五日,据圆明园来帖内称,员外郎海望奉旨:此转板书桌再长些,三放桌面书桌做一张,再叠落长条书桌做一张,先画样,呈览过再做。钦此。

于本月十八日画得有抽屉条桌样一张,无抽屉条桌样一张,郎中海望呈览,奉旨:照有抽屉条桌样用楠木做一张,无抽屉条桌样亦用楠木做一张。钦此。

于七月二十五日做得有抽屉楠木条桌一张,无抽屉楠木条桌一张,怡亲王呈进讫。

145.3. 十五日,海望奉旨:着做夔龙式弯腿二层面矮书桌一张,先做样,呈览过再做。钦此。

于本月十八日画得中层安屉板矮书桌样一张,海望呈览,奉旨:照样准做。钦此。

于七月二十五日做得楠木矮书桌一张,怡亲王呈进讫。

146. 十七日,据圆明园来帖内称,太监宋礼、刘希文交来铜丝炉罩一个,传旨:着将铜顶拆下另换木顶。钦此。

于六月十八日换得紫檀木顶铜丝炉罩一件,首领太监程国用持去交太监宋礼收讫。

147. 十八日,据圆明园来帖内称,员外郎海望持出香一块 重八斤,奉旨:着认看,若平常,收在造办处做材料用。钦此。

于本日据袁景劭认看得系花铲沉香假充伽楠香等语。记此。交库,现存库。

148. 十九日,据圆明园来帖内称,太监王安传旨:着做蓬莱洲集锦玻璃窗上纱屉窗一件。钦此。

于六月二十七日做得杉木糊纱屉窗一件,首领太监程国用持去交太监王安收讫。

149. 二十日,据圆明园来帖内称,怡亲王交香四块 共重十九两八钱,王谕:着认看。遵此。

于六月二十一日据袁景劭认看得系花铲沉香。记此。交库。

于乾隆元年正月初六日将沉香一块司库常保、首领萨木哈交太监毛团呈进讫。下欠沉香三块现存库。

150. 二十二日,据圆明园来帖内称,太监杜寿交来宜兴花觚一件,传旨:着配座子。钦此。

于六月二十四日宜兴花觚一件配做得紫檀木座,首领太监程国用持去交太监杜寿收讫。

151. 二十四日,据圆明园来帖内称,太监焦进朝传:做紫檀木窝龛,高四寸六分,面宽五寸,入深三寸六分一座,高五寸六分,面宽五寸八分,入深四寸五分一座。记此。

于九月十八日照尺寸做得紫檀木窝龛二座,首领太监程国用持去交太监焦进朝收讫。

152. 二十六日,据圆明园来帖内称,郎中海望奉旨:着做长九寸,宽四寸九分,高二寸安西洋簧,或楠木,或合牌锦匣,每样做二个。钦此。

于八月十四日照尺寸做得西洋簧楠木匣二件,郎中海望呈进讫。

153. 二十七日,据圆明园来帖内称,郎中海望奉旨:瀑布处正殿内着做笔管栏杆床一张,上安靠背、帽架、衣杆、痰盂、托瓶、托书灯、闲余书架,再照此床不必安栏杆做小敀床一张,周围牙板俱照大床一样,或用紫檀木做,或用红豆木做,尔等酌量。钦此。

于六月十一日做得痰盂托一件,郎中海望呈进讫。

于七月初二日做得闲余板一份,海望呈进讫。

于七月二十三日做得紫檀木平托一份,海望呈进讫。

于七月二十八日做得紫檀木平托一份,闲余帽架一件,衣杆架一件,海望呈进讫。

于八月初二日做得床二张,郎中海望呈进讫。

七月

154. 初五日,据圆明园来帖内称,郎中海望奉旨:着照先做过镶象牙底盖紫檀木挂笔筒再做二件。钦此。

于七月二十五日做得紫檀木挂笔筒一件,郎中海望呈进讫。

于五年二月二十一日做得紫檀木挂笔筒一件,郎中海望呈进讫。

155.1. 二十三日,据圆明园来帖内称,太监刘玉、张玉柱传:做发报杉木箱,长二尺七寸,宽七寸,高六寸一个;长一尺七寸,宽一尺〇五分一个,高一尺一寸八分,见方一尺三寸五分一个。记此。

于七月二十四日照尺寸做得黑毡里杉木箱三个,太监马进忠持去交太监刘玉讫。

155.2. 二十三日,据圆明园来帖内称,太监王守贵交来各色瓷瓶三十五件,传旨:着照先做过的都盛盘配合瓷瓶大小做五件。钦此。

于九月二十八日瓷瓶三十五件配做得紫檀木都盛盘五件,太监吕进朝持去交太监王守贵收讫。

156.1. 二十七日,据圆明园来帖内称,总管太监哈元臣交来黄杨木香筒一件,传旨:着照样做十件。钦此。

于八月初五日做得黄杨木香筒十件,并原样一件,催总胡常保持去交太监蔡玉收讫。

156.2. 二十七日,据圆明园来帖内称,郎中海望奉旨:着照先做过的小衣架或用楠木，或漆的再做几件。钦此。

于八月二十日做得楠木小衣架二件，郎中海望呈进讫。

156.3. 二十七日，据圆明园来帖内称，郎中海望持出鸂鶒木帽架一件，奉旨：着照样做几件，其梃子上不必鞔黄皮。钦此。

于八月初六日做得鸂鶒木帽架二件，并原样一件，郎中海望呈进讫。

八月

157. 初八日，郎中海望持出祭红瓶一件，奉旨：着配紫檀木座。钦此。

于十一月十一日祭红瓶一件，配做紫檀木座，郎中海望呈进讫。

158. 初九日，郎中海望持出祭红瓶大小三件，奉旨：着配木座。钦此。

于九月十二日俱配紫檀木座完，怡亲王呈进讫。

159. 十一日，郎中海望持出成窑五彩瓷罐一件，汉玉觥一件，官窑莲瓣式花插一件，玛瑙葵花式盘一件，青绿笔洗一件，金珀砚山一件，竹根仙人砚山一件，汉玉八角小碗一件，奉旨：着酌量或配座子，或配架子。钦此。

于八月二十二日成窑五彩瓷罐等八件各配紫檀木座一件，员外郎沈嵛交首领太监王以诚持去讫。

160. 十六日，据圆明园来帖内称，郎中海望持出杉木罩油图塞尔根桌一张，奉旨：着照此款式，面用紫檀木，其边与下身俱用杉木，做红漆彩金龙膳桌二张，酒膳桌二张。钦此。

于十二月二十日做得紫檀木面红漆彩金龙膳桌二张，酒膳桌二张并原样桌一张，郎中海望呈进讫。

161.1. 二十一日，据圆明园来帖内称，太监王守贵交来定窑八卦瓶一件，宣窑小花插一件，传旨：着配紫檀木座子。钦此。

于八月二十四日定窑八卦瓶一件，宣窑小花插一件俱配紫檀木座，首领太监程国用持去交太监王守贵收讫。

161.2. 二十一日，据圆明园来帖内称，太监王守贵交来银晶天鹿水丞一件,黄杨木寿星盆景一件,传旨:着将盆景俱各见新收拾,水丞上配座子。钦此。

于六月二十四日收拾得黄杨木寿星盆景一件,银晶天鹿水丞一件配紫檀木座,首领太监程国用持去交太监王守贵收讫。

162. 二十三日,据圆明园来帖内称,郎中海望奉旨:着照如意馆内陈设的一封书炕桌样式尺寸,做高丽木边紫檀木心炕桌几张,再比此尺寸收小些炕桌亦做几张。钦此。

于五年四月二十九日做得高丽木边紫檀木心一封书式炕桌大小四张,怡亲王呈进讫。

163. 二十四日,据圆明园来帖内称,太监张玉柱传旨:照先做过的紫檀木手巾杆帽架再做二份。钦此。

于五年三月十三日做得紫檀木手巾杆帽架二份,郎中海望呈进讫。

九月

164.1. 初二日,郎中海望奉旨:天长地久屋内有抽屉的闲余板中间微忽凹腰,今添做闲余架二个,其架子上安一曲须,上配做铜荷叶遮火。钦此。

于九月十九日做得楠木闲余架二个,上随曲须铜遮火等件,催总吴花子持去安在天长地久屋内有抽屉闲余板上讫。

164.2. 初二日,郎中海望奉旨:着将紫檀木手巾杆帽架再做一份,不用笔筒砚托。钦此。

于九月十三日做得紫檀木手巾杆帽架一份,郎中海望呈进讫。

165. 初五日,总管太监刘进忠、王以诚传旨:着照书琴样式做斜式小琴二张。钦此。

于十月二十三日做得紫檀木斜式小琴二张,怡亲王呈进讫。

166. 初六日,总管太监刘进忠交来紫檀木嵌玉宝座一件,传旨:着擦抹收拾见新,托泥上糊木纹纸。钦此。

于九月初七日收拾得紫檀木嵌玉宝座一件,郎中海望呈进讫。

167. 初八日,首领太监焦进朝交来楠木佛龛一座,传:着交造办处收着。记此。

于十二月二十日楠木佛龛一座，仍交太监焦进朝持去讫。

168. 十五日，郎中海望奉旨：朕先有旨着做的圣旨合符牌共做九份。钦此。

于十月二十日做得楠木合符牌九份，郎中海望呈进讫。

169.1. 十七日，郎中海望奉旨：着做径圆九寸，入深五六寸紫檀木圆光寿字书格一件，后面安圆玻璃镜一面，下座子照四境平安座子做，后面玻璃镜亦照四境平安镜一样做，其寿字应用何物镶嵌处，尔等酌量配合。钦此。

于九月二十八日做得紫檀木圆光象牙镶玳瑁寿字安玻璃镜书格一件，郎中海望呈进讫。

169.2. 十七日，郎中海望奉旨：着做寿意香几一件。钦此。

于九月二十日做得楠木寿意香几一件，郎中海望呈进讫。

170.1. 十九日，郎中海望持出旧玉如意香罐一个，宋玉三喜合卺觥一件，碧玉九喜蟠桃酒圆一件，白玉福寿有余磬一件，白玉合卺提梁卣一件，甘青玉双喜磬一件，奉旨：着应配座的配座，应配架的配架。钦此。

于九月二十八日旧玉如意香罐等件各配做得紫檀木架座六件，郎中海望呈进讫。

170.2. 十九日，郎中海望持出汉玉狗一件，奉旨：着配做紫檀木压纸。钦此。

于九月二十八日配做得嵌玉紫檀木压纸一件，郎中海望呈进讫。

170.3. 十九日，郎中海望持出汉玉昭文带一件，汉玉小琴一件，奉旨：着配做紫檀木压纸。钦此。

于九月二十八日配做得嵌玉紫檀木压纸二件，郎中海望呈进讫。

171. 二十一日，郎中海望持出黄玛瑙荷叶一件，奉旨：着配西洋式紫檀木托一件。钦此。

于九月二十八日黄玛瑙荷叶一件配做得紫檀木托一件，郎中海望呈进讫。

172.1. 二十三日，首领太监程国用持出珐琅胆瓶一件，说太监王守贵传旨:着配座子。钦此。

于十一月十一日珐琅胆瓶一件配做得紫檀木座,郎中海望呈进讫。

172.2. 二十三日,郎中海望奉旨:着照如意馆内陈设高丽木边紫檀木心长方一封书炕桌,长二尺五寸,宽一尺五寸三分,高一尺做几张,比此桌尺寸收小些亦做几张。钦此。

于五年四月二十八日照样做得高丽木边紫檀木心长方一封书炕桌,大小四张,怡亲王呈进讫。

173. 二十五日,太监王守贵交来甜香二匣,传旨:着认看。钦此。

于本月二十六日袁景邵认看得此香系好的,交首领太监程国用持去讫。

174. 二十六日,郎中海望持出青玉福寿有余磬一件 紫檀木架,青玉三星拱照磬一件 紫檀木架,白玉福寿天喜磬一件 紫檀木架,白玉长方磬一件 紫檀木架,白玉海屋添筹磬一件 紫檀木架,汉玉双喜磬一件 紫檀木架,白玉福寿磬一件,奉旨:此架子有应收拾的收拾,应换的换。钦此。

于十月二十八日收拾得紫檀木架玉磬五件,郎中海望呈进讫。

于五年九月二十八日配做得紫檀木嵌牙架玉磬一件,郎中海望呈进讫。

于六年二月二十八日紫檀木嵌牙架玉磬一件,郎中海望呈进讫。

十月

175. 初三日,首领太监程国用面奉上谕:尔与海望一同商量着做圆形三足香几一件随套,比现用香几做秀气,矮些,以备出外用。钦此。

于十一月初四日做得圆形三足香几一件随黄布棉套,首领太监程国用持去,交太监王守贵收讫。

176.1. 初四日,首领太监程国用来说,太监王守贵传:做楠木折叠腿桌一张 长三尺,宽一尺三寸,高二尺五寸。记此。

于十一月初五日照尺寸做得楠木折叠腿桌一张,首领太监程国用持去交太监王守贵收讫。

176.2. 初四日,首领太监程国用来说,太监焦进朝传:照做过紫檀木佛龛样式再做一件备用。记此。

于五年二月二十七日做得紫檀木佛龛一件,太监王玉持去交太监焦进朝收讫。

177. 初六日,太监刘希文、王太平交各样金银线带一百六十九条,传旨:将此金银线带配做匣子盛装,其匣内随带子的大小做抽屉,安隔断。钦此。

于五年四月初七日做得黄铜饰件椴木搭色匣四个,内盛各样金银线带一百六十九条,并备用椴木搭色匣二个,首领太监程国用持去交太监王太平讫。

178. 初九日,首领太监程国用来说,太监刘希文、王太平传:做佛龛几个备用着。记此。

于五年二月初八日做得紫檀木佛龛二座,首领太监李久明持去交太监刘希文讫。

179. 十二日,郎中海望持出蜡石玛瑙笔洗一件,奉旨:用紫檀木做托盘,上安独梃座子,其座子若轻,安铅。钦此。

于十二月初三日配做得紫檀木托蜡石玛瑙笔洗一件,郎中海望呈进讫。

180.1. 十三日,太监王守贵传:做装四十束香的杉木匣子一个,内安屉子,再做供神像杉子架子一件,其座子要活的,安铁西洋钩搭,俱包角叶,再做杉木黄纱灯罩一对,亦要活的,上安盖顶,再做楠木折叠腿桌一张,长三尺一寸,宽二尺一寸,与供神像架子一样高,俱配做杉木软里匣盛装,此俱系出外应用的物件,务必做妥当着。记此。

于十一月初五日做得装香杉木匣一个,供神像杉木架一件,黄纱灯罩一对,楠木折叠腿桌一张,俱配做杉木软里匣盛,首领太监程国用持去交太监王守贵收讫。

180.2. 十三日,首领太监程国用持来朱砂一块 重十六斤八两,随黄包袱一个,朱砂一块 重十一斤二两,随黄包袱一个,系云南巡抚、管总督事鄂尔泰进,说太监刘玉传旨:着交给海望配座子。钦此。

于五年五月初四日做得紫檀木座二件,并朱砂二块,信郡王带领郎中海望进讫。

180.3. 十三日，首领太监程国用持来香一块 重十三两三钱，锡匣盛，系广东将军阿克敦进，说太监刘玉传旨：着交给海望。钦此。现存库。

181.1. 十九日，首领太监程国用持来小官窑缸一口 有惊璺，随藤盖，说太监王守贵传旨：造办处现在着做茶具一份，将此缸配在茶具内。钦此。

于五年十二月十二日将小官窑缸一口配在茶具上，郎中海望呈进讫。

181.2. 十九日，首领太监程国用持来汉铜瓶一件 随紫檀木座，说太监王太平传旨：交给海望认看好歹，座子着收拾。钦此。

于十二月二十五日据南木匠袁景邵认看得，此铜瓶系好的等语，遂将座子收拾完，首领太监程国用持去交太监王太平收讫。

182.1. 二十日，太监刘希文交商彝炉一件 随紫檀木盖座，传旨：炉座上足子掉了，收拾。钦此。

于十月二十八日收拾得商彝炉一件，随紫檀木盖座完，首领太监程国用持去交太监刘希文收讫。

182.2. 二十日，太监刘希文、王太平传旨：着做杉木糙格子二十个，各高五尺，入深一尺八寸，面宽二尺九寸，托板离地二寸，有一格要八寸高，每格内随做杉木黄盘一件。钦此。

于十二月十一日照尺寸做得有黄盘杉木糙格子二十个，首领太监程国用持去交太监刘希文、王太平收讫。

182.3. 二十日，郎中海望持出蓝白玛瑙砚山一件 随紫檀木座，奉旨：座子不好，收拾。钦此。

于十一月初八日收拾得蓝白玛瑙砚山一件，随紫檀木座完，郎中海望呈进讫。

182.4. 二十日，郎中海望持出绿色玛瑙石一件，宜兴色石水丞一件，奉旨：俱配座子。钦此。

于十一月初八日绿色玛瑙石一件，宜兴色石水丞一件各配得紫檀木座二件，郎中海望呈进讫。

182.5. 二十日，郎中海望持出祭红水丞一件，红色烧料杯一件，奉旨：着配座子。钦此。

于十一月初八日祭红水丞一件，红色玛瑙杯一件，配得紫檀木座，郎中海望呈进，奉旨：着将此杯交玻璃厂，照此颜色烧造玻璃器皿。钦此。

于本日此杯遂交催总张自成持去，转交玻璃厂柏唐阿石美玉收讫。

183.1. 二十二日，首领太监程国用持来青花白地宣窑大瓷盘一件，说太监王守贵、王太平传旨：交与海望，见面请旨。钦此。

于二十五日海望见面请旨，奉旨：配架子。钦此。

于十一月初四日青花白地宣窑大瓷盘一件，配得紫檀木架一件，怡亲王呈进讫。

183.2. 二十二日，首领太监程国用持来紫檀木座一件，说太监刘希文传旨：有用处用。钦此。随交司库福森收库讫。

183.3. 二十二日，奏事太监刘玉、张玉柱交来桐叶式大理石盘一件系浙闽总督高其倬进，风穿牡丹大理石盘一件，传旨：交给海望，见面请旨。钦此。

于十月二十五日郎中海望持进大理石盘二件请旨，奉旨：着做紫檀木独梃座，灌铅。钦此。

于十二月十四日配做紫檀木座大理石盘二件，怡亲王呈进讫。

184. 二十四日，首领太监程国用持来花梨木架洋金边玻璃插屏一件，说太监刘希文、王太平传旨：着交给海望，归在前日交的洋漆书格桌子一处。钦此。

于本月二十五日郎中海望奉旨：着赏怡亲王。钦此。

本日着柏唐阿六达子送去交王府，太监李天福收讫。

185.1. 二十五日，太监王太平交来紫檀木镶银累丝玻璃靠背床一张，传旨：着送往圆明园，交园内总管太监。钦此。

于本日派催总马尔汉送至圆明园，交总管太监李德收讫。

185.2. 二十五日，太监王太平交来沉香二块 重二斤八两，传旨：交造办处收着。钦此。

现存库。本日交司库福森收库讫。

185.3. 二十五日，太监张玉柱交来玛瑙螺丝一件 系巡抚布兰泰进，传旨：着配座子。钦此。

于十二月初七日玛瑙螺丝一件,配得紫檀木荷叶座一件,郎中海望呈进讫。

185.4. 二十五日,郎中海望持出瀏鹈木匣一件,楠木匣一件,奉旨:匣口不严,收拾。钦此。

于十一月初八日匣二件收拾好,郎中海望呈进讫。

185.5. 二十五日,郎中海望持出有白玉夔龙捧寿牌青玉磬一件,汉玉磬一件,奉旨:查有旧架子配上。钦此。

于十一月十一日配得紫檀木架玉磬二架,怡亲王呈进讫。

185.6. 二十五日,郎中海望持出万历窑白瓷古周饕餮瓶一件,奉旨:配座子。钦此。

于十一月初八日瓶一件配做得紫檀木座一件,郎中海望呈进讫。

185.7. 二十五日,郎中海望持出洋瓷葡萄叶式洗一件,奉旨:配做独梃座。钦此。

于十一月十一日洋瓷洗一件配做得紫檀木独梃座一件,怡亲王呈进讫。

185.8. 二十五日,郎中海望持出白色玛瑙大莲瓣一件,奉旨:着配做独梃座。钦此。

于十二月初七日白色玛瑙大莲瓣一件配做得紫檀木独梃座一件,郎中海望呈进讫。

185.9. 二十五日,郎中海望持出白玛瑙双桃灵芝水丞一件 随花梨木座、珊瑚匙,奉旨:座子不好,另配做独梃座。钦此。

于十二月十六日白玛瑙双桃灵芝水丞一件,珊瑚匙一件,另配得紫檀木独梃座一件,并原花梨木座一件,郎中海望呈进讫。

185.10. 二十五日,郎中海望持出白玉荷叶笔洗一件,奉旨:着配做独梃座。钦此。

于十一月初八日白玉荷叶笔洗一件配做得紫檀木独梃座一件,郎中海望呈进讫。

185.11. 二十五日,郎中海望持出黄玛瑙石子一件,奉旨:做双桃笔架用。钦此。

于五年二月十七日做得紫檀木座玛瑙笔架一件，怡亲王呈进讫。

185.12. 二十五日，郎中海望持出白玉双龙包袱式水丞一件，奉旨：着配做座子。钦此。

于十月初八日白玉双龙包袱式水丞一件配做得紫檀木座一件，郎中海望呈进讫。

185.13. 二十五日，郎中海望持出青玉螭虎觥一件，白玉小炉一件，奉旨：着配座子。钦此。

于十月初八日白玉小炉一件配做得紫檀木座一件，青玉螭虎觥一件配做得紫檀木座一件，郎中海望呈进讫。

185.14. 二十五日，郎中海望持出白玉莲瓣一件，奉旨：着配独梃座。钦此。

于十二月初三日白玉莲瓣一件配得紫檀木座完，郎中海望呈进讫。

186.1. 二十六日，郎中海望持出银晶龙头觥一件，奉旨：龙头不好看，着配一座子遮挡。钦此。

于十二月十三日银晶龙头觥一件配得紫檀木座一件，郎中海望呈进讫。

186.2. 二十六日，郎中海望持出汉玉花插一件，奉旨：座子不好，着另配座，其三足空内安抱柱。钦此。

于五年二月初二日汉玉花插一件配得紫檀木座一件，郎中海望呈进讫。

186.3. 二十六日，郎中海望持出水晶花插一件，奉旨：着配做座子，若站不稳往底足处打眼安梢子。钦此。

于五年五月初四日配做得紫檀木座水晶花插一件，信郡王、郎中海望呈进讫。

186.4. 二十六日，郎中海望持出有白玉寿字牌碧玉夔凤磬一件 随紫檀木座架，奉旨：架子不好，拴的绦子亦不好，着另配做。钦此。

于十一月初十日将碧玉磬一件，配得象牙茜红架一件，郎中海望呈进讫。

187. 三十日，太监刘玉传旨：照怡亲王进的活腿四方香几做二件，或漆的,或木的,做秀气着。钦此。

于五年五月初四日做得紫檀木香几一件,信郡王、郎中海望呈进讫。

于五年九月二十八日做得紫檀木香几一件,信郡王、郎中海望呈进讫。

十一月

188.1. 初一日,郎中海望持出雕紫檀木边座玻璃插屏一件 随紫缎绣龙套,奉旨:架子上狮子不好,着改做,再此套甚好,不可用在插屏上,尔等配合,或做经袱,或在佛龛上用。钦此。

于十一月二十六日画得佛龛样一张,并原交玻璃镜上紫缎绣龙套一件,郎中海望奏称,欲将此套配在佛龛等语具奏,奉旨:照样做一黑退光漆佛龛,将此绣套配上。钦此。

于十二月初九日收拾得雕紫檀木边座玻璃插屏一件,郎中海望呈进讫。

于五年十二月二十六日做得紫檀木佛龛一座,珐琅顶,白斗珠,珊瑚扣珠,瓔珞,铜錾花镀金风铃十六个,下层台錾镀金盖花随珊瑚珠六个,镀金风铃六个,毗卢帽上嵌白玉金翅鸟一件,白玉花卉二件,白玉花卉凤片四件,台錾镀金盖花两旁圆光玻璃二块,郎中海望呈进,奉旨:送中正殿供奉。钦此。

于十二月二十七日催总吴花子送至中正殿交喇嘛吹丹格隆收讫。

188.2. 初一日,郎中海望持出红白玛瑙碟子一件,奉旨:着配做独梃座。钦此。

于十二月初七日红白玛瑙碟子一件配做紫檀木座完进讫。

189. 初二日,首领太监苏培盛传:做杉木卷杆长二尺,径六分五十根。记此。

于十一月初十日照尺寸做得杉木卷杆五十根,交太监赵朝凤持去讫。

190. 初四日,首领太监程国用持来铜彝炉一件 随紫檀木嵌白玉顶盖,青玉水银小方尊一件,青绿双圆瓶一件,说太监刘希文、王太平、王守贵传旨:着配做座。钦此。

于十一月初六日配得紫檀木座铜彝炉一件随原盖,青玉水银小方尊一件，青绿双圆瓶一件，首领太监程国用持去交太监刘希文收讫。

191. 十一日，郎中海望持出嵌玉鸡心扇牌二对，奉旨：鸡心扇牌二对，着安在如意头上用。钦此。

于十二月三十日做得紫檀木如意一件，上嵌白玉鸡心扇牌二件，紫檀木如意一件，上嵌白玉鸡心扇牌一件，郎中海望呈进讫。

于五年闰三月初三日做得紫檀木如意一件，嵌白玉鸡心扇牌一件，郎中海望呈进讫。

192. 十五日，太监王常贵传旨：着做盛手炉匣一个，里外糊黄本纸，再外用黄布套。钦此。

于本日做得盛手炉匣一个，随黄布外套，太监马进忠持去交太监王常贵收讫。

193.1. 十六日，据圆明园来帖内称，郎中海望持出白玉水丞一件 随玉匙，紫檀木座，奉旨：着另配紫檀木鼓墩圆座。钦此。

于五年十一月二十九日白玉水丞一件配得紫檀木座一件，郎中海望呈进讫。

193.2. 十六日，据圆明园来帖内称，郎中海望持出紫檀木座一件，奉旨：此座子束腰上镶嵌的流云不好，面子着去了，尔等造办处有可配的对象酌量配合用。钦此。

现存库。

十二月

194. 十五日，郎中海望奉旨：着做有栏杆紫檀木小盘几件，内盛表用，或一盘盛两个表，或一盘盛三四个表，其盘内做拱绣花卉垫子，拱绣的枝梗、花头，余空处要放的稳表。钦此。

于五年正月二十日做得紫檀木有栏杆小盘二件，郎中海望呈进。

195. 十八日，太监王守贵传旨：着比膳桌短一寸，窄五分做花梨木都盛盘一件，其墙子高一寸五分，向外撇些，足子不要太高，再比膳桌短三寸、窄一寸五分做一件。钦此。

于十二月二十一日做得花梨木都盛盘一件，郎中海望呈进，随奉旨：此盘子错了,留在里边用,其未做成的一件,不必做足子,外边做直些。钦此。

于十二月二十九日做得花梨木都盛盘一件,郎中海望呈进。

196. 二十九日,太监陈璜交来红地珐琅碗十件、钟八件,传旨:着做杉木匣盛装。钦此。

于本日做得杉木匣一件,内盛珐琅碗十件、钟八件,首领太监程国用持去交太监陈璜收讫。

2. 玉作

正月

201.1. 初五日,太监杜寿交来镶象牙橄榄核数珠一串 计二十个,龙眼菩提数珠一串 计二十个,镶象牙橄榄数珠一串 计十八个随金珀珠四个,传旨:着换绦子。钦此。

于二月初五日龙眼菩提数珠一串,镶象牙橄榄数珠二串,俱换鹅黄绦子穗子,首领太监程国用持去,交太监杜寿收讫。

201.2. 初五日,太监杜寿交来珊瑚珠一串 计一百二十二个,蓝锦圆盒一件,珊瑚佛头二十个,金丝伽楠香珠一串 计一百〇八个,随银圆盒一件,金丝伽楠香珠三串 计一百〇八个,随银圆盒一件,沉香念佛数珠一串 蜜蜡佛头四个,记念三十个,塔一个,龙眼菩提珠一串 计一百〇八个,槵子十一串 内十串,每串计一百〇八个,一串计一百三十个,玛瑙珠四个,槵子记念十个,随黑漆匣一件,草珠一串 计一百十一个,蜜蜡珠二串 每串计一百〇八个,随锦盒二件,避风石珠一串 计一百〇八个,随漆盒一件,金星绿玻璃珠一串 计一百〇八个,内八个有惊璺,随绿锦圆盒一件,传旨:着配上用装严以备赏用,其圈口大的配朝装严,圈口小的配念佛装严。钦此。

于十三日太监杜寿传旨:金丝伽楠香珠等数珠挑选好的装严,不好的交进来。钦此。

于二月初五日槵子珠五盘配得孔雀石佛头,珊瑚塔,三色玻璃记念,白玉墨晶豆,铜镀金敖其里,珊瑚银锭,松石钱六份,首领太监程国用持去，交太监杜寿收讫。

于二月二十九日珊瑚数珠一盘配得青金石佛头，黄玻璃背云，蓝宝石坠角，黄水晶坠角，银镀金宝盖圈一份，金丝伽楠香数珠一盘配得珊瑚佛头，松石塔，碧玺坠角，假松石记念，青玻璃背云，银镀金宝盖圈一份，银圆盒盛蜜蜡数珠二盘配得珊瑚佛头，松石塔，碧玺坠角，假松石记念，红玻璃背云，银镀金宝盖圈二份，首领太监程国用持去，交太监杜寿讫。

于三月十三日金丝伽楠香数珠一盘配得珊瑚佛头，松石塔，碧玺坠角，新松石记念，黄玻璃背云，银镀金宝盖圈一份，银圆盒盛，首领程国用持去交太监杜寿讫。

于五月十二日金丝伽楠香数珠二盘配得珊瑚佛头，松石塔，碧玺背云、坠角，新松石记念，红玻璃背云，银镀金宝盖圈二份，员外郎海望呈进。

于七月十八日沉香念佛数珠一盘配得蜜蜡佛头、记念、塔，珊瑚银锭，松石钱，白玉墨晶豆，铜镀金敖其里一份，龙眼菩提数珠一盘，草珠数珠一盘，避风石数珠一盘，金星绿玻璃数珠一盘，配得珊瑚佛头，松石塔，新松石记念，碧玺坠角，红玻璃背云，镀金宝盖圈四份，并余剩下珊瑚珠十四个，穗子珠二十二个，首领太监程国用持去，交太监杜寿讫。

201.3. 初五日，太监杜寿交来金刚子一串 计一百〇八个，珊瑚佛头四个，六道木珠二串 白玛瑙佛头四个，兰芝珠一串 计一百〇八个，白玛瑙佛头四个，穗子珠一串 珠二十八个，龙油珀珠二个，内一个有坏处，金线菩提珠一串 计一百〇八个，白玛瑙佛头四个，铁线菩提珠一串 计一百〇八个，珊瑚佛头四个，传旨：着配念佛装严。钦此。

于二月初五日将六道木数珠一盘上配得白玛瑙佛头八个，珊瑚塔二个，三色玻璃记念六十个，珊瑚银锭二个，松石钱二个，白玉墨晶豆四个，铜镀金敖其里圈一份，榛子壳花篮一件，红玛瑙狮子一件，穗子珠一盘上配得龙油珀珠二个，象牙茜绿塔一件，首领太监程国用持去，交太监杜寿收讫。

于二月初十日金线菩提珠一盘上配得珊瑚佛头四个，松石塔一件，珊瑚白玉碧玉记念三十个，珊瑚银锭一个，松石钱一个，白玉墨晶豆二个，铜镀金敖其里圈一份，榛子壳花篮一件，铁线菩提珠一盘上配得原交来珊瑚佛头四个，珊瑚白玉碧玉记念三十个，珊瑚银锭一个，松石钱一个，松石塔一个，白玉墨晶豆二个，铜镀金敖其里圈一份，金刚子一盘上配得原交来珊瑚佛头四个，白玉碧玉珊瑚记念二十个，珊瑚银锭一个，松石钱一个，白墨晶豆二个，松石塔一个，铜镀金敖其里圈一份，首领太监程国用持去交太监杜寿收讫。

201.4. 初五日，太监杜寿交来玻璃珠大小三百三十九个 随锦匣盛，巴尔撒木香珠九串 计一千二百八十三个，珊瑚珠八个，随锡盒盛，白玻璃珠二串 计二百〇三个，传旨：着配赏用念佛装严。钦此。

于十三日太监杜寿传旨：将巴尔撒木香数珠装严几盘，其余交进来。钦此。

于二月初五日巴尔撒木香珠大小九串内选得二串随原来的珊瑚佛头八个，上配得白玉、碧玉、红玛瑙记念三十个，三色玻璃记念三十个，孔雀石塔二个，松石钱二个，白玉豆二个，墨晶豆二个，铜镀金敖其里圈二份，并下剩巴尔撒木香珠大小七串，玻璃珠大小五百四十二个，俱交首领太监程国用持去，交太监杜寿收讫。

201.5. 初五日，太监杜寿交来黑西洋木珠一串 计一百五十个，记念三十个，铜十字一件，西洋铜牌一件，西洋锡牌，六道木珠二串 每串一百〇八个，传旨：着配念佛装严。钦此。

于十二月初八日配得念佛数珠三盘完，首领程国用持去，交太监杜寿收讫。

201.6. 初五日，太监杜寿交来嵌珠母狮子沉香压纸一件，传旨：将珠母狮子拆去，或嵌玉，或嵌玛瑙俱可。钦此。

于本日将拆下珠母狮子一件，领催周继德交库讫。

于十三年十一月初一日将沉香压纸一件嵌玉完，交太监毛团呈进讫。

201.7. 初五日，太监杜寿交来龙眼菩提珠四十二个 又小菩提珠五个，传旨：着添在念佛数珠上用。钦此。

于十二月二十日据太监杨文杰回称，龙眼菩提数珠四十二个，小菩提珠五个添配数珠用讫。

202. 十三日，太监杜寿交来紫檀木架碧玉瓜式磬一件，传旨：此架子蠢，着另配做秀气座子，玉磬二面酌量收拾。钦此。

于五月初四日将碧玉瓜式磬一件，配做紫檀木座一件，怡亲王呈进讫。

二月

203. 十五日，员外郎海望持出金珀色玛瑙水丞一件 随紫檀木座，奉旨：此水丞花纹不好，着砣做素的，其座子有不合处，另收拾。钦此。

于三月初七日收拾得金珀色玛瑙水丞一件，员外郎海望呈进讫。本日仍持出。

于十三年十一月初一日交太监毛团呈进。

三月

204. 初七日，员外郎海望持出双环白玉瓶一件 随紫檀木座，奉旨：此瓶花纹不好，着改做。钦此。

于八月十四日收拾得双环白玉瓶一件，怡亲王呈进讫。本日仍持出。

于十三年十一月初二日交太监毛团呈进讫。

205. 二十日，据圆明园来帖内称，首领程国用持来汉玉觥三件，白玉觥一件，说太监杜寿传旨：着收拾，配座子。钦此。

于七月二十三日将玉觥四件配得紫檀木座，郎中海望呈进讫。

五月

206. 二十二日，太监杜寿交来伽楠香珠一百〇八个，沉速香珠一盘 随包镶珊瑚佛头四个，铜镀金宝盖圈一份，珊瑚塔一个，记念三十个，背云一件，坠角五个，传：伽楠香珠着配装严，其沉速香数珠着换辫子。记此。

于六月二十五日做得伽楠香数珠一盘，上配珊瑚佛头四个，塔一件，新松石记念三十个，碧玺背云一个，坠角四个，铜镀金宝盖圈一份，换得石青辫子沉速香数珠一盘，上随原来珊瑚佛头四个，塔一个，记念三十个，背云一个，首领太监程国用持去交太监杜寿收讫。

六月

207. 初一日，据圆明园来帖内称，员外郎海望奉旨：着做玛瑙太平车。钦此。

于六月初六日做得高丽木把玛瑙四珠太平车一件,员外郎海望呈进讫。

于本月初九日做得高丽木把玛瑙四珠太平车二件,员外郎海望呈进讫。

于本月十五日做得白檀香把花玛瑙四珠太平车一件,象牙烫巴尔撒木香把花玛瑙四珠太平车一件,员外郎海望呈进讫。

于本月二十四日做得白檀香把花玛瑙四珠太平车一件,象牙烫巴尔撒木香把花玛瑙四珠太平车一件,员外郎海望呈进讫。

于八月初六日做得白檀香把白玛瑙四珠太平车一件,象牙烫巴尔撒木香把花玛瑙珠太平车一件,员外郎海望呈进讫。

于八月十一日做得白檀香把白玛瑙珠太平车一件,象牙烫巴尔撒木香把花玛瑙珠太平车一件,员外郎海望呈进讫。

208. 十八日,据圆明园来帖内称,员外郎海望持出红玛瑙甜瓜式杯一件,白玉双耳杯一件,传旨:玛瑙杯款式不好,改做水丞,玉杯耳子亦不好,收拾。钦此。

于七月二十日收拾得白玉杯一件,郎中海望呈进讫。

于九月初五日改做得玛瑙水丞一件,随紫檀木座,怡亲王呈进讫。

九月

209. 初四日,首领太监程国用持来念佛巴尔撒木香数珠一盘,椰子数珠一盘,说太监刘希文传旨:将此香数珠上的装严换在椰子数珠上,将椰子数珠上装严换在香数珠上。钦此。

于本月十一日将原交的香数珠一盘,椰子数珠一盘改换装严完,首领太监程国用持去交刘希文讫。

210. 二十二日,郎中海望持出玛瑙笔洗一件,奉旨:着砣磨配座。钦此。

于十二月二十八日砣磨得玛瑙笔洗一件,配得紫檀木座,怡亲王呈进讫。

十月

211.1. 十二日,郎中海望持出鸡血石双鸠盒一件 随紫檀木座,有透眼补处,奉旨:此鸠的形式不好,收拾,座子亦收拾。钦此。

于五年八月十四日收拾得鸡血石双鸠盒一件,随紫檀木座一件,郎中海望呈进讫。

211.2. 十二日,郎中海望持出黑红玛瑙兔一件,奉旨:耳朵大,亦蠢,着收拾。钦此。

于五年八月十四日收拾得黑红玛瑙兔一件,配黄杨木座一件,郎中海望呈进讫。

212. 二十日,郎中海望持出汉玉八角双桃笔洗一件 随紫檀木座,奉旨:外面的线路不好,着问玉匠,若砣得去可砣去。钦此。

于五年二月初八日收拾得汉玉八角双桃笔洗一件,随紫檀木座,郎中海望呈进讫。

213. 二十二日,太监王太平交来金珀数珠一盘 孔雀石佛头四个,蜜蜡数珠一盘,凤眼菩提数珠一盘 蜜蜡佛头四个,塔一个,珊瑚记念二十个,银镀金记念十个,松都绿坠角二个,金线菩提数珠一盘 珊瑚佛头四个,塔一个,碧玉、红玛瑙、白玉记念三十个,松石寿字一个,碧玉银锭一个,寿山石方盛一个,白玉小杵一个,金线菩提数珠一串,椰子数珠一盘 珊瑚佛头三个,烧红石佛头一个,青金塔一件,椰子数珠一盘 珊瑚佛头四个,青金塔一个,铜镀金小杵一个,六道木数珠一盘 珊瑚佛头四个,椰子数珠一盘 珊瑚佛头二个,蜜蜡佛头二个,塔一个,扁桃核数珠一盘 碧玉佛头四个,塔一个,碧玉、白玉、玛瑙记念三十个,珊瑚青金松石豆三个,椰子数珠七盘 每盘上珊瑚佛头四个,塔一个,记念三十个,坠角大小四个,珊瑚豆一个,砗磲数珠一盘 珊瑚佛头二个,珊瑚塔一个,珊瑚记念三十个,镀金背云一件,砗磲数珠一盘 珊瑚佛头四个,镀金记念三十个,镀金塔一个,砗磲数珠一盘 珊瑚佛头四个,镀金塔一个,金珀数珠一盘 珊瑚佛头四个,松石塔一个,玛瑙、白玉、孔雀石记念三十个,椰子数珠一盘 珊瑚佛头四个,象牙茜绿塔一个,杏木根数珠一盘 珊瑚佛头四个,镀金塔一个,竹星木数珠一盘 珊瑚佛头四个,白玉、珊瑚、青金记念三十个,珊瑚塔一件,白玉杵一件,金线菩提数珠一盘 珊瑚佛头四个,塔一个,镀金小杵一件,金珀数珠

一盘 珊瑚佛头四个，塔一个，白玉、松石、珊瑚记念三十个，孔雀石云一件，白玉杵一件，象牙茜绿小杵一件，六道木数珠一盘 珊瑚佛头二个，蜜蜡佛头二个，珊瑚塔一个，白玉、红玛瑙、孔雀石记念三十个，红玛瑙银锭一件，孔雀石钱一件，铜镀金小杵一件，椰子数珠一盘 珊瑚佛头六个，松石子一件，银小圈八个，椰子数珠一盘 珊瑚佛头四个，青金珠二个，蜜蜡珠三个，孔雀石珠一个，椰子数珠一盘 珊瑚佛头四个，白玉塔一个，白玻璃数珠一盘 珊瑚佛头四个，塔一件，福一件，珊瑚、青金、松石记念三十个，白玉银锭一件，碧玉寿字一件，豆一件，花玻璃橄榄柱一件，象牙茜绿小杵一件，黑色小螺丝转数珠一盘 红玛瑙佛头四个，松石塔一件，传旨：将此三十二盘数珠添补，配做念佛装严，选好些的配上用装严，平常些的配做赏用装严。钦此。

于十一月十五日做得椰子数珠三盘，原来珊瑚佛头、塔，新添珊瑚、白玉、碧玉记念，珊瑚银锭，松石钱，白玉墨晶豆，鋄银钱，铜镀金敖其里圈三份，椰子数珠一盘，原来珊瑚佛头、塔，松石、珊瑚、青金记念，碧玉寿字，白玉万字，珊瑚福，新添白玉墨晶豆，鋄银钱，铜镀金敖其里圈一份，首领程国用持去交太监王太平讫。

于本日做得金线菩提数珠一盘，原来珊瑚佛头、塔，白玉、碧玉、红玛瑙记念，松石钱，碧玉银锭，添白玉墨晶豆，鋄银钱，铜镀金敖其里圈一份，首领程国用持去交太监王太平讫。

于十一月二十五日将金线菩提数珠一盘配做得朝装严，原来珊瑚佛头、塔、记念、背云，碧玺坠角，银镀金宝盖，凤眼菩提数珠一盘，添珊瑚佛头，青金塔，珊瑚记念，青金坠角，碧玺背云，珊瑚豆，首领程国用持去交太监王太平讫。

于十一月二十七日做得椰子数珠四盘，随原来珊瑚佛头十六个，玛瑙、白玉、碧玉记念一份，添珊瑚塔四个，白玉、碧玉、玛瑙记念三份，珊瑚银锭，松石钱各四件，白玉墨晶豆，铜镀金敖其里，鋄银钱各四份，太监王玉持去交太监王太平讫。

于十二月初六日做得椰子数珠二盘随原来珊瑚佛头四个，蜜蜡佛头四个添珊瑚塔一件，松石塔一件，白玉、碧玉、珊瑚记念二份，珊瑚银锭，松石钱，白玉墨晶豆，鋄银钱，铜镀金敖其里圈二份，椰子数珠三盘，随原来珊瑚佛头三副，添珊瑚塔二个，松石塔一件，珊瑚、白玉、碧玉记念三份，珊瑚银锭，松石钱，白玉墨晶豆，錽银钱，铜镀金敖其里圈三份，首领程国用持进交太监王太平讫。

于十二月初十日装严得六道木数珠二盘，砗磲数珠三盘，金珀数珠三盘，金线菩提数珠一盘，蜜蜡数珠一盘，杏木根数珠一盘，白玻璃珠一盘，椰子数珠一盘，俱随珊瑚佛头、塔，珊瑚、白玉、碧玉记念五份，白玉、碧玉、红玛瑙记念二份，三色玻璃记念三份，珊瑚银锭，松石钱，白玉墨晶豆，铜镀金敖其里，錽银钱，首领太监程国用持去交太监王太平讫。

于十二月十五日装严得竹星木数珠一盘随珊瑚佛头、塔，珊瑚、白玉、碧玉记念，珊瑚银锭，松石钱，白玉墨晶豆，铜镀金敖其里圈，錽银钱，扁桃核数珠一盘，碧玉佛头四个，碧玉、白玉、玛瑙记念一份，珊瑚青金松石豆，珊瑚银锭，松石钱，铜镀金敖其里圈，錽银钱，黑色小螺丝转珠一盘，红玛瑙佛头，松石塔，白玉碧玉记念，珊瑚银锭，松石钱，白玉墨晶豆，铜镀金敖其里圈，錽银钱，首领太监程国用持去交太监王太平讫。

214. 二十四日，首领太监程国用持来紫檀木边玻璃吊屏一件，大小玻璃六十二片，说太监刘希文、王太平传旨：交给海望。钦此。

现存库。交司库福森收讫。

215. 二十五日，郎中海望持出红白玛瑙娃娃一件，红色玛瑙葵花碗一件，花玛瑙靶杯一件，花玛瑙碗一件，花玛瑙小碟四件，花玛瑙葵花碟一件，黄色玛瑙托一件，花玛瑙菊花盘一件，红色玛瑙单耳杯一件，花色玛瑙笔洗一件，花色玛瑙托一件，花色砣磨葵花碗一件，白玛瑙六瓣碟一件，花色玛瑙碟一件，花玛瑙葵花笔洗一件，红花玛瑙靶杯一件，白玛瑙碟一件，白色小玛瑙杯一件，黑白玛瑙小杯一件，以上共二十三件，奉旨：着往薄里收拾。钦此。

于本年十二月初七日收拾得红白玛瑙娃娃一件，红色玛瑙葵花碗一件，玛瑙洗一件，郎中海望呈进讫。

于五年四月初四日将花玛瑙碗一件，郎中海望呈进讫。

于六年四月十二日收拾得玛瑙小杯二件，怡亲王呈进讫。

于七年四月二十四日将玛瑙盘一件，玛瑙碗一件，怡亲王呈进讫。

于七年四月二十四日将玛瑙盘一件，玛瑙碗一件，郎中海望呈进讫。

于七月初十日砣磨得玛瑙六瓣碟一件,郎中海望呈进讫。

于闰七月初七日砣磨得玛瑙小碟四件,郎中海望呈进讫。

于十三年十月二十六日将红色玛瑙葵花碗一件,交太监毛团呈进讫。

于十一月初一日将玛瑙腰圆选一件,交太监毛团呈进讫。

于十一月初四日将玛瑙碟三件,交太监毛团呈进讫。

于五年闰三月二十日做得胆青玛瑙双桃式笔架二件,紫檀木座,郎中海望呈进讫。

于五年四月初一日原样红玛瑙华实笔架一件配做得象牙座,郎中海望呈进讫。

216. 二十六日,郎中海望持出白玉葫芦水丞一件 随珊瑚匙一件,奉旨:上面花纹不好,收拾,再配一座子。钦此。

于五年五月初四日收拾得白玉葫芦水丞一件,配紫檀木座,信郡王,郎中海望呈进讫。

十一月

217. 初一日,郎中海望持出单耳玉杯一件 紫檀木座,奉旨:着做噶布喇碗用。钦此。

于十三年十一月初一日将单耳玉杯一件交太监毛团呈进讫。

218.1. 初四日,首领太监程国用持来珊瑚数珠一盘 松石佛头四个,松石塔一件,松石背云一件,松石记念三十个,松石坠角五个,宝盖圈全份,珊瑚数珠一盘 青金佛头四个,珊瑚塔一件,罗子背云一件,松石记念三十个,红宝石坠角四个,夹间珠子十个,珊瑚数珠一盘 花松石佛头四个,松石塔一件,松石记念三十个,碧玺背云一件,红宝石坠角四个,宝盖圈全份,珊瑚数珠一盘 青金佛头三个,催生石佛头一个,花玛瑙石塔一件,背云一件,青金记念三十个,松石坠角四个,宝盖圈全份,珊瑚数珠一盘 花松石佛头四个,蜜蜡塔一件,绿苗石背云一件,记念三十个,红宝石坠角四个,珊瑚数珠一盘 青金佛头四个,塔一件,穿碎珠背云一件,坠角一件,孔雀石记念三十个,红宝石坠角三个,夹间珠子十个,宝盖圈全份,蜜蜡数珠一盘 珊瑚佛头四个,背云一件,豆二件,记念三十个,坠角四个,宝盖圈全份,花玻璃数珠一盘 白石茜红佛头四个,记念三十个,塔一件,白玻璃背云一件,羊角茜红坠角二个,烧红石坠角二个,宝盖圈全份,花玻璃

数珠一盘 白石茜红佛头四个，记念三十个，塔一件，白玻璃背云一件，坠角二件，烧红石坠角三个，温都里那石数珠一串 计一百〇八个，巴尔撒木香数珠一盘 珊瑚佛头四个，塔一件，坠角一个，记念三十个，蜜蜡背云一件，紫英石坠角一个，碧玺坠角二个，宝盖圈全份，巴尔撒木香数珠一盘 金星玻璃佛头四个，玻璃塔一件，玛瑙背云一件，记念三十个，坠角四个，宝盖圈全份，伽楠香数珠一盘 珊瑚佛头四个，记念三十个，青金塔一件，面松背云一件，碧玺坠角二个，红蓝宝石坠角二个，夹间珠子七个，宝盖圈全份，伽楠香数珠一盘 伽楠香佛头四个，塔一件，荷叶一件，背云一件，记念三十个，坠角六个，宝盖圈全份，凤眼菩提数珠一盘 珊瑚佛头四个，塔一个，记念三十个，背云一件，紫英石坠角三个，玛瑙坠角一个，蜜蜡数珠一串 计一百〇八个，蜜蜡数珠一串 计四十五个，蜜蜡数珠一串 计三十八个，龙眼菩提数珠一串 计一百〇八个，凤眼菩提数珠一串 计一百〇八个，说太监刘希文、王太平、王守贵传旨：将此数珠内温都里那石数珠一串，着配做好上用装严，其余数珠亦配做上用装严，应添补之处添补收拾。钦此。

于十一月十四日装严得珊瑚数珠六盘，伽楠香数珠二盘，怡亲王呈进讫。

于十二月十七日装严得蜜蜡数珠一盘，巴尔撒木香数珠二盘，花玻璃数珠二盘，凤眼菩提数珠一盘，并下剩文都里那石数珠一串，蜜蜡数珠三串，凤眼菩提数珠一串，龙眼菩提数珠一串，怡亲王呈进讫。

218.2. 初四日，首领太监程国用持来伽楠香数珠一盘 珊瑚佛头四个，塔一件，背云一件，青金坠角四个，松石记念三十个，宝盖圈全份，说太监刘希文、王太平、王守贵传旨：着换鹅黄辫子。钦此。

于本月初九日，伽楠香数珠一盘换得鹅黄缎子完，首领太监程国用持去交太监王太平收讫。

3. 杂活作

正月

301. 二十三日，据圆明园来帖内称，员外郎海望持出黑漆里天然树根香几一件,青玉长方片一片,奉旨:将此玉安在香几犄角上,木头漆水俱不可伤,用铜卡顶头螺丝安住。钦此。

于正月三十日将青玉片一片配得铜卡顶头螺丝安在黑漆里天然树根香几一件上,员外郎海望呈进讫。

302. 三十日,太监杜寿交来汉玉拱璧一件,传旨:着配做紫檀木玻璃镜。钦此。

于五月十六日做得嵌汉玉紫檀木玻璃镜支一个,员外郎海望呈进讫。

二月

303. 初四日,太监杜寿交来达嘎玛嘎一包,吕宋果一玻璃瓶,安弟莫牛一盒,昂莫呢呀嘎二盒,厄马撒古各蜡一盒,多尔门的蜡一盒,各斯多多尔者一匣,撒尔味亚二盒,阿玛撒嘎伯尼一盒,金纳鸡纳一盒,白得里永一盒,阿玛厄肋弥一盒,郭里波二锡盒,必可斯一盒,共达一玻璃盒,巴西的蜡二玻璃瓶,索耳达一匣,阿尔各尔莫斯三玻璃瓶,亚新拖一锡盒,琐亚依石二盒,蜜蜡刚嘎二玻璃盒,亚们多果核一小口袋,巴尔撒木油 二玻璃瓶,三锡瓶,檀香油 六小玻璃瓶,一锡盒,得利亚咖二锡瓶,巴尔撒木香球十八件,毕绿地方出的巴尔撒木油二锡瓶,丁香油 二瓷瓶,二锡盒,苏合油二锡盒,避风巴尔撒木香一椰子盒。传旨:着西洋人认看。钦此。

本日据西洋人巴多明、罗怀忠认看得达嘎玛嘎一包,系小西洋树上津沫,化开摊在布上贴脾胃病最能健脾止泻,吕宋果一玻璃瓶二匣,安弟莫牛一盒俱系好的,昂莫呢呀嘎二盒系配利翡讷膏用,厄马撒古各蜡一盒不知用法,多尔门的蜡一盒系配亚新拖药用的,各斯多多尔者一匣,撒尔味亚二盒,俱系配得里亚噶用的,阿玛撒嘎伯尼一盒,系树上津沫配得里亚噶用的,金纳鸡纳一盒,系治疟疾用的,白得里永一盒,系配利翡讷膏药用的,阿玛厄肋弥一盒不认得,郭里波二锡盒,系大夫的名字,是他配的药,说治伤寒发烧病症用,没有验过,必可斯一盒,系熬黑巴里岗膏药用,共达一玻璃盒,系西洋果子,带在身上以避邪味,巴西的蜡二玻璃瓶,系吃的糖蘸,索耳达一匣,系治跌打损伤用的,阿尔各乐莫斯三玻璃瓶,系治心跳用,此内有麝香,其味平常上用不得,亚新拖一锡盒系好的,琐亚依石二盒，系小西洋人做的药，没有用过，蜜蜡刚嘎二玻璃盒，系小西洋人做的药，没有用过，亚们多果核一小口袋，系食用之物，巴尔撒木油五瓶，西洋檀香油六瓶一锡盒，得利亚咖二瓶，巴尔撒木香球十八件，毕绿地方出的巴尔撒木油二瓶俱系好的，丁香油二瓶二锡盒系假的，苏合油二盒系好的，避风巴尔撒木香一椰子盒系好的，写奏折一件并以上等件，俱仍交太监韩贵持去讫。

304. 十一日，据圆明园来帖内称，首领程国用来说，太监杜寿、刘希文传旨：着海望将平常伽楠香送四十两进来。钦此。

于本日首领太监程国用持去平常伽楠香四十两，交太监刘希文收讫。

305. 二十九日，员外郎海望奉旨：画得高七尺大座灯样一张，呈览，奉旨：灯架或用紫檀木做或用黄杨木做，尔等酌量，款式做吊挂香袋，灯上画牌着画□蛮子画。钦此。

于十月二十九日做得紫檀木画片六角大座灯一对，上随香袋十二挂，琉璃珊瑚珠璎珞香袋六十个，郎中海望呈进讫。

三月

306. 初六日，据圆明园来帖内称，副总管太监苏培盛传旨：着将围竹楼上花榆木照背收拾线缝，其字上填泥金。钦此。

于本月二十日收拾得花榆木照背一件，催总刘山久仍安围竹楼上讫。

307.1. 初七日，员外郎海望持出伽楠香一块 重九两，锡匣盛，奉旨：着收在造办处库内。钦此。

于本日交司库福森收讫。

于乾隆元年正月十七日将伽楠香一块，员外郎常保交太监毛团呈进讫。

307.2. 初七日，员外郎海望持出沉香一块 重七斤，奉旨：着认看，或是伽楠香，或是沉速香认别分明，亦收在造办处库内。钦此。

于本日据牙匠叶鼎新认看得，不是伽楠香，是沉速香。记此。现存库。

308. 十三日，员外郎海望持出古色纸边黑石署文房石一片，奉旨：此边宽些，着换窄边，用漆做，再比此小些的亦做几片，随石笔，其笔头要与写字的笔头一样，笔管用竹子的。钦此。

于四月二十三日做得瀏鶒木边黑石片二片，漆边黑石片一片，云竹管石笔六支并原样石片一片，员外郎海望呈进讫。

309. 十九日，据圆明园来帖内称，太监杜寿交来石琴一张随洋漆匣，大理石插屏一件，紫檀木架古铜马口铃一件，传旨：着交给海望见面请旨。钦此。

于本月二十一日郎中海望请旨，奉旨：石琴插屏着收拾，其铜马口铃若收拾得收拾，若收拾不得另配架子。钦此。

于七月十四日收拾得大理石插屏一件，石琴一张，紫檀木架铜马口铃一件，海望呈进讫。

310. 二十二日，据圆明园来帖内称，首领太监程国用持来水晶梅花盘一件，玉秋叶笔洗一件，碧玉笔架一件，玉单耳觥一件，白玉提梁卣一件，玉匙箸瓶一件，紫檀木嵌玉长方墨床一件，白玉单耳花插二件，水晶仙人一件，水晶双耳觥一件，玉长方压纸一件，紫檀木嵌玉压纸二件，紫檀木嵌玉长方墨床一件，白玉琴拂压纸一件，白玉长方盘一件，白玉梅花杯一件，仿哥窑笔架一件，白玉双鱼笔洗一件，青玉长方盘一件，白玉鸡心块一件，白玉菊花笔洗一件，红白玛瑙花插一件，白瓷罐一件，白瓷瓶一件，青瓷瓶一件，白瓷盘一件，水晶图章盒一件，雕竹人一件，墨晶双环花插二件，水晶花插一件，青绿铜卣一件，宜兴挂釉瓶一件，鎏金双耳瓶一件，仿钧窑瓷笔洗一件，铜舀子一件，白玉碗一件，葫芦式瓷瓶一件，白玉罐一件，墨晶罗汉一件，水晶罗汉一件，水晶秋叶笔洗一件，葵花瓷花樽一件，玛瑙太平车一件，白海螺一件，琥珀杯一件，玉花瓶一件，白玉匙箸瓶一件，汉玉匙箸瓶一件，青花白地马褂瓶一件，青玉罐二件，白玉小鼎一件，铜方炉一件，雕竹笔筒一件，砚山一件，白瓷梅花盆一件，白石葵花盆一件，青绿花樽一件，铜葵花盘一件，珐琅匙箸瓶一件，小铜方盘一件，瓷回回壶一对，汉环镜一件，天然石陈设一件以上共七十二件，说太监杜寿传旨：着应配座收拾处配座收拾。钦此。

于本月二十三日将以上等项俱收拾完，交太监杜寿持去讫。

四月

311. 初二日,画得有帽架衣架样一张,有座手巾杆帽架样二张,抽长扶手桌样一张,员外郎海望呈览,奉旨:照样俱准做,但帽架不必做太华丽,扶手桌做矮些,小衣架用高丽木做。钦此。

于四月二十三日做得鸂鶒木有帽架小衣架一件,紫檀木有铜座手巾杆帽架一件,员外郎海望呈进讫。

于五月二十一日做得紫檀木铜座手巾杆帽架一件,随砚托板一件,珐琅水丞一件,郎中海望呈进讫。

于七月十四日做得紫檀木抽长矮桌一张,郎中海望呈进讫。

312. 十二日,据圆明园来帖内称,首领太监程国用持来楠木匣规矩一份 共九件,铜器皿大小二十七件,碧玉觥一件,白玉荷叶式笔洗一件,说太监杜寿传旨:玉笔洗、玉觥着配座子,其规矩并铜器皿等件着擦抹收拾,认看是何用法。钦此。

于四年十二日配做得楠木座白玉笔洗一件,首领太监程国用持去交太监杜寿讫。

于六月二十三日配做得紫檀木座碧玉觥一件,首领太监程国用持去交太监杜寿讫。

于八月二十日据西洋人费隐、林济格认看得铜器皿内□童钟一件,射光灯一件,油灯一件是西洋的,其余二十四件不是西洋的,随折片一件并规矩一份,首领太监程国用持去交太监刘希文、王守贵讫。

313.1. 二十三日,据圆明园来帖内称,员外郎海望持出方古铜镜一面,奉旨:着配镜支匣子,其款式做好着。钦此。

于七年二十一日配做得紫檀木镜支匣方古铜镜一面,首领太监程国用持去交太监杜寿收讫。

313.2. 二十三日,员外郎海望奉旨:着做紫檀木铜座帽架二份,鸂鶒木衣杆帽架二份。钦此。

于五月二十一日做得高丽木衣杆帽架一件,海望呈进讫。

于六月初二日做得紫檀木铜座帽架一件,随紫端砚一方,珐琅水丞一件，高丽木衣杆帽架一件，海望呈进讫。

于六月十一日做得紫檀木铜座帽架一件，海望呈进讫。

于八月初一日做得珐琅水丞一件，端砚一方，海望呈进讫。

313.3. 二十三日，据圆明园来帖内称，太监刘玉、张玉柱交伽楠香一块 重三斤八两，传：着交造办处收着。记此。

现存库。

五月

314. 十六日，做得圆玻璃镜一件，嵌汉玉紫檀木镜支一件，海望呈进，奉旨：俟后再做镜支，将镜子嵌在镜底下。钦此。

七月

315. 十六日，据圆明园来帖内称，郎中海望传：做备用鸂鶒木帽架五份。记此。

于五年闰三月初五日做得鸂鶒木帽架五份，郎中海望呈进讫。

316. 二十一日，据圆明园来帖内称，太监杜寿交软黄玛瑙磬一件，软黄玛瑙方石一件，象牙象棋一份 内随枚马三百一十二件，白绫折叠棋盘一件，锦匣盛，传旨：着将此磬配架子，应收拾处收拾，方石亦配架子做插屏用，其棋盘口松些，着收拾。钦此。

于九月初七日收拾得象牙象棋一份，随枚马三百一十二件，白绫折叠棋盘一件，锦匣盛，首领太监程国用持去交太监杜寿收讫。

于十月二十日配做得紫檀木架玛瑙石磬一件，玛瑙石插屏一件，怡亲王呈进讫。

八月

317. 初七日，郎中海望奉旨：着做有镜支寿意玻璃镜一面，再做紫檀木有砚托笔筒手巾杆帽架一件，黑退光漆无砚托笔筒手巾杆帽架做一件，此二件做得时送在内养心殿陈设，再将送往圆明园去的抽长扶手小桌取一张来陈设在养心殿。钦此。

于九月初六日做得紫檀木镜支寿意玻璃镜一面，紫檀木有砚托笔筒手巾杆帽架一件，黑退光漆无砚托笔筒手巾杆帽架一件，郎中海望呈进讫。

318. 十三日，据圆明园来帖内称，太监刘玉交来水晶眼镜一百副，传旨：此眼镜圈子不好，照官样收拾，匣子亦照官样收拾，选好的做上用，平常的做赏用。钦此。

于五年十二月二十五日太监张玉柱传旨：将四年交出水晶眼镜一百副之内，送进几副来。钦此。

本日随选出上用眼镜十副，紫檀木匣，赏用眼镜十副，子儿皮盒，郎中海望持进交太监张玉讫。

于六年五月初二日将水晶眼镜十副，太监范国用持去交太监焦进朝讫。

于六年八月十二日将水晶眼镜一副，白世秀持去交讫。

于七年正月二十五日将水晶眼镜二副，交太监郑爱贵讫。

于七年八月十四日将水晶眼镜五副，海望呈进讫。

于七年九月初四日将水晶眼镜二副，交太监刘进义持去讫。

于八年五月初四日将水晶眼镜十副，交太监郑爱贵持去讫。

于八年十月二十日将水晶眼镜四副，海望交太监张玉柱讫。

于八年十二月十八日将水晶眼镜四副，郎中海望呈进讫。

据领催赵雅图回称，水晶眼镜六副陆续磨做破坏讫。

319. 二十一日，据圆明园来帖内称，太监王守贵交来珊瑚香插一件银母座，白石鹅一件，豆青瓷花瓶一件，传旨：将珊瑚香插配匙箸，白石鹅着配做水注，豆青瓷花瓶配座。记此。

于十月二十日将珊瑚香插配铜镀金匙箸，白石鹅配做水注，豆青瓷花瓶配做紫檀木座，首领太监程国用持去交太监王守贵收讫。

九月

320.1. 十五日，郎中海望奉旨：着做长增寿算盒一件。钦此。

于九月二十九日做得黄杨木面，紫檀木墙，金珀寿字，象牙长寿嵌玳瑁夔龙捧寿盒一件，内盛黄杨木算盘一件，石片署文房一件，郎中海望呈进讫。

320.2. 十五日,郎中海望奉旨:着做寿意书桌一张,上配寿意墨床、砚、笔架、臂搁、书灯、笔洗、笔筒、水丞等八件。钦此。

于九月二十八日做得紫檀木嵌金珀寿字夔龙桌一张,上配寿字书灯一件,象牙茜绿秋叶福禄寿臂搁一件,花甲再周砚盒一方,花玛瑙灵芝笔架一件,白玉双桃水丞一件,福禄寿墨床一件,碧玉蟠桃天书笔洗一件,碧玉蟠桃笔筒一件,郎中海望呈进讫。

321. 十九日,郎中海望持出汉玉圆花插一件,奉旨:着配座,安匙箸。钦此。

于本月二十八日汉玉圆花插配得紫檀木座一件,铜镀金匙箸,郎中海望呈进讫。

十月

322. 十二日,郎中海望持出天然石竹节花插一件 随紫檀木座,奉旨:着配拂尘用。钦此。

于十二月二十四日配做得竹节石把拂尘一件,郎中海望呈进讫。

323. 十四日,首领太监程国用持来汉玉圆筒匙箸瓶一件 随紫檀木座,说太监王守贵传旨:着配做老鹳翎色匙箸一份。钦此。

于十月二十二日做得老鹳翎色匙箸一份,并原交汉玉圆筒匙箸瓶一件,随紫檀木座,首领程国用持去交太监王守贵收讫。

324. 十六日,首领太监程国用持来绿方瓷花瓶一件 随紫檀木座,说太监刘希文传旨:着交给海望,配做通草寿意花一枝。钦此。

于本日配得通草瓶花一束,并原交来绿方瓷花瓶一件,随紫檀木座,首领太监程国用持去交太监刘希文收讫。

4. 皮作

六月

401. 初三日,据圆明园来帖内称,船上首领太监荣望传旨:今日进的高丽木宝座上葛布褥子做短了,留在里边用罢,比此褥子放长些做一个。钦此。

于本日做得放长葛布褥一个,交首领太监荣望持去讫。

十月

402. 二十五日,郎中海望持出紫檀木边玻璃镜 长二尺三寸,宽一尺八寸二面,奉旨:此二面镜子着安在东暖阁仙楼下羊皮帐内,南面安一面,北面安一面。钦此。

于本月二十六日郎中海望持进紫檀木边玻璃镜二面,安在养心殿东暖阁仙楼下羊皮帐内讫。

5. 铜作

正月

501. 十二日,太监杜寿交来小铜罐一件,铜吕律扒子四件,小银筒一件,铜笔一件,锥子一件,古铜镜一件 随锦套一件,紫檀木胎铜盒面嵌玉拱璧一件,传旨:着收拾。钦此。

于二月初五日收拾得小铜罐一件,铜吕律扒子四件,小银筒一件,铜笔一件,锥子一件,古铜镜一件随锦套一件,紫檀木胎铜盒面嵌玉拱璧一件,首领太监程国用持去交太监杜寿收讫。

八月

502. 初九日,郎中海望奉旨:养心殿佛堂内一龛九尊佛,一龛十一尊佛,原先中正殿照样做过,传中正殿会拨佛像的人照此佛像再造一堂,再圆明园佛堂内有一龛十一尊佛,亦着中正殿会拨佛像的人拨准再造一堂。钦此。

于五年十二月二十六日做得白檀香玻璃门紫檀木雕刻夔龙毗卢帽上嵌金珀佛字紫檀木座龛一座,内供铜胎渗金佛十一尊,镶嵌象牙茜红绿色夔龙葫芦形白檀香紫檀木龛一座,内供铜胎渗金佛十一尊,嵌金珀佛字毗卢帽玻璃门紫檀木佛龛一座，内供铜胎渗金佛九尊，俱随佛衣垫子，郎中海望呈进，奉旨：交内佛堂焦进朝。钦此。

本日郎中海望交太监焦进朝讫。

十月

503. 二十日，郎中海望持出荆州石水罐一件 随紫檀木座，传旨：着配做铜镀金匙。钦此。

于五年五月十七日将荆州石水罐一件配得铜镀金匙一件，怡亲王呈进讫。

十一月

504. 二十六日，郎中海望持出玉匙箸瓶一件 随紫檀木座，奉旨：紫檀木座子不好，着另换配铜座。钦此。

于五年三月十二日将玉匙箸瓶一件配得铜座一件，怡亲王呈进讫。

6. 炮枪作 附弓作

八月

601. 初一日，据圆明园来帖内称，郎中海望持出黑珠皮鞘铜镀金饰件高丽木把小刀一把，奉旨：着另添配小刀头一件，筷子一双。钦此。

于九月二十一日将黑珠皮鞘铜镀金饰件高丽木把小刀一把，上配得小刀头一件，象牙筷一双，首领太监程国用持去交太监杜寿收讫。

十二月

602. 二十四日，头等侍卫南岱，四等侍卫阿兰泰交来吉林乌拉将军哈达进落叶松木鸟枪鞘五个，线枪鞘五个，柳木鸟枪鞘四个，线枪鞘四个，椴木鸟枪鞘四个，线枪鞘四个，奉怡亲王谕：着交造办处收着。遵此。

7. 珐琅作 附大器作

正月

701. 初七日，员外郎海望持出景泰掐丝珐琅马褂小瓶一件 随黄杨木座，奉旨：照此瓶大小款式烧造珐琅瓶几件，夔龙不好，改做。钦此。

于六年五月初四日做得珐琅瓶一件，海望呈进讫。

于十三年十月二十一日将原样景泰掐丝珐琅马褂瓶一件，司库常保、首领太监萨木哈持进交太监毛团呈进讫。

三月

702. 十三日，员外郎海望持出椰子匙箸瓶一件 随紫檀木座，奉旨：着配匙箸，看此件做法甚好，尔等存样。钦此。

于四月十六日椰子匙箸瓶一件配炕老鹳铜匙箸一份，员外郎海望呈进讫。

四月

703. 十六日，员外郎海望奉旨：着照九洲清晏陈设的瓷花插款式烧做珐琅花插几件。钦此。

于七月二十一日做得珐琅五管花插一件，随紫檀木座一件，郎中海望呈进讫。

于八月十四日做得珐琅六管花插二件，随紫檀木座二件，裕亲王、信郡王，郎中海望呈进讫。

七月

704. 初五日，据圆明园来帖内称，将三月十三日持出汉玉方池一件配得紫檀木座，郎中海望呈进，奉旨：着配珐琅盖。钦此。

于十月二十六日将汉玉方池上配得珊瑚顶珐琅盖完，郎中海望呈览，奉旨:此汉玉方池配珐琅盖太俗,或用龙油珀,或用琥珀砣做盖子,将此珐琅盖另配做珐琅方罐一件。钦此。

于十三年十一月初九日将汉玉方池一件,司库常保、首领萨木哈呈进讫。

八月

705. 十三日,据圆明园来帖内称,太监刘玉交来玻璃轩辕镜二对,传旨:着配做帽架用,其款式照先做过的帽架款式一样做。钦此。

于十月二十八日配做得珐琅托紫檀木座轩辕镜帽架二对,怡亲王呈进讫。

九月

706. 初四日,郎中海望持出珐琅象棋一盘,奉旨:此棋子黄地上写青字,蓝地上写红字,其颜色配合不好,今再做一副,黄地上改写红字,红地上改写蓝字,其颜色尔等酌量配合。底子不必用铜,装象棋书套匣子,抽屉不必用签子,用插削。钦此。

于本月初五日将原样珐琅象棋一盘,郎中海望呈进讫。

于五年二月初八日做得珐琅象棋一盘,系红铜胎烧珐琅红地蓝字黄地红字镀金边线镶紫檀木棋子,随折叠棋盘一件,锦匣盛,郎中海望呈进讫。

707. 十五日,郎中海望奉旨:着做珐琅香炉二件,上配楠木香几。钦此。

于十二月三十日做得珐琅香炉二件,楠木香几二件,怡亲王呈进讫。

708. 十七日,郎中海望奉旨:照先做过的金胎葫芦壶样式再做一对,竹节式银多穆壶做一对。钦此。

于本月二十八日做得金胎葫芦壶一对,海望呈进讫。

于本月二十九日做得银胎镀金竹节式多穆壶一对,海望呈进讫。

8. 镶嵌作 附牙作、砚作

正月

801. 初七日，员外郎海望持出汉玉夔凤扇器一件，龙油珀夔龙四方小鼎一件 随紫玉顶紫檀木座一件，奉旨：白玉顶不好，拆下，将汉玉夔凤扇器嵌在盖上，另配做龙油珀盖。钦此。

于正月二十二日龙油珀夔龙四方小鼎一件另配做得龙油珀盖一件，上嵌原交来汉玉夔凤扇器一件完，员外郎海望呈进讫。

802. 十二日，太监杜寿交来绿端石砚一方 随洋漆屉一件，锦匣一件，黄羊角烘药葫芦解锥一件，高丽木文具匣一件 内盛笔二支，纸四卷，绿端石砚一方，黑红墨二锭，铜印色盒二件，小刀一把，象牙起子一件，传旨：着收拾。钦此。

于二月初五日收拾得绿端石砚一方，随洋漆屉一件，黄羊角烘药葫芦解锥一件，高丽木文具匣一件内盛笔二支，纸四卷，绿端石砚一方，黑红墨二锭，铜印色盒二件，小刀一把，象牙起子一件，首领程国用持去交太监杜寿讫。

二月

803. 十五日，员外郎海望持出白玉大鹏镶嵌片一件，白玉凤镶嵌片六件，奉旨：应做何物，尔等酌量配合，俟呈览过再做。钦此。

于十一月二十六日画得佛龛样一件，郎中海望呈览，奉旨：准做。钦此。

于五年十二月二十六日做得紫檀木佛龛一座，上嵌白玉金翅鸟一件，白玉凤片六件完，郎中海望呈进，奉旨：供在中正殿。钦此。

于十二月二十七日派得催总吴花子请送去交中正殿喇嘛吹丹格隆收讫。

三月

804. 十三日，员外郎海望持出紫檀木盒多福砚一方，奉旨：砚盒上的字文甚好，不必动，其砚盒外楞角线着改做收拾。钦此。

于八月二十六日收拾得紫檀木盒多福砚一方，郎中海望呈进讫。

805.1. 十五日，据圆明园来帖内称，首领太监程国用持来紫檀木盒端砚三方，漆盒端砚二方，鸂鶒木盒端砚一方，说太监王安、杜寿传旨：着将砚收拾，其砚盒亦收拾。钦此。

于八月二十二日收拾得盒砚六方，首领太监程国用持去，交太监刘希文收讫。

805.2. 十五日，据圆明园来帖内称，首领太监程国用持来天然石砚六方，漆盒端砚二方，楠木盒端砚一方，鸂鶒木盒端砚一方，紫端石砚一方，说太监王安、杜寿传旨：天然石砚随其形改做，其余砚俱各收拾。钦此。

于八月二十二日收拾得砚十一方，首领太监程国用持去交太监刘希文收讫。

805.3. 十五日，据圆明园来帖内称，首领太监程国用持来各色端砚十三方，说太监杜寿传旨：着将紫檀木砚盒镶嵌处去平，改做薄些，石砚亦收拾，楠木匣若不好糊锦匣，其余砚配匣收拾。钦此。

于八月二十二日收拾得端砚十三方，俱配合牌锦盒，首领太监程国用持去交太监刘希文收讫。

806. 二十日，据圆明园来帖内称，首领太监程国用持来黑漆盒圆形砚一方，紫檀木盒长圆形砚一方，说太监杜寿传旨：着改做收拾。钦此。

于八月二十六日收拾得黑漆盒圆形砚一方，紫檀木盒长圆形砚一方，首领太监程国用持去交太监刘希文收讫。

四月

807. 十二日，据圆明园来帖内称，首领太监程国用持来墨六匣，五福石砚一方，大端石砚一方，铜雀瓦砚一方 有坏处，说太监杜寿传旨：着将墨认看定等次，端石砚改做收拾，其余砚亦配匣。钦此。

于四月十四日袁景劭认看得上等古墨二匣，头等新墨四匣，首领太监程国用持去交太监杜寿收讫。

于六年正月二十一日收拾得砚二方、紫檀木匣完，首领太监程国用持去交太监杜寿收讫。

808. 二十三日，据圆明园来帖内称，员外郎海望持出白玉座龙镶嵌一件，白玉葵花镶嵌一件，白玉有字长方镶嵌一件，白玉行龙镶嵌六件 于八月十九日将白玉行龙镶嵌六件配得紫檀木佛龛一件，怡亲王呈进讫，白玉如意菊花镶嵌一件，白玉玲珑圆镶嵌一件，奉旨：着做镶嵌用。钦此。

于十三年十月十四日将白玉座龙镶嵌一件，司库常保、首领萨木哈交太监毛团呈进讫。

于十三年十月二十八日将白玉葵花镶嵌一件，司库常保、首领萨木哈交太监毛团呈进讫。

于十三年十月二十八日将白玉菊花镶嵌二件，司库常保、首领萨木哈交太监毛团呈进讫。

于十三年十二月十四日将玉长方镶嵌一件、玉玲珑圆镶嵌一件，司库常保、首领萨木哈交太监毛团呈进讫。

五月

809. 二十四日，员外郎海望奉旨：着做挂笔筒一件，高五寸五分，径边三寸，底盖俱安象牙雕冰裂纹，周围安紫檀木柱。钦此。

于七月二十三日做得雕象牙底盖紫檀木挂笔筒一件，随铜镀金挂钉，郎中海望呈进讫。

六月

810. 十九日，据圆明园来帖内称，太监杜寿传旨：着照先做过的紫檀木镶嵌象牙八仙长方八角盘再做二个。钦此。

于八月十四日做得紫檀木镶嵌八仙盘二个，郎中海望呈进讫。

八月

811. 初一日，据圆明园来帖内称，郎中海望持出丁香木念佛数珠一盘，嵌珐琅万福鼻烟壶一件，象牙开其里七件，镶嵌开其里一件，奉旨：着粘补收拾。钦此。

于九月初四日收拾得数珠一盘，鼻烟壶一件，开其里一件，首领太监程国用持去交太监杜寿收讫。

812. 初七日，郎中海望持出葫芦片嵌玻璃罩通草莲花盆景一件，奉旨：照此罩做退光漆嵌象牙填巴尔撒木香有寿意花纹罩四件，配做象牙岁岁双安盆景一件，九安团聚盆景一件，莲艾鸳鸯盆景一件，松鹤长春盆景一件。钦此。

于十月二十九日做得象牙岁岁双安盆景一件，九安团聚盆景一件，莲艾鸳鸯盆景一件，松鹤长春盆景一件，各配退光漆嵌象牙填巴尔撒木香寿意花纹罩一件，并原交做玻璃罩通草莲花盆景一件，郎中海望呈进讫。

813. 二十五日，太监王守贵交来伽楠香如意一件 系两截的，传：着打眼粘好。记此。

于本月二十六日收拾好伽楠香如意一件，首领太监程国用持去交太监王守贵讫。

九月

814. 二十九日，郎中海望奉旨：着做镶嵌长增寿算盒二件，比先做的收小些。钦此。

于十月二十九日做得黄杨木面紫檀木墙镶嵌金珀寿字玳瑁夔龙盒二件，黄杨木算盘二件，石片署文房二份，郎中海望呈进讫。

十月

815. 初九日，太监李统忠交来嵌蚌钉绿端石砚一方，夔福池绿端石砚一方，传：做石砚盒。记此。

于五年二月二十日嵌蚌钉绿端石砚一方，夔福池绿端石砚一方配得紫檀木砚盒一件，交太监赵朝凤持去讫。

816. 二十日，郎中海望持出画石竹节螭虎形图书一方，奉旨：将字磨去，配做压纸用。钦此。

于五年三月十二日配做得紫檀木压纸一件，怡亲王呈进讫。

817. 二十四日，首领太监程国用持来紫檀木架玻璃插屏一件，说太监刘希文、王太平传旨：交给海望摆锡见新。钦此。

于五年四月十七日收拾得紫檀木架玻璃插屏一件，交太监刘希文讫。

818.1. 二十五日，郎中海望持出紫檀木嵌玉双开匣一件，奉旨：将玉起下来，或木或石另嵌上一块。钦此。

于十一月十一日将紫檀木嵌玉双开匣一件上另嵌硝子石一块，并取下来的玉镶嵌一块，郎中海望呈进讫。

818.2. 二十五日，郎中海望持出镶嵌河图洛书紫檀木匣二件，奉旨：上有镶嵌不全处，着收拾。钦此。

于十二月二十五日收拾得镶嵌河图洛书紫檀木匣二件，总管太监张起麟呈进讫。

819. 二十八日，首领太监程国用持来桦木乂小刀鞘二块，桦木乂小刀把二块，桦木 长五寸，宽四寸，厚一寸四分 一块 系热河总管贾二华进，说太监刘玉传旨：将刀鞘把交造办处，其桦木做砚匣用。钦此。

现存库。本日将刀鞘把交司库□子收讫。桦木交领催傅有收。

于十二月初三日做得桦木压纸一件，郎中海望呈进讫。

十一月

820. 二十三日，汤山、伊尔希达、四十六交来象牙夔龙式盒一对 花梨木匣盛，镶嵌玻璃中心漆桌一张 内盛通草果子八十一个，说总管太监刘进忠传旨：着收着。钦此。

本日将盒子、漆桌交司库□子收讫。通草果子交花儿匠郭佛保收讫。

于五年闰三月二十日将象牙盒一对，郎中海望呈进讫。

于十三年十二月二十三日将镶嵌玻璃中心漆桌一张，司库常保、首领萨木哈交太监毛团呈进讫。

9. 匣作

二月

901. 二十九日，太监杜寿交来嵌碧玉面鹅黄朝带一副 珊瑚豆、荷包，碧玉束春袖、手巾，虬角开其里，影木鞘木把小刀一把，传旨：着配做合牌锦盒。记此。

于三月初二日嵌碧玉面鹅黄朝带一条，配做得合牌锦匣一件，交太监杜寿送至果亲王府讫。

七月

902. 十六日，据圆明园来帖内称，太监杜寿交来珐琅花抹红地头等瓷酒圆二十四个 随紫檀木盘，珐琅花抹红地二等瓷酒圆二十四个，传旨：着配匣子。钦此。

于八月二十二日将瓷酒圆四十八个配得合牌锦面匣四个，随紫檀木盘二个，首领太监程国用持去交太监刘希文、王太平、王守贵收讫。

十一月

903. 初一日，郎中海望奉旨：六方大座灯再做一对，其香袋用紫色缎做，穗子亦用紫色的，灯扇上画十二月花卉。钦此。

于五年正月初十日做得紫檀木六方大座灯一对，随香袋挂珞，郎中海望呈进讫。

904. 初五日，郎中海望持出金星玻璃八楞珠四个，象牙鬼工开其里二件，奉旨：金星玻璃珠做烟袋疙瘩用，象牙开其里边配做巴尔撒木香棍。钦此。

于十二月初三日象牙开其里二件内配得巴尔撒木香棍完，郎中海望呈进讫。

于十二月初八日金星玻璃珠四个配做烟袋疙瘩完，郎中海望呈进讫。

10. 裱作 附画作、刻字作

三月

1001. 初七日,员外郎海望持出紫檀木插屏二件,奉旨:背后贴画。钦此。

于五月二十八日紫檀木插屏二件贴画完,员外郎海望呈进讫。

1002. 二十八日,首领太监王钦交来画五十五轴 内象牙轴头二轴,传:着换紫檀木轴头、带子、签子。钦此。

于本月三十日画五十五轴换带子、签子完,交太监王钦持去讫。

六月

1003. 初一日,据圆明园来帖内称,总管太监苏培盛交来御笔字绢挑山一张、对一副,传旨:挑山着做吊屏用锦镶边,将引首起下来托好仍照旧贴上,其对子做挂对,亦用锦镶边,上下钩环托钉俱做黄铜镀金夔龙兽面。钦此。

于六月十九日做得杉木架镶锦边吊屏一件、对一副随黄铜镀金钩环托钉,首领太监程国用持去交总管太监苏培盛收讫。

1004.1. 初二日,据圆明园来帖内称,太监杜寿交来各样瓷器二十一件 随紫檀木盘二件,玉器一件,传旨:着照样画样。钦此。

于六月初四日将瓷器二十一件,玉器一件,紫檀木盘二件俱各画样完,首领太监程国用持去交太监杜寿收讫。

1004.2. 初二日,据圆明园来帖内称,太监杜寿交来各色瓷器二十六件 随紫檀木盘二件,玉器一件,传旨:着照样画样。钦此。

于七月二十二日将瓷器二十六件,玉器一件随紫檀木盘一件俱各画样完,员外郎海望呈进讫。

九月

1005. 初二日,郎中海望奉旨:库内或有收贮的插屏吊屏,不拘大小选一件,其背后画一菊花贴上。钦此。

九月二十一日选得库内紫檀木插屏一件,背后贴菊花完,怡亲王呈进讫。

1006. 二十六日,首领程国用持出赵孟頫金书《道德经》一部 楠木匣,《善财童子五十三参》一部 锦套,说太监王太平传旨:着托裱。钦此。

于十一月二十四日裱得《道德经》一部,《五十三参》一册,首领太监程国用持去交太监王太平收讫。

十一月

1007. 二十三日,汤山、伊尔希达、四十六交来吕纪翎毛画一轴,紫檀木架玻璃围屏一架 计十二扇,说总管太监刘进忠传旨:着收着。钦此。

于十三年十一月二十四日将吕纪翎毛画一张,司库常保、首领萨木哈交太监毛团呈进讫。

下欠紫檀木架玻璃围屏一架。现存库。

11. 雕銮作 附旋作

三月

1101. 初一日,副总管太监苏培盛传:圆明园南所前殿,着做紫檀木九龙边铜镀金字圆明园匾一面。记此。

于六年二月十七日得紫檀木雕九龙边钩泥金云铜镀金匾一面,郎中海望奏称,将此匾于本月十八日系上好之日挂在前殿上等语奏闻,奉旨:准挂。钦此。

于二月十八日做得紫檀木雕九龙边铜镀金字圆明园匾一面,员外郎海望持去悬挂讫。

1102. 初七日，员外郎海望持出扎布扎牙木碗二件，拉固里木碗一件，奉旨：着收拾。钦此。

于三月十三日收拾得扎布扎牙木碗二件，拉固里木碗一件，员外郎海望呈进讫。

十月

1103.1. 二十日，太监刘希文交来木碗大小十件，传旨：着交给海望认看好歹，收拾，分等次。钦此。

于本日郎中海望认看得系拉固里木碗六件，扎布扎牙木碗二件，贲杂木碗二件。记此。

于七年七月初九日收拾得木碗十件，郎中海望呈进。

1103.2. 二十日，郎中海望持出鸳鸯木碗十件，木碟大小十六件，奉旨：有可收拾处擦抹收拾。钦此。

于十二月十一日收拾得鸳鸯木碗十件，大小木碟十六件，郎中海望呈进，奉旨：着交给太监王守贵。钦此。

本日郎中海望随交太监王守贵收讫。

1104. 二十一日，首领太监程国用持来拉固里木碗二件 系达赖进，说奏事太监刘玉、张玉柱传旨：着将此木碗二件，照先交下木碗十件收拾好一同交进。钦此。

于七年七月初九日收拾得木碗二件，首领太监程国用持去交讫。

1105. 二十五日，郎中海望持出桄榔木盘一件，奉旨：蠢，着收拾。钦此。

二月十三日拾得桄榔木盘一件，怡亲王呈进讫。

十二月

1106. 初十日，太监刘玉、张玉柱交来扎布扎牙木碗一件 系台吉颇罗鼐进，扎布扎牙木碗一件 系闵敦诺们汉进，扎布扎牙木碗一件 系员外郎德尔格里进，拉固里木碗一件 系台吉查尔奈进，传旨：着收拾。钦此。

于六年七月初九日收拾得扎布扎牙木碗三件，拉固里木碗一件，怡亲王呈进讫。

1107. 十一日,首领太监程国用持来拉固里木碗九件,扎布扎牙木碗四件,说太监刘玉、张玉柱传旨:着收拾。钦此。

于六年七月初九日收拾得拉固里木碗九件,扎布扎牙木碗四件,怡亲王呈进讫。

1108. 十二日,郎中海望持出拉固里木碗二十件,扎布扎牙木碗二件,赉杂木碗二件,六道木根小木碗一件,奉旨:着将圆明园、乾清宫各处所有木碗俱各送至造办处,尔等各分等次呈进,内中或有五台木根之类的碗挑出,不必送进,再怡亲王早进过小木碗二件,此木比扎布扎牙木碗还好,碗内若有此样的碗,尔等若不能认得,可着怡亲王认看,看出时另记。钦此。

现存活计库。

1109. 十三日,乾清宫大殿首领太监王辅臣,太监苏忠送来六道木碗大小十七件,拉固里木盖碗二件,拉固里木碗大小二十八件,拉固里木罐一件,拉固里木碗十件,杏木碗一件,花榆木碗二件,满花大木碗一件,满花小木碗三件,说奉旨交造办处等语,郎中海望启怡亲王,奉王谕:着收在库内以备选用。遵此。

于本日交司库福森收讫。

于七年七月初九日将六道木碗十五件,六道木茶圆二件,拉固里茶盂一件,拉固里盖碗一件,拉固里木碗三十件,拉固里木碗八件,擦测牙木碗一件,郎中海望呈怡亲王看,奉王谕:收拾妥当送进。遵此。现存活计库。

12. 漆作

二月

1201. 十五日,首领太监哈元臣来说太监王安传旨:着将黑退光彩漆桌做三四张,各长二尺二寸一分,宽一尺四寸五分,高五寸六分。钦此。

于十二月二十八日照尺寸做得黑退光彩漆桌四张,怡亲王呈进讫。

三月

1202. 二十二日，太监杜寿传旨：着做黑退光漆桌一张，高二尺五寸九分，宽二尺七寸，长四尺八寸五分，配锦套。钦此。

于十二月二十日照尺寸做得黑退光漆桌一张配锦套，怡亲王呈进讫。

四月

1203. 初六日，据圆明园来帖内称，首领太监程国用持来大小黑漆桌六张，说总管太监刘进忠、王以诚传旨：着将破坏处漆补收拾，不必补蜡。钦此。

于五月二十六日收拾得黑漆桌六张，首领太监程国用持去交总管太监刘进忠收讫。

五月

1204. 二十九日，据圆明园来帖内称，太监杜寿交来洋漆长方八足香几一件，传旨：着人在先交的古董之内。钦此。

于六月十七日收拾得洋漆长方八足香几一件，太监王玉持去交太监杜寿收讫。

六月

1205. 初三日，据圆明园来帖内称，船上首领太监荣望传旨：着照船上高丽木宝座尺寸、款式，做漆宝座一张。钦此。

于五年五月二十八日做得黑退光漆宝座一张，随葛布褥一个，藤屉靠背一个，郎中海望呈进讫。

本日太监荣望交来漆宝座一件，着收拾。记此。

1206.1. 十八日，据圆明园来帖内称，员外郎海望奉旨：有抽屉漆条桌做二张，无抽屉漆条桌亦做二张。钦此。

于七月二十五日郎中海望奉旨：有抽屉漆条桌照样做，无抽屉漆条桌不必做罢。钦此。

于十二月十九日做得有抽屉黑退光漆条桌二张，郎中海望、怡亲王呈进讫。

1206.2. 十八日，据圆明园来帖内称，员外郎海望奉旨：着做长三尺，宽二尺，高九寸圆腿黑漆书桌一张，红漆书桌一张。钦此。

于九月二十日照尺寸做得圆腿黑漆书桌一张，红漆书桌一张，怡亲王呈进讫。

七月

1207. 初五日，据圆明园来帖内称，郎中海望奉旨：将有栏杆朱红漆三层香几再做二个。钦此。

十二月三十日做得红漆香几二件，怡亲王呈进讫。

八月

1208. 初八日，郎中海望奉旨：着照东暖阁现今陈设的洋漆书格样式，将彩金退光漆书格做三四架。钦此。

于六年十二月十九日做得彩金退光漆书格四架，随黄杭细面布里夹套四件，怡亲王呈进讫。

九月

1209. 初四日，郎中海望持出榆木罩漆膳桌一张长二尺六寸八分，宽一尺七寸八分，高七寸八分，奉旨：尔等做漆桌时照此桌款式，将上面水栏边放宽，披水牙收窄，其披水牙有尖棱处着更改，腿子下截放壮些，不必起线，上面应画何样花样，尔等酌量彩画。钦此。

于本月十四日画得彩漆寿字夔龙式桌样一张，番草花式桌样一张，郎中海望呈览，奉旨：此夔龙式桌样，墙子上的竹子、灵芝不必用，束腰内或画福字，或画寿字流云，桌子尺寸尔等不能定准，先或用楠木，或用紫檀木，大小做三张呈览过再做彩漆。钦此。

于十月初五日做得楠木膳桌大小三张，郎中海望呈览，奉旨：照样做长三尺，宽二尺，高八寸五分红漆桌二张；长二尺八寸，高九寸黑漆桌八张;长二尺七寸,宽一尺八寸,高七寸五分红漆桌二张、黑漆桌八张。钦此。

于五年闰三月二十日做得黑漆桌一张,郎中海望呈进讫。

于六年三月十六日做得黑漆桌六张,郎中海望呈进讫。

黑彩漆膳桌九张现存漆作。

1210. 二十九日,太监刘希文、王太平交来填漆桌一张,黑地彩漆桌一张 随绣缎帏二件,传:着交造办处存样。记此。

于十月初九日首领太监程国用来说太监刘希文、王太平传旨:照填漆桌样做十二张,照黑地彩漆桌样做十三张,俱随帏子。钦此。

于五年九月二十八日做得黑地彩漆桌九张随绣缎帏九件,随原样黑地彩漆桌一张,填漆桌一张,绣缎帏二件,交首领太监李英持去讫。

于五年十二月三十日做得黑地彩漆桌四张随绣缎帏四件,交太监牛万朝持去讫。

于五年闰三月二十日做得填漆桌四张,郎中海望呈进讫。

于六年三月十六日做得填漆桌四张,郎中海望呈进讫。

于十二月二十日做得填漆桌一张,郎中海望呈进讫。

漆作现存填漆桌三张。

十月

1211. 二十二日,太监刘太、张玉柱交来洋漆书格一对,洋漆桌二张,传旨:交给海望见面请旨。钦此。

于本月二十五日郎中海望请旨,奉旨:着赏怡亲王。钦此。随派得柏唐阿六达子送至怡亲王府,交首领太监李天福收讫。

1212. 二十四日,首领太监程国用持来洋漆桌二张,说太监刘希文、王太平传旨:着交给海望归在前日交的洋漆书格桌子一处。钦此。

于本月二十五日郎中海望请旨,奉旨:着赏怡亲王。钦此。随派得柏唐阿六达子送至怡亲王府,首领太监李天福收讫。

十一月

1213. 二十七日，太监张玉柱交来洋漆香几一件，传旨：此香几花样好，尔等照此样做几件。钦此。

于五年十月二十九日做得黑漆画洋金香几二件并原样一件，怡亲王呈进讫。

13. 自鸣钟

七月

1301. 初九日，据圆明园来帖内称，郎中海望持出风琴时钟问钟一座随乌木座，奉旨：着收拾妥当，安在四宜堂。钦此。

于八月十一日收拾得风琴时钟问钟一座，首领太监赵进忠持进安在四宜堂讫。

14. 撒花作 附累丝作

二月

1401.1. 十七日，太监杜寿交来金寿星鹤鹿松树盆景一件上嵌锞子三件，红宝石大小二十件，蓝宝石二件，珠子大小四十五粒，传旨：着收拾配匣，换座子。钦此。

于五月十三日收拾得金寿星鹤鹿松树盆景一件，上配做得花梨木匣一件，座一件，首领太监程国用持去交总管太监刘进忠，太监杜寿、刘希文同收讫。

1401.2. 十七日，太监杜寿交来麟凤呈祥福禄寿盆景一件上嵌红宝石六十四件，蓝宝石三件，锞子六件，瓒一件，碧玉道冠一件，青金道冠二件，白玉太极图一件，珊瑚如意一件，无镶嵌十四处，传旨：着收拾配匣子，其无镶嵌处补嵌。钦此。

于三月初二日收拾得麟凤呈祥福禄寿盆景一件，上添用二月十七日太监杜寿交出的红宝石十四颗，重五钱六分，配做得花梨木匣一件，交太监杜寿持去呈果郡王收讫。

15. 记事录

正月

1501. 十一日，首领太监王进玉持来檀香油六瓶 一小匣，西洋书一本，传：着西洋人认看。钦此。

于本日据西洋人巴多明、费隐等认看得此檀香油只可闻香用，别无用处，西洋书一本系显微镜解说等语，员外郎海望呈进讫。

五月

1502. 初三日，据圆明园来帖内称，首领太监程国用来说，太监刘希文传旨：将不好的伽楠香送进三十两来。钦此。

于五月初四日秤得伽楠香三十两，首领太监程国用持去交太监杜寿收讫。

十一月

1503. 初三日，怡亲王交内造缎二十匹，玉方鼎一件，玉夔龙水注一件，汉玉方壶一件，玉五老双寿杯一件，玉兽花花插一件，玉荷叶盘一件，玉龙凤方盒一件，玉螭虎双寿碗一件，玉云喜卮一件，玉磬一件，白玻璃碗四件，蓝玻璃盖碗六件，青龙红水七寸盘十二件，祭红白鱼七寸盘二十件，青花如意五寸盘二十件，绿地紫云茶碗十件，青龙暗水大宫碗十二件，祭红盘十二件，五彩蟠桃宫碗十四件，霁蓝盘十二件，祭红盖碗十二件，红龙高足有盖茶碗六件，青花龙凤盖碗十二件，青花龙凤盖钟十件，珐琅炉瓶盒一份，紫檀木盒绿端石砚一方，杏木盒绿端砚一方，奉旨：收拾妥当赏琉球国。钦此。

随又交银一百两，缎八匹，奉旨：赏使臣项德功。钦此。

于十一月初三日将以上内造缎二十匹等件共三十项收拾妥当，郎中海望、员外郎沈嵛交礼部主客司主事伊苏得持去讫。

雍正五年

1. 木作

正月

101. 初四日,奏事太监陈瑛交来珐琅瓷碗钟十八件,传:着配匣做套。记此。

于本日配得黄油木匣一个,随黑毡里黑毡外套,内盛珐琅瓷碗钟十八件,交太监胡庆寿持去讫。

102. 十五日,散秩大臣佛伦传旨:筵宴上用的图塞尔根桌子两头太长些,抬桌子人难以行走,着交养心殿造办处另做一张,比旧桌做短些,外用黄缎套。钦此。

于正月十八日做得花梨木图塞尔根桌一张,长三尺六寸,宽二尺四寸三分,高一尺八寸,水线八分,催总马尔汉交内管领海成持去讫。

103. 二十二日,据圆明园来帖内称,司房太监蔡玉交来紫檀木边豆瓣楠木心炕桌一张 随绵套,紫檀木边雕龙心百衲脚搭一件 随黄云缎套,说总管太监李德、哈元臣传旨:着交养心殿造办处收拾。钦此。

于二月初五日收拾得紫檀木豆瓣楠木心炕桌一张,随锦套,紫檀木边雕龙心百衲脚搭一件,随黄云缎套,太监王玉持去交总管太监李德收讫。

104.1. 二十三日，据圆明园来帖内称，太监荣望传旨：着照呈进过硬木拖床样再做二张赐怡亲王，不必用硬木做。钦此。

于十一月二十六日做得杉木胎香色紫油面画三色夔龙拖床二张，郎中海望启怡亲王，奉王谕：着送至交辉园去。遵此。

本日柏唐阿苏七格送至交辉园交乌合里达、张保柱收讫。

104.2. 二十三日，郎中海望启称怡亲王，今年万寿呈进活计内欲做无量九尊一龛等语，奉王谕：准做。遵此。 此项活计未用官钱粮，系怡亲王、信郡王同造办处官员人等恭进的。

于十月二十九日做得无量九尊紫檀木龛一座，上嵌珊瑚珠珐琅镀金顶，白斗珠，珊瑚扣珠、璎珞，铜镀金宝盖，红宝石坠角二十个，栏杆上铜镀金顶八个，毗卢帽上嵌云母寿字一个，两边嵌金珀青金石万字二个，云母、金珀、珊瑚、夔龙四条，束腰上嵌金珀衬色寿字三十一个，下层嵌金珀衬色夔蝠五个，玻璃门内糊黄片金里画洋金玻璃背光，内供铜胎渗金佛九尊，各随黄色绫佛衣垫子。

怡亲王、信郡王，郎中海望呈进讫。

104.3. 二十三日，郎中海望传：做万寿节用楠木都盛盘九件。记此。

于十月二十九日做得楠木都盛盘九件，怡亲王、信郡王，郎中海望呈进讫。

105. 二十五日，四执事首领太监李进忠着太监李文贵交来斑竹烘笼三个，传：着将烘笼内油漆底子拆去，另换木底，其垫子用不灰木做。记此。

于二月二十一日烘笼三个俱换得楠木底不灰木垫完，催总马尔汉交太监李文贵持去讫。

106. 二十七日，首领太监程国用来说，太监王太平传：做杉木方匣，见方八寸，高五寸二个，见方一尺，高五寸五分二个，见方一尺三寸，高七寸五分一个，里外俱糊黄本纸。记此。

于二月初二日照尺寸做得杉木方匣五个，里外俱糊黄本纸，催总马尔汉交太监王太平收讫。

107. 二十九日，六品官阿兰泰为画亲耕图等画，传：做杉木正子五十二副，高凳十二条，手卷正子四个。记此。

于二月十一日照尺寸做得杉木正子五十二副，高凳十二条，手卷正子四个，催总马尔汉交六品官阿兰泰收讫。

二月

108. 十四日，首领太监程国用持来铜提梁卣一件，说太监刘希文传：着配紫檀木座。记此。

于本月二十一日铜提梁卣一件配得紫檀木座，首领太监程国用持去交太监刘希文讫。

109.1. 十八日，首领太监程国用来说，太监刘希文传：着做出外折叠桌灯一对，神像架箱一件，神纸匣一件，俱配毡里，外套匣盛装。记此。

于三月十四日做得杉木桌灯一对，盛神纸匣一个，盛神像架箱一个，随黄布面白布毡里杉木外套匣二件，交弘德殿首领太监夏安持去讫。

109.2. 十八日，太监张玉柱传旨：着照先做过的上贴兵部吏部签奏事杉木匣再做四个。钦此。

于三月初二日做得糊黄绫面杭细里贴黄绫剁墨线签子钉黄铜面叶合扇杉木匣四个，交太监张良栋持去讫。

110. 十九日，太监王太平传：着照先做过的有盘子木格做二十个，其盘子亦照先做过的一样做。记此。

于闰三月二十三日做得杉木格子二十个，随杉木盘子二十个，领催马小二交王太平收讫。

111. 二十六日，太监刘希文交来红铜錾花镀金提炉二对，传旨：着将提炉上俱安提杆，配套匣，赏达赖喇嘛一对，班禅额尔德尼一对。钦此。

于三月初七日配得铜镀金如意云头打花梨木色提炉杆二对，随杉木套匣盛装，郎中海望交尚书特古忒，副都统马拉阿思汉，侍读学士森厄，主事哈尔哈图，笔帖式查思海等领去讫。

三月

112. 初五日，太监张玉柱交来青花白地梵书靶碗二件，祭红靶碗二件，红地蓝花珐琅碗十六件，红地黄花珐琅碗八件，传旨：着配匣盛装，再传与特古忒知，将此靶碗每样赏达赖喇嘛一件，赏班禅额尔德尼一件，其余珐琅碗俱均分赏给。钦此。

于三月初七日做得鞔黑毡杉木匣一个，内装珐琅碗、瓷碗二十八件，郎中海望交尚书特古忒，副都统马拉阿思汉，侍读学士森厄，主事哈尔哈图，笔帖式查思海等领去讫。

113. 十三日，首领太监萨木哈持来铜胎文殊菩萨一尊，说太监张玉柱传旨：着配龛。钦此。

于闰三月二十日配得玻璃门紫檀木龛一座，菩萨一尊，随佛衣垫子，郎中海望呈进讫。

114. 十五日，太监王太平传：做盛金线带木匣二个。记此。

于四月初七日做得椴木匣二个，交首领太监程国用持去讫。

115. 二十六日，据圆明园来帖内称，太监刘希文传旨：着照九洲清晏后殿内洋漆攽床样收短一尺，放宽二寸用楠木做一张。钦此。

于本月二十七日做得长三尺九寸四分，宽二尺〇六分，高一尺五寸七分楠木床一张，郎中海望交太监刘希文收讫。

闰三月

116.1. 初七日，据圆明园来帖内称，郎中海望奉怡亲王谕：着做楠木转板小桌一张。遵此。

于十二月二十七日做得楠木转板桌一张，郎中海望呈怡亲王看，奉王谕：桌内添做砚台、仿圈、压纸、算盘等件。遵此。

于十三年十二月二十日将楠木转板桌一张，内盛小式活计二十八件，司库常保、首领萨木哈交太监毛团呈进讫。

116.2. 初七日，据圆明园来帖内称，南木匠卢玉持来大小各色瓷瓶二十二件，说郎中海望传：着配做紫檀木都盛盘三件。记此。

于八月十四日将大小各色瓷瓶二十二件，配做得紫檀木都盛盘三件完，郎中海望呈进讫。

117. 十一日，总管太监刘进忠传旨：着画坤宁宫东暖殿内装修样。

钦此。

于本月十四日郎中海望画得装修样二张，交副总管苏培盛呈览，奉旨：准用落地罩，将高炕拆去，满打地炕，炕上安床，落地罩做二面，一面糊纸，一面糊纱，横楣窗做宽些，窗下着安石青刷子，或用缎或用宫。钦此。

于四月二十六日做得杉木柏木边楠木心落地罩一座，杉木桌四张，杉木炉罩二件，杉木杌子一件，员外郎沈嵛带木匠卢玉等持赴装修完，外所用纱缎俱是广储司库上材料讫。

118. 十三日，据圆明园来帖内称，本月初七日，郎中海望奉旨：莲花馆对面瀑布处三间屋内着另换装修，画样呈览。钦此。

于四月初八日画得装修样一张，郎中海望呈览，奉旨：准做，其装修内有玻璃方窗一个，横楣窗二个，俱要二面贴画。钦此。

于四月十三日做得二面贴画杉木胎玻璃方窗一个，横楣窗二个，俱随镀银梃钩，郎中海望带领催总管常保持进莲花馆安讫。

于十四日郎中海望奉旨：莲花馆对面瀑布处三间屋内二面贴画的玻璃窗横楣俱做蠢了，着另改做，其横楣玻璃窗上用白漏地纱，二面上画花卉翎毛画二张。钦此。

于四月二十三日将玻璃窗，横楣窗俱另改做完，并画得二面透花卉翎毛画二张，郎中海望持进安在莲花馆讫。

于五月二十二日总管太监李英传旨：莲花馆对面瀑布处三间屋内玻璃窗上二面花卉画拆去，另画山水画二张贴上。钦此。

于六月初三日画得山水画二张，郎中海望持进贴讫。

119. 二十八日，首领太监程国用交来花猩猩毡帘二份，传：着做木匣盛装，黄布包袱包裹。记此。

于九月二十日将花猩猩毡帘二份配做得杉木匣一个，黄布包袱一个，领催闻二黑持去交首领太监程国用收讫。

120. 二十九日，首领太监程国用交来紫檀木半出腿玻璃插屏一件锦帘一件，说太监刘希文传旨：将此插屏交给海望送往圆明园用，再照此插屏做一件，若无此尺寸玻璃微小些亦可。钦此。

于本日将原交来紫檀木半出腿玻璃插屏一件，随锦帘一件交柏唐阿迈图送至圆明园交太监王玉、马国用收讫。

于十一月初四日做得紫檀木案式半出腿玻璃插屏一件，随寿字锦帘一件，郎中海望交首领太监程国用收讫。

四月

121. 初二日，太监李义交来茅葫芦垫子样一份，说首领太监薛勤传：做茅葫芦二件，其垫子尺寸、轻重俱照此样做。记此。

于七月二十九日做得榆木茅葫芦二件，石青高丽布垫子二份，原样垫子一份，黄布挖单一个，俱交太监任朝贵持去讫。

122. 十二日，据圆明园来帖内称，太监赵朝凤来说首领太监李统忠传：做《十思疏》卷杆二十根。记此。

于四月十五日，做得杉木长四尺五寸，径一寸卷杆二十根，交首领太监李统忠持去讫。

123. 二十八日，郎中海望、员外郎沈嵛传：做盛赏西洋国王瓷器、缎子等件用杉木箱四十个，楠木箱一个。记此。

于二十九日据圆明园来帖内称，郎中海望为赏西洋国王并使臣物件配做箱子何样装饰等语启怡亲王，奉王谕：做杉木箱，外油黄油，钉镀银饰件，鋄银瓒钥务要精致。遵此。

于六月初一日做得黄油面镀银饰件杉木箱四十个，楠木箱一个，内装物件开后：米家山水宫扇一把，绣花宫扇一把，透绣百古宫扇一把，透绣云龙宫扇一把，白瓷暗花套杯十件，绿瓷暗龙套杯十件，红瓷蓝花套杯十件，五彩套杯十件，洋漆大盘二件，洋漆小盘六件，洋漆香几一对，洋漆香架二件，洋漆盖碗八件，红洋漆高足碗四件，香色漆大皮盘八件，红漆二号皮盘十二件，红漆皮碗十件，普洱茶二十团，高丽纸一百张，洒金五色字绢五十张，画绢五十张，茶糕五匣，松糕五匣，哈密瓜干一匣，香瓜干一匣，武夷茶十罐，六安茶十缸，荔枝酒六瓶，五彩小瓷碗八件，蓝花盖碗四件，花盖碗四件，五彩小瓷碗十二件，提梁瓷壶二件，瓷□壶二件，红瓷盖碗四件，祭红瓷盘十二件，五彩葵花瓷盘八件，外红内白瓷碗八件，五彩瓷盘四件，扇式瓷挂瓶二件，外青内白瓷盘八件，五彩红地瓷碗十二件，洋漆匣内盛墨二十匣，洋漆矮桌二张，香袋四匣，洋漆书格一对，填漆扇匣一对，洋漆匣一对，洋漆大柜一对，大百露纸一百张，楠木箱内盛妆缎五匹，线缎八匹，百花妆缎六匹，新花样缎六匹，人参四十斤，洋漆扇面小柜一对，红彩金漆边绣纱香袋吊挂灯一对，黑彩金漆边绣香袋吊挂灯一对连五香袋四挂二匣，透绣宫扇五把，绣香袋二匣，香饼二匣，宫扇四把一匣。

赏使臣物件：祭红瓷盘四件，五彩瓷盘十二件，瓷壶三把，荔枝酒二瓶，墨六匣，青花白地瓷碗八件，六安茶四罐，武夷茶四罐，普洱茶八团，哈密瓜干、香瓜干、茶糕松糕四匣，洋漆柿子盒一对，洋漆盖碗二对，红漆皮盘二对，香色漆二号皮盘六件，各色扇二匣，洋漆检妆一对，大百露纸十张，五色笺纸二十张，高丽纸二十张，洒金五色字绢十张，画绢十张，线缎二匹，百花妆缎二匹，新花样缎二匹，以上物件郎中海望着催总常保、柏唐阿五十八送去交御史常宝住讫。

五月

124. 初二日，据圆明园来帖内称，太监张良栋来说，太监张玉柱传：做发报箱一件，外用黄布面毡套。记此。

于本日做得杉木发报箱一个，黄布面里毡套一件，首领太监李久明持去交太监张玉柱讫。

125. 初六日，据圆明园来帖内称，太监张玉柱传：做盛巴尔撒木香鸂鶒木盒一个，发报箱二个。记此。

于本日做得鸂鶒木盒一个，发报杉木箱二个，首领太监李久明持去交太监张玉柱收讫。

126. 初八日，据圆明园来帖内称，首领太监李久明持来五彩福禄葫芦式瓷瓶一件，说太监刘希文传：着配花梨木座。记此。

于本月初十日五彩福禄葫芦式瓷瓶一件，配得紫檀木座一件，象牙叶通草花一束，太监吕进朝持去交太监张玉柱收讫。

127. 十三日，据圆明园来帖内称，太监胡全忠持出透绣纱宫扇一把，芭蕉宫扇一把，说太监张玉柱、王常贵传：着配做木匣二个，里外糊黄纸。记此。

于本日做得杉木匣二个，里外俱糊黄纸，并原交来透绣纱宫扇一把，芭蕉宫扇一把，太监吕进朝持去交太监刘希文讫。

六月

128. 初七日，副总管太监苏培盛传旨：着照四宜堂内陈设填漆桌的尺寸样式，各色做几张。钦此。

于本日郎中海望、员外郎沈嵛传：做楠木桌一张。记此。

于十二月初五日序班沈祥送来桌样一张，上开长三尺三寸三分，宽二尺三寸七分，高二尺五寸七分。钦此。

于九年正月二十八日做得楠木桌一张，交太监赵朝凤持去讫。

129. 十五日，催总刘山久持来佛龛尺寸纸样一张，说太监刘希文传：着照纸样做紫檀木佛龛五座，俱安玻璃门。记此。

于十月初六日做得安玻璃门窗户眼紫檀木龛一座，随佛衣垫子，员外郎沈嵛交太监吕进朝持去，交太监刘希文收讫。

于十一月二十七日做得安玻璃门窗眼紫檀木龛二座，随佛衣垫子，郎中海望交首领太监程国用持去讫。

于六年二月十三日做得安玻璃门窗户眼紫檀木龛二座，随佛衣垫子，员外郎唐英交太监王玉持去，交太监王太平收讫。

130. 十七日，据圆明园来帖内称，太监张玉柱传：做赏总督鄂尔泰物件用杉木匣一个，里面俱糊黄杭细。记此。

于本月十八日做得糊黄杭细杉木匣一个，交太监张良栋持去讫。

131. 二十四日，据圆明园来帖内称，郎中海望奉旨：着做长五尺四寸，宽三尺三寸，高一尺四寸八分紫檀木包镶床一张，随床做图塞尔根桌一张，再床旁边做一叠落香几，通长三尺二寸，宽一尺，头层比床高一尺，面长一尺二寸，二层比床高二寸，面长二尺。钦此。

于六年五月初九日照尺寸做得紫檀木包镶楠木床一张，图塞尔根桌一张，叠落香几一件，郎中海望呈进讫。

132.1. 二十七日，据圆明园来帖内称，太监胡应瑞来说，副总管太监苏培盛传：着做长五寸五分高丽木、紫檀木、黄杨木压纸十件。记此。

于八月十一日做得灌铅黄杨木压纸四件，紫檀木压纸四件，高丽木压纸四件，交太监王璋持去交首领太监李统忠收讫。

132.2. 二十七日，据圆明园来帖内称，太监刘希文交来玻璃吊屏一件，传旨：着配糙些楠木插屏架一件。钦此。

于本年七月二十五日将玻璃吊屏一件配得楠木插屏架一件，郎中海望呈进安讫。

七月

133.1. 初二日，据圆明园来帖内称，本月初一日，郎中海望奉旨：着将万字房陈设的大乐钟上配紫檀木座。钦此。

于八月初一日做得紫檀木座一件，郎中海望持去安在万字房大乐钟上讫。

133.2. 初二日，据圆明园来帖内称，本月初一日，太监刘希文交来葫芦式瓷瓶六件，传：着配木座。记此。

于九月二十四日将瓷瓶六件配得花梨木座六件，交太监王玉持去交太监刘希文收讫。

134. 初三日，据圆明园来帖内称，首领太监李久明持来刻松鹿玉笔筒一件，说太监刘希文传：着配座子。钦此。

于本月初八日刻松鹿玉笔筒一件，配做得紫檀木座子一件，太监王玉持去交太监刘希文收讫。

135. 初四日，据圆明园来帖内称，太监胡全忠交来银螺丝盒一件，说太监张玉柱、王常贵传旨：着配做木匣包裹好赏岳钟琪。钦此。

于本月初四日银螺丝盒一件配得杉木匣包裹好盛装，交太监胡全忠持去讫。

136.1. 初八日，据圆明园来帖内称，太监王玉持来钧窑出脊花樽一件，说太监刘希文传旨：着配做紫檀木座。记此。

于本月十三日钧窑出脊花樽一件配做得紫檀木座，太监王自禄持去交太监刘希文讫。

136.2. 初八日，据圆明园来帖内称，本月初七日，郎中海望传：做莲花馆内花梨木包镶边框吊屏窗一扇 通高三尺一寸一分，宽一尺七寸，厚二寸二分，随黄铜镀金吊环二个，吊钉二个，托钉四个。记此。

于八月初一日照尺寸做得花梨木包镶吊屏窗一扇，随铜镀金吊环二个，吊钉二件，托钉四件，郎中海望持去安在莲花馆内讫。

137. 十二日，据圆明园来帖内称，本月初十日清茶房总管太监李英传旨：万字房东暖阁内碧纱橱下着做长二尺八寸六分，宽一尺三寸，高一尺四寸三分，厚一寸四分，腿子一寸二分一封书式小床一张，或用花梨木做，或用紫檀木做。钦此。

于八月初一日照尺寸做得花梨木一封书式小床一张，郎中海望持去安在万字房内讫。

138. 十四日，圆明园来帖内称，首领太监萨木哈持来汉玉高圆一件，汉玉桃式水丞一件 随紫檀木座，说太监刘希文传旨：汉玉高圆着配座子，汉玉桃式水丞座子不好，着海望收拾，配匙子。钦此。

于本月二十八日收拾得紫檀木座汉玉高圆一件，配得铜镀金匙汉玉水丞一件，首领太监萨木哈持去。

139.1. 十八日，据圆明园来帖内称，郎中海望奉旨：着照养心殿天长地久屋内挡门的玻璃插屏样，再做一插屏安在万字房。钦此。

于九月二十三日做得紫檀木座玻璃插屏一座，郎中海望持去安在万字房讫。

139.2. 十八日，据圆明园来帖内称，本月十六日郎中海望奉旨：着照养心殿东暖阁做过的一封书式图塞尔根桌样，再做一张万字房用。钦此。

于八月初一日做得一封书式楠木图塞尔根桌一张，郎中海望持去安在万字房内讫。

140. 十九日，首领太监李统忠交来高丽木压纸一件，传：着照样做十件。记此。

于七月二十六日做得高丽木压纸十件，并原样一件，交太监赵朝凤持去讫。

141. 二十日，首领太监程国用持来汉玉天鹿瓶一件，茶晶四喜象耳双环瓶一件，说太监刘希文传：着俱配紫檀木座子。记此。

于本月二十一日汉玉天鹿瓶一件,茶晶四喜象耳双环瓶一件俱配做得紫檀木座,首领太监李义明持去交太监刘希文收讫。

142.1. 二十一日,郎中海望奉旨:养心殿东暖阁陈设的镶银母花梨边插屏式钟一件,上嵌银母花纹甚好,尔照黑漆面抽长扶手香几的尺寸配合做花梨木桌一张,其面上安玻璃,着郎世宁画画一张衬在玻璃内,周围边上照插屏式钟上花样用银母镶嵌。钦此。

于十月二十九日做得玻璃面内衬花篮花卉画镶嵌银母紫檀木桌一张,怡亲王带领,郎中海望呈进讫。

142.2. 二十一日,郎中海望奉旨:着照先做过的紫檀木夔龙栏杆都盛盘做几件,亦照养心殿东暖阁陈设的镶嵌银母花梨木边插屏式钟上花纹,用银母镶嵌。钦此。

于六年八月十四日做得镶嵌银母面番花紫檀木都盛盘二件,郎中海望呈进讫。

142.3. 二十一日,郎中海望持出沉香一块 高六寸,宽三寸,厚二寸,奉旨:着做泥鳅边紫檀木座一件,下安四足。钦此。

于八月初八日沉香一块配做得紫檀木座一件,郎中海望呈进讫。

143.1. 二十六日,首领太监程国用交来南柏木盛纸斗一件,说太监刘希文传:着照样收窄一寸,矮四分做二件,再做楠木板凳一条,高八寸,长八寸,宽六寸。记此。

于本月二十八日照尺寸做得楠木板凳一条,南柏木盛纸斗二件,并原样俱交首领太监程国用持去讫。

143.2. 二十六日,膳房首领太监刘进朝传:做梨木太阳糕模子一份。记此。

于十二月十六日做得梨木太阳糕模子一份,交太监赵进斗持去讫。

八月

144. 初五日,据催总刘山久来说,銮仪卫公马尔赛传:大礼轿上着另做脚搭一件,糊黄素绫面黄杭细里随铁钩搭。记此。

于八月初七日做得长二尺二寸八分,宽一尺五分,高四寸五分榆木脚搭一份,面糊黄绫里糊黄杭细随铁钩搭一份,催总刘山久交同马尔赛收讫。

145. 初七日,员外郎沈嵛传:做中秋节供月饼的圆架托子一份。记此。

于本月初十日做得杉木圆架托子一份,交太监徐文耀持去讫。

146. 初八日,太监刘希文持来嵌绿色石面紫檀木香几一件,传旨:此香几样式好,其牙上花纹粗些,再往细致里用黄蜡石面做一件。钦此。

于本日将原样香几一件交太监马进忠持去仍交太监刘希文讫。

于十月二十九日做得镶嵌黄蜡石面花梨木香几一件,怡亲王带领郎中海望呈进讫。

147.1. 初十日,首领太监程国用交来石面花梨木香几一件,说太监刘希文传旨:此香几款式甚好,着尔等用好石面照样做几件。钦此。

于本月十七日将原样香几一件,交太监吕进朝持去交首领太监程国用讫。

于十二月三十日做得乌拉石面花梨木香几二件,郎中海望呈进讫。

147.2. 初十日,据圆明园来帖内称,副总管太监苏培盛传:做高丽木压纸四件。记此。

于八月二十二日做得高丽木压纸四件,交太监王伟持去讫。

148. 十三日,据圆明园来帖内称,副总管太监苏培盛传旨:着做照养心殿内西暖阁门外陈设的桌样,或用紫檀木做几张。钦此。

本日员外郎沈嵛传:做花梨木桌四张。记此。

于本日催总马尔汉带领木匠汪国兴等到赴内养心殿西暖阁量得桌子长三尺三寸,宽二尺二寸五分,高二尺五寸七分。记此。

于七年八月初七日做得花梨木桌四张,太监马进忠持去交副总管太监苏培盛讫。

149.1. 十五日,据圆明园来帖内称,郎中海望持出红玻璃小圆水丞一件 随玉匙一件,宣铜缸一件,奉旨:宣铜缸着配紫檀木托,玻璃水丞配紫檀木座。钦此。

于九月初六日宣铜缸一件上配得紫檀木托一件,玻璃水丞配做得紫檀木座一件，随玉匙一件，郎中海望呈进讫。

149.2. 十五日，据圆明园来帖内称，郎中海望奉旨：痰盂盆放在坐褥上不能稳，尔或用木，或用合牌罩漆做拐弯卡坐褥香几几件，其拐弯处若不能套牢，可用铁锯拿，再用硬木做长一尺，上下宽六七分，厚三四分扁形直棍一根，一头带圆形痰盂托以备插在椅垫子上用。钦此。

于本月十八日做得糊锦卡坐褥长方香几一件，糊锦卡坐褥委角香几一件，并照尺寸做得楠木圆盘花梨木把痰盂托一件，郎中海望呈进，奉旨：再照长方糊锦香几长高放宽一尺三四寸做一件，见方七寸的做一件。钦此。

于本月二十四日做得糊驼绒锦里黄杭细楠木卡坐褥香几三件，郎中海望呈进讫。

于本月二十七日做得楠木有把螺丝糊锦痰盂托一件，郎中海望呈览，上留下，奉旨：大礼轿内亦安此样长板。钦此。

于九月初七日做得楠木有把螺丝糊锦痰盂托一件，领催闻二黑持去安在大礼轿内讫。

150. 十七日，据圆明园来帖内称，太监张琏来说，副总管太监苏培盛、首领太监李统忠传：做盛匾杉木匣一件，糊白纸里黄纸面。记此。

于本日做得长三尺七寸，高、宽四寸杉木匣一件，交太监张琏持去讫。

151. 二十二日，据圆明园来帖内称，郎中海望持出雕刻螭虎龙油珀花插一件，说太监刘希文传旨：着配木座。钦此。

于本月二十日，雕刻螭虎龙油珀花插一件配得紫檀木座，交太监杨义持去讫。

152.1. 二十三日，据圆明园来帖内称，本月十九日郎中海望奉旨：或用花梨木，或用楠木，或糊锦纸，或长一尺七八寸，宽一尺二三寸，或长一尺一二寸，宽七八寸薄托板做几件，随压板的铜螭虎配合着做。钦此。

于九月十八日做得楠木托板四块，随压板铜螭虎四件，郎中海望持进安在莲花馆讫。

152.2. 二十三日，郎中海望传：做坐褥上夹板香几几件。记此。

于六年三月二十一日做得糊驼绒色锦夹板小香几二件，太监刘希文持去讫。

于七年五月十六日做得糊驼绒色锦夹板香几二件，交太监刘希文持去讫。

153. 二十四日，郎中海望奉上谕：着将搁炉小香几做几件，其香几面子见方六七寸，高二三寸，下安四腿，腿心挖空，从香几面上透眼，一边插匙，一边插箸，中间安炉。钦此。

于八月二十七日搁炉楠木香几一件呈览，奉旨：香几腿子再往里挪些，安抽屉，不必做长方，做见方的。钦此。

于九月初三日照尺寸做得楠木香几一件，随老鹳翎色匙箸一份，郎中海望呈进讫。随奉旨：着照此样略放高些，或漆，或紫檀木酌量做，一边安炉刷，一边安镊子。钦此。

于十一月十一日做得紫檀木小方香几一件，随象牙把琴扫一件，炕老鹳翎镊子一把，铜镀金匙箸一份，郎中海望呈进讫。

于十二月三十日做得楠木胎黑漆透眼香几二件，随铜镀金匙箸二份，象牙琴扫二件，炕老鹳翎镊子二件，郎中海望呈进讫。

154.1. 二十六日，据圆明园来帖内称，本月二十四日，郎中海望奉上谕：尔将乌拉石面香几做几件，用硬木做，其圆腿该安枨子并如何尺寸，尔等酌量配合。钦此。

于十二月三十日做得乌拉石面紫檀木圆腿香几二件，郎中海望呈进讫。

154.2. 二十六日，郎中海望奉上谕：或楠木，或漆做竹式杌子做几张，长二尺九寸，宽二尺四寸，后面安靠背，高九寸，其宽比杌子两边各窄二三寸。钦此。

于九月初五日做得楠木杌子二张，郎中海望呈进讫。

155. 二十九日，据圆明园来帖内称，太监刘希文传旨：万字房西一路对戏台屋内靠碧纱橱陈设的花梨木案面有不全处，着粘补收拾，两头搁案香几不好，着似壁纱橱裙板牙子花纹为高，画样呈览，俟朕进宫之后再做，换下来的旧香几收拾好另用。钦此。

随量得牙子花纹至地高二尺〇五分，于十一月初三日照尺寸做得花梨木格案香几二件，领催白世秀持进万字房安讫，其花梨案并原格案旧香几俱收拾完，仍交太监刘希文讫。

九月

156.1. 初二日，据圆明园来帖内称，太监刘希文传旨：着照万字房用的楠木图塞尔根桌样，再做一张安在莲花馆。钦此。

于九月十八日做得楠木图塞尔根桌一张，郎中海望持进安在莲花馆讫。

156.2. 初二日，据圆明园来帖内称，八月二十九日太监刘希文传旨：着照九洲清晏洞天日月多佳景屋内的有抽屉床样再做一张，安在万字房对瀑布屋内。钦此。

于六年三月初三日照样做得楠木有抽屉床一张，郎中海望安在万字房对瀑布屋内讫。

157. 初六日，据圆明园来帖内称，本月初三日郎中海望持出白玉昭文带一件，奉上谕：着配紫檀木压纸。钦此。

于十二月二十三日做得嵌白玉昭文带紫檀木压纸一件，郎中海望呈进讫。

158. 十三日，据圆明园来帖内称，本月十二日郎中海望画得八仙祝寿炕屏九扇纸样一张呈览，奉旨：准做。钦此。

于九月二十八日做得八仙祝寿炕屏一架共九扇，随花梨木小案二张，郎中海望呈进讫。

159.1. 十八日，据圆明园来帖内称，本月初三日郎中海望画得万字房观妙音屋内陈设的花梨木案几样二张，郎中海望呈览，奉旨：准夔龙式牙子样做。钦此。

于六年三月初五日做得夔龙牙花梨木案几一张，郎中海望持进安讫。

159.2. 十八日，据圆明园来帖内称，本月初三日郎中海望奉上谕：着做长四尺二寸，宽一尺三寸，高八寸楠木一封书式桌一张。钦此。

于六年三月初五日照尺寸做得楠木一封书式桌一张，郎中海望呈进讫。

160. 十九日，据圆明园来帖内称，太监刘希文传旨：着做紫檀木钉闲余挂板一件，长八寸五分，粗细要八九分。钦此。

于十月初三日做得紫檀木钉闲余挂板一件，上安铜盘，太监王玉持去交太监刘希文收讫。

161.1. 二十六日，据圆明园来帖内称，九月初八日郎中海望奉旨：尔照勤政殿内西耳房内陈设双层洋漆书格样，上层入深做窄些，门子花样照万字房陈设的洋漆书格门上的花样做，中层平台板再放深些，栏杆柱头做象牙的，两边柱头上安旗杆二根，挂珠帆，下层腿子不好，照汤泉取来的香几腿子做，抽屉里做红漆背板，里面或做金漆或做红漆，背板里上下二层安台子，做样呈览后先用紫檀木做一件。钦此。

于六年二月十三日做得书格式佛龛木样一件，郎中海望呈览，奉旨：尔将中层平台做一活屉板，若用时将板抽出，若不用仍推得进，梃钩安在抽屉旁，从下往上若不用仍旧推得进去，不要显露，再挂幡的旗杆上头细了，做时上下俱要停匀做，夔龙式铜挂钩珠子幡，照画样用斗珠做幡的吊挂，八宝用珊瑚、青金等件做。钦此。

于六年二月十九日太监王太平传旨：朕先传做的有抽屉漆佛龛暂且慢做，先做一有抽屉紫檀木龛，赶月内要得。钦此。

于六年三月初一日做得紫檀木书格式佛龛一件，通高二尺六寸九分，面宽二尺〇二分，入深一尺三寸八分，下层座子高七寸，中层有抽屉，束腰高一寸五分半，中层空高八寸七分，上层空七寸九分，栏杆高一寸三分半，栏杆柱子高三寸五分，上有活抽屉三个，嵌金珀寿字三个，假抽屉四个，嵌金珀寿字四个，束腰内铜镀金饰件九件，上嵌青金珠十二件，松石珠六件，珊瑚珠九件，象牙瓶子栏杆三十九件，茜黄色象牙柱柱顶八件，铜镀金套顶八件，内安紫檀木须弥座一件，面宽八寸三分，高二寸一分，入深四寸九分，雕八达马描金束腰内铜镀金角叶十二件，上嵌青金珠十二个，松石珠四个，珊瑚珠八个，格扇上糊黄纱，嵌象牙雕夔龙茜绿绦环板十块，内安镀银梃钩二根，上安紫檀木铜錾夔龙镀金钩幡杆二根，上挂银累丝镀金宝盖，嵌珠十二粒，挂珞十二挂，系青金、玉、玛瑙、珊瑚、松石、蜜蜡等八宝四十八件，铜镀金如意一件，穿白斗珠珊瑚扣珠幡二首，随银镀金响铃十件，郎中海望呈览，奉旨：着送往万字房陈设。钦此。郎中海望随送往万字房安讫。

于九月二十六日做得黑退光漆画泥金夔龙番花书格式佛龛一座，抽屉三个，随镀金圆寿字吊牌三个，上安镀金栏杆顶八件，凿半蹈地梭花乂角七件，随珊瑚垫子十五个，青金垫子四个，松石垫子八个，鋄银梃钩二根，紫檀木旗杆二根，镀金凤头项二个，银累丝点翠宝盖上嵌珠子十二个，穿珊瑚扣珠白扣珠幡二首，随镀金如意，砗磲、青金、松石、珊瑚、碧玉、白玉、玛瑙等八宝吊挂十二挂，镀金风铃十二个，内安退光漆须弥座一件，画泥金花内供托纱佛一尊，手上配做得珊瑚珠子十八罗汉数珠一盘。

于九月二十七日郎中海望呈进讫。

于十二月二十八日做得黑退光漆画泥金夔龙番花书格式佛龛一座，抽屉三个，上随镀金圆寿字吊牌三个，上安镀金栏杆顶八个，凿半蹈地梭花乂角七件，随珊瑚垫子十五个，青金垫子四个，松石垫子八个，镀银梃钩二根，紫檀木旗杆二根，镀金凤头项二个，银累丝点翠宝盖嵌珠子十二颗，穿珊瑚扣珠白扣珠幡二首，随镀金如意砗磲青金松石珊瑚碧玉白玉蜜蜡玛瑙等八宝吊挂十二挂，镀金风铃十二个，内安退光漆泥金须弥座，郎中海望呈进，奉旨：书格式佛龛送赴圆明园去题奏。钦此。

本日交催总马尔汉柏唐阿六达子送赴圆明园交太监焦进朝讫。

本日仍持出交圆明园库存。

161.2. 二十六日，据圆明园来帖内称，九月初九日太监刘希文交来哥窑八方小碟一件，传旨：着配紫檀木独梃座。钦此。

于十月二十八日哥窑八方小碟一件配紫檀木座完，怡亲王呈进讫。

161.3. 二十六日，据圆明园来帖内称，九月初十日郎中海望持出祭红小酒圆四件，奉旨：着配紫檀木座，安匙子，做水丞用。钦此。

于十月十二日祭红小酒圆四件配做得紫檀木座铜镀金匙完，郎中海望呈进讫。

162. 二十九日，郎中海望传：做盛"清平事事长如意，百福连连迎早春"挂屏外套箱一件。记此。

于本日做得杉木外套箱一个，郎中海望交首领太监程国用讫。

十月

163. 初一日,郎中海望奉旨:着照九洲清晏陈设的洋漆方香几大小高矮做圆腿香几,托板下安算盘珠式四足,或做硬木面,下边安小牙子,或做漆面,下边用铁拉扯,不必安牙子。钦此。

本日首领太监程国用持出九洲清晏陈设的洋漆方香几一件,交催总马尔汉收做样。

于十二月三十日做得楠木圆腿香几二件,并原交做样方香几一件,郎中海望呈进讫。

164.1. 初六日,首领太监李统忠交来御笔"枕流漱石"四字匾文一张,传:着配做匾一面,安在万字房西暖阁处。记此。

于六年正月十一日配做得紫檀木边"枕流漱石"匾一面,催总马尔汉持去交首领太监李统忠收讫。

164.2. 初六日,首领太监李统忠交来御笔"洞明堂"匾文一张,传:着配做匾一面安在勤政殿西五间檐内。记此。

于六年七月十九日做得长五尺七寸,宽二尺三寸花梨木边黄柏木心煤炸字背面油朱油"洞明堂"匾一面。

于本月二十四日郎中海望带领领催闻二黑持进圆明园内勤政殿挂讫。

于二十六日副总管太监苏培盛传旨:"洞明堂"匾甚宽,亦长,着交收拾。钦此。

于八月初八日将"洞明堂"字匾往小里改,做得长四尺五寸,宽二尺,郎中海望交领催闻二黑持进同园内总管太监哈元臣安挂讫。

165. 初七日,首领太监程国用来说,太监刘希文传:着做盛珐琅九格果托外套匣一件,用软里,外鞔撒林皮,安背绊完。记此。

于十一月初五日配得杉木软里鞔撒林皮外套匣一件上安背绊完,交太监焦进朝持去讫。

166. 初十日,首领太监李统忠传:做杉木卷杆五根,各径一寸,长二尺五寸。记此。

于本日照尺寸做得杉木卷杆五根，交太监李统忠持去讫。

167.1. 十四日，太监张玉柱、王常贵交来山水花纹大理石 有绺，高一尺四寸，宽一尺六寸八分一块，传旨：着镶桌子用。钦此。

于六年五月初四日做得紫檀木边腿山水花纹大理石面桌一张，郎中海望呈进讫。

167.2. 十四日，太监张玉柱、王常贵交来八哥花纹大理石一块 高一尺，宽一尺一寸三分，山水花纹大理石一块 高一尺三寸二分，宽一尺六分，传旨：着镶紫檀木插屏用。钦此。

于十二月三十日做得八哥花纹大理石插屏一件，紫檀木边座山水花纹大理石插屏一件，紫檀木边座，郎中海望呈进讫。

168.1. 十八日，太监刘希文、王太平传旨：养心殿中间内东西两边陈设的青花白地瓷缸二口，着配糊纱盖子，缸内安炉。钦此。

于十一月十一日做得紫檀木糊纱盖二件，铜烧古炉二个，交太监刘希文持去讫。

168.2. 十八日，太监张玉柱、王常贵交来紫檀木架黄杨木雕刻万寿花纹边玻璃衬油画片四方灯二对，传旨：着将黄杨木雕刻万寿花纹边里面衬垫的云母石片拆去，配合颜色糊纱，其玻璃心俱拆下收着镶窗户用，此灯应补做何样灯片，尔等酌量配合。钦此。

于十二月十二日拆得玻璃灯心十六扇内四扇缺角，郎中海望、员外郎沈嵛交司库福森收讫。

169.1. 二十八日，郎中海望、员外郎沈嵛传：做盛备用烧古铜炉等件松木柜二个，各高六尺五寸，宽三尺三寸，入深一尺五寸。记此。

于十一月初二日做得松木柜二个，催总马尔汉交柏唐阿佛保收讫。

169.2. 二十八日，郎中海望、员外郎沈嵛传：做万寿节活计内盆景用杉木罩子二个，各高二尺一寸，宽二尺五寸。记此。

于十二月三十日照尺寸做得杉木罩二个，随四方书格上盆景，郎中海望呈进讫。

170. 二十九日，太监张玉柱交来佛九尊 随佛衣九件，系张家胡图克图进，传旨：着配做一龛，不必太细致，俟做得时交中正殿供奉。钦此。

于十二月十八日做得紫檀木龛一座，随佛衣垫子，催总吴花子交中正殿喇嘛首领太监罗卜藏吹丹格隆收讫。

十一月

171.1. 初一日，郎中海望奉上谕：养心殿后殿东二间屋内装修，俟朕或往汤泉，或往圆明园去后改做冬令装修，北面窗户与东面墙上俱安站板，其门头匾或安在何处，尔等酌量安，东间床照西间床样式用楠木做。钦此。

于六年七月十四日郎中海望奉上谕：养心殿收拾完否，随奏称，本月十九日系吉日，意欲收拾东暖阁，亦欲糊表等语奏闻，奉旨：准做。钦此。

于本月十九日吉时郎中海望带催总刘山久、领催马学尔等收拾完讫。

于本月二十九日郎中海望奉旨：养心殿后殿装修完否。钦此。随奏称，俱已告成，唯有床未安，今选得八月初一日安设，再地炕上意欲铺毡等语具奏，奉旨：准铺。钦此。

于八月初一日员外郎沈嵛、唐英带领催总刘山久、柏唐阿五十八等进内安床，铺地炕用长一丈八尺，宽一丈三尺三寸五分白春毛毡一块，铺床用长一丈三尺三寸五分，宽四尺八寸白秋毛毡一块，铺门槛用长三尺五寸，宽三尺三寸白春毛毡一块，换出白毡四块，五十八交武备院司库杨讨格持去讫。

171.2. 初一日，郎中海望奉怡亲王谕：着给慈宁宫画画人做杉木正子三个。遵此。

于本日做得杉木正子三个，随杭细挖单交画画人金昆收讫。

171.3. 初一日，太监张玉柱、王常贵传旨：着做矮些长条楠木杌子三张，俱配锦垫，再配合杌子做矮些楠木高桌三张，俱随锦帏。钦此。

于六年正月十三日做得长三尺一寸，宽二尺一寸，高一尺九寸楠木杌子三张，随锦垫三个，长三尺四寸，宽一尺三寸五分楠木高桌三张，随锦帏三个。

本日太监张玉柱要去讫。

171.4. 初一日，总管太监陈福、苏培盛、李英交来镶嵌满达一份，传旨:着配玻璃罩独梃座子,或用硬木,或用漆做,尔等酌量,画样呈览。钦此。

于十一月十一日画得满达座样一张,郎中海望呈览,奉旨:准做。钦此。

于六年十二月二十八日镶嵌满达一份,配做得玻璃罩紫檀木独梃座子一件,郎中海望呈进讫。奉旨:满达上着配硬木香几,俟朕往圆明园去时,随佛堂供的佛一同送往圆明园去。钦此。

171.5. 初一日,太监陈福、苏培盛、李英交来雕刻木胎贴金坛城一份随合牌罩,传旨:此罩子不好,着另配罩子,用紫檀木做边柱,或圆形,或方形,或八角形,心安玻璃片,下配矮些的座子,其座子下配一硬木桌子,再照此坛城样或做二份,其坛城上伞、罐等件应做镶嵌累丝处即做镶嵌累丝,不必做假的,俱要精细。钦此。

于十一月初一日画得坛城样一张,郎中海望呈览,奉旨:准做。钦此。

于十二月十八日将原交来雕刻木胎贴金坛城一份,上配得珐琅顶紫檀木边镶玻璃罩座紫檀木香几一件,又做得镶嵌累丝木胎贴金坛城二份,珐琅顶紫檀木边镶玻璃罩座紫檀木香几二件,郎中海望呈进讫。奉旨:将原样坛城,俟朕往圆明园去时随佛堂供的佛一同送往圆明园,其新做坛城二份送在中正殿洁净地方套着罩子收着,俟怡亲王、果亲王寿日题奏。钦此。

于六年正月初九日将原样坛城一份,催总张自成送赴圆明园交总管太监苏培盛讫。

于二月二十九日将坛城一份,催总张自成送至果亲王府内讫。

于九月二十八日将坛城一份,催总马尔汉送至怡亲王府内讫。

172. 初二日,太监刘希文、王太平传旨:养心殿东暖阁长春方丈屋内陈设的洋漆书格下,着做桌面式楠木垫板二块,抽长如意桌下亦做桌面式楠木垫板二块。钦此。

本日太监刘希文、王太平量得洋漆书格垫板长一尺六寸五分,宽八寸五分,厚七分二块,如意桌垫板各长二尺四寸,宽一尺二分,厚七分二块。记此。

于十二月初十日做得照尺寸样楠木垫板四块，郎中海望持进安在长春方丈屋内讫。

173. 初四日，懋勤殿太监胡应瑞来说，首领太监李统忠传：做福字卷杆长二尺一寸二十根，福字卷杆长二尺二十根，俱径六分。记此。

于十二月初六日照尺寸做得杉木卷杆四十根，领催马学尔交太监胡应瑞持去讫。

174. 初五日，首领太监夏安交来出外用的烧古铜炉一件，传：着配座子并软里外套匣。记此。

于本月十二日铜炉一件配做得花梨木座，杉木胎杭细软里外套匣一件，交太监夏安持去讫。

175. 十一日，郎中海望奉旨：着做紫降香龛一座。钦此。

于本月二十二日做得紫降香龛一座，前面安玻璃门，郎中海望呈进讫。

于六年正月十三日催总胡常保来说，太监焦进朝传：紫降香龛上着配做黄布面杭细里夹套一件，外套匣一件。记此。

于六年正月二十二日做得黄布面杭细里夹套一件，糊黄纸杉木外套匣一件，领催白世秀交太监焦进朝讫。

176. 十六日，郎中海望、员外郎沈嵛同传：做备用花梨木佛龛三座。记此。

于六年四月十四日将花梨木佛龛一件，太监范国用持去交太监刘希文讫。

于六年五月初八日将佛龛二件交太监吕进朝持去交太监刘希文讫。

177. 十七日，太监王太平传旨：着做楠木插屏一座 通高六尺五寸，宽六尺。钦此。

于本月二十二日照尺寸做得楠木插屏一座，郎中海望持进安在养心殿讫。

178. 二十二日，郎中海望持出水晶单凤花插一件 随象牙茜红座，奉旨：看此花插的足子陷在座子内不甚好，着另配一木座，其座面起一榫，将足子套在榫上，再原座子做法好，另配一玻璃长圆香碟安在上面。钦此。

本日将象牙茜红座一件交玻璃厂领催梁佛保持去讫。

于十二月三十日水晶单凤花插一件配得紫檀木座，郎中海望呈进讫。

179. 二十七日，药房太监魏久贵交来楠木底斑竹烘笼一件，说首领太监王杰传：着照样做一件。记此。

于本日原交烘笼一件仍交太监魏久贵持去讫。

于十二月二十二日做得斑竹烘笼一件随黄纺丝夹套黄布毡托一件，郎中海望交太监魏久贵持去讫。

十二月

180. 初三日，首领太监程国用来说，太监刘希文传旨：着做径一尺五寸，厚五分五厘楠木板一块。钦此。

于本月初四日照尺寸做得楠木板一块，太监王玉持去交太监刘希文讫。

181. 十二日，首领太监李统忠传：做福字卷杆二十根，各长二尺，径六分。记此。

本月十九日照尺寸做得杉木卷杆二十根，交太监王璋持去讫。

182. 十三日，太监郑爱贵传旨：着照先做过的兵部、吏部匣子放高些做四个。钦此。

于本月十九日做得黄绫面黄绢里杉木胎钉黄铜叶合牌扇匣四个，各长九寸三分，宽四寸八分，高五寸，俱系外口尺寸，太监王进孝持去交太监郑爱贵讫。

183. 十五日，郎中海望、员外郎沈嵛传：做盖活计用糊黄纸杉木盘三十个 头号十个，二号十个，三号十个。记此。

于本月二十八日做完，年节呈进活计用讫。

184. 二十日，太监张良栋来说，首领太监郑爱贵传着照先做过的兵部、吏部匣子的尺寸再做二个。记此。

于六年正月初八日做得长九寸三分，宽四寸八分，高四寸杉木胎糊黄绫面黄绢里，前面钉黄铜面叶曲须吊牌，背后钉黄铜合扇匣子二个，郎中海望、员外郎沈嵛交太监张良栋持去讫。

185. 二十一日，太监刘希文、王太平交来紫檀木边黄杨木心雕刻万寿山水人物花卉图屏一副 计十六扇，紫檀木墩十五个，紫檀木边黄杨木心有抽屉插屏式书格二架 系怡亲王进，传旨：着送往圆明园交与总管太监，将牡丹台屋内现陈设的围屏收去，将此围屏陈设上，其原陈设的宝座不必动，插屏式书格二架陈设在四宜堂至诚不息屋内宝座西边，要相对东西现陈设的书格。钦此。

于本日将紫檀木雕刻万寿山水人物花卉围屏一副，插屏式书格二架，交柏唐阿苏尔迈送至圆明园交园内总管太监李德、哈元臣收讫。

186. 二十五日，太监王璋来说，首领太监李统忠传：做福字杉木卷杆二十根，各长二尺，径六分。记此。

于本日照尺寸做得杉木卷杆二十根，交太监王璋持去讫。

187. 二十九日，郎中海望奉旨：着做镶嵌篆字牌龛二座。钦此。

于六年正月十三日做得镶嵌云母篆字紫檀木牌龛二座，内一座通高二尺六寸，里口高二尺〇八分，门宽五寸，入深三寸三分，内供紫降牌位一件高一尺九寸，宽四寸，厚五分；一座通高一尺三寸八分，里口高一尺〇四分，门宽三寸八分，入深二寸三分，内供紫降牌位高九寸五分，宽二寸，厚五分一件，交太监焦进朝讫。

2. 玉作

正月

201. 十八日，太监刘希文、王太平交来蜜蜡数珠一盘 随珊瑚佛头四个，记念三十个，催生石塔一个，松石背云一个，坠角四个，巴尔撒木香数珠一串，伽楠香数珠一盘 随珊瑚佛头四个，塔一个，记念三十个，背云一个，坠角五个，玉李核数珠一串，伽楠香数珠一盘 随孔雀石佛头四个，塔一个，蜜蜡背云一个，荷叶一个，珠二个，坠角二个，假蜜蜡坠角三个，珊瑚记念三十个，银母豆三个，珠四个，伽楠香数珠一盘 随白石染红佛头四个，塔一个，记念三十个，蜜蜡背云一个，荷叶一个，坠角四个，豆三个，虬角数珠一串，黄色五福石数珠一盘 随白石染红佛头四个，塔一个，记念三十个,假珊瑚背云一个,坠角二个,松都绿坠角三个,凤眼菩提数珠二串,龙油珀数珠一盘 随蜜蜡佛头四个,塔一个,玛瑙、玻璃挂珞十六件,玛瑙背云一件,珊瑚坠角一个,琉璃数珠一盘,虬角数珠一盘 随青金佛头四个,塔一个,珊瑚背云一个,记念三十个,坠角五个,砗磲数珠一串,沉速香数珠一盘 随绿苗石佛头四个,塔一个,背云一个,坠角二个,茜红记念三十个,豆二个,珠二个,蜜蜡荷叶一个,珠二个,鱼骨坠角三个,柏木根数珠一盘 随蜜蜡佛头四个,塔一个,背云一个,大坠角一个,珊瑚记念三十个,催生石坠角三个,珊瑚珠一串大小共计一百二十八个,砗磲数珠一盘 随珊瑚佛头四个,塔一个,记念三十个,银母背云一个,烧红石坠角二个,紫英石坠角一个,蓝玻璃坠角一个,椰子数珠一盘 随珊瑚佛头二个,砗磲二个,沉速香数珠一盘 随青玉佛头四个,塔一个,珊瑚记念三十个,背云一个,松石坠角五个,青金数珠一串 计一百〇七个,金珀数珠一盘 计一百个,松石记念六十个,珊瑚记念六十个,青金珠六个,塔一个,珊瑚珠一串 计七十八个,珊瑚珠大小七个,塔一个,珊瑚坠角大小十六个,珊瑚背云一个,豆五个,传:着将此数珠俱各添补装严,配合收拾。记此。

于三月十四日装严得蜜蜡数珠一盘随珊瑚佛头四个,并原交来青金石塔一件,原交松石记念三十个,珊瑚背云一件,添置做碧玺坠角四个,银镀金宝盖圈一份,黄辫子锦面红杭细里合牌圆盒一件,装严得巴尔撒木香数珠一盘,随原交来珊瑚佛头四个,珊瑚记念三十个,松石坠角四个,珊瑚塔一个,添置做松石夹间豆二个,碧玺背云一个,银镀金宝盖圈一份,鹅黄辫子锦面红杭细里合牌圆盒一件,郎中海望交首领太监程国用持去讫。

于闰三月二十九日装严得伽楠香数珠一盘随原交来珊瑚佛头四个,添做青金石塔一个,红玛瑙记念三十个,碧玺背云一个,坠角四个,银镀金宝盖圈一份,石青辫子,郎中海望交首领太监李久明持去,交太监王太平收讫。

于六年十二月初一日装严得伽楠香数珠一盘,随原交来珊瑚佛头四个,记念三十个,添做松石塔一个,碧玺背云一个,坠角四个,鹅黄辫子银晶丝镀金宝盖圈盖花一份,员外郎沈嵛交首领太监程国用持去讫。

于六年十二月二十七日装严得沉速香数珠一盘,随珊瑚佛头四个,松石塔一件,松石背云一件,珊瑚记念三十个,碧玺坠角四个,银晶丝宝盖圈盖花一份,鹅黄辫子,郎中海望交首领程国用持去讫。

于六年十二月二十七日装严得沉速香数珠一盘，随原交来珊瑚佛头四个，金宝盖圈盖花一份，鹅黄辫子，郎中海望交首领程国用持去讫。

以上除装严完交过数珠六盘外，下存：

数珠上拆下旧装严珊瑚塔一件，小坠角五件，背云一件，绿苗石佛头四个，塔一件，背云一件，坠角二件，碧牙茜红记念三十个，青玉佛头四个，塔一个，松石坠角五个。

并不可装严的玉李核数珠一串，伽楠香数珠一盘，随孔雀石佛头四个，塔一个，蜜蜡背云一个，荷叶一个，珠二个，坠角五个，珊瑚记念三十个，银母豆三个，珠四个，虬角数珠一串，黄色五福石数珠一盘，随白石染红佛头四个，塔一个，记念三十个，假珊瑚背云一件，坠角二个，松都绿坠角三个，凤眼菩提数珠二串，龙油珀数珠一盘，蜜蜡佛头四个，塔一个，玛瑙、玻璃各色挂珞三十六件，玛瑙背云一件，珊瑚坠角一个，琉璃数珠一盘，虬角数珠一盘随青金佛头四个，塔一个，珊瑚背云一个，记念三十个，豆一个，坠角五个，砗磲数珠一串，柏木根数珠一盘随蜜蜡佛头四个，塔一个，背云一个，大坠角一个，珊瑚记念三十个，催生石坠角三个，珊瑚一串用过十六个下存大小一百一十二个，砗磲数珠一盘随珊瑚佛头四个，记念三十个，银母背云一个，烧红石坠角二个，紫英石坠角一个，蓝玻璃坠角一个，椰子数珠一盘随珊瑚佛头二个，砗磲二个，青金数珠一串一百〇七个，金珀数珠一盘一百个，松石记念三十个，珊瑚记念六十个，青金珠六个，珊瑚珠一串计七十八个，珊瑚珠大小七个，塔一个，珊瑚坠角大小十六个，珊瑚背云一个，豆五个，于六年十一月二十三日，郎中海望谕：着交库收贮。记此。于本日遂交司库福森收讫。

三月

202.1. 初十日，首领太监程国用持来菩提数珠三十九串 内一串有琥珀佛头四个，内一串有红玛瑙珠八个，六道木数珠二串，香数珠三串，琉璃数珠一串，说太监王太平传：着将好的选出来配做上用朝装严，其次的配做赏用装严。记此。

于本年六月十一日装严得菩提数珠十盘，交总管太监张起麟持去讫。

于本年七月二十日装严得念佛菩提数珠五盘，首领李久明持去交总管张起麟讫。

于本年八月十四日装严得菩提念佛数珠五盘，郎中海望呈进讫。

于本年十月二十日装严得菩提念佛数珠十盘，交太监焦进朝持去讫。

于本年十月二十五日装严得菩提念佛数珠五盘，交太监王自禄持去交太监刘希文讫。

于本年十二月二十八日装严得念佛六道木数珠二盘，香数珠三盘，玻璃数珠一盘，怡亲王呈进讫。

于六年四月初七日装严得菩提念佛数珠四盘，交太监焦进朝持去讫。

202.2. 初十日，首领太监程国用持来椰子扁珠六十三个 随紫檀木盒盛，说太监王太平传：着添珠配做数珠。记此。

于本月十七日添配椰子数珠一盘，领催周维德持赴圆明园交首领太监程国用收讫。

八月

203.1. 二十七日，据圆明园来帖内称，郎中海望持出白玉娃娃笔架一件，随紫檀木座，奉旨：娃娃不好，另改做别样，其座子的做法甚好，另配一玛瑙笔架安上。钦此。

于十二月三十日将玉娃娃收拾改做完，并紫檀木座上配得玛瑙笔架一件，怡亲王呈进讫。

203.2. 二十七日，据圆明园来帖内称，郎中海望持出黄酒色石童子牧牛笔架一件，随紫檀木座，奉旨：此笔架做法不好，着改做别样，其座子做法甚好，尔将座上另配做一石山子。钦此。

于十二月三十日黄酒色石童子牧牛笔架一件改做完，并原交座上配得石山完，怡亲王呈进讫。

九月

204.1. 初六日，据圆明园来帖内称，九月初三日郎中海望持出白玉双喜笔架一件 紫檀木座，奉旨：着将螭虎头往小里收拾，仍做笔架。钦此。

于十二月二十三日收拾完白玉双喜笔架一件随紫檀木座面，郎中海望呈进讫。

204.2. 初六日，据圆明园来帖内称，九月初三日郎中海望持出白玉山石人物陈设一件 随紫檀木座，奉旨：山石做法好，其人物做法不好，着收拾。钦此。

于十三年十月三十日将白玉山石人物陈设一件，司库常保、首领萨木哈交太监毛团呈进讫。

205. 初十日，据圆明园来帖内称，郎中海望持出银晶瓶一件，随紫檀木座，奉旨：花纹不好，砣素。钦此。

于五年十月十二日砣磨得银晶瓶一件，郎中海望呈进讫。

206. 二十六日，据圆明园来帖内称，九月十三日郎中海望持出牛油石撇口盘一件，奉旨：将撇沿外面的鼓肚取平，砣汉文式夔龙，其里口做平，上口做方，再盘下配一紫檀木架，安四腿，中层安屉板一层。钦此。

于十二月三十日牛油石撇口盘一件，配做得紫檀木圆腿双层架一件，郎中海望呈进讫。

207. 二十八日，郎中海望持出白玉夔龙花纹水丞一件，随珊瑚匙乌木座，奉旨：水丞上花纹不好，着收拾。钦此。

于十三年十月二十四日改做得桃式杯一件，司库常保、首领萨木哈交太监毛团呈进讫。

十月

208. 初二日，太监刘希文交来白玉甜瓜瓣式水丞一件 随紫檀木座，传旨：膛厚了，往薄里做，其瓣上有不清楚处着收拾。钦此。

于本月初八日收拾得白玉甜瓜式水丞一件随紫檀木座，柏唐阿佛保交太监王玉持去，交首领程国用收讫。

209. 初九日，太监刘希文、王太平传旨：着将各样念佛数珠多做些。钦此。

于本月十二日郎中海望奉旨：朕已降过旨意，着将念佛数珠多做几盘备用，不必单用椰子做，将各样的做些，再将珠子、宝石、佛头、记念的数珠亦做几盘,其所用的珠子、宝石俱向太监刘希文等取用。钦此。

于十月二十九日,做得念佛数珠九盘,计开:

珊瑚数珠一盘,珍珠佛头四个,珊瑚塔一个,珍珠松石珊瑚记念三十个,松石钱一个,珊瑚银锭一个,白玉墨晶豆二个,镀银钱一个,铜镀金敖其里圈一份。

乌木数珠一盘,珍珠佛头四个,珊瑚塔一个,珍珠珊瑚松石记念三十个,松石钱一个,珊瑚银锭一个,白玉墨晶豆二个,镀银钱一个,铜镀金敖其里圈一份。

扁桃核数珠一盘,红宝石佛头四个,松石塔一个,珊瑚、白玉、碧玉记念三十个,珊瑚银锭一个,松石钱一个,白玉墨晶豆二个,镀银钱一个,铜镀金敖其里圈一份。

椰子数珠一盘,红宝石佛头四个,松石塔一个,珊瑚、白玉、碧玉、记念三十个,珊瑚银锭一个,松石钱一个,白玉墨晶豆一个,镀银钱一个,铜镀金敖其里圈一份。

金刚子数珠一盘,珊瑚佛头四个,松石塔一个,珊瑚、白玉、碧玉记念三十个,珊瑚银锭一个,松石钱一个,白玉墨晶豆二个,镀银钱一个,铜镀金敖其里圈一份。

六道木数珠二盘,俱是珊瑚佛头,松石塔,珊瑚、白玉、碧玉记念,珊瑚银锭,松石钱,白玉墨晶豆,镀银钱,铜镀金敖其里圈二份。

椰子数珠二盘,俱是珊瑚佛头,松石塔,珊瑚、白玉、碧玉记念,珊瑚银锭,松石钱,白玉墨晶豆,镀银钱,铜镀金敖其里圈二份。

怡亲王、信郡王带领郎中海望呈进讫。

十二月

210. 十九日,奏事太监张玉柱交来伽楠香数珠二盘系孔毓珣进,俱系珊瑚佛头、塔、记念、背云、坠角,金累丝卡子、宝盖、圈,随有屉银盒二个盛装,传旨:此数珠装严不好,着另配上用装严,其佛头、记念尔等酌量配做。钦此。

于乾隆元年正月十七日将伽楠香数珠二盘另配得松石塔,碧玺坠角,蓝宝石坠角,仍随原交来珊瑚佛头、记念、背云,有屉银盒二个盛装,司库常保、七品太监萨木哈交太监毛团呈进讫。

换下来珊瑚塔、珊瑚坠角交玉作存收。

3. 杂活作 附眼镜作、锭子药作

正月

301. 二十三日，郎中海望启称怡亲王，今年万寿呈进活计内欲做天保九如九件等语，奉王谕：准做。遵此。此项活计未用官钱粮，系怡亲王恭进的。

于八月二十九日做得黄杨木如意一件，上嵌“如山”金字二个，鸂鶒木如意一件，上嵌“如阜”金字二个，乌木如意一件，上嵌“如岗”金字二个，紫檀木如意一件，上嵌“如南山”金字三个，象牙茜绿色如意一件，上嵌红玛瑙圆“日”字一个，又嵌“如日”金字二个，花梨木如意一件，上嵌白玉月牙一个，“如月”金字二个，沉香如意一件，上嵌“如松”金字二个，柏木包木如意一件，上嵌“如柏”金字二个，白檀香如意一件，上嵌“如川”金字二个，怡亲王、信郡王带领郎中海望呈进讫。

二月

302. 初四日，太监刘希文、王太平传旨：着将寿意活计做些，俟三月初二日赐果郡王用。钦此。

本日郎中海望传：做寿意铜镀金书灯一件，寿意署文房一件，福寿齐眉瓶花一件，镶嵌福寿双喜鼻烟壶一对，福寿三多瓶花一件，五福同寿盒一对，节节双喜如意一件，眉寿笔筒一件，象牙松鹤臂搁一件，喜祝长春盆景一件，寿意珐琅炉瓶一份，寿珐琅鼻烟壶一对，寿比南山盆景一件，福禄寿端石砚一方，寿山石天鹿笔架一件，寿意墨床一件，紫檀木边玻璃插屏镜一件，寿意水丞一件，双圆福寿火镰包二件。记此。

于本月二十七日做得福寿齐眉花一束，祭红瓶紫檀木座寿比南山盆景一件，假寿山盆镶嵌福寿双喜鼻烟壶一对，福寿三多瓶花一件，珐琅瓶紫檀木座铜烧古五福同寿盒一对内盛宫香饼七百二十个，黄杨木节节双喜如意一件，雕象牙眉寿笔筒一件，随镶玳瑁口笔十支，象牙松鹤臂搁一件，喜祝长春盆景一件，镶金珀紫檀木盒福禄寿端砚一方，山石天鹿笔架一件，象牙座寿意珐琅炉瓶香盒一份，寿意珐琅桃式鼻烟壶一对，桃式玛瑙水丞一件，象牙座镀金匙嵌玉环紫檀木墨床一件，紫檀木边玻璃插屏一座，寿意铜镀金喜相逢书灯一件，寿意署文房一件，珊瑚珠双圆福寿火镰包二件随松石珠，郎中海望呈进讫。

303.1. 二十一日，郎中海望持出紫檀木挂笔筒一件，奉旨：俟朕到圆明园时安在一室春和屋内。钦此。

于三月二十一日将紫檀木挂笔筒一件，郎中海望呈进讫。

303.2. 二十一日，郎中海望奉旨：朕看得尔造办处所进的活计俱是朕交下着做的活计，现今造办处匠役有几百名，何必旷闲，尔等寻些活计予他们做，再裱作亦寻活计予他们做，不可旷闲。钦此。

于三月初十日画得节节如意笔筒样一张 改做双喜，节节双喜笔筒样一张，福禄寿笔架样一张，双和双喜花插样一张，榴开百子花囊样一张，山河万代瓶花样一张，花甲连连香碟样一张，日增月盛事事久长砚样一张随水丞花插，九灵献瑞盆景样一张，嵌五福鼻烟壶样一张，嵌五毒鼻烟壶样一张，九如意香盒样一张改喜庆如意，天中五瑞盆景样一张，福寿三多插屏一件，包袱式盒样一张，珐琅桃式炉瓶盒样一张，紫檀木香几样一张，呈怡亲王看，奉王谕：尔等酌量做。遵此。

于五月初四日做得镶玳瑁象牙紫檀木香几一件，上随象牙荷花一束，系珐琅瓶紫檀木座，象牙托碟一件，内盛象牙茜色石榴一个，珐琅碟一件，内盛象牙茜色桃四个，白端石盆菖蒲艾叶盆景一件，铜烧古炉一件，象牙香盒一件，匙箸瓶一件，铜匙箸一份，九灵献瑞盆景一件 假松石盆，象牙嵌松石玳瑁五蝠鼻烟壶二件 鹤顶红顶子，象牙嵌金珀玳瑁五毒鼻烟壶二件 鹤顶红顶子，花甲连连象牙荷叶式碟一件，天中五瑞盆景一件白石盆，珐琅桃式炉一件 随石榴香盒一，葫芦式匙箸瓶一件，铜镀金匙箸一份，绣福寿双圆火镰包一件随松石珠，怡亲王、信郡王呈进讫。

三月

304. 二十七日,据圆明园来帖内称,奏事太监张玉柱传旨:着照先做过的独梃帽架每样做几件以备赏用。钦此。

本日员外郎沈嵛传做竹帽架八份。记此。

于闰三月初三日做得鸂鶒木帽架三份,郎中海望呈进讫。

于闰三月二十五日做得紫檀木铜镀金筒帽架一份,并原交做样花梨木铜镀金筒帽架一份,郎中海望呈进讫。

于四月初十日做得紫檀木铜镀金筒帽架二份,郎中海望呈进讫。

于四月十三日做得紫檀木铜镀金筒帽架一份,送至圆明园。

于五月初三日据圆明园来帖内称,本月初一日太监田福持出紫檀木铜镀金筒帽架一份,传旨:问照此样的帽架还有无。钦此。郎中海望回奏称,照此样帽架还有一份。

于本日随将四月十三日送至圆明园铜镀金筒帽架一份,交太监田福呈进讫。

于本日员外郎沈嵛传:做帽架五份。记此。

于八月十四日做得紫檀木铜镀金筒帽架二份,郎中海望呈进讫。

于六年五月初四日做得紫檀木铜镀金筒帽架四份,郎中海望呈进讫。

五月

305. 初八日,郎中海望传:做帽架二件,痰盂托二件,砚托二件,衣杆二件,雕刻闲余架二份。记此。

于六月十四日做得紫檀木帽架一件,黑牛角帽架一件,紫檀木痰盂托二件,砚托二件,衣杆二件,闲余架二份交太监刘希文讫。

本日太监刘希文交紫檀木帽架一件,砚托一件,着收着备用。记此。

七月

306. 二十一日,首领太监程国用交来白玉夔龙有余磬一件 随紫檀木架,说太监王太平、刘希文传旨:架子不必动,中间锁子另换。钦此。

于八月初八日白玉夔龙有余磬一件随紫檀木架，另换得铜镀金流云锁一件，郎中海望呈进讫。

八月

307. 初五日，公马尔赛传旨：礼轿内着安有卡子痰盂，其做法海望知道。钦此。

于八月二十七日做得楠木把糊锦安螺丝痰盂托一件，郎中海望呈旨：准做。钦此。

于十一月初九日做得安镀金卡子痰盂一份，随红漆彩洋金盆楠木把糊锦有螺丝托，交催总刘山久持去安在大礼轿上讫。

308. 初九日，首领太监程国用交来镶银里紫檀木匣一件，说太监刘希文传：着将银里子不齐处找补收拾。记此。

于八月初十日收拾得镶银里紫檀木匣一件，副领催赵雅图交首领太监程国用持去讫。

九月

309. 十三日，据圆明园来帖内称，本月十三日，郎中海望画得升平福寿升纸样一张，“清平事事长如意，百福连连迎早春”挂屏纸样一张呈览。奉旨：准做。钦此。

于九月二十八日做得升平福寿黄杨木升一件，挂屏一件，郎中海望呈进讫。

十月

310. 十二日，郎中海望持出玻璃轩辕镜四件，奉旨：着做帽架，不必烧珐琅，配紫檀木独梃座。钦此。

于六年八月十四日做得紫檀木独梃座玻璃轩辕镜帽架一对，郎中海望呈进讫。

于六年九月初四日做得紫檀木独梃座玻璃轩辕镜帽架二件，郎中海望呈进讫。

4. 皮作

九月

401. 十八日，据圆明园来帖内称，郎中海望奉旨：楠木竹式小床上配做黄氆氇褥子一个。钦此。

于本日将此氆氇褥子交广储司库上承做讫。

十月

402. 十六日，郎中海望、员外郎沈嵛传：做盖活计黄杭细挖单四幅见方三个，三幅见方七个，二幅半见方五个，二幅见方五个，糊黄纸杉木盘十个。记此。

于本月二十日做得杭细挖单大小二十块，交活计房副领催二保陆续呈进活计用讫。

于本月二十五日做得杉木盘子十个，交活计房副领催二保陆续呈进活计用讫。

十一月

403. 二十三日，首领太监程国用来说，十一月十七日太监王太平交来楠木插屏一件，传：着两边铁环上缠黄布，其座下垫黑毡。记此。

于本月二十四日将交来楠木插屏上铁环缠得黄布座下垫黑毡完，柏唐阿五十八交太监徐文耀持去讫。

十二月

404. 十九日，太监张良栋来说，奏事太监张玉柱传：要报匣五个，报牌子二个，上刻“副都统达鼐”五字。记此。

于本日将做成报匣五个各随黄纺丝挖单垫子，钥匙五份并做得黄杨木报牌二个，上刻“副都统达鼐”五字拴黄辫完，催总吴花子交太监张良栋持去讫。

5. 铜作

正月

501. 二十三日,郎中海望启称,怡亲王今年万寿呈进活计内欲做圆明九照一件等语,奉王谕:准做。遵此。此项活计未用官钱粮,系怡亲王恭进的。

于十月二十九日做得合牌胎退光漆地彩画洋金流云蝠葫芦形圆明九照一件,上随铜圆镜九个,珐琅顶,镀金宝盖,白斗珠,珊瑚扣珠,璎珞六挂,每挂上铜镀金吊牌一个,青金石云一个,蜜蜡寿字一个,蜜蜡夔龙吊牌一个,珊瑚葫芦九个,俱系鹅黄穗,嵌金珀夔龙十二条,紫檀木座一件。怡亲王、信郡王带领郎中海望呈进讫。

二月

502. 十八日,首领太监程国用来说,太监刘希文传:着做出外铜板圆香几面一件,折叠炉罩一件,铅条二根,俱配毡里外套匣盛装。记此。

于三月十四日做得铜板圆香几一件,折叠炉罩一件,铅条二根,罩灯上红铜遮火二个,黄铜顶火二个,随黄布面白布毡里杉木外套匣二件,交弘德殿太监夏安持去讫。

三月

503. 十八日,据圆明园来帖内称,首领太监萨木哈持来汉玉卧蚕纹内圆外方水丞一件 随紫檀木座一件,说太监刘希文传旨:着换座子另配镀金匙。钦此。

于本月二十一日汉玉卧蚕纹水丞一件配做得铜镀金匙一件,紫檀木座一件,郎中海望呈进讫。

五月

504. 二十二日，据圆明园来帖内称，本月十九日太监张玉柱交来楠木锡里香匣五个 每匣内盛沉香二斤九两二钱，银盒二个 共重二十三两五钱，每盒内盛长青香八两一钱，传旨：此木匣做法好，将锡里拆下，木匣交进，其锡另做锡匣五件，内各盛沉香，送进四宜堂三匣去，余二匣并长青香二银盒送至养心殿，交给首领太监程国用、王进玉收在东莞香一处。钦此。

于五月二十四日将拆下锡里旧楠木匣五个并锡匣三个，每个内盛沉香二斤九两，交太监王进玉送至四宜堂交太监张玉柱收讫。

于本日太监王进玉又持出锡匣三个，每匣各盛沉香二斤九两二钱，说太监张玉柱传：着将锡匣收拾干净送进来。记此。

于本月二十五日收拾得锡匣三个，每匣各盛沉香二斤九两二钱，交太监王进玉持去交太监张玉柱收讫。

又将锡匣二个，每匣各盛沉香二斤九两二钱，银盒二个每盒内盛长青香八两一钱，送至京内交养心殿首领太监程国用讫。

八月

505. 十五日，据圆明园来帖内称，太监蔡玉持来铜匙箸瓶一个，白玉水丞一件 随紫檀木座，汉玉水丞一件 随紫檀木座，说总管太监哈元臣传旨：铜匙箸瓶着配匙箸，玉水丞二件配匙子。钦此。

于本月二十五日铜匙箸瓶一件配做得铜镀金匙箸一份，玉水丞二个配做得铜镀金匙二件，交太监蔡玉持去讫。

十月

506. 初三日，首领太监程国用交来铜炉一件，说太监刘希文传：着配铜丝罩，紫檀木香盒。记此。

于十月十四日配得紫檀木香盒一件，红铜丝炉罩一件并原交来铜炉一件，交太监穆泰然持去讫。

6. 炮枪作 附弓作

三月

601. 十六日，郎中海望查得旧有仿神化交枪三杆 内一杆现随侍，赏年羹尧二杆，复收回，现收拾，红签上欲添做二杆，花铁交枪十杆 现收拾，红签上欲添做二杆，花铁交枪三杆 系照赵昌枪样打造的，蒙古花铁交枪二杆，花铁线枪十五杆 内五杆现收拾，红签上欲添做十杆，素铁线枪十五杆 红签上欲添做十五杆，素铁粗线枪十杆，缮折一件，启怡亲王，奉王谕：着照红签数目添做。遵此。本日，将枪折并枪仍交炮枪处马尔汉持去讫。

于闰三月二十七日据圆明园来帖内称，本月二十六日柏唐阿黑达子来说，怡亲王谕：有选下给阿哥们备用小花铁线枪拿来我看。遵此。

于闰三月二十七日将炮枪处预备黄杨木鞘花铁线枪四杆，桦木鞘花铁线枪六杆，郎中海望呈怡亲王看，随选得桦木鞘线枪四杆，谕：着给阿哥们用，其余黄杨木鞘花铁线枪四杆，桦木鞘线枪二杆预备，皇上要轻些的枪时将此枪呈用，尔等将阿哥们用素铁交枪做三四杆子，子儿不过三钱以下，轻重酌量，用叶子铁打造，再照黄杨木鞘花铁线枪造十杆，以备给阿哥们用。遵此。

于五月初九日员外郎马尔汉奉怡亲王谕：素铁线枪十五杆，着配鞘子。遵此。

于六月二十五日柏唐阿赵六十来说，郎中海望传：着将花铁交枪十杆，花铁线枪五杆，补配桦木鞘子。记此。四年十二月二十九日火毁讫。

于八月初七日柏唐阿赵六十来说，员外郎沈嵛传：着将花铁交枪六杆，花铁线枪十杆，照样另换绦子皮予以备随侍用。记此。

于七年三月初六日郎中海望奉怡亲王谕：着将上好交枪拿一杆来赏顺承郡王用。遵此。

于本月初七日交枪一件，首领太监李久明持去交总管太监陈福赏顺承郡王讫。

闰三月

602. 二十八日，郎中海望传：做痒痒挠二十件。记此。

于六月十五日据圆明园来帖内称，太监李英传：万字房安痒痒挠九件。记此。

于本月二十五日做得镀金卡丁香木把穿山甲痒痒挠六件，镀金卡杏木把穿山甲痒痒挠三件，郎中海望持进安在万字房内讫。

于八月十四日做得铜镀金卡丁香木把穿山甲痒痒挠六件，郎中海望呈进讫。

于八月三十日做得镀金卡丁香木把穿山甲痒痒挠五件，郎中海望交太监刘希文收讫。

八月

603. 十五日，据圆明园来帖内称，本月十四日柏唐阿黑达子来说，怡亲王谕：户部交来枪杆共有多少根，今做长枪用过多少根，做虎枪用过多少根，下存枪杆多少根查明，写折送来我看。遵此。

于本月十七日查得西什库选来橄榄木杆五百七十根，白蜡木杆七百九十三根，棉木杆六十三根，现做成赏用长枪一千杆，上用长枪三十三杆，虎枪五十杆，枪杆三十一根。

于九年十二月初四日镶黄旗参领那钦等领去，赏用长枪二百五十杆，镶红旗参领伊特赫等领去，赏用长枪二百五十杆，教习云陆领去，枪杆三十二根。

于五年十二月二十九日火毁过，赏用长枪三百五十杆，上用长枪三十三杆，虎枪五十杆，枪帽二百七十个，枪杆二百五十一根，除领毁外下存赏用长枪一百五十杆，枪帽三百八十三个，枪杆六十根，缮折一件。

于八月二十日郎中海望启怡亲王，奉王谕：知道了，再圆明园所用长枪一千杆，除已领过五百杆外，下欠五百杆，今做枪头五百个，随枪帽五百个，其枪杆我已将户部枪杆给过。遵此。

于九月二十六日收拾得枪头三百五十个，枪帽三百八十三个并长枪取下枪头一百五十个，添配得枪帽一百七十个，怡亲王看过，奉王谕，着交给公马尔赛。遵此。

于本日交公马尔赛，参领阿兰泰、德存同领去讫。

十一月

604. 二十七日，郎中海望、员外郎沈嵛传：做备用弹弓上泥弹花梨木模子二份。记此。

于十一月二十九日交柏唐阿存讫。

十二月

605. 二十五日，乾清门三等侍卫阿兰泰送来乌拉松交枪鞘八个，线枪鞘八个，椴木交枪鞘四个，线枪鞘四个，柳木交枪鞘四个，线枪鞘四个以上系吉林乌拉将军哈达，副都统费思哈、常德、塔尔、马善进，奉怡亲王谕：着交造办处。遵此。

于本日郎中海望交弓作柏唐阿厄尔贺持去讫。

7. 珐琅作 附大器作

二月

701. 初八日，理藩院尚书特古忒交来清字单一件，内开给达赖喇嘛、班禅额尔德尼珐琅轮杵各一件，花瓶各一对，那尔堂庙内供的七宝八宝银满达一份。记此。

于本日郎中海望奏，为赏给达赖喇嘛、班禅额尔德尼珐琅轮杵各一件，花瓶各一对，有盖白玻璃碗各一对，再那尔堂庙内佛前用七宝八宝银满达一份，七宝八宝满达等件俱容易得，唯有珐琅花瓶一时难等语奏闻，奉旨：珐琅轮杵有尔等先交进来的二份，拣出赏给其珐琅花瓶二对，将府内掐丝珐琅花瓶取二对来赏给，俟赏给后即补做二对还给府内，再七宝八宝银满达等件系他们外边议定赏给，尔等与他们商议明白做给。钦此。

于三月初七日据理藩院尚书特古忒传达：达赖喇嘛先曾得过珐琅轮

杵一份，今不必给发外，其余物件照旧一样赏给二人。记此。

于三月初七日为赏达赖喇嘛、班禅额尔德尼，将内佛堂持来珐琅轮杵一份，府内取来的掐丝珐琅花瓶二对随紫檀木座，做得有盖白玻璃碗二对，并那尔堂庙内前用银满达一份重四十二两五钱，金顶银七宝八宝一份金顶重六两九钱五分，银座重六十五两三钱，以上活计俱配匣盛装完，郎中海望交理藩院尚书特古忒，副都统马拉，内阁学士森厄，主事哈尔哈图，笔帖式查思海等领去讫。

于六年正月三十日照府内持来掐丝珐琅花瓶样，补做得掐丝珐琅花瓶二对随紫檀木座，催总张自成持去交府内太监车进朝收讫。

七月

702. 十七日，首领太监程国用交来黄玛瑙石榴式水丞一件 随紫檀木座，红玛瑙莲花式一件 随紫檀木座，说太监王太平传旨：着配铜镀金匙。钦此。

于本月十八日玛瑙石榴式水丞一件，莲花瓣式水丞一件，配做得铜镀金匙二件，太监马进忠持去交太监王太平收讫。

九月

703. 二十八日，海望持出碧玉九螭虎觥一件 随紫檀木座，奉旨：此觥上的螭虎好，尔等照样烧做珐琅觥，其螭虎要高起来，或做钢镀金的或做金的，尔等酌量做。钦此。

于十三年十月十九日将碧玉九螭觥一件，首领太监萨木哈持去交太监毛团呈进讫。

于乾隆元年正月二十日将银觥一件，员外郎常保交太监毛团呈进讫。

8. 镶嵌作 附牙作、砚作

正月

801. 初五日，太监张玉柱传：做象牙茜色福寿瓶花一件。记此。

于五月初十日做得象牙茜色福寿瓶花一件，随青瓷瓶紫檀木座，太监吕进朝持去交太监张玉柱收讫。

802. 二十三日，郎中海望启称怡亲王，今年万寿呈进活计内欲做万年九英一件，文房九宝一件，嘉禾九瑞一件等语，奉王谕：准做。遵此。此三项活计未用官粮钱，系怡亲王恭进的。

于十月二十九日做得万年九英一件系杉木胎退光漆画洋金吉祥花盆一件，象牙茜色松树一棵，老来少二棵，万寿菊花二棵，竹子四棵，葫芦九个，蜡珀灵芝五个，寿山石灵芝四个，白宣石地景，做得文房九宝一件，系绿端石桃献无疆寿，花开不记春盒，紫端石砚一方，象牙茜色笔筒一件内随笔九支，象牙三星盒一件，象牙茜色灵芝一件，蜜蜡螭虎压纸一件，寿山石天鹿笔架一件随象牙座，雕虬角夔龙臂搁一件，白玉教玉圈笔洗一件，墨床一件随碧玉座，碧玉水丞一件随珊瑚匙象牙座，象牙抽长书灯一件，上配铜镀金阡盘，接油信子、红皮白蜡，象牙茜色梃嵌金珀寿字紫檀木座，做得嘉禾九瑞盆景一件，系杉木胎退光漆画洋金花海棠盆，红铜梗叶，彩画瑞稻九颗，随象牙雕做稻穗宣石山子地景，怡亲王、信郡王带领郎中海望呈进讫。

四月

803. 初三日，郎中海望、员外郎沈嵛同传：做寿意双凤沉香如意一件，象牙寿意香盒一对，扇器一对。记此。

于七月二十一日做得象牙茜色洪福盒一对，首领太监李久明持去交太监刘希文收讫。

于八月十四日做得寿意双凤沉香如意一件，郎中海望呈进讫。

于九月初六日做得象牙扇器一对，首领太监李久明持去交太监刘希文收讫。

五月

804. 二十四日，领催潘义明持来万事如意香几画样一张，说郎中海望传：做镶嵌紫檀木万事如意香几一件。记此。

于九月二十八日做得镶嵌紫檀木万事如意香几一件，上随黄杨木笔筒一件，笔三支，黄杨木如意一件，碧玉小磬一件，树棕琴扫一件，寿山石图书一方，象牙茜红色盒一件，白端石盆象牙茜色祝寿长春盆景一件，珐琅花插一件，通草灵芝一件，珐琅水丞一件，镀金匙一件，拱花皮面玻璃镜一件，郎中海望呈进讫。

七月

805. 初四日，首领太监程国用交来紫端石砚一方 随紫檀木盒一件，说太监德格传旨：着砚盒内垫蓝猩猩毡。钦此。

于本日照原交来紫端石砚尺寸，裁得蓝猩猩毡一块垫在紫檀木砚盒内，仍交首领太监程国用持去讫。

806. 十六日，员外郎沈嵛传做中秋节备用福寿长春盆景一件，三阳开泰砚山一件。记此。

于八月十四日做得象牙茜色福寿长春盆景一件随纱罩，三阳开泰象牙砚山一件随乌木座，郎中海望呈进讫。

807. 二十一日，首领太监程国用交来青绿瓶一件 随珊瑚一枝，紫檀木座，钧窑盆一件 紫檀木座，说太监刘希文传旨：着将青绿瓶内珊瑚枝取下安在钧窑盆内，配假宝石地景。钦此。

本日将青绿瓶内珊瑚枝取下，青绿瓶并座子仍交首领太监程国用持去交太监刘希文讫。

于八月初八日青绿瓶内取下珊瑚枝，配在钧窑盆内铺假宝石地景完，郎中海望呈进讫。

808. 二十七日，首领太监李久明、萨木哈持来嵌玻璃紫石夔龙盒一件，内盛绿端石砚一方，铜烧古双圆盒一件，内盛紫端石暖砚一方，说太监张玉柱、王常贵传旨：着照嵌玻璃紫石夔龙盒样再做一件，其盒内砚随便做，再铜烧古双圆盒紫端石暖砚一方并嵌玻璃，紫端石夔龙盒绿端石砚一方，俱配做外套匣一个盛装，俟发报时用。钦此。

于本日配做得杉木外套匣一个，黑毡里黄布外套，先将原交来嵌玻璃紫石盒绿端砚一方，铜烧古暖砚一方用棉花塞垫好，交太监胡全忠持去讫。

于十二月三十日做得嵌玻璃面紫石盒绿端石砚一方，郎中海望呈进讫。

九月

809.1. 二十六日，据圆明园来帖内称，九月初八日郎中海望持出黑漆盒荷叶形端石砚一方，花梨木盒端石砚一方 八十二眼，紫檀木盒端石砚一方 无眼，泡素香盒天然形端石砚一方 一眼，嵌白玉螭虎黑漆盒端石砚一方 二眼，合牌锦盒端石砚一方 一眼，紫檀木盒端石砚一方 一眼，花梨木盒端石砚一方 五眼，黑漆盒天然形端石砚一方 一眼，嵌汉玉紫檀木盒端石砚一方 三眼，紫檀木盒端石砚一方 五眼，天然形端石砚一方 二十八眼，奉旨：长方一眼紫端石砚着将眼处周围做空，安一有把水提，再配一木匣，匣内或盛印色盒或盛何物件，其余砚台尔等酌量改做收拾。钦此。

于十三年十二月二十日将一眼紫檀木盒端砚一方，花梨木五眼端砚一方，黑漆盒天然形一眼端石砚一方，嵌汉玉紫檀木盒三眼端石砚一方，紫檀木盒五眼端石砚一方，长方盒紫端石一眼砚一方，司库常保、首领萨木哈交太监毛团呈进讫。

于十三年十二月二十一日将黑漆盒荷叶形端石砚一方，花梨木盒八十二眼端石砚一方，紫檀木盒端石砚一方，泡素香盒天然形一眼端石砚一方，嵌白玉螭虎黑漆盒二眼端石砚一方，合牌锦盒一眼端石砚一方，司库常保、首领萨木哈交太监毛团呈进讫。

于十三年十二月二十二日将天然形二十八眼端石砚一方，司库常保、首领萨木哈交太监毛团呈进讫。

809.2. 二十六日，据圆明园来帖内称，九月初十日郎中海望持出嵌群仙祝寿紫色石盒绿端砚一方，奉旨：将砚盒上嵌的仙人拆下来嵌在香几上用，其砚盒盖上空处另补嵌玻璃一块。钦此。

于十二月三十日将砚盒上仙人石片拆下配得紫檀木香几一件，并改做得交来雕群仙祝寿紫石盒盖上补嵌玻璃一块，内盛绿端石砚一方，砚盒上刻“普天同庆”字，郎中海望呈进讫。

十月

810. 初一日,郎中海望持出黄杨木桃式盒一件,奉旨:着配绿端石砚一方,砚要做厚些,水池做一桃眼。钦此。

于十二月初五日将黄杨木桃式盒一件,内配绿端石砚一方,郎中海望呈进讫。

811.1. 十二日,郎中海望持出紫檀木雕刻松根座一件,奉旨:着配做龙油珀小盘一件。钦此。

于六年五月初四日将紫檀木松根座一件,配得龙油珀盘,郎中海望呈进讫。

811.2. 十二日,郎中海望持出紫檀木盒松花石砚一方,奉旨:此石砚甚滑,不下墨,尔将此砚割为两段,随其花纹、款式,或做天然形,或做何款式着酌量,其紫檀木盒内另配做乌拉石砚一方。钦此。

于六年三月三日做得松花石盒紫端砚一方,郎中海望呈进讫。

于六年五月初四日做得松花石盒紫端石砚一方,并原交来紫檀木盒内配绿端砚一方,郎中海望呈进讫。

十二月

812. 初八日,郎中海望、员外郎沈嵛传:做备用福寿长春瓶花一件。记此。

于十二月三十日做得福寿长春瓶花一件,上配象牙茜色佛手四个,桃四个,长春花三朵,青玻璃瓶,紫檀木座,郎中海望呈进讫。

9. 裱作 附刻字作

五月

901. 二十六日,首领太监李统忠传:做糊纸杉木卷杆十四根。记此。

于本月二十七日做得糊纸杉木卷杆十四根,各长二尺五寸,粗八分,交太监赵朝凤持去讫。

七月

902. 初十日，据圆明园来帖内称，太监张玉柱传旨：九洲清晏后抱厦内东西两边牌插板做的粗糙，另镶楠木边，再集的锦亦不齐，旁边空处甚多，若将书格挪开不能好看，今着满集锦，其东边牌插背后将造办处有巡抚杨文乾呈进象牙席的西洋金笺纸糊在东牌插上，纸的花纹要对缝，着海望酌量将造办处收贮的西洋金笺纸亦照样对缝，将西边牌插板背后糊上。钦此。

于本月二十五日，序班沈祥、领催马小二等赴九洲清晏内，将东西牌插镶楠木边，满集锦，背后用金笺纸糊饰完讫。

10. 雕銮作

正月

1001. 二十三日，郎中海望启称怡亲王，今年万寿呈进活计内，欲做蟠桃九熟一件等语，奉王谕：准做。遵此。此项活计未用官钱粮，系怡亲王恭进的。

于十月二十九日做得合牌胎彩金漆大桃式盒一件，内盛画彩桃式盒九个，各盛福寿字藏香饼并白檀、沉香、沉速、紫降、枯枯香、芸香等香，怡亲王、信郡王，郎中海望呈进讫。

1002. 二十六日，首领太监李统忠交来玛瑙莲花式水丞一件，传：着配紫檀木座镀金匙。记此。

于二月初三日，玛瑙莲花式水丞一件，配得紫檀木座随镀金匙，领催张国泰交太监赵朝凤持去讫。

三月

1003. 初十日，首领太监程国用交来碎红藏香 重一斤十四两，说太监王太平传：着做官香饼用。记此。

于十月二十九日做得藏香饼五百八十个，重一斤十四两，装在蟠桃九熟盒内，怡亲王呈进讫。

五月

1004. 二十九日，据圆明园来帖内称，本月初十日，太监萨木哈持来象牙雕刻镶嵌铜镀金里痰盂二件 有裂处，说太监刘希文传旨：着将此痰盂改做大棋盒，其铜镀金里子拆下另配做紫檀木痰盂。钦此。

于八月十四日做得铜镀金里紫檀木痰盂二件，郎中海望呈进讫。

八月

1005. 初一日，郎中海望、员外郎沈嵛传：做备用年例香斗二十份 每份香斗重五斤，斗内香面重六斤八两，白檀香八两，紫降香八两。记此。

于九月初一日做得香斗一份，交钦安殿首领太监李兴泰持去讫。

于九月十三日做得香斗一份，交钦安殿首领太监李兴泰持去讫。

于九月二十八日做得香斗一份，交钦安殿首领太监李兴泰持去讫。

于十月二十三日做得香斗一份，交钦安殿首领太监李兴泰持去讫。

于十月二十九日做得香斗一份，交钦安殿首领太监李兴泰持去讫。

于十一月二十三日做得香斗一份，交钦安殿首领太监李兴泰持去讫。

于十一月二十八日做得香斗一份，交钦安殿首领太监李兴泰持去讫。

于十二月十三日做得香斗一份，交钦安殿首领太监李兴泰持去讫。

于十二月二十九日做得香斗一份，交钦安殿首领太监李兴泰持去讫。

于雍正六年正月十四日做得香斗一份，交钦安殿首领太监李兴泰持去讫。

于正月二十九日做得香斗一份，交钦安殿首领太监李兴泰持去讫。

于二月十三日做得香斗一份，交钦安殿首领太监李兴泰持去讫。

于二月二十八日做得香斗一份，交钦安殿首领太监李兴泰持去讫。

于三月初三日做得香斗一份，交钦安殿首领太监李兴泰持去讫。

于三月十三日做得香斗一份，交钦安殿首领太监李兴泰持去讫。

于三月二十九日做得香斗一份，交钦安殿首领太监李兴泰持去讫。

于四月十三日做得香斗一份,交钦安殿首领太监李兴泰持去讫。

于四月二十八日做得香斗一份,交钦安殿首领太监李兴泰持去讫。

于五月初一日做得香斗一份,交钦安殿首领太监李兴泰持去讫。

九月

1006. 十三日,据圆明园来帖内称,本月十二日郎中海望画得升平福寿升纸样一张呈览,奉旨:准做。钦此。

于本月二十九日做得黄杨木雕刻升平福寿升一件,随紫檀木架,内盛福寿香饼一千四百个,郎中海望呈进讫。

1007. 二十八日,郎中海望传:做紫檀木吉庆如意香盒一对。记此。

于十月二十九日做得紫檀木吉庆如意香盒一对,郎中海望呈进讫。

11. 漆作

九月

1101. 十八日,据圆明园来帖内称,本月初八日郎中海望奉旨:尔照楠木竹式小床样,后面靠背不必做花,档子照笔管栏杆式样,用漆的做几张,万字房、莲花馆二处各安一张。钦此。

于六年正月二十六日做得楠木胎红漆小床二张,催总胡常保安在万字房一张,莲花馆一张讫。

1102.1. 二十六日,据圆明园来帖内称,本月初十日郎中海望持出洋漆长方小罩笼一件,奉旨:做法甚好,或做炉罩,或做何物罩不拘大小,其档子做圆棍,尔等酌量配合。钦此。

于十月二十九日做得仿洋漆嵌白玉乌木边栏杆座子,紫檀木柱,象牙雕夔龙裙板小罩笼一件,并改做得原交来小罩笼一件,郎中海望呈进讫。

于十一月二十日郎中海望传:着照乌木罩笼式样做楠木胎彩漆罩笼一件。记此。

于六年五月初四日做得楠木胎匣洋金番花漆罩笼一件,郎中海望呈进讫。

于十三年十一月十一日将洋漆长方小罩笼一件，司库常保交太监毛团呈进讫。

1102.2. 二十六日，据圆明园来帖内称，九月十五日郎中海望持出紫檀木长方八角中心镶嵌福寿长春花卉夔龙象牙腿盘一件，奉旨：牙子不结实，着收拾下榫子，再照样做圆形栏杆边，亦安象牙夔龙牙子，黑退光漆的做几件，中心不用镶嵌。钦此。

于七年五月初四日做得画洋金花安象牙夔龙牙子都盛盘四件，郎中海望呈进，奉旨：留下二件，又选出二件着赐怡亲王。钦此。

本日将赐怡亲王都盛盘二件，交柏唐阿邓八格送去讫。

12. 鋄作

八月

1201. 二十一日，催总吴花子持来纸样一张，说郎中海望传：做花梨木杆羊角戳灯三对。记此。

于六年正月十六日照纸样做得三角铁腿黄铜葫芦花梨木杆羊角戳灯三对，随铜烧古荷叶遮火，太监王玉持去交太监刘希文收讫。

13. 旋作

正月

1301. 初二日，奏事太监刘玉、张玉柱交来扎布扎牙木碗一件系贝子康济鼐进的，传：着收拾。记此。

于本日交司库硕塞收库讫。

于七年七月初九日将此扎布扎牙木碗一件，郎中海望呈进讫。

三月

1302.1. 十三日，首领太监程国用来说，太监常玉传旨：着将糙象棋做一份配匣盛装。钦此。

于三月十四日做得紫檀木、黄杨木象棋一份，随折叠合牌棋盘一件，棕色杭细里合牌匣一件，郎中海望交首领太监程国用持去讫。

1302.2. 十三日，首领太监萨木哈持来扎布扎牙木碗二件，拉固里木碗二件，说太监张玉柱传旨：着收拾。钦此。

于本日交司库硕塞收库讫。

于七年七月初九日将此扎布扎牙木碗二件，拉固里木碗二件，郎中海望呈进讫。

1303. 二十二日，据圆明园来帖内称，首领太监李久明来说，太监王太平传旨：先做过的黄杨木、紫檀木象棋一份，其棋子大小照先做过的珐琅象棋子样做，亦配匣盛装。钦此。

于本月二十七日做得紫檀木、黄杨木象棋一份，随折叠棋盘一件，棕色杭细里合牌匣一件，郎中海望交太监王太平收讫。

七月

1304. 十七日，太监刘希文交来双耳瓷花瓶六件，传：着配花梨木座六件。记此。

于九月二十四日将瓷瓶六件配得花梨木座六件，太监王玉持去交太监刘希文收讫。

1305. 十九日，太监刘希文交来五彩有耳小宝月瓶四件，传：着配紫檀木座四件。记此。

于七月二十一日将小宝月瓶三件配得紫檀木座三件，随通草瓶花三束，首领太监李久明持去交太监刘希文收讫。

于九月初六日将小宝月瓶一件配得紫檀木座一件，随通草瓶花束，郎中海望交太监刘希文收讫。

九月

1306. 二十八日，郎中海望持出沉速香匙箸瓶一件 随卡子珐琅匙箸，奉旨：着照样用硬木做几件，其匙箸或做老鹳翎，或做铜镀金，酌量配做。钦此。

于十二月初五日做得黄杨木匙箸瓶二件，紫檀木匙箸瓶二件，随老鹳翎匙箸四份，郎中海望呈进讫。

于十二月初六日将原交沉速香匙箸瓶一件随珐琅匙箸一份，郎中海望交乾清宫首领太监王辅臣收讫。

十月

1307. 二十八日，奏蒙古事侍卫伊查那交来扎布扎牙木碗一件 系散秩大臣兼副都统达奈进的，拉固里木碗三个，说太监张玉柱、王常贵传旨：着交造办处。钦此。

于本日交司库硕塞收库讫。

于七年七月初九日将此扎布扎牙木碗一件，拉固里木碗一件，郎中海望呈进讫。

14. 铸炉作

正月

1401. 二十三日，为郎中海望启称怡亲王，今年万寿呈进活计内欲做禹贡九鼎九件等语，奉王谕：准做。遵此。此项活计未用官钱粮，系怡亲王恭进的。

于十月二十九日做得嵌玉紫檀木盖烧古铜鼎四件随紫檀木座，烧古铜盖铜鼎五件随紫檀木座，怡亲王、信郡王，郎中海望呈进讫。

三月

1402. 二十七日，柏唐阿佛保来说，二月初四日画得炉样三十张，郎中海望呈怡亲王看,奉王谕:准做。遵此。

于五月初四日照样做得铜镜烧古炉四个随铜座,信郡王,郎中海望呈进讫。

于八月十四日照样做得铜烧古炉十个,随花梨木座六个,锦座四个,郎中海望呈进讫。

于九月二十八日照样做得铜烧古炉一个随铜座,郎中海望呈进讫。

于十月二十九日照样做得铜烧古炉十五个随锦座,怡亲王、信郡王,郎中海望呈进讫。

八月

1403. 十六日,佛堂太监焦进朝传旨:着照先做过的四足珐琅马蹄炉款式大小做宣铜炉十个。钦此。

于十二月三十日做得铜烧古四足马蹄炉十个,随花梨木座垫红猩猩毡,郎中海望呈进讫。

15. 烧造玻璃厂

正月

1501. 十六日,奏事太监刘玉、王常贵传旨:先赏蒙古王等曾用过乾清宫清茶房金珀色玻璃杯十八件,刻花白玻璃杯十四件,刻花蓝玻璃杯二十五件,着交烧造玻璃处照样补做。钦此。

于本日清茶房首领太监李英交来做样玻璃杯五件,遂交玻璃厂,领催保寿持去讫。

于本年十二月二十六日补做得金珀色刻花玻璃杯十二件,刻花蓝玻璃杯十件,刻花白玻璃杯十件,随杉木匣盛装,郎中海望、员外郎沈嵛交首领太监徐进朝持去讫。

于六年十二月十九日补做得金珀色刻花玻璃杯六件,刻花白玻璃杯四件,刻花蓝玻璃杯十五件,并原交来做样玻璃杯五件,随杉木匣盛装,副领催韩国玉交首领太监徐进朝持去讫。

十月

1502. 二十三日，首领太监王辅臣交来漆疙瘩一件，传旨：着配玻璃罩。钦此。

本日漆疙瘩一件，首领太监王辅臣仍持去讫。

于十二月初七日做得白玻璃罩随紫檀木座，郎中海望交首领太监王辅臣持去讫。

16. 自鸣钟 附舆图处

十月

1601. 二十日，太监张玉柱交来仪器一份 随乌木匣盛，系巡抚杨文乾进，传旨：着认看。钦此。

于本日将仪器一份交首领太监赵进忠持去讫。

17. 花儿作

六月

1701. 十六日，据圆明园来帖内称，太监刘希文交来五彩福寿瓷花瓶一件，随紫檀木座，传：着配寿意瓶花。记此。

于本月十六日做得福寿清平花束并原交来瓷花瓶一件，随紫檀木座，太监范国用持去交总管太监陈福讫。

八月

1702. 初十日，首领太监程国用交来珊瑚盆景一件 随青花白地瓷盆，梅花盆景一件 随青花白地瓷盆，珊瑚蜜蜡雀鹿封侯盆景一件 随錾花银盆，内有金珀一块，蜜蜡大小十块，蓝宝石三块，红宝石一块，白果子一块，绿果子二块，养珠五粒，金花四枝,金草四攒,菊花海棠盆景一件 随钧窑盆,梅竹盆景一件 随白石盆,芝仙祝寿盆景一件 随青花白地瓷盆,群仙献寿盆景一件 随彩漆盆纱罩,传旨:此珊瑚盆景上的珊瑚甚好,着将珊瑚取下来另换花盆,往素净里做盆景一件,将此花盆交给花园栽花用,梅花盆景、菊花盆景见新配罩,珊瑚蜜蜡雀鹿封侯盆景铺地景见新配座,其余梅竹盆景、芝仙祝寿盆景、群仙献寿盆景俱见新收拾。钦此。

于本日遂将珊瑚盆景上瓷盆一件交南花园首领张得贵持去讫。

于八月十六日收拾得梅花盆景一件配糊锦座纱罩完,珊瑚蜜蜡雀鹿封侯盆景一件配紫檀木座完,菊花海棠盆景一件配糊锦座纱罩完,竹梅盆景一件,芝仙祝寿盆景一件,群仙献寿盆景一件见新收拾完,郎中海望着太监王玉、马进忠持去交太监刘希文收讫。

于九月二十四日做得珊瑚盆景一件随绿瓷盆,郎中海望交太监王玉持去交太监刘希文收讫。

九月

1703. 十二日,郎中海望传:做寿意盆景一件,寿意瓶花一件,香圆佛手一盘。记此。

于十三日据圆明园来帖内称,本月十二日画得福寿双圆盆景纸样一张,郎中海望呈览,奉旨:准做。钦此。

本日郎中海望定得福寿双圆盆景,桃福用通草做,内点宣石,花盆用石膏做,绿松石铁线。记此。

于二十日据圆明园来帖内称,付去葫芦花瓶一件,此瓶因寿意活计内少瓶花一样,今特向太监刘希文要出葫芦式花瓶一件,随画得架子样一张,或做乌木架或做紫檀木架,瓶内花或做通草佛手吉祥花卉。记此。

于本月二十八日做得福寿双圆盆景一件,随假松石盆糊锦罩,嵩龄祝寿瓶花一束,随葫芦式花瓶紫檀木架,香圆佛手各九个,随青花白地瓷盘楠木架,郎中海望呈进讫。

1704. 二十三日,太监吕进朝持来青花白地葫芦式瓷瓶三件,腰圆形瓷盆二件，说太监刘希文交王太平传：着将瓷瓶配花架木座，其瓷盆配做盆景。记此。

于十月初六日青花白地葫芦式瓷瓶一件，配得福寿双圆通草花一束，随紫檀木座，太监吕进朝持去交太监王太平讫。

于本月初九日首领程国用仍持出说瓶内花用了，瓶座子着收着，用时取。记此。

于十一月二十六日首领程国用来说，太监刘希文传：此瓶内配花一束，随配得芝仙祝寿花一束，紫檀木座，员外郎沈嵛交首领李久明持去交太监刘希文讫。

于六年正月初五日青花白地葫芦式瓷瓶一件配得福寿长春通草花一束，随紫檀木座，太监马进忠持去交太监王太平讫。

于六年七月初五日青花白地葫芦式瓷瓶一件配得华封三祝通草瓶花一束，随紫檀木座，首领萨木哈持去交太监刘希文讫。

于六年七月初七日腰圆瓷盆二件配得芝兰祝寿盆景一件，福寿长春盆景一件，太监范国用持去交太监刘希文讫。

1705. 二十五日，据圆明园来帖内称，首领太监萨木哈持出芝兰祝寿盆景一件，芝仙祝寿盆景一件，福寿长春盆景一件，寿比南山盆景一件，群仙祝寿盆景一件，雀鹿封侯珊瑚盆景一件，绿盆珊瑚盆景一件，寿星山子一座 紫檀木座提梁匣，说太监刘希文、王太平传：着见新收拾。记此。

于本月二十八日收拾完芝兰祝寿盆景一件，芝仙祝寿盆景一件，福寿长春盆景一件，寿比南山盆景一件，群仙祝寿盆景一件，雀鹿封侯珊瑚盆景一件，绿盆珊瑚盆景一件，寿星山子一座紫檀木座提梁匣，太监吕进朝持去交太监刘希文讫。

十一月

1706. 初八日，郎中海望、员外郎沈嵛传：做芝仙祝寿盆景一件，眉寿长春盆景一件，嵩祝万年盆景一件。记此。

于十二月三十日做得芝仙祝寿盆景一件，眉寿长春盆景一件，嵩祝万年盆景一件，俱系木胎仿钧窑画色方形盆随楠木架，陈设在花梨木雕刻四方书格上，郎中海望呈进讫。

18. 画作

六月

1801. 初一日，据圆明园来帖内称，五月三十日郎中海望奉旨：莲花馆一号房内两旁书格上甚空大，陈设古董唯恐沉重，尔等配做假书式匣子，其高矮随书格隔断形式，匣内或用阿格里或用通草做花卉玩器，或用马尾织做盛香花篮器皿。钦此。

于六月十一日做得马尾花篮一件，郎中海望呈进讫。

于七月初一日做得树棕花篮一件，郎中海望呈进讫。

于七年三月十七日做得阿格里胎假玛瑙天鹿一件，纸胎假钧窑瓷石榴樽一件，沉速香臂搁一件，沉速香如意一件，沉速香笔架一件，绿胎假青金绿苗石笔架一件，黄杨木梧桐式香碟一件，阿格里胎假英石砚山一件，马尾花篮二件，马尾碟二件，马尾盒十二件，树棕花篮一件，合牌胎假瓷莲花瓣式盘四件，合牌假瓷菊花瓣式盘四件，玻璃衬画片象牙盒二件，象牙彩漆福寿盒四件，象牙彩漆渣斗二件，玳瑁罩盖盒四件，玻璃衬画片黄杨木盒四件，黄杨木双层盒二件，玻璃衬画片紫檀木盒二件，紫檀木双层盒二件，紫檀木盒四件，嵌桂花香面乌木扇式盒二件，乌木彩漆扇式盒二件，黄杨木彩漆甜瓜式盒、黄杨木竹节式彩漆盒四件，黄杨木葫芦式盒二件，紫檀木菊花叶式盘二件，紫檀木葡萄叶式盘二件，通草果子二十件，通草花十束，通草花盆景八件，糊各色锦匣一百十二件，石青绢匣二十四件，脱胎黑漆彩色圆形盘四件，脱胎紫漆彩色双盖盘四件，脱胎红漆彩色梅花瓣式盘四件，郎中海望带领催白世秀等持安设在莲花馆书格内讫。

19. 记事录

十二月

1901. 三十日,郎中海望持出乌拉石面紫檀圆腿香几二件,楠木香几一件,绿色石面方腿香几一件,大理石插屏二件,雕刻群仙祝寿石香几一件,漆痰盂二十件,牛油石撇口方盘一件,奉旨:着送往圆明园。钦此。

于六年正月初八日着柏唐阿五十八送至圆明园交总管太监陈九卿收讫。

20. 交库存收档

正月

2001. 十九日,首领太监程国用、王进玉交来玻璃小戳灯一对,玻璃寿字方灯五对,紫檀木大座灯一对,万寿永昌桌灯一对,传:着将此灯交给造办处,原是他们做的,仍交库内收着。记此。

本日郎中海望、员外郎沈嵛交司库满毗收讫。

五月

2002. 初九日,据圆明园来帖内称,首领太监李久明持来画眉蛋四十五个 内惊坏十五个,石画眉蛋四十一个 内惊坏十六个,相思鸟蛋三十一个 内惊坏十六个,花红雁蛋八个 内惊坏四个,桦木乂小刀鞘六个,桦木乂小刀把六个,说太监陈福传:画眉蛋做簪子时用,桦木鞘把做小刀时用。记此。

2003. 二十二日,据圆明园来帖内称,本月十九日太监张玉柱交来紫檀木边镶玻璃心柜一对 玻璃心长一尺八寸六分,宽一尺五寸五分,共十六块,紫檀木架玻璃镜一件 玻璃心长二尺二寸八分,宽一尺五寸五分,传旨:将柜上玻璃拆下收在造办处,不可零用,若有一处全用此玻璃处再用。其紫檀木边亦不可拆动，将拆下来的玻璃空处，或用木板，或用纱糊仍然补上，以备使用，再玻璃镜架子做法不好，将玻璃拆下有用处用，其架子亦做材料用。钦此。

六月

2004. 二十日，据圆明园来帖内称，奏事太监张玉柱交来伽楠香一块重二十二两，随锡匣盛，象牙黑边白席一领 长七尺六寸，宽六寸三分，象牙敓凑金花纸一块 长七尺六寸五分，传旨：伽楠香着造办处收贮，其金花纸有用处再用。钦此。

十月

2005. 十八日，奏事太监张玉柱、王常贵交来伽楠香一匣 随锡里花梨木匣，香重五斤六两，传旨：交造办处收着，有用处用。钦此。

于本月十九日郎中海望、员外郎沈嵛交库使关福盛收讫。

2006. 二十日，首领太监李久明持来玻璃挂镜一件，紫檀木边玻璃高桌一件，说太监王太平传旨：着交造办处收着。钦此。

于本日交司库福森收讫。

十一月

2007. 二十六日，首领太监李久明持来阿格里四个 系热河总管太监薛保库进，桦木小刀把坯六个，桦木小刀鞘坯四个，说太监刘希文传：着交造办处，有用处用。记此。

本日郎中海望、员外郎沈嵛交库使德邻收讫。

雍正六年

1. 木作

正月

101. 初四日，首领太监李统忠传：做盛舆图杉木箱二个，十卷全图杉木箱一个。钦此。

于正月十七日做得长三尺九寸，宽一尺二寸，高一尺一寸杉木胎油面毡里箱二个；长二尺八寸，宽一尺，高五寸杉木胎油面毡里箱一个。郎中海望、员外郎沈嵛交太监李统忠持去讫。

102. 初五日，太监赵朝凤来说，首领太监李统忠传：做福字杉木卷杆二十根 各长二尺，径七分。记此。

于本月初六日照尺寸做得糊黄纸杉木卷杆二十根，领催马小二交太监赵朝凤持去讫。

103. 十一日，太监焦进朝传旨：着做无量寿佛紫檀木龛四座。钦此。

郎中海望随量得佛身连背光座子，通高六寸五分，宽三寸八分，入深二寸七分。记此。

于三月初七日做得紫檀木佛龛四座，玻璃欢门圆光窗，糊黄片金里，随佛衣佛垫全，员外郎沈嵛、唐英同首领李久明、太监范国用持去，交太监张大保收讫。

于八月初七日首领太监程国用来说，太监刘希文传：着照本年正月十一日太监焦进朝传旨着做的无量寿佛紫檀木龛四座的尺寸样式，再补做三座，得时即交中正殿喇嘛。记此。

于八月十八日做得玻璃门紫檀木佛龛一座 随鹅黄垫，交柏唐阿赵光格持去，送至中正殿交首领太监许朝彩收讫。

于八月二十八日做得玻璃门紫檀木佛龛二座 随鹅黄垫，交柏唐阿富拉他持去送至中正殿，交首领太监许朝彩收讫。

于九月初四日首领太监程国用来说，本年八月初七日太监刘希文传做的无量寿佛紫檀木龛三座，内用过一座，今可照样补做一座。记此。

本日员外郎沈嵛传：着照今日首领太监程国用着补做的无量寿佛紫檀木龛尺寸样式，再做三座以备里边用。记此。

于本月十三日做得玻璃门紫檀木龛一座 随黄缎垫，员外郎沈嵛着柏唐阿苏尔迈送至中正殿，交喇嘛太监罗卜藏吹丹格隆收讫。

于九月初十日太监王进孝来说，太监刘希文传：本年九月初四日着做的无量寿佛紫檀木龛一座用了，今再照样补做一座。记此。

于本月二十五日太监徐文耀来说，首领太监程国用传：着将造办处用做下的无量寿佛紫檀木龛，送一座中正殿去，仍照样补做一座。记此。

本日随将九月初四日员外郎沈嵛传做备用玻璃门紫檀木龛三座之内，着催总马尔汉送去一座，交中正殿喇嘛太监罗卜藏吹丹格隆收讫。

于本月二十六日做得玻璃门紫檀木龛二座 随黄缎垫，催总马尔汉送至中正殿，交喇嘛太监罗卜藏吹丹格隆收讫。

于十月初五日郎中海望传：九月初十日太监刘希文传做无量寿佛紫檀木龛一座用了，今照样再补做一座。记此。

于七年五月初一日将紫檀木佛龛一件，太监范国用持去交太监张玉柱讫。

于八年二月二十九日做得紫檀木佛龛二件，首领李久明交太监刘希文讫。

104. 十二日，郎中海望、员外郎沈嵛传：盛活计用杉木糊黄纸盘十个。记此。

于二月二十日做得杉木糊黄纸盛活计盘十个，催总马尔汉交活计房笔帖式哈福收讫。

于五月初三日盛端阳节活计，郎中海望呈进讫。

105.1. 十三日，副总管太监李英传旨：圆明园积云堂供的佛龛不好，着另画样呈览。钦此。

于二月十三日画得积云堂佛龛纸样二张，郎中海望呈览，奉旨：内准纸样一张，着用花梨木、紫檀木镶嵌做，其供桌做红漆的，佛龛两旁照旃檀寺内供的旃檀佛两边站立阿难、伽叶样式成造二尊，着拨蜡的喇嘛放小些拨蜡。钦此。

于十二月十九日郎中海望奏称，托砂漆胎阿难、迦叶二尊，奴才意欲将面像法身俱贴金装严，原供旃檀佛一尊金色微显旧些，奴才亦欲将旃檀佛面像法身另贴金装严等语奏闻。奉旨：准阿难、迦叶贴金，其原供旃檀佛金身就好，不必见新。钦此。

于六年十一日做得镶嵌紫檀木佛龛一座，毗卢帽高五寸八分，柱子高四尺八寸，座高三寸八分，面宽六尺，窄面宽二尺四寸，通高五尺八寸，面宽五尺七寸七分，入深二尺，龛门高四尺二寸一分，宽一尺，郎中海望带领催总刘山久，请进安积云堂讫。

于七年六月初二日郎中海望奏称，积云堂供阿难、迦叶已贴金装严完，六月初七日系吉日，意欲供奉等语奏闻。奉旨：准奏。钦此。

于六月初七日司库马尔汉将阿难、迦叶佛二尊，请进积云堂供讫。

105.2. 十三日，太监王太平传旨：照先做过的玻璃面镶嵌银母花梨木桌再做二张，其高矮、宽窄、大小尺寸俱照旧桌一样做，桌面不必镶嵌，做黑漆面的一张，红漆面的一张。钦此。

于本月十四日员外郎唐英带木匠卢玉量得桌长二尺三寸七分，宽一尺〇四分，通高一尺一寸，边宽九分，厚九分，腿子卷头一寸〇半分，高八分，见方九分。记此。

于八月初八日做得黑退光漆面镶嵌银母西番花边花梨木桌一张，郎中海望呈进，奉旨：尔照此桌样再做几张。钦此。

本日郎中海望，员外郎沈嵛、唐英定得先做二张。记此。

于八月十七日做得红漆面镶嵌银母西番花边花梨木桌一张，郎中海望呈进，奉旨：镶嵌云母桌俱做黑漆面。钦此。

于十二月二十八日做得黑漆面镶嵌银母西番花边花梨木桌一张，郎中海望呈进讫。

于七年五月初四日做得黑漆面镶嵌银母西番花边花梨木桌一张，郎中海望呈进讫。

二月

106. 初二日，太监焦进朝传旨：着照先做过的紫降香牌龛再做一件。钦此。

于三月二十七日做得紫降香牌龛一件，净高一尺六寸，宽八寸五分，入深四寸，员外郎唐英着太监王玉持去交太监焦进朝讫。

107.1. 初七日，郎中海望持出菜玉莲花荷叶洗一件 系马齐进，奉旨：着配做紫檀独梃座。钦此。

于十三年十一月初一日菜玉莲花荷叶洗一件，司库常保、首领萨木哈持去交太监毛团呈进讫。

107.2. 初七日，郎中海望持出汉玉昭文带紫檀木压纸二件，奉旨：此紫檀木压纸长了，亦甚笨，另配做短些的紫檀木压纸二件，玉昭文带仍嵌在上面，其原紫檀木压纸上或用龙油珀，或用别样石嵌上仍做压纸用。钦此。

于五月初四日将汉玉昭文带另配做得紫檀木压纸二件，郎中海望呈进讫。

108. 十三日，太监王太平交来圆腿长方楠木杌子一张，传旨：着照样用楠木做黑漆的几张，红漆的几张，顶板、底板俱不用起线，俱要混边，其底板做重些。钦此。

于本日催总马尔汉量得面宽一尺〇四分，进深九寸，厚四分，腿子径圆五分半，通高一尺五寸八分，底足高三分，径圆七分，原样楠木长方圆腿杌子一张，郎中海望交太监吕进朝持去，太监王太平收讫。

于八月初六日做得黑退光漆面楠木杌子二张，郎中海望呈进讫。

于八月十四日做得红漆面楠木杌子二张，郎中海望呈进讫。

109.1. 十八日，郎中海望、员外郎沈嵛、唐英传：做备用杉木盘二个。记此。

于本月二十五日做得盛活计杉木盘二个，催总马尔汉交活计房笔帖式哈福收讫。

于五月初一日盛端阳节活计，郎中海望呈进讫。

109.2. 十八日，笔帖式普惠来说，郎中海望、员外郎沈嵛、唐英传：做盛毁票杉木匣一件 高三寸五分，长一尺三寸，宽一尺。记此。

于本月二十日做得杉木匣一件，交笔帖式普惠收讫。

110.1. 十九日，太监王太平交来佛十一尊 系果亲王进，传旨：着配做佛龛一座，着喇嘛认看是什么佛，按尊次供在一龛内，其龛照前所进无量九尊龛一样做，俟告成时写签呈进，签上写雍正五年五十万寿，果亲王进。钦此。

于十二月十六日太监王太平来说，二月十九日传过，照无量九尊佛龛样做的十一尊佛龛，得时将佛配供在龛内，送往中正殿去供奉。记此。

于十二月二十六日做得紫檀木佛龛一座，高二尺五寸，宽一尺六寸，入深八寸，玻璃欢门黄片金里内供佛十一尊，共妆缎垫子十一件，随原来佛衣十一件，监察御史沈嵛带领柏唐阿佛保送赴中正殿，交喇嘛罗卜藏吹丹格隆讫。

110.2. 十九日，太监王太平交来无量佛九尊 随紫檀木佛龛一件，都盛盘一件，传旨：着送至圆明园去。钦此。

于本月二十二日将无量佛九尊随龛一件，盘一件，柏唐阿苏尔迈送去交园内总管太监陈九卿收讫。

111. 二十一日，首领太监程国用、王自立、王进玉传：养心殿东西暖阁内大小盆景二十五件，酌量配做糊黄纸杉木罩二十五件。记此。

于三月初二日做得糊黄纸盆景罩二十五个，催总马尔汉交首领太监程国用持去讫。

112.1. 二十三日，郎中海望奉旨：万字房一炉香屋内五供、八供矮些，着做托板垫起。钦此。

随量得五供托板高一寸一分，宽二寸六分，长一尺五寸八分，八供托板高七分，宽二寸六分，长二尺一寸。

于本月二十六日照尺寸做得垫五供紫檀木须弥座式样托板一件，垫八供紫檀木须弥座式样托板一件，郎中海望带领副领催赵雅图持进同太监刘希文安讫。

112.2. 二十三日，郎中海望奉旨：万字房栏杆上着安铁卡子的楠木托板一块。钦此。

于本月二十六日做得长一尺五寸，宽九寸五分，厚五分楠木托板一块，炕老鹳翎色铁卡子六个，郎中海望带领副领催赵雅图持去同太监刘希文安讫。

113. 二十六日，据圆明园来帖内称，本月二十三日，太监张学燕交来紫檀木桌一张 随黄云缎夹套一件，说首领太监彭凯昌传：着将桌子粘补收拾。记此。

于三月初二日收拾得紫檀木桌一张，随黄云缎夹套一件，交太监刘贵持去讫。

114. 二十八日，据圆明园来帖内称，本月二十五日，太监胡全忠交来双耳白瓷扁瓶一件，仿龙泉窑三线瓶一件，说太监张玉柱、王常贵传旨：着配一杉木匣，盛装发报用。钦此。

于本月二十六日做得高六寸五分，见方一尺一寸，中间有隔断板杉木匣一件，并原交出瓷瓶二件，盛装塞垫包里，副领催赵雅图交首领太监萨木哈持进，转交太监陈璜收讫。

三月

115. 初一日，据圆明园来帖内称，二月二十九日，太监王太平传旨：照万字房栏杆上用的铁卡子楠木托板式样再做一件。钦此。

于三月十二日做得楠木托板一块，炕老鹳翎色铁卡子一个，每个径圆六寸五分，宽五分，厚一分，郎中海望带领催白世秀持去交太监王太平收讫。

116. 初三日，据圆明园来帖内称，太监王太平传旨：万字房山水清音屋内地平床上着做楠木一封书式桌一张。钦此。

量得桌长三尺六寸六分，宽一尺三寸，高六寸七分五厘。

于三月初五日照尺寸做得楠木一封书式桌一张，郎中海望持进安讫。

117. 初八日，员外郎沈嵛、唐英传：照五年六月十五日，催总刘山久持来佛龛纸样，补做紫檀木佛龛二座。记此。

于四月十二日做得紫檀木佛龛二座，交太监王玉持去，交太监王太平收讫。

118. 十四日，据圆明园来帖内称，三月初八日郎中海望奉旨：万字房庭柱上挂的红对子，只可年节时挂，寻常挂着不相合，朕早有写下的对子，尔向懋勤殿要一副，配做木格换在庭柱上。钦此。

于本月十三日做得杉木对架子一副，高五尺二寸五分，宽一尺〇二分，厚九分，上糊高丽纸底，月白百兽锦墙，背后糊黄杭细，上贴三月初十日苏培盛交来御笔“皓月清风为契友，高山流水是知音”对一副，黄铜镀金如意式环，镀金曲须挂钉，如意式托钉，郎中海望带领催白世秀持进，同太监刘希文、王太平安讫。

于本月十四日郎中海望奉旨：此对子挂的高了，尔另做一紫檀木边架，其窄面上嵌银母寿字，得时将此对子贴在上面。钦此。

于本月二十六日做得紫檀木嵌银母寿字边架一件，郎中海望带领催白世秀持进安讫。

119. 十六日，郎中海望、员外郎沈嵛、唐英传：做紫檀木集锦书格一件 面宽一尺八寸，入深九寸，高一尺四寸。记此。

于七年五月初四日做得紫檀木集锦书格一件，随石榴五瑞盆景一件，象牙茜匙箸瓶香盒一件，绿玻璃小瓶一件，珐琅水丞一件，郎中海望呈进讫。

120. 十七日，据圆明园来帖内称，本月十四日，郎中海望持出黑退光漆条桌一张，红漆桌一张，红油挂椅一张，奉旨：着照此红漆桌尺寸，黑漆桌样式做紫檀木桌一张，红豆木桌一张，红漆桌四张，照此红油椅样式做紫檀木椅四张，红漆椅八张，椅上的牙子、枨子有可更改处各更改。钦此。

于八月初六日催总马尔汉来说，郎中海望传本年三月十四日奉旨：着照红漆桌尺寸，黑退光漆桌样式做得紫檀木桌一张，红豆木桌一张，尺寸小了，与红漆桌尺寸不符，暂留造办处备用，再照红漆桌尺寸补做紫檀木桌一张，红豆木桌一张。钦此。

于八月十一日做得紫檀木桌一张，椅子四张，领催白世秀交万字房首领太监杨忠持去讫。

于八月十三日做得紫檀木桌一张，红豆木桌一张，领催白世秀交太监杨忠收讫。

于八月二十五日做得红漆桌四张，并原样红漆桌一张，黑退光漆条桌一张，红漆椅八张，领催白世秀交太监杨忠收讫。红油挂椅一件存作。

于十月十二日将红油椅一张，领催白世秀交太监杨忠收讫。

十月二十日领催白世秀将原样黑漆条桌一张持出，照着做样。记此。

121. 十八日，太监范国用来说，太监张玉柱传旨：着照前日交出去盛瓷器的木匣式样，做隔断木匣一件，用毡里棉花塞垫稳。钦此。

于本月十九日做得杉木胎黄纸面毡匣一件，长一尺三寸二分，宽七寸六分，高六寸，黑毡包裹黄布套棉花塞垫稳，首领太监萨木哈持去交太监张玉柱收讫。

四月

122. 初五日，太监张廷贵奉怡亲王谕：着做盛珐琅料杉木糊黄纸面红绢里有隔断盘一个。遵此。

于本月初六日做得糊黄纸面红绢里有隔断杉木盘一件，领催白世秀交太监张廷贵持去讫。

123. 十二日，太监胡全忠交来珐琅色瓷钟碗二十件，说太监张玉柱传旨：着做有隔断木匣二个，一匣内盛十二件，一匣内盛八件。钦此。

于本月十三日做得糊黄纸杉木匣，内盛珐琅色瓷钟碗二十件，棉花塞垫稳，领催白世秀交太监胡全忠持去讫。

124. 十七日，据圆明园来帖内称，本月十六日，太监刘希文传旨：着照养心殿抱厦下挡香炉的楠木插屏样式放宽一半，高五尺五寸，其座子用楠木做,上身或用楠木或糊锦,尔等酌量做三座。钦此。

本日郎中海望定得做楠木插屏三座,记此。

于五月初三日做得楠木插屏三座,郎中海望着太监吕进朝持去交太监刘希文收讫。

125. 二十一日,员外郎唐英传:做备用盛活计杉木油盘十个,糊黄纸盘二十个。记此。

于本月二十九日做得杉木盛活计盘大小三十个,催总马尔汉送至圆明园,交领催白世秀预备呈进活计用讫。

126. 二十四日,员外郎唐英传:做备用柳木牙签二千根。记此。

于本月二十八日做得柳木牙签二千根,催总马尔汉交首领太监李久明收讫。

127. 二十五日,据圆明园来帖内称,三月十二日,副总管太监李英传旨:牡丹台陈设的花榆木大案着收拾。钦此。

于七年正月十六日催总马尔汉带领木匠卢玉赴圆明园收拾讫。

128. 二十八日,首领太监萨木哈持来黑白石猴鹿笔架一件,说太监王太平传旨:着配做素净木座。钦此。

于五月初一日黑白石猴鹿笔架一件,配做得紫檀木座一件,首领太监萨木哈持去交太监王太平讫。

129.1. 三十日,总管太监哈元臣、李德交来三足玉鼎一件,说太监王太平传旨:着配木座。钦此。

于六月二十三日做得紫檀木座一件,并玉鼎一件,领催白世秀交首领太监李进朝持去讫。

129.2. 三十日,太监王太平、刘希文、王守贵交来碧玉连环提梁卣一件 随镶玉片紫檀木架,汉玉夔龙半圆奎壁磬一件 随嵌玉片紫檀木架,传旨:着陈设在莲花馆。钦此。

于九月初三日郎中海望将碧玉连环提梁卣一件,随嵌玉片象牙茜红架,汉玉夔龙半圆奎壁磬一件,随嵌玉片紫檀木架,安在莲花馆讫。

五月

130. 初七日，据圆明园来帖内称，郎中海望传：做盛活计杉木糊黄纸盘十个。记此。

于七月二十七日做得盛活计糊黄纸杉木盘十个，柏唐阿苏尔迈送至圆明园，交领催白世秀预备呈进活计用讫。

131. 十二日，太监王进忠交来紫檀木佛龛二座 有垫子，无衣，玻璃门，说太监刘希文传：着交造办处收贮。记此。

于七年十二月二十五日做得紫檀木佛龛二座，太监范国用持去交太监焦进朝讫。

132. 十四日，据圆明园来帖内称，本月初二日，副总管太监苏培盛传旨：着照养心殿西暖阁陈设的彩漆桌样式，做花梨木硬楞桌几张。钦此。

于本日据圆明园来帖内称，副总管太监苏培盛来说，今日传做花梨木桌子且不必做，即用五年八月十三日传的花梨桌四张罢。记此。

133. 十八日，据圆明园来帖内称，本月十七日奏事太监张玉柱、王常贵传旨：着做盛白喜鹊笼一件。钦此。

于六月十八日据圆明园来帖内称，郎中海望传：做红铜烧古食水罐二件。记此。

于六月十九日做得桃丝竹、花梨木圈，楠木底，紫檀木雕夔龙牙子白喜鹊笼一件，随铜烧古食水罐二件，黄油布单外套一件，太监王进孝持去，交九洲清晏首领太监董自贵收讫。

134. 二十二日，小太监瑞格传旨：着照五月初九日呈进的紫檀木边楠木心图塞尔根桌，收窄一寸五分，长、高俱照前一样再做一张。钦此。

于本月二十九日做得长三尺三寸，宽一尺九寸，高一尺四寸八分，糊布里紫檀木边楠木心图塞尔根桌一张，郎中海望呈进讫。

135. 二十五日，太监蔡玉交来汝窑小缸四口，说太监刘希文传：着配座子。记此。

于十月十六日将汝窑缸一口配得花梨木夔龙式盖架，内安铜烧古熏缸炉一件，催总刘山久持进安在养心殿内讫。

于七年五月十八日将汝窑小缸一口配得紫檀木架一件，交太监蔡玉持去讫。

于六月初九日将汝窑小缸一口配得花梨木架一件，交太监刘进忠、龙贵持去讫。

于七年二月二十三日将汝窑缸一口，交司房太监蔡玉陈设在四宜堂讫。

136. 二十七日，据圆明园来帖内称，四月十三日郎中海望奉旨：着将折叠米家围屏戏台做一份，前面不必用柱子，单安踢脚栏杆，其栏杆围屏或用紫檀木，或用花梨木镶锦，托泥用楠木做，不必做整的，每面两三节做亦可，前面两角栏杆柱子上安羊角灯二个，戏台上铺新做的红地黄花毡，后台入深做四尺，面宽随台用，幔帐遮挂后面，留门帘二个，此台配合着九洲清晏抱厦大平台下做，再软行台亦做一份，随行台用布画乐栏花，帏幔做八块，俱要各长一丈，高随戏台，做样呈览。钦此。

于五月十九日做得戏台小样一份，郎中海望呈览，奉旨：准做，其余栏杆上俱安矮羊角灯。钦此。

又做得软行台小样一份，海望呈览，奉旨：准做。钦此。

于八月二十六日做得折叠米家围屏行台一份，围屏十一扇，中三扇各高七尺三寸，各宽一尺七寸二分五厘，两边拐角八扇各高七尺二寸，各宽一尺五寸，随香色布面桃红杭细里棉包袱三个，糊锦门二座，彩画门帘二架，锦刷二件，花梨木边中心糊锦栏杆十一扇，高一尺，随楠木托泥栏杆柱子十二根，见方二寸四分，高一尺三寸八分，矮羊角灯六个，随青布棉套。花梨木梃有璎珞羊角灯一对，随青布棉套，后台紫油柱子大小十二根，随铁梃钩月白锦三面连顶罩一件，红地黄花毡大小二块，长一丈〇二寸六分，宽一丈〇六寸六分一块，长三尺一寸，宽一丈〇六分一块。方亭子式样软行台一份，鱼白地彩画竹架串枝莲药蓝花布顶一件，彩画药蓝绫隔断一件，彩画绫刷子一件，彩画药蓝花布圆幔八架，随斑竹杆二十四根，画斑竹式布横楣一件，画斑竹式布踢脚一件，黄退光漆杆子十四根，画缎斑竹杆子四根，随布套十七个，粗四分黄绒绳三十一丈二尺，粗一分五厘黄绒绳十六丈四尺，布包袱大小七块，木箱子大小八个，铅鼓子十二个，铁义子二根，高凳二个，板凳三条，各长一丈三尺，宽九寸，高一尺七寸，陈设在何处，奏闻，奉旨：着陈设在九洲清晏抱厦下。钦此。

于八月二十七日将米家围屏行台安在抱厦下。

于九月初三日太监王太平传旨：米家围屏行台窗户眼安低了，着高起些来，再开几处窗户眼，其亭子行台着海望见面请旨。钦此。

本日郎中海望随见面奉旨：亭子行台上大下小亦低，尔将外帘安擎帘柱，栏杆挪在外边安，交园内总管太监收贮。钦此。

于本日将米家折叠围屏行台一份，又开得高些窗户眼二处，将亭子行台一份，郎中海望交园内首领太监杨忠、董自贵、彭凯昌，司房太监蔡玉持去，转交总管太监李德、陈九卿、哈元臣收讫。

六月

137. 初一日，小太监瑞格传旨：照五月二十九日呈进过的紫檀木边楠木心图塞尔根桌，再收窄一寸五分做一张。钦此。

于六月十三日做得紫檀木边楠木心图塞尔根桌一张，郎中海望呈进讫。

七月

138. 初二日，太监胡全忠交来祭红盘二件内一件有火霞，说太监张玉柱、王常贵传：着做木匣一个，内安毡里塞垫棉花，外裹黄布。记此。

于本日做得毡里杉木匣一个，见方七寸五分，高三寸三分，匣内盛祭红盘二件，用棉花垫好，外用黄布包裹，郎中海望交太监王进孝持进，交太监张玉柱讫。

139. 初四日，据圆明园来帖内称，副总管太监苏培盛交来御笔“含韵斋”匾文一张，“西峰秀色”匾文一张，传：着配做匾二面。记此。

于八月十八日据圆明园来帖内称，画得含韵斋腰圆式匾样一张，西峰秀色长方式匾样一张，郎中保德传：着将含韵斋匾做一块玉的，西峰秀色匾样虽好，唯恐太大些，御笔字的空档若收得来再收小些，若收不小即随御笔仿做。记此。

于十月初九日做得鸂鶒木一块玉石青字含韵斋匾一面，紫檀木夔龙边柏木心煤炸字西峰秀色匾一面，郎中海望带领领催闻二黑持进，挂在西峰秀色、含韵斋讫。

140. 初五日，副总管太监苏培盛传旨：乾清宫东暖阁楼上着做楠木边书格六架，要安得五百二十套书，每架屉上随纱帘一件，其帘照西暖阁内书架上纱帘一样做。钦此。

员外郎唐英随量得书格每架通高八尺四寸，宽五尺六寸五分，进深一尺六寸，每架书格做四屉，每屉高一尺七寸六分。记此。

于七月二十日，据圆明园来帖内称，太监王玉来说，副总管太监苏培盛传旨：摆书书格着用楠木做。钦此。

于十一月初三日照尺寸做得楠木书格六架，俱随纱帘，郎中海望持进，安在乾清宫东暖阁楼上讫。

141. 初六日，太监马进忠来说，太监王守贵传：做一统樽式炉上糊黄绢楠木盖二个，各见圆三寸八分。记此。

于本日照尺寸做得糊黄绢楠木盖二个，太监王玉持去交太监刘宝卿收讫。

142. 十五日，据圆明园来帖内称，本月十四日太监范国用来说，太监王太平、刘希文传：做备用佛龛三座。记此。

于本年九月十四日做得紫檀木佛龛三座，太监范国用持去交太监焦进朝讫。

143. 十六日，据圆明园来帖内称，郎中海望传：做盛活计杉木盘二十二个。记此。

于本月二十八日做得糊黄纸杉木盘子二十二个，柏唐阿苏尔迈送至圆明园，交领催白世秀预备呈进活计用讫。

144. 二十七日，据圆明园来帖内称，本月二十五日，太监胡全忠、张良栋交来酒圆二十四件，瓷瓶四件，说太监张玉柱传：着将酒圆配做一杉木匣，瓷瓶配做一杉木匣，俱安隔断，里外糊黄纸，用棉花塞垫稳。记此。

于本月二十六日做得糊黄纸杉木安隔断匣二个，内盛酒圆二十四件，瓷瓶四件，棉花塞垫稳，领催白世秀交太监王自禄持去，交太监张玉柱收讫。

八月

145. 初九日，太监张玉柱交来柿子式银壶一把，回回式银壶一把，玻璃套杯十件，漆匣绿端石双池砚一方，黄玻璃圆水丞一件 绿玻璃匙，紫檀木座，红玻璃圆水丞一件 镀金匙，象牙茜色座，传旨：着做糊黄纸杉木匣一件，随黄布里毡外套一件，发报用。钦此。

于本月初十日做得糊黄纸杉木匣一件，内盛柿子式银壶一把，回回式银壶一把，玻璃套杯十件，漆匣绿端石双池砚一方，红玻璃圆水丞一件，黄玻璃圆水丞一件，随黄布里毡外套一件，太监范国用持去交太监张玉柱收讫。

146. 十三日，据圆明园来帖内称，太监刘希文、王太平交来门枕一件，传：着照样做二件，内灌铅。记此。

于本月十四日做得松木灌铅门枕二个，领催白世秀交太监杨忠持去讫。

147. 二十五日，据圆明园来帖内称，本月十八日，做得圆明园内新盖三卷房西峰秀色屋内靠围屏书格合牌烫胎小样二件，郎中保德、海望呈览，奉旨：尔等将先呈览过的书格小样俱拿来朕看。钦此。

于本月十九日将先呈览过合牌烫胎小样七件，郎中保德、海望呈览，奉上钦定一件，准做。钦此。

于九月初六日据圆明园来帖内称，八月二十五日，郎中保德、海望将本月十九日呈览钦定准过西峰秀色靠围屏书格烫胎小样一件呈览，奉旨：此样是了，靠背北边添一高闲余架，安六棍，以备挂东西用；靠背南边安一矮些闲余架，其中间抽屉，闲余架下添一挂格。钦此。

于九月初五日做得六根棍闲余帽架一件，郎中海望带领催白世秀安在西峰秀色讫。

于本日又做得三卷房西峰秀色屋内楠木靠背书格一座，通高六尺一寸，面宽一丈二尺六寸，红豆木案一张，长四尺九寸，宽一尺，高一尺二寸，紫檀木包镶楠木有抽屉博古书格二架，有抽屉挂格一件，有抽屉闲余一件，闲余板四块，紫檀木帽架一件，郎中海望带领领催白世秀持进安在西峰秀色讫。

九月

148.1. 初六日，据圆明园来帖内称，八月二十八日，太监贾弼交来玻璃瓶四件，说太监张玉柱传：着做杉木隔断匣一件，内安毡里用棉花塞垫，外配鞔毡黄布套，赏云南总督鄂尔泰。记此。

于本月二十九日做得毡里杉木隔断匣一件，内盛玻璃瓶四件，棉花塞垫鞔毡黄布外套一件，交太监贾弼持去讫。

148.2. 初六日，据圆明园来帖内称，本月初四日，郎中海望持出汉玉缸头式水丞一件 随玉匙，紫檀木架，奉旨：架子不好，另配座子。钦此。

于七年四月初三日将汉玉缸头式水丞一件，玉匙一件，配做得紫檀木座，郎中海望呈进讫。

148.3. 初六日，据圆明园来帖内称，本月初四日，郎中海望持出汉玉圆形笔洗一件 随紫檀木座，奉旨：架子不好，另配架子。钦此。

于七年四月初三日将汉玉圆形笔洗一件配做得紫檀木座，郎中海望呈进讫。

148.4. 初六日，据圆明园来帖内称，本月初四日，郎中海望持出汉玉匙箸瓶一件 随紫檀木座，奉旨：架子不好，另配架子，添配匙箸。钦此。

于七年闰七月十四日汉玉匙箸瓶一件，配得紫檀木架一件，铜匙箸一份，郎中海望呈进讫。

149. 二十四日，郎中海望、员外郎沈嵛传：做备用盛活计杉木盘子二十四个。记此。

于十二月二十六日做得盛活计杉木盘二十四个，催总马尔汉交活计房，预备年节呈进活计用讫。

150.1. 二十九日，郎中海望奉旨：养心殿后殿西次间陈设的床不配合，尔拿出去收贮，其床上陈设的对象另安桌一二张，将对象陈设在桌上。钦此。

于十月初一日将五年八月十三日副总管太监苏培盛传旨着做的黑退光添彩金桌二张，郎中海望交首领太监王进玉、程国用持去，其旧杉木床一张，持出交催总马尔汉收讫。

150.2. 二十九日，郎中海望奉旨：养心殿后殿东二间屋内西板墙对宝座处，安玻璃插屏镜一面，镜背面安一活板，若挡门将板拉出来，若不用时推进去，要藏严密，镜北边板墙上安一表盘钟，轮子俱安在外间内书格上，此屋内陈设的水缸款式不好，尔另寻一水缸换上。钦此。

郎中海望随奏称，圆明园有太监刘希文交着配架子仿汝窑缸四件，架子俱已做成，奴才意欲将此缸取一件来，陈设在此处等语奏闻，奉旨：好，取一件来换上。钦此。

于十月初十日做得玻璃插屏，并板墙上安表盘样一件呈览，奉旨：准做。钦此。

于十月十六日将本年五月二十五日太监刘希文交出着配架子的仿汝窑四口之内缸一口，配得花梨木夔龙式架、盖，内安铜烧古熏缸炉一件，又做得楠木边座玻璃镜插屏一座，通高七尺九寸，宽四尺二寸五分，随楠木边杉木档糊假书画片挡门壁子一件，通高六尺四寸，宽四尺，花梨木边铜心表盘一件，自鸣钟一件，催总刘山久持进安讫。

于十月十九日郎中海望奉旨：养心阁东二间屋内，面板墙对宝座处新安的玻璃镜插屏甚蠢，尔看闲空拆出，将西二间屋内陈设的楠木架玻璃镜亦取出，将玻璃镜拆下，另配硬木边安在东二间屋内，不必做牙子，背后安挡门，画片书格北边做一折叠书格，其拆下玻璃镜木架亦甚文雅，不必改做，或着郎世宁画一美人，或着画画人画何样画贴上，有陈设处陈设。钦此。

于本月二十日郎中海望带领催总吴花子，将养心殿东二间屋内新安的楠木架座玻璃镜插屏，并书格壁子拆出，又将西二间屋内楠木架座玻璃镜插屏取出。

于本月二十二日郎中海望做得养心殿后殿东二间内插屏玻璃镜背后拉挡门壁子，并镜前折叠壁子上画画片书格小样一件呈览，奉旨：准做，安表盘处不用拿，书格上不要画古董，俱画书册页，其钉的合扇俱要妥当。钦此。

于十二月初三日将养心殿西二间拆出楠木边玻璃镜一面改做得紫檀

木边玻璃镜一面，通高六尺四寸，宽三尺六寸六分，玻璃镜前面紫檀木边贴书册页画片书格式折叠壁子一扇，背面紫檀木边贴书册页画片书格式拉挡门壁子一扇，钉铁镀金拐角叶合扇吊牌铜走槽，催总刘山久、领催闻二黑、首领太监李久明持进，同首领太监程国用安讫。

十月

151. 初八日，据圆明园来帖内称，副总管太监苏培盛、首领太监李统忠传：做盛舆图板箱一个，里口净长三尺五寸，宽一尺六寸，高八寸，俱用毡里，两边用西洋钩搭，中间钉铁了吊、包角、铁叶俱要醇厚，外面油柿黄油。记此。

于十一月初二日做得柿黄油面钉铁叶、西洋钩搭、了吊，白毡里杉木箱一件，交太监王璋持去讫。

152.1. 初九日，催总马尔汉来说，本月初八日首领太监李久明传：做备用柳木牙签二千根。员外郎沈嵛准做。记此。

于十月二十日做得柳木牙签二千根，木匠白子交首领太监李久明收讫。

152.2. 初九日，郎中海望传：做寿意花楠木面紫檀木桌一张 长二尺九寸五分，宽一尺九寸五分。记此。

于十月二十八日做得寿意花楠木面紫檀木桌一张，郎中海望持进讫。

153.1. 十九日，首领太监程国用来说，首领太监刘希文传旨：养心殿西暖阁抱厦下板院内着做平顶毡棚一座。钦此。

本日，首领太监程国用随定得高六尺六寸，入深八尺五寸，面宽七尺，北边偏西些留门，南面安半截窗户，门上挂毡帘，窗上安有带子的毡子一块，若用挡窗时取下，若不用时放在棚顶上。记此。

于十一月十五日照尺寸做得杉木隔黑毡棚一座，随蓝布帘一件，俱钉铁钩搭拴绊带完，着首领太监李久明持去，交首领太监程国用安讫。

153.2. 十九日，首领太监萨木哈持来汉玉牌白玉磬一件 镶嵌紫檀木座，白玉环汉玉磬一件 紫檀木架，说太监刘希文传旨：着安在莲花馆一号房内。钦此。

于七年正月二十九日将汉玉牌白玉磬一件，白玉环汉玉磬一件，郎中海望、副领催赵雅图持进莲花馆一号房，同首领太监陈文乐安讫。

153.3. **十九日，郎中海望持来灵芝五件，奉怡亲王谕：着配紫檀木山子座子，楠木胎漆罩。遵此。**

于八年三月初三日将灵芝五件，配做得紫檀木山子座子，楠木退光漆玻璃罩，海望呈览，奉旨：紫檀木山子座子俱好，但罩子上不当安玻璃，此乃久远收放之物，若安玻璃，不能坠，故另做一楠木罩，下面仍留蒙丝气眼，两边安镀金倒环，罩上彩画金龙，将灵芝出则年月用彩金书写，一面写清字，一面写汉字，紫檀木座上亦罩退光漆，如何拟写，彩画之处画样呈览，准时再做。钦此。

于十一年十一月初五日将灵芝五件，配做得紫檀木山子，洋漆金花箱，洋漆外套箱，司库刘山久、催总五十八、柏唐阿裴六达子送赴东陵讫。

154. **二十日，太监张玉柱交来蓍草二匣** 计六把，每把五十根，**郎中海望呈怡亲王看，奉王谕：每五十根配一楠木胎漆匣，共配做六匣。遵此。**

于八年二月初三日将蓍草三百根配做得楠木胎漆匣六件，海望呈览，奉旨：此插盖匣不好，再放大些，做楠木退光漆罩盖套匣，将蓍草六把或做二层，或做三层盛装，每层用黄色，或行龙，或寸蟒妆缎裱糊，随蓍草叠凹处做锦垫铺垫，其里一层做半盖，子口上彩金龙，将蓍草出则年月用彩金书写满、汉字，外漆做楠木，漆到底，罩套匣子口不必高了，里层匣做在此匣内，如何拟写，彩画之处画样呈览，准时再做。钦此。

于十一年十一月初五日将蓍草三百根配做得紫檀木山子，洋漆洋金花箱，洋漆外套箱，司库刘山久、催总五十八、柏唐阿裴六达子送赴东陵讫。

155. **二十一日，太监张玉柱交来朱砂山子一块** 重十三斤，**传旨：着配木座子，安在养心殿后殿东二间内东边窗户台上。钦此。**

于十一月初十日将朱砂山子一块，配做得紫檀木座一件，太监吕进朝持去交太监张玉柱安讫。

156. **二十二日，首领太监夏安交来津砖二块** 长一尺一寸，宽七寸，厚一寸八分，**珐琅铜炉二件** 俱连座高四寸，径四寸五分，**说太监焦进朝传：着照此津砖**

尺寸，做黄油木匣二件，俱留盛装的位份，钉白毡里，俱随做黄布面白布里毡套二件，珐琅蜡台铜炉亦做一黄油木匣盛装，里面做隔断，钉白毡里，随黄布面白布里毡套一件。记此。

随将津砖二块，蜡台二件，铜炉二件仍交太监夏安持去讫。

于十二月初三日做得毡里黄油杉木匣三件，随布里面毡套三件，交首领太监夏安持去讫。

157. 二十三日，太监刘希文、王太平交来紫檀木边嵌白玉片人物围屏十二扇 内少玉片二片，传旨：着将围屏上嵌的玉片取下，应做何物请旨，其围屏上空处如何补做之处，尔等酌量做，以备赏用。钦此。

现存活计库。

158. 二十六日，首领太监王自立交来万国咸宁白玉小磬一件，传旨：着配磬架。钦此。

于十二月十八日万国咸宁白玉小磬一件，配得紫檀木架，铜镀金掐，郎中海望呈进讫。

159.1. 二十八日，太监刘希文、王太平传旨：着做鞔黄布套地平床一张，长六尺五寸，入深二尺七寸五分，高四寸二分。钦此。

于本日照尺寸做得杉木地平床一张，随黄细布单套，郎中海望着太监吕进朝持进，交太监刘希文讫。

159.2. 二十八日，太监王太平传旨：养心殿西暖阁有陈设的雕刻紫檀木边腿豆瓣楠木心嵌银母如意花纹桌一张，其桌做法甚文，上有裂缝处，线补收拾，照样做一张，再将平面的亦做一张。钦此。

于十一月十二日首领太监李久明持出雕刻紫檀木边腿豆瓣楠木心嵌银母花纹桌一张，催总马尔汉量得高二尺八寸二分，长四尺八寸八分，宽二尺二寸三分。记此。

于十一月二十一日将此桌样紫檀木桌一张线补收拾好，郎中海望交首领太监萨木哈持进安讫。

于十二月二十八日做嵌银母如意花纹楠木面紫檀木桌一张，郎中海望呈进讫。

于十二月二十八日做得雕刻豆瓣楠木桌一张，郎中海望呈进讫。

十一月

160. 初一日，据领催白世秀来说，九月十三日太监刘希文传：做挂帘子杉木杌子一个 高二尺，长一尺五寸，宽一尺。记此。

于九月十七日照尺寸做得杉木杌子一个，领催白世秀交太监刘希文讫。

161.1. 初二日，太监王璋、赵朝凤来说，副总管太监苏培盛传：做盛暖砚外套木匣二个。记此。

于十一月初六日做得长七寸，见方五寸油面毡里杉木匣二个，交太监王璋、赵朝凤持去讫。

161.2. 初二日，太监王璋、赵朝凤来说，首领太监李统忠传：做福字杉木卷杆一百根 各径六分，长二尺。记此。

于十一月二十三日，照尺寸做得糊白纸杉木卷杆一百根，领催马小二交太监赵朝凤持去讫。

十二月

162.1. 初二日，首领太监程国用、王自立、王进玉交来养心殿后殿内杉木床三张，着交造办处收着，俟用时来取。记此。

于本日随交催总马尔汉持去讫。

162.2. 初二日，首领太监王辅臣来说，副总管太监苏培盛传：乾清宫东暖阁楼上摆书楠木书格六架上着添做杉木见柱六十根。记此。

于七年三月三十日做得杉木见柱六十根，各长一尺八寸，径一寸二分，首领太监王辅臣持去讫。

163. 初十日，太监张玉柱传：做杉木匣子一个。记此。

于十一日做得杉木匣子一个，交太监贾弼持去讫。

164.1. 十二日，为本月初八日首领太监周世辅来说，总管太监陈福等传：做供器内楠木牌位架子一份，盛牌位盘子四个，杉木匣子二个，灯罩二对，盛焚纸铁炉架箱二个。记此。

于本月十九日做得楠木牌位架子一份，盛牌位盘子四件，杉木匣子二个，灯罩五对，盛焚纸铁炉架箱二件，交首领太监周世辅持去讫。

164.2. 十二日，郎中海望、员外郎沈嵛传：做玉作备用盛玉器玛瑙箱一个 长二尺二寸，宽二尺七寸，高一尺五寸。记此。

于七年四月十三日照尺寸做得杉木箱一个，催总马尔汉交玉作领催周维德收讫。

165.1. 十七日，监察御史沈嵛、郎中海望传：做备用杉木盘大小十个。记此。

于十二月二十九日做得杉木盘大小十个，催总马尔汉交活计房，预备呈进活计用讫。

165.2. 十七日，太监胡全忠交来紫檀木嵌玉如意一件，说太监张玉柱、王常贵传旨：配做硬木匣一件，发报用。钦此。

于本月十八日紫檀木嵌玉如意一件，配做得楠木匣一件，糊黄杭细软里鞔黑毡包黄布外套，交太监贾弼持去讫。

166. 十八日，首领太监程国用来说，太监王守贵传：做杉木匣，或长二尺二寸，宽七寸，高一寸一个；长二尺六寸，宽一寸五分，高一寸二分一个。俱糊黄纸，安象牙别子。记此。

于本月二十四日照尺寸做得杉木匣二个，俱糊黄纸面里，安象牙别子，交首领太监程国用持去讫。

167. 十九日，太监贾弼交来紫檀木嵌玉如意一件，说太监张玉柱、王常贵传旨：着做一杉木匣，赏总督田文镜用。钦此。

于本日将紫檀木嵌玉如意一件，配做得杉木匣一件，里面俱糊黄纸，外鞔黑毡衬黄布外套，交太监贾弼持去讫。

168. 二十日，太监贾弼交来铜胎广珐琅多穆一对，说太监张玉柱、王常贵传：着配做杉木匣一件，发报用。记此。

于本月二十一日做得糊纸面杉木匣一个，内盛铜胎广珐琅多穆一对，太监贾弼持去讫。

2. 玉作

二月

201.1. 初七日,郎中海望持出白玉卧蚕花纹圆形水丞一件 随紫檀木座,珊瑚匙一件,奉旨:此座不好,着另换座,珊瑚匙着收拾。钦此。

于十二月二十八日白玉卧蚕花纹圆形水丞一件,另换得紫檀木座一件,并收拾得珊瑚水提一件,郎中海望呈进讫。

201.2. 初七日,郎中海望持出碧玉宝一件 紫檀木匣盛,系显亲王进,奉旨:此宝的楞角不方,着砣磨收拾。钦此。

于十三年十月三十日收拾得碧玉三喜宝一方,司库常保、首领萨木哈持去交太监毛团呈进讫。

202. 十三日,郎中海望奉旨:尔造办处有收贮的小玉瓶拣选一件,内插簪式拄杖一根,上挂小葫芦或灵芝,再用珊瑚枝做簪一根,孔雀毛凑做小孔雀翎一根,俱插在瓶内。钦此。

于五月初四日做得寿山石双喜瓶一件,随紫檀木座,内安珊瑚龙形簪式拄杖一根,上挂松石亚腰葫芦,银累丝飘带,虬角茜色荷叶双连簪一根,小孔雀翎一个,外随小孔雀翎二个,郎中海望呈进,奉旨:小孔雀翎不好,着另做。钦此。

于本月初十日做得小孔雀翎三个,郎中海望呈进讫。

八月

203. 初十日,太监刘希文、王太平交来荆州石仙人一件 随紫檀木座,传旨:此仙人旁边的猫不好,将猫改做狗形。钦此。

于十二月二十八日做得荆州石仙人一件,郎中海望呈进讫。

204. 二十八日,催总刘山久持来葡萄色玻璃瓶画样一张,梧桐叶式笔砚画样一张,墨床画样一张,绿玻璃水丞画样一张,说郎中海望传:着照画样配做备用。记此。

于九月二十七日做得碧玉梧桐叶笔砚一件，紫檀木座象牙茜绿盖白玉面嵌金珀鱼珊瑚肠墨床一件，桃花石座珊瑚匙绿玻璃水丞一件，配在都盛盘内，郎中海望呈进讫。

九月

205. 初六日，据圆明园来帖内称，本月初四日郎中海望持出白玉心猿意马一件 随紫檀木座，奉旨：着将上边的猴砣去，改做笔架用。钦此。

于十二月二十八日改做得双桃笔架一件，郎中海望呈进讫。

十一月

206. 十四日，首领太监郑太忠交来铁线松石数珠一盘 珊瑚佛头、塔、记念，松石背云，红宝石坠角，银镀金宝盖圈、掐一份，夹间珠七个，伽楠香数珠一盘 珊瑚佛头，青金塔，假松石记念，黄玻璃背云，玛瑙坠角，铜镀金宝盖圈、掐一份，伽楠香数珠一盘 青金佛头，珊瑚塔、记念、背云，松石坠角四个，金宝盖一份，传：着将此数珠上背云、卡子、宝盖、坠角俱收拾。记此。

于十一月十三日收拾得伽楠香数珠二盘，郎中海望交太监刘义持去讫。

于十二月初一日收拾得松石数珠一盘，员外郎沈崳交太监刘义持去讫。

3. 杂活作

正月

301. 十三日，太监王太平交来各式玉磬十四件 内有水晶卣一件，玉罐一件，玉鱼一件，传旨：着陈设在莲花馆一号房东阁书格上，若空处多不能摆满，见空处点缀陈设。钦此。

于九月初三日将碧玉飞龙磬一件 铜烧古架，白玉福寿双喜有锁磬一件 紫檀木架，水晶有锁卣一件 象牙茜色番花架，汉玉双喜磬一件 紫檀木架，

白玉夔凤磬一件 黑漆描金架，白玉双凤磬一件 紫檀木架，白玉双有连锁罐一件 紫檀木架，白玉福寿夔龙磬一件 紫檀木架，白玉篆字有锁磬一件 黑退光漆架，白玉双鱼一件 铜座黑退光漆架，白玉合符有锁磬一件 紫檀木架，白玉行龙有锁磬一件 紫檀木架，白玉日月长明磬一件 花梨木架，白玉有锁福禄交泰磬一件 象牙茜色架，郎中海望安在莲花馆一号房东阁书格上讫。

302. 十七日，太监刘希文、王守贵交来青绿乳铎一件 紫檀木座，白瓷钟一件 紫檀木座，青绿小钟一件 紫檀木座，灵璧石磬一件 紫檀木座，青花白地瓷钟一件 竹架，传：着陈设在莲花馆一号房内书格上。记此。

于九月初三日郎中海望将青绿乳铎等五件俱安在莲花馆一号房内书格上讫。

二月

303. 初六日，首领太监萨木哈持出白玉提梁双有磬一件 紫檀木架嵌玻璃五福捧寿，汉玉圆形磬一件 随紫檀木架，说太监王太平传：着陈设在莲花馆先交出磬一处。记此。

于九月初三日郎中海望将玉磬二件持进，安在莲花馆一号房内书格上讫。

304.1. 初七日，郎中海望持出白玉有锁刻人物字磬一件 随珊瑚枝架，系石里哈进，温都里那石提梁罐一件 随紫檀木座，系阿克敦进，奉旨：着将珊瑚枝上挂的白玉磬拆下来，另配一架子，将温都里那石提梁罐挂在珊瑚枝上，其紫檀木座上用牛油石，或做笔洗，或做何物，尔等酌量配合做一件。钦此。

于八月十四日改做得珊瑚枝一件，配挂温都里那石铜镀金提梁罐一件，随黑堆漆玻璃罩象牙茜绿色座，郎中海望呈进讫。

于九月初三日改做得白玉磬一件，随紫檀木架一件，郎中海望持进安设在莲花馆一号房内书格上讫。

304.2. 初七日，郎中海望持出玻璃轩辕镜二件 系杨文乾进，奉旨：着配紫檀木独梃帽架用。钦此。

于五月初四日做得紫檀木梃玻璃轩辕镜帽架一对，郎中海望呈进讫。

304.3. 初七日，郎中海望持出汉玉夔龙式磬一件随紫檀木架，系范毓馪进，奉旨：着将此磬安在莲花馆一号房东边书格上，若书格空处不能容放此磬，尔等随其空处另配一架子陈设。钦此。

于本年九月初三日汉玉磬一件配得扁形紫檀木架，郎中海望持进，安在莲花馆一号房书格上讫。

305. 十七日，郎中海望持出白玉连锁夔龙花纹磬一件，奉旨：着改做配一紫檀木架，俟得时送往圆明园陈设在莲花馆书格上。钦此。

于九月初三日改做得白玉磬一件，随紫檀木架一件，郎中海望安在莲花馆一号房内讫。

三月

306. 十九日，员外郎沈嵛、唐英传：做备用福寿双圆帽架一份。记此。

于九月二十七日做得福寿双圆帽架一件，系紫檀木座，内盛四十岁水晶眼镜一副，红铜镀金掐丝珐琅仿圈一件，铜镊子一把，银耳挖一支，象牙起子一件，蜜蜡杆耳捻一件，玻璃镜一面，郎中海望呈进讫。

307. 二十三日，太监杨忠来说太监刘希文传旨：用碎伽楠香三十两。钦此。

于本月二十五日将伽楠香称得三十两，库使德邻、领催白世秀持去交万字房太监杨忠，转交太监刘希文收讫。

四月

308. 十六日，据催总刘山久来说，奉怡亲王谕：着照看准水法样做水法一份。遵此。

于本月三十日据催总刘山久来说郎中海望传：着照样再做水法一份。记此。

于五月十八日据催总刘山久来说郎中海望传：着照样再做水法一份。记此。

于六月二十三日做得水法三份，怡亲王带领郎中海望呈览，奉旨：照此水法样式做四份。钦此。

于七月初十日据圆明园来帖内称，本月初九日郎中保德传：着将水法再添做三份，前后共七份。记此。

于七年四月初四日做得柏木水法七份，郎中海望带催总刘山久持进西峰秀色瀑布处安讫。奉旨：水法做的好，着赍做水法人等银二百两。钦此。

五月

309. 初五日，据圆明园来帖内称，本月初四日太监张玉柱、王常贵交来象牙边象牙席迎手靠背二份，象牙席圆枕四个，象牙席黄缎边褥子四个，传旨：将此迎手靠背二份，褥子二个送至寿皇殿供一份，恩佑寺供一份，到夏季应供时供偏些，不必正供，其余褥子二个将象牙席取下，另托毡沿蓝缎边铺床用。钦此。

于六月十八日据圆明园来帖内称，郎中海望传：着将象牙席靠背迎手坐褥二份，另配做杉木箱二个盛装，得时寿皇殿、恩佑寺每处送去一份。记此。

于七月二十日做得杉木箱二个，内盛象牙席靠背、迎手、坐褥二份，柏唐阿富拉他送至寿皇殿一份交太监纪安收讫，恩佑寺一份交太监李国泰收讫。

于五月二十二日将象牙席沿得蓝缎边，郎中海望呈进讫。

十月

310. 初五日，员外郎沈嵛传：做番花书灯一件。记此。

于十月二十八日做得紫檀木座铜镀金灌铅足番花书灯一件，内安铜镀金接油信子瓶式梃杆一面，安玻璃衬寿意花卉画片一面，安玻璃衬茜福寿天祝镶嵌，背后挂象牙嵌绿墙绣黄缎面香袋一件，随黄线穗，郎中海望呈进讫。

311. 初六日，为本月初二日郎中海望、员外郎沈嵛传：做备用福寿镜支帽架一件。记此。

于本月二十八日做得紫檀木嵌玻璃帽架一份，内盛玳瑁鞘小刀一件，象牙起子一件,铜镊子两件,玳瑁耳挖、牙签各一副,玻璃镜一面,郎中海望呈进讫。

312. 二十六日,太监刘希文交来汉玉福寿磬一件随紫檀木架,系佛伦进,传旨:此磬挂的低了,再往上撙些,其两边的锁儿亦往上撙些。钦此。

于十二月二十七日收拾得汉玉福寿磬一件随紫檀木架,上盖黄杭细挖单一块,太监马进忠持交太监刘希文收讫。

十二月

313.1. 初六日,太监刘希文、王太平传:造办处有备用做下的,或紫檀木或黄杨木匙箸瓶随匙箸送进一份来,里边陈设。记此。

于本日将做成紫檀木匙箸瓶一件,随铜镀金匙箸一份,郎中海望着太监王玉持进交太监王太平讫。

313.2. 初六日,郎中海望、员外郎沈嵛传:着照本库收贮攒竹镶嵌金口紫檀木座笔筒样式,做二件备用。记此。

于本月二十八日做得斑竹笔筒一件,云竹笔筒一件,郎中保德、海望呈进讫。

4. 花儿作

正月

401. 初十日,首领太监程国用交来福寿长春瓶花一件随青花白地葫芦瓶紫檀木座,说太监王太平传:着收着。记此。

于三月二十九日福寿长春瓶花一件,随瓷瓶并木座,仍交首领太监程国用持去讫。

八月

402. 十九日,据圆明园来帖内称,八月十八日太监刘希文、王太平奏准,怡亲王福金寿日所用寿意活计,着照年例预备赏给。钦此。

本日郎中海望、太监刘希文、王太平同定得做顶花九枝，花上有可镶嵌珠石处嵌珠石，瓶花一件，盆景一件。记此。

于本月二十三日据圆明园来帖内称，八月二十日太监马进忠、王自禄持来青花白地宝月瓷瓶一件，八角豆绿瓷瓶一件，白地五彩瓷瓶一件，冰裂纹腰圆瓷盆一件，五彩透地泥金锁瓷花篮一件，说太监刘希文、王太平传：着将花篮内配桃、灵芝，若有现成磬架，将此花篮挂在架上，花盆内配寿意通草盆景，现今里有盆景名系福寿长春，此盆景不可重名，白地五彩瓶、八角豆绿瓶俱配寿意瓶花紫檀木座，赶怡亲王福全寿日要用，再青花白地宝月瓷瓶一件，亦配做通草寿意瓶花，紫檀木座，俟怡亲王千秋要用。记此。

于九月初四日做得八仙庆寿嵌珠石顶花一枝，海鹤蟠桃嵌珠石顶花一枝，双圆福寿嵌珠石顶花一枝，双凤双圆嵌珠石顶花一枝，双双眉寿嵌珠石顶花一枝，云锦棉长嵌珠石顶花一枝，芝兰并秀嵌珠石顶花一枝，合欢双瑞嵌珠石顶花一枝，随小寿字锦盒盛装，首领太监李久明持去交太监刘希文讫。

于九月初四日做得通草福寿双圆瓶花一束，随八角豆绿瓷瓶，紫檀木座，芝仙祝寿瓶花一束，随白地五彩瓷瓶，紫檀木座，福禄寿盆景一件，随冰裂纹腰圆式瓷盆一件，糊锦纱罩长春献寿花篮一件，随五彩透地泥金锁瓷花篮一件，郎中海望着首领太监李久明持进，交太监刘希文讫。

于九月二十七日做得通草眉寿长春瓶花一束，随青花白地宝月瓷瓶，紫檀木座，郎中海望着首领太监李久明持进，交太监刘希文讫。

九月

403. 二十八日，据圆明园来帖内称，太监刘希文、王太平交来汉玉瓶一件 随紫檀木座，**水晶花插一件** 随象牙座，**传旨：瓶内着配通草、莲花、桃，其花插内着配通草长春花。钦此。**

于二十九日汉玉瓶一件内配得通草、莲花、桃一束，水晶花插内配得通草长春花一束，郎中海望交首领太监程国用持去，本日仍持出说，太监刘希文、王太平着送至圆明园，交九洲清晏太监王守贵。记此。

于本月三十日柏唐阿花善送去交太监王守贵收讫。

十二月

404. 初四日,首领太监程国用交来华祝三多瓶花一束 随青花白地葫芦式瓷瓶,紫檀木座,福寿长春瓶花一束 随青花白地宝月瓷瓶,紫檀木座,福寿双圆瓶花一束 随豆绿八瓣瓷瓶,紫檀木座,福寿如意瓶花一束 随钧窑瓷瓶,紫檀木座,说太监刘希文传:着将此瓶花、座子俱见新收拾。记此。

于七年二月初七日收拾得瓶花四束,瓶四件,随座子、架子,首领太监萨木哈持去交太监刘希文讫。

5. 皮作

十二月

501. 初二日,首领太监程国用、王自立、王进玉交来养心殿后殿正宝座随杉木床白毡面石青缎刷子床套一件,传:着交造办处收着,俟用时来取。记此。

于七年三月初六日将床套一件,首领太监程国用持去讫。

6. 铜作

二月

601. 二十一日,首领太监程国用、王进玉传:做铜丝炉罩,径三寸八分,高四寸一件,径四寸八分,高四寸一件,径三寸五分,高三寸五分一件。记此。

于三月初六日做得花梨木顶铜丝烧古炉罩大小三件,员外郎沈嵛交首领太监程国用持去讫。

六月

602. 初七日,据圆明园来帖内称,五月初一日太监李勇交来汉玉方形花插一件 紫檀木座,说太监王太平传旨:着配铜匙箸。钦此。

于本月初五日汉玉方形花插一件,配得铜镀金匙箸一份,太监范国用持去交太监刘希文讫。

603. 十八日,据圆明园来帖内称,太监马进忠来说,太监刘希文传旨:万字房观妙音屋内,着安倚门花梨木把铜鼓子二件。钦此。

于本月二十三日做得花梨木把头号铜鼓子二个,太监马进忠持去交太监刘希文讫。

7. 炮枪作 附弓作

正月

701. 初七日,太监焦进朝传:着将小刀送几把进来。记此。

于本日随将做成高丽木把镘子儿皮鞘铜镀金東鹅黄缎子赏用小刀二十把,郎中海望交太监焦进朝持去讫。

十二月

702. 二十二日,三等侍卫阿兰泰交来吉林乌拉将军哈达等进虎枪杆二十根,长枪杆十根,乌拉松枪鞘八个,线枪鞘八个,柳木枪鞘八个,线枪鞘八个,奉怡亲王谕:着交造办处收着。遵此。

乾隆元年八月二十八日据弓匠柏唐阿厄尔贺回称,虎枪杆二十根,长枪杆十根,乌拉松鸟枪鞘八个,线枪鞘八个,柳木鸟枪鞘八个,线枪鞘八个现在本作存收。

8. 珐琅作

八月

801. 二十日，据圆明园来帖内称，八月十八日郎中海望画得太平如意庆长春瓶花样一张，随桃式挂瓶样一张呈览，奉旨：尔等酌量造办。钦此。

于九月二十七日做得珐琅桃式挂瓶一件，随象牙茜色长春花一束，象牙杆铜镀金宝盖红马尾蝇刷一件，象牙把镀金饰件玛瑙太平车一件，黄杨木如意一件，郎中海望呈进讫。

十二月

802. 初十日，首领太监程国用交来花梨木纹瓷桶一件，说太监王太平传旨：此桶口上釉水有破坏处，着收拾好送至圆明园，陈设九洲清晏茶具内。钦此。

于本月十四日收拾得花梨木纹瓷桶一件，柏唐阿巴蓝泰送至圆明园，交九洲清晏首领太监杨忠收讫。

9. 镶嵌作 附牙作、砚作

正月

901. 初四日，郎中海望、员外郎沈嵛传：做太平朝圆瓶花一件。记此。

于本月二十八日将太平朝圆瓶花一件，改做得象牙茜色福寿双圆瓶花一件，绿色玻璃瓶紫檀木座，郎中保德、海望呈进讫。

902.1. 初五日，太监王太平传：将备用寿意活计拿几件来。记此。

于本日将备用做得紫檀木嵌金珀葫芦式盒，内盛绿色石砚一方，着太监马进忠持去，交太监王太平讫。

902.2. 初五日，太监王太平交来玛瑙石砚山一件 随紫檀木座，传旨：砚山上着做镶嵌珊瑚福灵芝。钦此。

于本日将此砚上配做得珊瑚福二个，金珀灵芝二个，郎中海望交太监刘希文讫。

903. 初六日，郎中海望、员外郎沈嵛、唐英传：做备用三阳开泰盆景一件。记此。

于二月二十八日将三阳开泰盆景改做得岁岁双喜陈设一件，随紫檀木座，糊锦纱罩，郎中海望呈进讫。

904. 十三日，太监王太平交来红玻璃水丞四件，黄玻璃圆水丞一件，传旨：着配象牙座镀金匙。钦此。

于四月初一日将红玻璃水丞四件，配得象牙茜绿座二件，象牙茜色流云座一件，寿石山灵芝座一件，铜镀金匙四件，黄玻璃水丞一件，配得紫檀木座一件，绿玻璃匙一件，太监吕进朝持去交太监王太平讫。

905. 二十六日，据圆明园来帖内称，郎中海望传：着照先做过的紫檀木托板上格的研朱墨砚台一样，或用紫端石，或用乌拉石做二方。记此。

于五月初五日据圆明园来帖内称，本月初四日，领催闫黑子持来紫色石流云式砚一方，绿色石海水式砚一方，说此砚二方郎中海望呈怡亲王看过，奉王谕：此砚俱不好，着另画样我看，准时再改做。遵此。

于八年十月三十日做得石砚二方，内务府总管海望呈进讫。

二月

906. 初五日，郎中海望、员外郎沈嵛、唐英传：做备用镶嵌吉庆眉寿鼻烟壶二件，镶嵌紫檀木事事如意笔筒一件，内随手卷一卷。记此。

于本月二十八日做得镶嵌年年吉庆鼻烟壶二件，锦匣盛，镶嵌云母寿字金珀福儿寿字番花紫檀木笔筒一件，群仙祝寿手卷一卷，黄杨木嵌碧玉双福双寿如意一件，象牙管笔一支，乌木管笔一支，郎中海望呈进讫。

907. 初一日，据圆明园来帖内称，二月二十九日太监王太平传旨：着将寿山石双喜螭虎笔架照样再做一件。钦此。

于五月初四日做得象牙茜色福寿笔筒一件，内安黄杨木灵芝紫檀木管笔二支，郎中海望呈进讫。

908. 二十四日，据圆明园来帖内称，三月十九日郎中海望面奉旨：此黑退光漆砚盒上嵌碧玉如意玦，内盛绿端石砚一方甚文雅，尔照此样再做几方。钦此。

本月二十六日员外郎沈嵛、唐英同定得先做四方。记此。

于七年五月初四日做得紫檀木黑漆地嵌象牙字砚赋盒绿端石砚一方，紫檀木黑漆地嵌云母字砚赋盒绿端石砚一方，郎中海望呈进讫。

于七年十月十三日做得杉木胎黑退光漆刻砚赋填金字盒绿端石砚二方，郎中海望交太监张玉柱呈进讫。

909. 三十日，郎中海望持出花梨木匣镶嵌关东石卧蚕水池绿端石砚一方，奉旨：砚上有破处，砚盒亦不好，俱收拾。钦此。

于八月初八日收拾得花梨木盒绿端石砚一方，郎中海望呈进讫。

四月

910. 二十八日，郎中海望传：做寿山石万年天鹿笔架一件。记此。

于五月初四日做得寿山石万年天鹿笔架一件，紫檀木座，郎中海望呈进讫。

八月

911. 初七日，郎中海望、员外郎沈嵛、唐英传：做镶嵌鼻烟壶一对，镶嵌紫檀木盒一对，镶嵌金累丝簪一对。记此。

于九月初四日做得镶嵌福寿长春紫檀木盒一对，镶嵌双凤圆鼻烟壶一对，首领太监李久明持去交太监刘希文讫。

于九月初四日做得金累丝簪一对，郎中海望呈进讫。

912. 二十一日，郎中海望、员外郎沈嵛传：做福寿九如盒一对。记此。

于九月二十七日做得紫檀木镶嵌福寿九如盒一对，郎中海望呈进讫。

913.1. 二十八日，据圆明园来帖内称，本月十八日郎中海望传：做备用寿意镶嵌紫檀木福寿连元有罩都盛盘二件。记此。

于九月二十七日做得福寿连元都盛盘二件,内盛虬角臂搁一件,西山石双圆盒绿端石砚一方,桃花石九福绿玻璃水丞一件 珊瑚匙,白玉嵌年年余长墨床一件,象牙嵌龙油珀面碧玉双喜笔床一件 随湘妃竹笔二支,牛油石年年如意笔砚一件,碧玉节节双喜压纸一件,象牙嵌紫檀木插屏式砚遮一件,语韵一套,琥珀鸳鸯暖手一件,玻璃双圆镜一件,烧古铜如意一件,玳瑁嵌龙油珀面火镰包一件,珐琅鼻烟壶一件 珊瑚盖象牙匙,黄杨木葫芦盒一件,芝仙祝寿小盆景一件,绿玻璃盘一件 紫檀木架内盛象牙茜色彩佛手鼻烟壶四件,象牙茜绿把嵌金珀福寿绣红缎面香袋镶镀金口黑棕刷琴拂一件,郎中海望呈进讫。

913.2. 二十八日,催总刘山久持来琴拂画样一张,事事福寿灵芝画样一张,说郎中海望传:着照画样配做备用。记此。

于九月初六日据圆明园来帖内称,八月二十八日,郎中海望传:做备用寿意玻璃笔筒一件,手卷一件,紫檀木管笔二支。记此。

于九月二十七日做得象牙香袋嵌绿把,上嵌金珀福寿绣红缎面香袋,镶镀金口黑棕刷琴拂一件,郎中海望呈进讫。

于十月二十八日做得亮白玻璃胎,口安雕刻山水群仙祝寿笔筒一件,随事事福寿珊瑚灵芝一件,海岳长春手卷一卷,紫檀木管笔二支,郎中海望呈进讫。

914. 三十日,郎中海望传:做备用各式砚九方。记此。

于十月二十八日做得雕刻福禄寿葫芦式盒绿端石砚一方,紫石眉寿盒绿端石如意池砚一方,天然石子灵芝式黄色石盒紫端石砚一方,天然石子绿端石砚一方,花色紫石长方盒绿端石砚一方,龙油珀腰圆盒绿端石砚一方,寿山石腰圆盒端石砚一方,瘿木根盒紫端石囊砚一方,豆瓣楠木盒紫端石砚一方,郎中海望呈进讫。

十一月

915. 初二日,郎中海望传:做备用各样款式盒砚十四方。钦此。

于十二月二十八日做得西山石竹节式盒绿端石砚一方,关东黄色石盒绿端石砚一方,黄色开辟石紫端石葫芦砚一方,黄蜡石长方盒绿端石灵芝砚一方,西山石松椿式盒绿端石砚一方,红色玛瑙石天然盒紫石夔福池砚一方,黑花天然石子盒绿端石砚一方,湖广石天然花纹盒夔龙池砚一方,寿山葫芦式盒绿端石砚一方,郎中海望呈进讫。

于七年四月二十四日做得黄蜡石长方盒紫端石砚一方,郎中海望呈进讫。

于七年五月初四日做得紫檀木盒紫端石砚一方,鸂鶒木盒紫端石砚一方,上嵌白玉三件,此玉系七年四月初五日持出白玉螭虎三十九件之内的,柏木包盒绿端石一方,二色湖广石盒绿端石砚一方,郎中海望呈进讫。

916. 初六日,郎中海望、员外郎沈嵛传:着照本库收贮斑竹镶镀金口紫檀木座笔筒样式,做二件备用。记此。

于本月二十八日做得斑竹笔筒一件,云竹笔筒一件,郎中保德、海望呈进讫。

10. 匣作

正月

1001. 二十七日,郎中海望奉旨:尔将提簧插盖小匣做几件,大些匣亦做几件,要容放得折子,或用合牌糊锦,或用木做俱可。钦此。

于二月初六日做得合牌胎紫檀木边嵌绿色西番花锦红绫里长五寸,宽三寸,高一寸六分插盖匣一件,郎中海望呈进讫。奉旨:照此匣再放大些做几件,收小些亦做几件,俱要放高些。钦此。

于二月二十七日做得糊绿番花锦面黄绫里,内安提簧二面插盖匣大小五件,郎中海望呈进讫。

六月

1002. 二十一日,据圆明园来帖内称,本月二十一日副总管太监李英传旨:着将黑皮拱花红皮押花糊锦,或长四五寸,或长五六寸玻璃镜做一二十件。钦此。

于七月二十八日做得红皮拱花钩金面黄绫里合牌胎长方匣玻璃镜一件，红皮拱花钩金面黄绫里书式合牌胎长方匣，内安黑石笔一支，黑石片一片，玻璃镜一件，红皮拱花钩金面黄绫里合牌胎插盖长方匣玻璃镜一件，黑撒林皮拱花钩金面夹板式玻璃镜一件，黑撒林皮拱夔龙钩金黄色面西洋花纸里夹板式玻璃镜一件，绿西番花锦面黄绫里紫檀木四足糊西洋花纸合牌胎镶紫檀木边长方匣玻璃镜一件，蓝西番花锦面西洋花纸里合牌胎长方折背匣彩金红皮边玻璃镜一件，郎中海望呈进，奉上谕：将夹板式玻璃镜再做几件。钦此。

于八月初三日做得红皮拱花合牌胎夹板式玻璃镜一件，红皮拱花合牌胎夹板式玻璃镜一件，郎中海望呈进讫。

于七年正月初三日做得腰圆形鞔红羊皮押花玻璃镜一件，长方形鞔红羊皮拱花玻璃镜一件，长方形鞔红羊皮押花玻璃镜一件，长方形鞔撒林皮拱花玻璃镜二件，长方形鞔撒林皮拱花玻璃镜一件，长方形鞔撒林皮拱花署文房玻璃镜一件，郎中海望交太监黄寿呈进讫。

九月

1003. 二十八日，郎中海望奉旨：养心殿后殿明间屋内桌上，有陈设玉器古玩，俱系平常之物，尔持出配做百什件用，做漆箱盛装。钦此。

于十月初一日郎中海望持出各色玉器古玩共六百四十三件。第一盘，白玉穿心盒一件，白玉双鹅一件 紫檀木座，白玉双环一件，白玉夔龙带钩一件，白玉牧牛童子一件，白玉天鹿一件，白玉娃娃一件，白玉昭文带一件，白玉犬一件，白玉方洗一件 象牙座，白玉娃娃一件，白玉海棠洗一件，白玉长方斗一件 象牙座，白玉双合扇器一件，白玉小盖瓶一件，白玉单耳杯一件，碧玉桃式扇器一件，白玉夔龙式圈一件 有坏处，白玉夔龙片一件，白玉三足筒一件 内盛金累丝花篮一件，红玛瑙刘海仙人一件，红玛瑙图章二方 象牙座，花玛瑙小圆盒二件，白玛瑙累丝鼻烟壶一件 象牙座，花玛瑙松鼠甜瓜笔洗一件 随紫檀木座，红玛瑙马一件，红玛瑙异兽压纸一件，红白玛瑙双耳杯一件 玉匙，红玛瑙水丞一件 珊瑚匙，玛瑙天然有眼笔山一件象牙座，花玛瑙紫檀木墨床一件，白玛瑙海棠笔砚一件 象牙座，白玛瑙鹦鹉摘桃单耳杯一件，白玛瑙小猫一件，花玛瑙蝉一件，红白玛瑙人象牙床一件，黑白玛瑙腰圆扇器一件，红白玛瑙小水丞一件，红白玛瑙小乳丁圈一件，花玛瑙太平车一件，嵌玛瑙面镀金小盒一件，黑白玛瑙腰圆水丞一件，宜兴葫芦一件，宜兴葫芦小花插一件 紫檀木座，宜兴马褂瓶一件 紫檀木盒，宜兴提梁三足壶一个，宜兴砚水壶一件，五彩小瓷盘八件，龙庆酒圆二件，五彩小瓷盘一件，青花白地八方小碟一件，青花白地菊花小碟一件，宜兴挂釉花插一件，宜兴挂釉仙鹤砚水壶一件，青花白地双管花插一件 紫檀木座，填白双管瓶一件，哥窑花插一件，定瓷马笔架一件 乌木座，哥窑异兽压纸一件，青花白地异兽压纸一件 紫檀木座，蓝瓷秋叶水丞一件 紫檀木座，五彩圆盒一件，黄瓷纸槌瓶一件，白瓷小罐一件，五彩盖罐一件，青花白地小圆盒一件，定瓷撇口盘一件，定瓷镶铜镀金口碗一件，哥窑海棠式盆一件 珊瑚匙，定瓷笔洗一件 紫檀木座，蓝瓷水丞一件，青花白地瓷盖罐一件 铜筒盖，定瓷鼓墩式盒一件，鎏金金狮子香插一件 紫檀木座，定瓷水丞一件 紫檀木镀金匙，定瓷小水丞一件 紫檀木座，镀金三足香炉一件 紫檀木座，镀金甜瓜式鼻烟壶一件，烧乌银鼻烟壶一件，青绿古铜瓶一件 紫檀木座，青绿异兽压纸一件，鎏金金双耳罐一件 紫檀木座，青绿盖罐一件 紫檀木座，青绿异兽花插一件 花梨木座，古铜水注一件，银晶兔压纸一件，水晶异兽压纸一件，水晶双管花插一件 象牙座，水晶双环圆鼎一件 紫檀木座盖，水晶水丞一件 象牙座珊瑚匙，五彩玻璃葫芦式鼻烟壶一件，广玻璃鼻烟壶三件 内一件破了，乌木边嵌檀香面香几一件 牙子少一件，乌木算盘一件 黄杨木珠，杏木根异兽压纸一件，杏木根天然鹿一件，杏木根雕刻鸠一件，竹根匙箸瓶一件 白铜匙，竹根雕刻罗汉二件，竹根雕刻筒一件，镶嵌黑漆圆盒一件，彩漆葫芦式烟袋疙瘩一件，洋漆笙一件，洋漆套盒一件，洋漆有屉箱一件，洋漆盖罐一件，洋漆小圆盒一件，洋漆高圆盒一件，洋漆扁圆盒一件，洋漆筒子千里眼一件，黑漆大棋盘一份 红绿二色烧红石棋子，龙油珀双管花插一件，龙油珀三喜瓶一件，琥珀驺虞一件 黄杨木座，蜜蜡雕象牙压纸一件，金珀暖手一件，蜜蜡雕刻人物扇器一件，紫檀木小插屏一件，紫檀木嵌玉长方盒一件，象牙小圆盒一件，牛角千里眼一件，珊瑚天然荷叶水丞一件，珊瑚娃娃扇器一件，白英石砚山二件 紫檀木座，宣炉一件 随匙箸，紫檀木座，象牙骨牌一副，筹码一份 乌木的三十二根，紫檀木的五十根，乌木的五十根，马吊牌一份，诗韵一套，孔丛子书一套，米南宫册页一册，董文敏手卷一卷，小刀一把，镊子一把，藤子火帘一件，葫芦大小十三个，橄榄核小船一件，以上共各样器皿一百六十四件。

第二盘，手卷大小三卷，册页大小四册，书大小五套，白玉连环带圈一件，碧玉豆角一件，白玉异兽水注一件 犀角座无盖，仿汉玉异兽水注一件 汉玉螭虎盖，青玉乳丁圈一件，白玉小月琴一件，白玉双鼠扇器一件，汉玉图章一方，白玉图章三方，碧玉图章一方，白玉带钩一件，白玉连锁扇器一件，青玉腰圆玦一件，白玉单耳八角筒一件，紫英石图章二方，白玉图章三方，绿英石图章一方，红玛瑙图章一方，寿山石图章一方，花玛瑙匙一件 镀金把，红玛瑙把锥子一件，黑玛瑙猿扇器一件，红白玛瑙钟离仙人一件 紫檀座，红玛瑙带钩一件，绿玛瑙鹦鹉摘桃一件，红玛瑙江猪一件，水晶印色盒一件，水晶荷叶笔洗一件 象牙座，水晶秋叶笔砚一件，水晶图章二方，水晶双环图章一方，玻璃双耳杯一件，玻璃鼻烟壶一件，哥窑方斗一件，哥窑单耳笔砚一件 紫檀木座，五彩小瓷盒二件，祭红小胆瓶一件，哥窑笔架一件 锦座，哥窑甜瓜式水壶大小二件，哥窑葫芦式匙箸瓶一件 镀金匙箸，紫檀木座，定窑双环花插一件，填白有盖水丞一件 镀金匙，填白酒圆二件，定瓷水丞一件，定瓷卧象水丞一件，定瓷靶杯二件，宜兴挂釉双管瓶一件，龙泉釉纸槌瓶一件 紫檀木座，蓝瓷水丞一件，宜兴挂釉小笔架一件 紫檀木座，青花白地柱头罐一件，青花白地葫芦式匙箸瓶一件 镀金匙箸，紫檀木座，青花白地双管花插一件，哥窑扇式洗一件，绿瓷方洗一件，青花白地玉兰花插一件 紫檀木座，青花白地小葵花盘一件 内有象牙枚马六件，玉玛瑙枚马八件，珐琅仿圈压纸一份，珐琅水丞一件，珐琅蜡签一件，青绿提梁卣一件 杏木座，小镜一面，宣铜方炉一件，乌银烟袋疙瘩一件，宣铜鼓墩炉一件，乌银鼻烟壶一件，小铜表一件，象牙图章一方，寿山石图章一方，瓷图章三方，龙油珀双鸠盒紫端石砚一方，龙油珀雕刻方笔筒一件，洋漆有屉鸠盒一件，洋漆套盒一件，洋漆书式盒二件，洋漆扇面盒二件，洋漆罩盖盒一件，洋漆长方盘大小二件，洋漆葫芦式烟袋疙瘩一件，黄杨木戳子一件，杏木根雕刻竹式臂搁一件，紫檀木葡萄叶香碟一件，紫檀木嵌玉压纸一件，沉香墙嵌玳瑁面鼻烟壶一件，黄杨木飞龙在天镜一面，雕刻罗汉竹镜支一件，雕刻竹香筒一件，雕刻棕竹小扇牌一件，八不正葫芦二件，天圆地方葫芦一件，扁形葫芦一件，小长把葫芦一件，象牙分寸尺一件，象牙腰圆盒一件，雕刻玳瑁小插屏一件 象牙座，象牙算法一份，象牙圆盒一件，斑竹墙象牙梅花鼻烟壶一件，雕红漆大小圆盒二件，填漆桃式小盘二件，英石砚山一件 紫檀木座，黑墨一锭，朱墨一锭，斑竹管笔一支，玳瑁管笔一支，剳刀一把，铜规矩一件，桃核雕刻弥勒佛一尊 象牙座，椰子鼻烟壶一件，绿端石梧桐叶式砚一方，紫端石鸡心玦砚一方，紫檀木嵌玉盒紫端石砚一方，橄榄扇器一件，白玉小箸一双，白玉鞘镀金饰件小剑一把，白玛瑙螭虎一件，白玛瑙异兽压纸一件，白玛瑙鸠一件，白玛瑙鹤鹿一件，白玛瑙羊二件，白玛瑙葫芦式鼻烟壶一件 珊瑚匙，花玛瑙双喜玦一件，白玛瑙山子一件 紫檀木座，白玛瑙刘海仙人一件，花玛瑙双狮子一件，白玛瑙秋蝉二件，红玛瑙仙人一件，红白玛瑙鸡心玦一件，红白玛瑙云龙扇器一件，红玛瑙心猿意马一件，红玛瑙带钩一件，红白玛瑙刘海仙人一件，红玛瑙娃娃一件，红白玛瑙雀鹿一件，红白玛瑙鸳鸯扇器一件，黄玛瑙流云牌一件，黄白玛瑙一小片，花玛瑙娃娃扇器一件，银把花玛瑙匙子一件，花玛瑙把子锥子一件，花玛瑙长形小扇牌一件，白玛瑙天然水丞一件乌木座，花玛瑙葵花碟一件，花玛瑙葵花盘一件，水晶甜瓜式笔洗一件，水晶甜瓜式水丞一件 珊瑚座，水晶葫芦式笔洗一件，水晶瓶一件 象牙座，水晶桃式小盒一件 象牙座，水晶双耳三足瓶一件 紫檀木座，水晶小印色盒一件，水晶兽压纸一件，水晶天鹿压纸一件，古铜仙鹤带钩一件，烧古三角铜炉一件杏木座，以上共一百五十一件。

第三盘，白玉莲瓣仙人一件，白玉单把瓶一件，汉玉小壶一件，白玉犬一件，白玉羚羊压纸一件，汉玉蟾形水丞一件，黑白玉童子牧牛压纸一件，白玉单耳海棠式杯一件，白玉小盆一件，白玉鱼形盒一件，白玉腰圆笔洗一件，白玉八角盒一件，白玉小寿星一件，白玉牛镯扇器一件，白玉大小娃娃九件，白玉双环带钩一件，白玉鸳鸯盒扇器一件，白玉单耳瓶一件，白玉连锁盖罐一件，乌玉仙人鱼扇器一件，白玉螭虎一件，白玉单耳杯一件，白玉双喜扇器一件，白玉小瓶一件，青玉圈一件，碧玉小图章一方，青玉小瓶一件 紫檀木座，白玉双喜五岳镶嵌一件，白斗双喜乳丁斗一件，白玉小带钩一件，白玉夔龙式小镶嵌一件，白玉草字扇器一件，白玉山水草字扇牌一件，白玉镶嵌墨床一件 黄杨木座，水晶鼓墩压纸一件，水晶镶嵌一件，红玻璃鼻烟壶二件，花玛瑙鼻烟壶一件，花玛瑙双耳渣斗一件，砣花白玻璃笔筒一件，砣花白玻璃鼻烟壶二件，白玻璃磨楞盖罐一件，洋玻璃磨楞鼻烟壶一件，洋玻璃匙箸瓶一件 乌木座，白玻璃方匙箸瓶一件 白铜匙箸，白玻璃鼓墩扇器一件 有绺，雨过天晴玻璃鼻烟壶一件，仿西洋白玻璃鼻烟壶一件，白玻璃印色盒一件，白绿二色玻璃二仙传道二件，玻璃圆盒一件，青绿古铜壶一件，青绿古铜瓶一件 紫檀木座，青绿古铜鸠车瓶一件，青绿古铜卧牛一件，青绿古铜三元鼎一件 随紫檀木座，青绿古铜鼠一件，青绿古铜猿一件，宣铜炉二件 紫檀木座，鎏金金铜炉一件，黄铜小圆盒一件，烧乌银水丞一件，烧乌银鼻烟壶一件，烧乌银长方有屉小盒一件，鎏金金双耳小罐一件，珐琅仿圈压纸二份，蚌珠鼻烟壶二件，蚌珠笔架一件 镀金座，云母镶嵌匙箸瓶一件 珐琅匙，铜箸，日晷一件，铜表二件，镀金流云玻璃鼻烟壶一件，祭红靶杯二件，填白小瓷罐一件，哥窑小瓶一件，嘉窑小圆盒一件，嘉窑小碟一件，定窑盆二件，白瓷水丞一件 紫檀木座，三管瓷花插一件 紫檀木座，定窑铙钹小碗一件，定瓷天鹿压纸一件，建窑秋叶笔砚一件，白瓷纸槌瓶一件，蓝瓷扁纸槌瓶一件，洋瓷套盒一件 耳子不全，青花白地小瓷瓶二件，青花白地小酒圆一件，白瓷小酒圆二件，彩金花篮葫芦盒一件，宜兴挂釉荷叶式笔砚一件 紫檀木座，建窑瓷炉一件 紫檀木盖，上嵌青花白地瓷顶，仿成窑盒一件，祭红瓷盘一件，宜兴圆盒一件，宜兴桃式水丞一件 紫檀木座，蜜蜡罐一件，蜜蜡玉兰花笔洗一件，蜜蜡东方朔一件 不全，蜜蜡弥勒佛一尊 不全，龙油珀四方花插一件，琥珀双狮子压纸一件，琥珀菱角鼻烟壶一件，琥珀连生贵子扇器一件，珊瑚带钩一件，珊瑚包镶甜瓜式鼻烟壶一件，珊瑚匙一件，洋漆有屉长方盒二件，洋漆有屉撞盒一件，洋漆有屉鸠盒一件，洋漆有屉罩盖盒一件，黑漆小琴桌一张，黑漆手卷式香几一个，彩漆鼻烟壶一件，洋漆箱一件内盛 署文房一份，嵌玛瑙长方漆盒绿端石砚一方，紫檀木雕刻流云盒绿端石砚一方，英石砚山大小二件 紫檀木座，雕刻漆圆盒二件，雕竹漆葫芦式鼻烟壶一件，象牙盒大小三件，象牙钟一件，犀角靶杯一件，六道木套杯一份 计十一件，木腰鼻烟壶一件 珊瑚盖，椰子鼻烟壶一件，彩漆方笔筒一件，橄榄木扇器大小三件 内一件有象牙骨牌一副，桃核雕刻扇器大小四件，亚腰葫芦大小四件 内珊瑚盖的一件，镶嵌紫檀木小盒一件 内盛噶出哈一件，棕蓝花篮一件，黄杨木螃蟹式盒一件，玳瑁盖底镀金盒一件，泡素香扇器大小二件，乌木边股小扇一柄，手卷大小四卷，册页大小三册，黑墨大小九锭，红墨大小二锭，白鬃刷一件，牛角壶箭一份 计十支，书经一套 有虫蛀，诗韵一套 有虫蛀，象牙笔船一件，以上共二百三十九件。

第四盘，白玉三足水丞一件 紫檀木座，白玉扁觥一件，白玉童子牧牛架一件，白玉单靶杯一件 紫檀木座，白玉螭虎一件，白玉异兽一件，白玉莲花娃娃大小三件，白玉喜罩盖鼻烟壶一件 珊瑚盖，白玉小圆盒一件，白玉仙人一件，白玉甜瓜一件，白玉双鹅一件，白玉双狮子一件，白玉小带钩一件，乌玉仙人扇器一件，白玉双狮子扇器一件，白玉双喜鸡心玦一件，白玉鹭鸶扇器一件，白玉螭虎一件，白玉小异兽扇器一件，白玉小花纹篆字扇器一件，碧玉夔龙扇器一件，白玉山水花纹扇器一件，白玉月牙扇器一件，红玛瑙双娃娃扇器一件，花玛瑙带钩一件，红玛瑙仙人一件，白玛瑙小鱼一件，白玛瑙小马一件，花玛瑙猿一件，花玛瑙仙人二件，白玛瑙螭虎一件，白玛瑙天鹅一件，黑玛瑙小琴一件，红玛瑙东方朔一件，花玛瑙石子一件，花玛瑙娃娃一件，红玛瑙橄榄一件，红玛瑙鸠形水丞一件 象牙座，镀金匙，花玛瑙流云水丞一件 象牙座，象牙雕刻梅桩笔筒一件，定窑鹅一件，绿珐琅瓶一件 紫檀木座，填漆小罐一件，西洋玻璃鼻烟壶一件，绿端石九螭砚一方，紫端石囊砚一方，寿山石图章大小十二方，白玉印色盒一件，洋漆盒一件，铜规矩一件，紫檀木笔船一件，象牙起子一件，黑墨一锭，珐琅仿圈压纸一份，剪子一把，捻锥一件，裁纸刀一把，玻璃鼻烟壶一件，珐琅仿圈压纸一份，银晶鼓墩压纸一件，白玉螭虎压纸一件，西洋玻璃鼻烟壶一件，玛瑙腰圆扇器一件，定窑小罐一件，哥窑水丞一件 紫檀木座，镀金匙，白英石砚山一件 紫檀木座，珐琅水丞一件 镀金匙，折叠双陆盘一份 象牙骨牌一份，香色玻璃双陆十五件，檀香、降香象棋子一份，西洋纸夹二页，珐琅盆一件，白玉骰子一副,以上共八十九件。

于本年十月十七日郎中海望持出青花白地菊花小瓷钟一件随花梨木座,五彩小瓷盘四件,哥窑六方笔洗一件,白瓷红鱼水丞一件随珊瑚银母架一件,粉定小瓷钟一件,哥窑八瓣杯二件,哥窑海棠式瓷洗一件随玻璃盖,玻璃腰圆小盒一件,水晶三喜瓶一件随象牙茜红座,荆州石小太平车一件,红白玛瑙小双娃娃一件象牙茜绿座,象牙钟一件随乌木架,紫檀木小琴一件,紫檀木臂搁一件,绿端石砚一方,竹子鹅一件随象牙茜绿座,洋漆小匣一件,洋漆长方盒一件,洋漆长方盘一件,黑红墨二锭,合牌折叠双陆象棋盘一份随沉香白檀香双陆三十件,银母象棋一盘,珐琅小盒一件,白玉骰子六个,烧古铜炉大小四件随紫檀木座三件,青绿古铜提梁卣一件,铜烧古异兽一件,西洋小铁锁四件,铜牛一件,蝇刷一件,以上共三十八件,传:着入在本月初一日持出古玩一处,亦配百什件箱内用。记此。

于八年五月十六日首领太监李久明持来白瓷五彩套圆一份计六件,边上俱有磕处,说太监刘希文传旨:将此套圆交给海望,入在百什件内。钦此。

于十三年十月初三日起至十月十五日止,司库常保、首领萨木哈陆续呈进讫。

十月

1004. 二十九日,首领太监李久明、萨木哈持出珐琅青瓶九有瓶一件随通草花九束,紫檀木座,汉玉瓶一件随通草花一束,紫檀木座,水晶花插一件随通草花一束,象牙茜色座,白玉葡萄叶盘一件随紫檀木座,佛一尊随锦匣盛,蓝宝石一块随紫檀木座,锦匣盛,圆漆盒一件内盛佛手二个,香圆三个,珊瑚盆景一件随锦纱罩,金锞子九个,说太监刘希文、王太平传:着将金锞子配匣盛装,其余活计俱收拾干净,俱送至九洲清晏交太监王守贵。记此。

于三十日将交来金锞子九个配糊锦匣盛,其余活计等件俱收拾完,着柏唐阿花善送至圆明园九洲清晏交太监王守贵收讫。

11. 裱作 附刻字作

正月

1101. 十四日，首领太监王自立传：做御笔红纸吊屏三件，内高一尺六寸一分，宽五寸九分，厚三分半一件；高一尺六寸，宽九寸八分，厚四分一件；高九寸二分，宽六寸一分半，厚三分一件。传：着俱做楠木屉子，上糊黄绢背红纸，边安钩头，钉护眼。记此。

于本月十八日照尺寸做得楠木胎糊红纸吊屏三件，各随铁钩头，护眼等件，员外郎沈嵛、唐英着领催马小二，交首领太监程国用、王自立持去讫。

二月

1102. 初十日，首领太监李统忠交来御笔“圣因寺”匾文一张，“泽永湖山”匾文一张，传：着双钩出来，配黄绢面红绢软里杉木匣二个盛装。记此。

于本月十三日做得杉木糊黄绢面红绢软里匣二个，内盛双钩匾字文二张，并交来匾字文二张，郎中海望、员外郎沈嵛、唐英交太监胡应瑞持去讫。

六月

1103. 初三日，太监王璋交来御笔“麦翻千顷浪，鱼跃半池珠”对一副，说首领太监李统忠传旨：将此对做成挂在酒馆内。钦此。

于六月十一日将御笔对托裱完贴在杉木胎对架上，随黄铜托钉四个，吊环二个，郎中海望带领催白世秀持至酒馆内挂讫。

12. 雕銮作

六月

1201. 三十日，员外郎沈嵛、唐英传：做寿意紫檀木花篮一对。记此。

于九月初四日做得寿意紫檀木花篮一对，首领太监李久明持去交太监刘希文讫。

八月

1202. 二十八日，郎中海望传：做黄杨木葫芦式双喜盒一件，紫檀木事事如意吊挂一份。记此。

于九月二十七日做得黄杨木葫芦式双喜盒一件，郎中海望呈进讫。

于十月二十八日做得紫檀木事事如意吊挂一份，郎中海望呈进讫。

九月

1203. 十六日，员外郎沈嵛传：做备用不灰木火盆四件。记此。

于九月二十一日做得不灰木火盆四件，郎中海望交太监徐文约持去讫。

十月

1204. 十一日，太监张玉柱、王常贵交来武定石白色梅花瓣式盘一件，武定石酱色秋叶式盘一件，武定石黄色荷叶式盘一件，武定石黄白色玉兰花式盘五件，武定石白色梅花式盘一件，武定石黄白色桃式盘一件，武定石黄白色石榴式盘二件，传旨：武定石白色梅花瓣式盘，酱色秋叶式盘着配做好木架呈进，其余武定石盘着配做平常木座，交园内总管太监，各处陈设用。钦此。

于七年五月初四日配得紫檀木独梃座二件，上安武定石白色梅花瓣式盘一件，酱色秋叶式盘一件，郎中海望呈进讫。

于七年四月初四日配得花梨木架武定石盘五件，交总管太监陈九卿持去讫。

于初六日配得漆架武定石盘五件，交总管太监陈九卿持去讫。

13. 油漆作

正月

1301. 十三日，太监闫士臣交来杉木敓床八张，说总管太监赵进斗传：着见新，刷黄罩油。记此。

于七月初十日将原交敓床八张，刷黄罩油完，柏唐阿六达子交太监闫士臣持去讫。

二月

1302.1. 初七日，郎中海望持出汉玉一统太平一件 随紫檀木架，黑堆漆夔龙万字锦式匣盛，系宜兆熊、刘师恕进，奉旨：此架还好，不必换黑堆漆匣，做法、花纹亦甚好，着留样，俟后若做漆水匣子等件，有可用此做法的俱照此做法一样做。钦此。

于八月初八日将此汉玉一统太平一件，随紫檀木架黑堆漆夔龙万字锦式匣，郎中海望呈进讫。

1302.2. 初七日，郎中海望持出黑堆漆罩佛龛一座 四面镶嵌汉玉圈，玻璃圈光，上安汉玉顶，内供汉玉佛一尊，汉玉山子一件，紫檀木座，黄绫垫，奉旨：此佛座安的不稳，黄绫垫子亦不好，另做垫子安稳，其罩座上面堆漆花纹甚好，尔等留样，俟后若做漆水物件，有可用此花纹处照此花纹做。钦此。

于八月初八日将黑漆罩龛汉玉佛一尊，配做得寿山石座一件，黄缎垫子一个，郎中海望呈进讫。

三月

1303. 初一日，据圆明园来帖内称，二月二十九日太监王太平传旨：照万字房栏杆上用的铁卡子楠木托板式样，将漆托板做四件。钦此。

于七年九月二十四日做得漆托板四件，郎中海望呈进讫。本日仍持出，着收着。记此。

于八年四月初二日将漆托板四件交太监刘希文讫。

五月

1304. 十五日，据圆明园来帖内称，四月初九日，首领太监夏安交来黑漆琴一张，说太监刘希文传：此琴紫檀木乐山跳起，着收拾。钦此。

于本月二十五日收拾得黑漆琴一张，交首领太监夏安持去讫。

六月

1305. 十八日，据圆明园来帖内称，五月十七日，太监刘希文、王玉平交来绿端石砚一方 砚池内嵌蚌珠，随糊锦屉，葫芦罩盖砚盒，传旨：此葫芦罩盖砚盒黑了，若收拾得好即收拾送进来，若收拾不得另换一砚盒盖。钦此。

于九月十九日将绿端石砚一方配做得楠木胎漆黑退光漆画洋金花砚盒一件，随嵌蚌珠石砚一方，锦屉，并原交葫芦砚盒盖一件，太监马进忠持去交太监刘希文讫。

14. 鋄作

二月

1401. 二十六日，据圆明园来帖内称，太监刘希文传：万字房围屏上着安包角铜卡子一件，撑杆二根，每杆上钉铁卡子一个，钩子一个。记此。

本日做得包角黄铜卡子一个，杉木撑杆二根，上钉铁卡子一个，钩子一个，太监马进忠持去交太监刘希文安讫。

15. 铸炉作

七月

1501. 初一日，据圆明园来帖内称，太监马进忠来说，太监王守贵传：着照先交进的一统樽式小些铜炉再做一件。记此。

于本月十三日做得一统樽式铜炉一件 随紫檀木座，太监王玉持去交太监刘邦卿收讫。

1502. 十六日，据圆明园来帖内称，本月十五日，总管太监李英传旨：着照早晚上香的珐琅香炉式样，再做铜烧古炉一件，随楠木香几一件。钦此。

于八月十四日据圆明园来帖内称，郎中海望传：铜烧古炉上配做铜丝炉罩一件。记此。

于八年三月二十六日做得。

16. 自鸣钟

二月

1601.1. 初七日，郎中海望持出圣寿无疆表一件 随柏木匣盛，系总督常赉进，奉旨：着对准收拾。钦此。

于七年十月二十八日将圣寿无疆表一件配在安表镜紫檀木香几上，郎中海望呈进讫。

1601.2. 初七日，郎中海望奉旨：着照先进的万国来朝吊屏再做几件，吊屏上不必做堆纱的，着郎世宁画画片，上罩玻璃转盘，其吊屏不必照先做过的尺寸样做，但量玻璃的尺寸，做小些亦可。钦此。

于十二月二十八日做得紫檀木边玻璃面内衬郎世宁画画片安活轮子四套寿意吊屏一件，郎中海望呈进讫。

四月

1602. 二十八日，银库员外郎明书交来乌木架自鸣钟四架 系安图家抄来的，俱有破坏处，庄亲王谕：着交造办处。遵此。

本日领催王吉祥等拆开认看得二架是西洋钟，虽有破坏处，若收拾还用得，其余二架是广东做的钟，里边俱破坏，收拾不得等语。

于五月初三日员外郎唐英据此启怡亲王看，奉王谕：着收贮。遵此。

于十三年十月初四日收拾好，首领太监赵进忠呈进讫。

十一月

1603. 二十日，郎中海望传：做瓶式自鸣鼓一件。记此。

于七年正月十六日做得紫檀木嵌银母象牙花纹瓶式自鸣鼓一件，郎中海望呈进讫，奉旨：着照样再做二件，用四季花，春用红梅，夏用莲花，秋用菊花，冬用腊梅。钦此。现存活计房。

17. 杂录

十月

1701. 二十五日，首领太监李久明、萨木哈持出镶嵌玻璃福海来朝围屏一架，紫檀木镶甜香靠背一份 随绣黄缎面红绫里靠背坐褥一份，五彩绣缎包木胎香几二件 随盘二个，内盛通草佛手九个，桃九个，天然木根香几一件 随紫檀木座铜烧古炉一件，洋漆磬式盒一件，嵌玉紫檀木小柜二件，传旨：着人送至圆明园交园内总管太监，应陈设在何处即陈设在何处。其佛手不像个东西，着园内太监们陈设在背眼处。钦此。

于十月二十六日，将以上交来活计等件，着柏唐阿六达子送赴圆明园工程处档子房，交乌合里达、明德转交园内总管太监讫。

十一月

1702. 十一日,郎中海望为圆明园工程处监督保德交来户部解运紫檀木数目册一件,启怡亲王,奉王谕:着人去看。遵此。

于本月十五日郎中海望将圆明园工程处送来户部咨行紫檀木册一本,启怡亲王,奉王谕:此系工程处奉旨之事,本造办处又未经奏闻,如何私自留用,尔将此木册仍交工程处,着保德酌量。遵此。

于本日将紫檀木册一本,交领催白世秀持去交监督保德讫。

1703. 二十一日,太监刘希文、王太平交来洋漆嵌玉片宝座一份,绣五彩金龙黄缎床垫一件,绣金绿万字锦黄缎缉珠龙珊瑚万寿靠背一份,绣线万字锦黄缎缉珠蟠桃座褥一件,黄云缎挖单一件,黑漆彩金圆香几二件,紫檀木长方香几二件,玉方鼎一件,紫檀木盖座碧玉鼎一件,成窑青花瓷盘二件 随紫檀木架香橼佛手十个,东青篮草瓶一件 随紫檀木座,紫檀木边腿画洋金脚踏一件 随黄宫袖绣云福套一件,紫檀木边腿画洋金花案一张,黄缎绣五彩金龙案围一件,金如意一件 上嵌东珠十一颗,琊子大小二块,红宝石三块,蓝宝石二块,锦匣盛,紫檀木雕刻如意二件 各嵌白玉镶嵌二块,锦匣盛,绣五彩黄缎金龙坐褥一件,绣五彩黄缎缉珠龙靠背一件,绣五彩流云捧寿圆枕二件,黄云缎挖一件,传旨:着送至圆明园交园内总管太监,陈设在西峰秀色处。钦此。

于二十二日着柏唐阿六达子,催总马尔汉将以上所交的活计等件,俱送至圆明园交总管太监哈元臣收讫。

18. 交库存收档

正月

1801. 初四日,郎中海望奉怡亲王谕:我有早交的玻璃镜并桌面等件,尔等查明交库收贮,俟皇上着做物件时,有可用此玻璃之处即选用。遵此。

于本日催总马尔汉查得镶玻璃面紫檀木高桌二张,紫檀木边玻璃镜一面交司库满毗收库讫。

三月

1802. 二十六日,太监安义交来鹅黄缎织五彩龙边对二副 各长七尺五寸,宽一尺,匾二块 各长五尺五寸,宽二尺四寸,大红缎织五彩龙边对二副 各长七尺五寸,宽一尺,匾二块 各长五尺五寸,宽二尺四寸,藕色缎织五彩龙边对二副 各长七尺五寸,宽一尺,匾二块 各长五尺五寸,宽二尺四寸,桂红色缎织五彩龙边对二副 各长七尺五寸,宽一尺,匾二块 各长五尺五寸,宽二尺四寸,官绿色缎织五彩龙边对二副 各长七尺五寸,宽一尺,匾二块 各长五尺五寸,宽二尺四寸,随楠木匣盛黄绫套一个 系李卫进,传旨:朕有早交出去着做幡用笺缎,今将此匾对交造办处收在一处。钦此。

四月

1803. 十七日,太监刘希文交来丁香油六小锡罐 随无盖匣一件,于十六日配避风巴尔撒木香用丁香油一份,桂皮油二小玻璃罐 随寿字锦匣一件,西洋玫瑰油二小玻璃罐 随金黄锦匣一件,于十八日配避风巴尔撒木油用玫瑰油三份,西洋花露油四玻璃罐 随寿字锦匣一件,擦头油十二玻璃罐 随红漆匣一件,西洋花露油五小玻璃罐 随楠木匣一件,西洋花露油四小玻璃罐 随楠木匣一件,锦匣一件,擦头油十五玻璃罐 随楠木匣一件,花露油十二玻璃罐 随黄绫匣一件,花露油四玻璃罐 随黄绫匣一件,传:着配香用。记此。

于本日将交来各色油六十六罐并匣子,交库使八十三持去讫。

十月

1804. 二十六日,首领太监李久明持来桦木小刀把十二块,小刀鞘三块,桦木长五寸五分,宽四寸一分,厚一寸九分一块;长四寸八分,宽四寸一分,厚一寸二分一块 系热河总管薛保库进,说总管太监陈福、苏培盛传旨:着交养心殿造办处收贮做材料用。钦此。

于本日将交来桦木大小十七块,交库使八十三持去讫。

十一月

1805. 初八日，太监张玉柱、王太平交来伽楠香一块 重十六两七钱，锦匣盛，系总督孔毓珣进，传旨：着交造办处。钦此。

本日将交来伽楠香一块，交库使八十三持去讫。

雍正七年

1. 木作

正月

101. 初五日，首领太监周世辅、马温良来说，宫殿监督领侍陈福等传：着将圆明园现有备用红油八仙桌四张，黄油桌二张，二号桌二张，一字桌三张，大插屏一件，踏跺一件，锡里方盘一件，小杌子一件，灯罩一对，大镜支一件，圆光托二件，香斗一件俱见新油饰，再添做二号、三号、四号锡鼓子各一对，小锡香炉一件，楠木牌位七份，灯罩四对。记此。

于本月二十六日将现有备用旧桌等件俱见新油饰完，又添做得锡器三份，楠木牌位插座七份，催总马尔汉交太监周世辅持去讫。又做得灯罩四对交太监周世辅持去讫。

102. 初八日，太监张玉柱、王常贵交来铜烧古炉二件，铜烧古年年长如意压纸一件，双喜压纸一件，珐琅鼻烟壶一件，寿山石灵芝压纸一件，寿山石盒绿端砚一方，镶嵌火镰包二件，嵌珐琅片面黑漆小盒一件，传旨：着配做木匣盛装，赏总督鄂尔泰用，再做盛带套木匣一个，见方一尺四寸，高三寸八分。钦此。

于本日做得杉木胎糊黄纸里面内安隔断匣盛装，用棉花垫塞好，郎中海望交太监胡全忠持去讫。

于初十日照尺寸做得带套木匣一件，交太监胡全忠持去讫。

103. 十二日，员外郎满毗传：做糊黄纸杉木盘大小十二个。记此。

于本月十四日做得黄纸木盘十二个，着鍐匠沈保送去讫。

104.1. 二十九日，据圆明园来帖内称，本月二十六日太监张玉柱、王常贵交来铜胎站像佛一尊 系达赖喇嘛进，传旨：交给海望配龛，得时交与太监刘希文、王太平请旨。钦此。

于十一年七月二十一日做得紫檀木龛一座并铜胎站像佛一尊，交太监刘希文呈览，奉旨：着供在中正殿。钦此。

于本日催总马尔汉持去交喇嘛吹丹格隆讫。

104.2. 二十九日，据圆明园来帖内称，本月二十六日太监王玉持来花梨木纹釉瓷桶一件，说太监刘希文传旨：着将瓷桶配做木架，得时送往西峰秀色陈设。钦此。

于八月十二日做得木架一件并瓷桶一件，郎中海望持赴西峰秀色安讫。

二月

105. 初三日，太监赵朝凤交来椴木食盒一架，说宫殿监副侍苏培盛传：着换榆木架子。记此。

于二月十二日换得新榆木架子钉包角铁叶，员外郎满毗交太监王进朝持去讫。

106. 初八日，宫殿监督领侍陈福，副侍李英传旨：达赖喇嘛进的佛一尊，着配一好龛。钦此。

于十一年七月二十一日做得紫檀木龛一座，交中正殿喇嘛吹丹格隆收讫。

107. 初九日，首领太监程国用来说太监王守贵传：做盛喇嘛香用的木胎里外糊黄纸匣二个 各长二尺八寸，宽八寸，高五寸，钉铁合扇西洋钩搭。记此。

于十三日照尺寸做得杉木胎里面糊黄纸钉铁合扇钩搭匣二件，员外郎满毗交首领太监程国用持去讫。

108. 十一日，首领太监程国用来说，太监王太平传：做木匣一件 长一尺五分，宽六寸，高五分，上安合牌盖板，里外糊黄杭细。记此。

于本月十五日照尺寸做得杉木匣一件，员外郎满毗交太监张进德持去讫。

109. 十六日，首领太监程国用交来花梨木盘紫檀木珠算盘一件，说太监刘希文传旨：此算盘裂缝处俱收拾，再照样做高丽木盘紫檀木珠算盘二件。钦此。

于二月十七日将原交算盘一件收拾完，员外郎满毗交首领太监程国用持去讫。

于三月初五日据圆明园来帖内称，本月初四日太监刘希文传旨：新做的算盘二件，着做铁炕老鹳翎色字。钦此。

于三月十七日照样做得高丽木盘紫檀木珠铁炕老鹳翎色字算盘二盘，首领太监李久明持进交太监刘希文讫。

110. 二十一日，首领太监萨木哈持来白瓷五彩茶壶一件，茶圆四件，珐琅菊花式渣斗一件，蓝瓷小瓶一件 随翡翠瓷架，铜烧古双圆暖砚一方，垂恩香一匣 计八十只，说太监张玉柱传旨：着配做木匣内安隔断鞔毡里用棉花塞垫稳，赏田文镜用。钦此。

于本日做得杉木箱糊黄纸面黑毡瑞安隔断匣一件，将持出白瓷五彩茶壶等九件，同太监张良栋装在匣内塞垫稳，郎中海望、员外郎满毗交太监张良栋持去讫。

111. 二十二日，首领太监程国用来说，太监王守贵传：做盛香杉木匣，长二尺八寸，宽四寸，高五寸一个；长二尺八寸，见方一寸五分一个；长二尺八寸，见方一寸一个，俱做掀盖糊黄纸安别子。记此。

于二十三日照尺寸做得杉木胎糊黄纸面瑞安紫檀木别子匣三个，郎中海望交首领太监程国用持去讫。

112. 二十五日，太监马进忠持来合牌胎糊绿色绢彩金花大棋盘盒一对 内盛红玛瑙棋子一百七十六个，白玛瑙棋子一百七十七个，木胎鞔黑皮镶铜扣足大棋盒一对 内盛红玛瑙棋子一百三十九个，绿玛瑙棋子一百七十个，说太监刘希文传旨：着配做高丽木边棋盘一件，紫檀木边棋盘一件。钦此。

于四月二十七日配做得高丽木边棋盘一件，紫檀木边棋盘一件，随原交大棋盒二对并棋子，太监马进忠持去交太监刘希文讫。

113.1. 二十八日，太监牛万朝请来无量寿佛一尊，说总管太监王朝卿、徐起鹏、安泰传：着配佛龛。记此。

于本日将备用紫檀木佛龛一件随垫子，员外郎满毗交太监牛万朝连佛一尊同请去讫。

113.2. 二十八日，太监王进禄来说首领太监潘凤传：将造办处做成无量佛龛一座送至中正殿供奉，照样再补做一座备用。记此。

于本日将做成紫檀木佛龛一座，员外郎满毗着催总马尔汉送赴中正殿，交首领罗卜藏吹丹格隆收讫。

三月

114. 初四日，据圆明园来帖内称，太监刘希文传旨：含韵斋陈设的乐钟着配做木架一件。钦此。

于四月十二日做得樟木搭色架子一件，郎中海望安在西峰秀色讫。

115.1. 初五日，首领太监萨木哈传：做备用柳木牙杖一千根。记此。

于三月十五日做得柳木牙杖一千根，交首领太监萨木哈陆续用讫。

115.2. 初五日，据圆明园来帖内称，太监刘希文、王太平交来汉玉龙尾觥二件，汉玉青松挺秀万载长春觥一件，红玛瑙异兽一件。传旨：着将汉玉觥俱配糙架子，其异兽收拾。钦此。

于四月初五日配做得紫檀木透夔龙架三件，首领太监李久明持去交太监刘希文讫。

于四月二十四日收拾得异兽座子完，太监王进孝持去交太监刘希文讫。

115.3. 初五日，据圆明园来帖内称，太监张玉柱、王常贵交来汉玉双喜小花插一件 随紫檀木座，传旨：着另配座子。钦此。

于十三年十月二十三日将汉玉双喜小花插一件，司库常保、首领萨木哈交太监毛团呈进讫。

116. 初七日,据圆明园来帖内称,太监张玉柱、王常贵交来雕刻唤鹅图竹器人物一件,传旨:着刷洗干净配四方玻璃罩紫檀木座。钦此。

于四月初三日配得紫檀木座一件,合牌糊绿色锦座四面嵌玻璃长方罩一件,并原竹器人物一件,郎中海望呈进讫。

117. 初八日,据圆明园来帖内称,太监刘希文、王太平传:着配合西峰秀色床做图塞尔根桌二张。记此。

于三月十一日做得楠木图塞尔根桌二张,郎中海望带领领催白世秀持进安讫。

118.1. 十九日,太监刘希文、王太平交来哥窑瓷炉一件,传旨:着配座。钦此。

于本年四月二十四日将哥窑瓷炉一件,配得紫檀木座一件,郎中海望呈进讫。

118.2. 十九日,太监刘希文、王太平交来玛瑙小盘一件,传旨:着配独梃座。钦此。

于四月二十四日将玛瑙小盘一件,配得紫檀木玉梃座一件,并四月初五日交出白玉扇器一件配在此小盘上,郎中海望呈进讫。

118.3. 十九日,太监刘希文、王太平交来白玉方碟一件,传旨:着配一高座,其碟底有凹处将座子做一鼓面顶入碟底。钦此。

于四月二十四日将四月初五日交出青玉扇器一件配在此碟上,紫檀木玉梃座一件,郎中海望呈进讫。

118.4. 十九日,太监刘希文、王太平交来汉玉昭文带一件,传旨:着配做紫檀木压纸。钦此。

于十三年十月二十三日将汉玉昭文带一件,司库常保、首领萨木哈交太监毛团呈进讫。

118.5. 十九日,太监刘希文、王太平交来洋漆锡里盆一件,传旨:着配茶具,做小样呈览过再做。钦此。

于八年十二月二十七日将此洋漆盆配得楠木茶具一份,交总管太监李英讫。

118.6. 十九日,太监刘希文、王太平交来乌木小座一件,传旨:着收拾。钦此。

于四月初六日收拾得乌木小座一件,首领太监李久明持去交太监刘希文收讫。

119.1. 二十日,太监刘希文、王太平交出碧玉三喜图章一方,青金三喜图章一方,歌永石三喜图章一方,白玉腰圆式三喜图章一方,碧玉九螭虎擀云图章一方,碧玉三喜图章一方,碧玉双喜双连图章一方,碧玉三喜图章一方,碧玺双喜腰圆式图章一方,青金三喜图章一方,红玛瑙双喜图章一方,白玉葫芦式四喜图章一方,红玛瑙螭虎纽图章一方,白玉螭虎纽图章四方,碧玉螭虎纽图章一方,碧玉双喜腰圆式图章一方,黄玛瑙螭虎纽图章一方,歌永石双喜图章一方,缠丝玛瑙双喜葫芦式图章一方,紫晶双喜腰圆式图章一方,黑玛瑙三喜图章一方,青天玛瑙三喜图章一方,白玉三喜图章一方,红玛瑙三喜腰圆式图章一方,碧玉四喜图章一方,黄玛瑙三喜图章一方,甘黄玉三喜连枝图章一方,碧玺三喜腰圆式图章一方,南碧玉双喜图章二方,新山玉双喜长方形图章一方 上刻阳文字八个,碧玉双喜葫芦式图章一方,银晶双喜图章一方,甘黄玉双喜葫芦式图章一方,蜜蜡三喜长方形图章一方,红白玛瑙双喜图章二方,红玛瑙三喜图章一方,红玛瑙螭虎纽图章二方,白矿石螭虎纽图章一方,碧玉双喜圆形图章一方,白玉双喜腰圆式图章一方,汉玉双喜图章一方 上刻阴文字四个,紫晶葫芦式图章一方,绿英石螭虎纽腰圆式图章一方,墨晶双喜图章一方,歌永石螭虎纽图章一方,红白玛瑙双喜图章一方 上刻阴文字六个,蓝玻璃双喜图章一方 上刻阳文字四个,红白玛瑙双喜图章一方,红白玛瑙三喜图章一方,碧玉三喜图章二方,白玉三喜图章二方,青金三喜图章一方,歌永石三喜图章一方,以上共图章六十二方,传旨:着做紫檀木匣盛装,内安合牌屉,或几方做一匣,尔酌量配做。钦此。

于十三年十一月初三日将各色玉石玛瑙图章六十二方,司库常保、首领萨木哈交太监毛团呈进讫。

119.2. 二十日,据圆明园来帖内称,本月初六日,宫殿监督领侍陈福、副侍苏培盛、李英交来各宫、各殿、各门、各院地土至德尊神龙边神牌画样一件,传旨:此牌内各字不必用,照样做三份。钦此。

于闰七月二十五日做得楠木胎雕龙金边座青地铜镀金字太和殿、中和殿、保和殿至德尊神牌一座，乾清宫、交泰殿、坤宁宫至德尊神牌一座，宫殿门院地土至德尊神牌子一座，员外郎满毗、首领太监李久明请进，交宫殿监正侍王朝卿、副侍安泰、徐起鹏收讫。

120. 二十一日，郎中海望持出夔凤乳丁玉磬一件，双夔凤乳丁青玉磬一件，奉旨：莲花馆磬不足，用此二件配木架安在莲花馆。钦此。

于五月二十五日将玉磬二件，各配得紫檀木架铜錾花镀金饰件一件，郎中海望持进安在莲花馆讫。

121. 三十日，首领太监程国用交来花梨木折叠盖匣一件内盛玻璃镜一面，说太监刘希文传旨：着收拾送往圆明园。钦此。

于四月初二日收拾得花梨木折叠盖匣一件，内盛玻璃镜一面，交首领太监程国用持去讫。

四月

122.1. 初二日，太监刘希文、王太平交来汉玉青玉夔龙玦二件，传旨：着配架做磬陈设在莲花馆。钦此。

于五月二十五日配得紫檀木架铜錾花饰件，郎中海望陈设在莲花馆讫。

122.2. 初二日，太监刘希文、王太平交来汉玉透地长乐拱璧一件，汉玉透地夔龙捧寿拱璧一件，汉玉双喜把乳丁拱璧一件，汉玉阳纹夔龙拱璧一件，汉玉乳丁拱璧一件，汉玉素拱璧一件此件系进，白玉镶嵌牌一件，传旨：着配架子做磬，陈设在莲花馆。钦此。

于五月二十五日将此汉玉各式拱璧六件，白玉镶嵌牌一件，配得鸂鶒木架紫檀木边架一件，鸂鶒木座紫檀木架一件，紫檀木架五件，俱系铜錾花镀金饰件，郎中海望陈设在莲花馆讫。

于九月初九日将汉玉拱璧一件，配做镜支一件，首领萨木哈交太监刘希文讫。

123.1. 初七日，太监刘希文、王太平交来官窑盆一件，传旨：着配木座。钦此。

于四月三十日将官窑盆一件配得紫檀木座,郎中海望呈进讫。

123.2. 初七日,太监刘希文、王太平交来汉玉螭虎昭文带紫檀木压纸二件,汉玉卧蚕纹昭文带紫檀木压纸二件,传旨:此压纸蠢,着往秀气里收拾嵌稳。钦此。

于本月十九日将压纸四件收拾好,太监马进忠持去交太监刘希文、王太平讫。

123.3. 初七日,太监刘希文、王太平传旨:着将刷玉的刷子、蜡板等件做些来。钦此。

于本月初九日做得象牙把黑棕大小刷子二把,毛竹把黑棕刷子一把,牛角把黑棕刷子大小八把,紫檀木白蜡板二块,合牌糊棱色杭细面白纸里匣一件盛装,郎中海望交首领太监李久明持去交太监刘希文、王太平讫。

123.4. 初七日,太监马进忠交来青玉罐一件 随紫檀木座,传:着将座子往深里下收拾。记此。

于四月十一日将座子收拾好,首领太监李久明持去交太监刘希文讫。

123.5. 初七日,太监马进忠交来定窑粉瓷四方汝窑笔洗一件,有耳玉卮一件,传:着各配一紫檀木座。钦此。

于本月十九日将有耳玉卮一件配得紫檀木座,太监马进忠持去交太监刘希文、王太平讫。

于二十日将定窑粉瓷四方汝窑笔洗一件配紫檀木座,太监马进忠持去交太监刘希文、王太平讫。

124.1. 十一日,太监张玉柱、王常贵传:做杉木胎里外糊黄纸报匣二件,各长一尺二寸五分,宽五寸五分,高四寸。记此。

于四月十一日照尺寸做得杉木胎里外糊黄纸报匣二个,太监王玉持去交太监张玉柱讫。

124.2. 十一日,郎中海望持出白玉三足圆水丞一件,传旨:此珊瑚匙不好,另配一珊瑚匙或红玻璃亦可,水丞配座子。钦此。

于六月初七日配得紫檀木座,换红玻璃匙一件,郎中海望呈进讫。

124.3. 十一日,郎中海望持出黑白石砚山一件,传旨:着配紫檀木座。钦此。

于五月十九日配得紫檀木座，郎中海望呈进讫。

124.4. 十一日，员外郎满毗传：做杉木箱一件，随黄布挖单，见方三幅一个，二幅二个，以备圆明园取送活计用。记此。

于四月二十九日做得杉木箱一个，随黄布挖单见方三幅一个，二幅二个，交柏唐阿苏尔迈讫。

124.5. 十一日，首领太监潘凤传：养心殿用的踏跺一件，接踏跺床一张俱已破坏，着照样做踏跺一件，床一张，再前殿周围板墙油饰见新。记此。

于四月二十一日柏唐阿七格带领匠役进内将板墙油饰讫。

于五月初九日照样做得杉木踏跺一件，床一张，催总马尔汉交首领太监潘凤讫。

125. 十三日，太监王玉持出鸡血石瓶一件，说太监王太平传：着配紫檀木座，安匙箸。记此。

于十三年十一月初四日将鸡血石瓶一件，司库常保、首领萨木哈交太监毛团呈进讫。

126. 二十六日，太监胡全忠持出白地五彩酒圆四件，青花白地酒圆二件，娇黄酒圆二件，珐琅五彩酒圆四件，里外青花白地酒圆二件，霁青酒圆大小四件，祭红酒圆二件，说太监张玉柱、王常贵传：着做木匣盛装，内安隔断做黑毡里，外糊黄纸用棉花塞垫稳。记此。

于本月二十七日做得高四寸五分，见方一尺一寸，内安九隔断杉木匣一个，做黑毛里棉花塞垫稳，内盛酒圆二十件，领催白世秀交太监胡全忠持去讫。

五月

127.1. 初一日，太监张玉柱交来赏岳钟琪宫扇八把，紫金锭等香袋十六匣，香罐一对，传旨：着将此匣子、扇用纸包裹做木匣二件盛装，匣内糊黄纸做黑毡里黑毡外套，用棉花塞垫稳。钦此。

于本月初二日做得盛宫扇、紫金锭等件杉木匣二个，将香袋并扇子用纸包裹好，木匣面糊黄纸黑毛里黑毛外套用棉花塞垫稳，领催白世秀交太监胡全忠持去讫。

127.2. 初一日，太监张玉柱交来赏李卫母亲各色玻璃器皿十六件，珐琅匙箸瓶香盒二件，铜炉一件，菩提念佛数珠一盘，传旨：着做一有隔断木匣盛装，里外糊黄纸。再做长一尺六寸，宽一尺一寸，入深一尺里外糊黄纸匣一个。钦此。

于本月初二日照尺寸做得盛珐琅器皿等件九格杉木匣一个，又照尺寸做得木匣一个，俱里外糊黄纸完，领催白世秀交太监胡全忠持去讫。

128.1. 十二日，据圆明园来帖内称，郎中海望传：圆明园造办处库内俱系上交下玉器等件，甚有关系，恐其舛错，前面廊檐下着安栅栏一层，库内安隔断，再做架子四个盛装。记此。

于六月二十七日做得长九尺五寸，高八尺五寸杉木栅栏五间，邓连芳持去安讫。

128.2. 十二日，太监胡全忠交来葛布三十匹，纱十匹，说太监王常贵传旨：着做杉木箱二个盛装，黑毡外套包裹塞垫稳，赏岳钟琪。钦此。

于本日做得长二尺六寸，宽一尺一寸，高一尺黑毡里外糊黄纸黑毡外套杉木箱二件，用葛布纱等油纸包裹棉花塞垫稳，交太监胡全忠持去讫。

129.1. 十三日，据圆明园来帖内称，郎中海望持出汉玉昭文带三件，奉旨：着做紫檀木座压纸用。钦此。

于闰七月初七日将昭文带一件配得紫檀木座压纸一件，郎中海望呈进讫。

于闰七月十四日将昭文带一件配得紫檀木座压纸一件，郎中海望呈进讫。

于闰七月二十日将昭文带一件配得紫檀木座压纸一件，郎中海望呈进讫。

129.2. 十三日，据圆明园来帖内称，四月二十六日太监胡全忠交来封固赏岳钟琪物件大小二十匣，说奏事太监张玉柱、王常贵传：着将此匣用纸包裹，或做木外套二个或做三个分装，其匣内做黑毡里外随毡套，棉花塞垫稳。记此。

于四月二十七日将匣子二十个包裹完，又做得杉木匣三个黑毡里糊黄纸鞔黑毡外套盛装完，用棉花塞垫稳，领催白世秀交太监胡全忠持去讫。

129.3. 十三日，太监胡全忠交来封固赏鄂尔泰宫扇六把，香袋扇子等件四十二匣，说太监王常贵传：做杉木外套匣二件分装，其匣里外糊黄纸棉花塞垫稳。记此。

于十四日做得杉木匣二个，用油纸包裹棉花塞垫稳，太监胡全忠持去讫。

130. 十九日，郎中海望奉旨：紫檀木竹式手格做一件。钦此。

于本月二十五日做得紫檀木透六孔圆棍臂搁一件，郎中海望呈进，奉旨：着做一圆顶细棍透七孔紫檀木臂搁一件，边框粗些，一根圆棍在上边。钦此。

于六月初三日做得紫檀木透孔七根棍臂搁一件，郎中海望呈进讫。

于六月初七日做得紫檀木透孔七根棍臂搁一件，上安象牙圆珠足四个，长五寸五分，宽一寸七分，连口高七分，郎中海望呈进讫。

于七月初三日做得紫檀木透孔七根棍臂搁一件，上安象牙圆珠足四个，长五寸五分，宽一寸七分，连足高七分，郎中海望呈进，奉旨：照此样款式再做几件。钦此。

于七月二十日做得紫檀木透孔七根棍臂搁一件，做法同前，郎中海望呈进讫。

于闰七月初七日做得紫檀木透孔七根棍臂搁一件，做法同前，郎中海望呈进讫。

六月

131. 初三日，据圆明园来帖内称，本月初一日，郎中海望奉旨：大理石做高香几好，尔随大理石大小形式做高香几几件。钦此。

于十二月十一日据柏唐阿苏尔迈来说，因样式未准，未经成造。记此。

132. 初四日，太监张玉柱、王常贵交来佛五尊 达赖喇嘛进，传旨：内三尊着酌量想样配做好龛，内二尊着配龛。钦此。

于十一年七月二十一日做得紫檀木龛五座并佛五尊，司库常保带领木匠邓连芳送往中正殿交吹丹格隆收讫。

133. 初五日，据圆明园来帖内称，本月初四日太监刘希文、王太平传旨：万字房佳气迎人屋内床上摆的随洋漆书格如意式洋漆彩金桌一张，着照此桌款式用紫檀木做一张。钦此。

于六月二十七日做得紫檀木如意式桌一张，高八寸九分，长三尺一寸〇五厘，宽一尺一寸七分半，太监王玉、王进孝持去交太监刘希文讫。

134.1. 初八日，据圆明园来帖内称，本月初六日，太监张玉柱、王常贵交来铜佛一尊 贝子颇罗鼐进，传旨：着配龛。钦此。

于十一年七月二十一日做得紫檀木龛一座并铜佛一尊，司库常保带领木匠邓连芳送往中正殿交吹丹格隆收讫。

134.2. 初八日，太监刘希文传：做备用紫檀木佛龛五座。记此。

于本月十六日将备用紫檀木佛龛一座随垫子，员外郎满毗着木匠邓连芳送至中正殿交喇嘛罗卜藏吹丹格隆讫。

于本月十九日将做得备用紫檀木佛龛一座，随里边请出佛一尊，员外郎满毗交太监牛万朝持去讫。

于七月十三日将做得备用紫檀木佛龛一座，员外郎满毗交太监杨进忠持去讫。

于九月初七日将做得备用紫檀木佛龛一座，柏唐阿寿山、木匠邓连芳持赴中正殿交喇嘛罗卜藏吹丹格隆讫。

于九月二十八日将做得备用紫檀木佛龛一座，员外郎满毗着木匠邓连芳送至中正殿交敬事房首领周世辅讫。

135. 十六日，据圆明园来帖内称，太监张文保传：做无量寿佛龛一座，送往中正殿。记此。

于本日做得紫檀木佛龛一座，随黄缎垫子，员外郎满毗着木匠邓连芳送至中正殿交喇嘛罗卜藏吹丹格隆收讫。

136. 十七日，据圆明园来帖内称，宫殿监副侍苏培盛交来御笔"茂育斋"匾字一张，传旨：着做木匾，挂在九洲清晏东边十五间房。钦此。

于本日郎中海望将旧匾内挑得响泉山房匾一面，长四尺九寸，宽一尺八寸,系阳纹青字楠木雕刻乳丁卧蚕大宝,着改做御笔茂育斋用。记此。

于本日随改做得茂育斋匾一面,其长短花纹未动,字改做阴纹天二青色字,于六月二十二日催总胡常保持进挂在九洲清晏东边十五间房讫。

137. 十九日,太监牛万朝、胡进孝请出佛一尊,说宫殿监正侍王朝卿,副侍安泰、徐起鹏传:着配龛一座。钦此。

于本日配做得紫檀木佛龛一座随黄缎垫一件,并原请出佛一尊,员外郎满毗交太监牛万朝持去讫。

138. 二十日,据圆明园来帖内称,本月十二日郎中海望安装得九洲清晏东暖阁东稍间装修等件,奉旨:炕上不必做幔子,罩内安帐子,照地罩上照万字房挂的竹帘做,其南窗小床上铺可床的褥子,床西边做一紫檀木高桌,其长里下同床一样,长宽或一尺四五寸,再南板墙门上挂一刷子,北板墙门上亦照万字房挂的竹帘做。钦此。

于六月十六日做得长三尺六寸五分,高二尺六寸紫檀木桌一张,郎中海望带领催白世秀持进,陈设在九洲清晏讫。

于二十一日据圆明园来帖内称,首领太监夏安传旨:九洲清晏东暖阁稍间东山墙窗户一扇上的铁支棍不结实,着酌量收拾结实。钦此。其余的活计系工程处办理。

139. 二十四日,太监刘希文传旨:九洲清晏东暖阁陈设的洋漆书格下,着做搁书格的书式桌二张,高九寸,或用榉木,或用花梨木做亦可。钦此。

于七月十二日做得紫檀木书桌二张,郎中海望呈进讫。

140. 二十七日,据圆明园来帖内称,四月十九日郎中海望奉旨:着将洋漆罩盖长方箱二件上配做楠木外套二个。钦此。

于七月初八日做得楠木外套二件,交太监蔡玉持去讫。

141. 三十日,据圆明园来帖内称,五月初二日太监刘希文交出成窑白瓷盘二件,传旨:着配紫檀木座子。钦此。

于六月二十七日配做得紫檀木架二件,腿子高二寸五分,径七寸五分并原交出盘子二件,太监王玉、王进孝持去交太监刘希文收讫。

七月

142. 初五日,员外郎满毗传:做盛活计用糊黄纸杉木盘子二十四个。记此。

于初八日做得糊黄纸杉木盘二十四个,陆续用讫。

143.1. 初六日,据圆明园来帖内称,四月十一日郎中海望持出官窑八角小碟一件,奉旨:着配独梃木座子。钦此。

于七月初三日将官窑八角小碟配得嵌白玉紫檀木独梃座一件,郎中海望呈进讫。此独梃座上嵌的白玉,系四月初五日持出白玉螭纸扇三十九件之内的。

143.2. 初六日,据圆明园来帖内称,四月初五日郎中海望持出甘黄玉昭文带一件,奉旨:着配做压纸用。钦此。

于七月初三日将甘黄玉昭文带配得乌木压纸一件,郎中海望呈进讫。

144.1. 十二日,员外郎满毗传:做备用柳木牙杖一千根。记此。

于十四日做得柳木牙杖一千根,交首领太监李久明收讫。

144.2. 十二日,首领太监萨木哈持出金黄软带一条 随穿扣珠荷包一对,珊瑚豆香色绦嵌珊瑚豆黑皮穿金绦皮蛤蟆铜镀金圈春绸手巾两条,铜镀金镶玛瑙面手巾束二个,金黄硬带一条 随五福捧寿黑撒林皮荷包一对,香色绦子结子,高丽布手巾二条,黄羊皮束二个,红羊皮蛤蟆上安银拐子铜镀金匣带头一块嵌珊瑚面,说太监张玉柱、王常贵传:着配一木匣盛装,发报赏岳钟琪用。记此。

于本日做得杉木匣一个黑毡外套油纸包裹棉花塞垫稳,太监吕进朝持去交太监张玉柱收讫。

144.3. 十二日,太监张玉柱、王常贵传:一眼孔雀翎十五个,随珐琅翎管十五个,做一木匣盛装,发报用。记此。

于本日做得五格杉木匣二个,油纸黄布包裹,黑毡外套棉花塞垫稳,太监吕进朝持去交太监张玉柱记。

144.4. 十二日,太监张玉柱、王常贵交出香色漆大皮盘四个,香色七寸盘十个,红漆小皮盘二十件,红漆七寸盘十个,黑漆小皮盘二十件,黑漆大皮碗二十件,黑漆小皮碗十件,红漆大皮盘四件,传:着做一木箱盛装。

记此。

于闰七月初五日做得杉木箱二个，外糊黄纸棉花塞垫稳，交张玉柱收讫。

144.5. 十二日，太监张玉柱、王常贵交来净面撒林皮彩金花鞘铜胎嵌子儿皮穿金丝花饰件大凹面腰刀一把，大小千里眼二件，传：着做一木匣盛装。记此。

于闰七月初五日做得杉木匣一个，里外糊黄纸外做毡套黄布包裹盛装，交太监张玉柱讫。

144.6. 十二日，太监张玉柱、王常贵交来獭儿皮裙一件，貂皮裙一件，雨缎裙一件，线缎裙一件，传：着做一杉木匣盛装。记此。

于闰七月初五日做得杉木匣一个，里外糊黄纸外做毡套黄布包裹盛装，交太监张玉柱讫。

144.7. 十二日，太监张玉柱、王常贵交来赏大将军岳钟琪子儿皮鞘铜镀金束花羊角把象牙小刀象牙快小刀一把，红羊皮鞘铜镀金束花羊角把小刀一把，黄羊角解锥一件，红羊皮套黑皮拱花面署文房一件 随铅笔一支，黑撒林皮穿金丝皮蛤蟆二件，红羊皮镀金皮蛤蟆二件，红羊皮套马尾眼罩一件，红羊皮套日晷一件，红羊皮千里眼鼻烟壶火镰包一件，绣石青缎外套刮鳔一件，玳瑁墙绣喜相逢火镰包一件，西洋家伙全份 黑子儿皮匣装，绣黄缎罩套红羊皮署文房一件 随铅笔一支，桦小乂千里眼一件，鞔子儿皮千里眼一件，藤子镶象牙底千里眼一件，两洋木千里眼一件，传：着做一杉木插盖匣盛装。记此。

于本日太监张玉柱、王常贵交出黄缎地绣太极图乾坤卦字夔龙罩套绣五彩福寿红羊皮署文房一件，内随铅笔一支，珊瑚豆二个，传旨：着入在赏岳钟琪物件之内发去。钦此。

于闰七月初五日做得杉木插盖匣一个，里外糊黄纸毡外套黄布包裹盛装，交太监张玉柱、王常贵讫。

144.8. 十二日，太监张玉柱、王常贵交来赏总兵曹勷、张元佐、颜清如、樊廷、张成隆等五员每一员鞔羊皮鞘小刀一把，红羊皮彩金罩盖火镰包一件，红羊皮拱花面署文房一件 随铅笔一支，象牙日晷一件，红羊皮刮鳔一件，黄羊角解锥一件，黄铜圈带刀皮蛤蟆一件，传：着做杉木插盖匣盛装。记此。

于闰七月初五日做得杉木插盖匣五个，里外糊黄纸毡外套黄布包裹盛装，交太监张玉柱讫。

144.9. 十二日，太监张玉柱、王常贵交来黑漆皮碗十件，红漆皮盘二件，传：着配杉木箱盛装。记此。

于闰七月初五日做得四格杉木箱五个，里外糊黄纸毡外套黄布包裹盛装，交太监张玉柱讫。

144.10. 十二日，太监张玉柱、王常贵交来赏副将冒重光、马龙、赵显忠、杜蔚、徐宗仁、陈经纶、王廷瑞、马云、韩良卿、钟维岳、张豹、花天立等十二员每一员红羊皮鞘小刀一把，红羊皮彩金花罩盖火镰包一件，红羊皮套马尾眼罩一件，红羊皮套刮鳔一件，传：着做一杉木匣盛装。记此。

于闰七月初五日做得十二格杉木匣一个，里外糊黄纸毡外套黄布包裹盛装，交太监张玉柱讫。

144.11. 十二日，太监张玉柱、王常贵交来赏参将贺鼎臣、查尔扈、黄正位、冶大雄、陈弼、马顺、张朝良、刘廷琰等八员每一员红羊皮彩金花罩盖火镰包一件，红羊皮套马尾眼罩一件，传：着做一杉木匣盛装。记此。

于闰七月初五日做得杉木匣一个，里外糊黄纸毡外套黄布包裹盛装，交太监张玉柱讫。

144.12. 十二日，太监张玉柱、王常贵交来赏提督纪成斌红羊皮鞘高丽木把铜镀金束小刀一把，子儿皮鞘瘿木把铜镀金束小刀一把，撒林皮套红羊皮署文房二件 随铅笔一支，红羊皮套黑马尾眼罩二件，红羊皮套刮鳔一件，红羊皮象牙日晷一件，黄羊角解锥一件，黄铜圈带刀皮蛤蟆一件，镶嵌夔龙玳瑁套火镰包一件，红羊皮罩套火镰包一件，绣黄宫绸罩套火镰包一件，传：着做一杉木匣盛装。记此。

于闰七月初五日做得杉木匣一件，里外糊黄纸毡外套黄布包裹盛装，交太监张玉柱讫。

144.13. 十二日，太监张玉柱、王常贵交来黑漆大皮碗五件，黑漆小皮碗五件，黑漆皮盘十件，香色漆七寸皮盘十件，传：着做一杉木箱盛装。

记此。

于闰七月初五日做得杉木箱一件，里外糊黄纸毡外套黄布包裹盛装，交太监张玉柱讫。

145. 十三日，太监杨进忠来说，宫殿监督领侍陈福，副侍苏培盛、李英传：着将造办处做的备用佛龛送一座入中正殿配佛。记此。

于本日将做得紫檀木安玻璃门黄片金里佛龛一座，随黄缎垫子一件，员外郎满毗交太监杨进忠持去讫。

146.1. 二十一日，据圆明园来帖内称，本月十四日太监刘希文传旨：西峰秀色殿内陈设的背面挂玻璃镜紫檀木西洋柜矮了，下边再添做一楠木一封书式座子，比桌面放宽一寸五分，长不用放，要高一尺。钦此。

于七月二十二日做得楠木一封书式座一件，高一尺，长三尺二寸五分，宽一尺六寸三分，郎中海望持进安讫。

146.2. 二十一日，据圆明园来帖内称，本月十六日太监张玉柱、王常贵交来藤子花篮二件，棕囊花篮一件 随黄纸匣盛，传：着做一糊黄纸木匣盛装，油纸包裹棉花塞垫稳，赏总督田文镜。记此。

于七月十七日做得长一尺二寸，宽六寸，高五寸糊黄纸杉木三格匣一个，用油纸包裹外用黄布包裹，棉花塞垫稳，交太监宓兴国持去讫。

146.3. 二十一日，据圆明园来帖内称，本月十七日太监胡全忠交来祭红瓷瓶一件，豆青瓷瓶一件，说太监张玉柱、王常贵传：着做一糊黄纸木匣盛装，用棉花塞垫，赏总督鄂尔泰。记此。

于十八日做得长一尺五分，宽四寸八分，高八寸，二格，里外糊黄纸杉木匣一个，棉花塞垫稳，太监王进孝持进交太监张玉柱收讫。

146.4. 二十一日，据圆明园来帖内称，本月十六日太监张玉柱、王常贵交来金黄带铜镀金珐琅饰件撒林皮撒袋一副 随黄缎夹袱一件，传旨：着做木匣盛装，赏岳钟琪。钦此。

于闰七月初五日做得长一尺六寸五分，宽一尺二寸五分，高七寸杉木箱一个，糊黄纸棉花塞垫随毡外套，交太监张玉柱讫。

147. 二十五日，据圆明园来帖内称，本月二十四日太监刘希文传旨：随珐琅炉楠木香几做的不正，再做一件。钦此。

于闰七月初十做得高三尺一寸,面子见方一尺八寸,托泥见方二尺楠木香几一件,随见方一寸,长二尺二寸楠木二根,交太监刘希文讫。

148. 二十六日,据圆明园来帖内称,本月二十三日太监雅图传旨:照西峰秀色陈设的西洋柜下配的楠木座子再做一件,要矮一寸五分。钦此。

于七月二十七日做得楠木座一件,长三尺二寸五分,宽一尺六寸三分,高八寸五分,郎中海望持进,安在西峰秀色讫。

149. 二十九日,据圆明园来帖内称,本月二十八日太监雅图传旨:照西峰秀色陈设的西洋柜下配的楠木座子再做一件,要矮一寸。钦此。

于八月初二日做得楠木座子一件,郎中海望持进,安在西峰秀色讫。

闰七月

150. 初四日,据圆明园来帖内称,太监刘希文传旨:西峰秀色敞厅中间做一糙竹帐架,其四角安滑车六个。钦此。

于闰七月初七日做得宽一丈一尺,入深一丈七尺五寸糊斑竹纸毛竹帐顶架一件,随一丈七尺五寸桃丝竹二根,长一丈七尺桃丝竹一根,长六尺桃丝竹二根,花梨木黄铜滑车四个,长一尺七寸五分黄铜角管四个,黄铜小管子二个,黄铜卡子六个,铁圈十个,梃钩四根,黄绒绳六根,铅条十根,郎中海望带领催周维德持进西峰秀色敞厅中间安讫。

151. 十三日,据圆明园来帖内称,四月初六日郎中海望持出白玉羽觞一件,奉旨:着配独梃木座。钦此。

于本月初七日白玉羽觞一件,将四月初五日交出白玉扇三十九件之内扇牌一件配上做得紫檀木独梃座一件,郎中海望呈进讫。

八月

152. 初五日,太监刘希文传旨:养心殿后殿西正房五间,并西面围房四间内,另改装修,着海望画样呈览。钦此。

本日,郎中海望画得后殿西正房五间内西二间添隔断板墙二槽,炕罩二座,床二张,方窗一个,西次间添地炕一铺,西面围房四间内添隔断板墙一槽,床二张,院前添拐角板墙一道,挡门影壁一座,画样一张呈览,奉旨:

正房五间内炕罩照东二间用柏木、楠木做，其院墙影壁照样准做，西面围房四间将后院板棚净房拆去，屋内顺西墙打高炕四铺。钦此。

本日，太监刘希文传旨：东面围房五间内南间着添有方窗板墙一槽，北四间着添床四张。钦此。

于本月二十八日员外郎满毗带领柏唐阿、匠役等照样装修讫。

于九月十四日据圆明园来帖内称，九月初二日郎中海望奉上谕：养心殿西围房装修的还不妥，尔另画样呈览。钦此。

于九月十一日画得西围房装修样一件，郎中海望呈览，奉旨：照样准做。内应陈设桌之处将糙些琴桌陈设，应陈设茶具之处将茶具陈设，应陈设书格之处陈设书格。钦此。

于九月二十三日员外郎满毗带领司库马尔汉、柏唐阿六达子、匠役等照样装修完讫。

153. 十三日，宫殿监正侍王朝卿，副侍徐起鹏、安泰交来黄油桌一张，传：着收拾，照样再做二张，随黄云缎桌帏一件。记此。

于九月二十三日将原交出黄油桌一张收拾完，首领太监周世辅着太监闻成持去讫。

于十月二十六日做得杉木胎黄油桌二张，交首领太监马温良讫。

于十一月二十八日做得黄云缎面黄杭细里夹帏桌一件，郎中海望、员外郎满毗、副领催刘关东交太监井希贵持去讫。

154.1. 十七日，据圆明园来帖内称，本月初九日太监马温良传：做杉木灯罩一对。记此。

于十四日做得杉木灯罩一对，高二尺三寸五分，见方一尺，油黄油糊纸，交首领太监马温良持去讫。

154.2. 十七日，据圆明园来帖内称，本月十五日太监刘希文传旨：九洲清晏东暖阁内，着做楠木矮床一张，床面四角打眼安竹竿帽架，夹春绸帐幔。钦此。

于十九日太监刘希文交绿春绸三匹做帐幔用。记此。

于八月十九日做得楠木矮床一张，高八寸五分，长五尺五寸，宽二尺九寸，绿春绸帐幔一份，蓝布面青云缎里帐顶红杭细帐里，高五尺五寸，宽二尺八寸，长五尺四寸，桃丝竹帐架一份，高四尺七寸，交九洲清晏讫。

于本月二十日将下剩春绸二匹，交太监王玉持去交太监刘希文讫。

九月

155. 初一日，首领太监李久明持来六道木二根 内一根长三尺七寸，一根长四尺九寸，色木一根 长五尺五寸，酸枣木一根 长四尺九寸，苦檀木一根 长四尺三寸，刺榆木一根 长三尺五寸，说宫殿监督领侍陈福、副侍李英传：着做棒用，其内色木微长些，可酌量从大头去些。记此。

于本月二十二日做得木棒六根，首领太监李久明持去交宫殿监正侍王朝卿，副侍徐起鹏、安泰收讫。

156. 十一日，郎中海望传：做备用紫檀木栏杆花楠木心都盛盘二件。记此。

于九月二十九日做得紫檀木栏杆楠木心都盛盘二件，内盛寿山石寿比南山笔插一件，象牙彩漆笔四支，紫檀木座湖广石盒绿端砚一方，玛瑙天然灵芝水丞一件，珊瑚匙红白玛瑙砚山一件，绿玻璃座象牙嵌龙油珀松鹤臂搁一件，紫檀木节节双喜压纸一件，白玉双喜墨床一件，紫檀木座铜烧古鎏金压纸一件，牛油石佛手式香碟一件，铜胎珐琅灯壶一件上随铁镀金福寿遮灯一件，福寿康宁平安如意泥金字蜡一支，铜烧古鎏金多福多禄如意一件，玛瑙石腰圆盒一件，玳瑁墙衬画片圆形玻璃镜一件，象牙墙嵌玳瑁金珀夔龙捧寿火镰包二件，翡翠玉石桐叶笔砚一件，珊瑚蝠紫檀木座铜胎珐琅鼻烟壶二件，随锦匣，蜜蜡天然福禄寿花插一件，随象牙茜花一束，象牙茜色榴开百子镶嵌盆景一件，随红色珐琅菊花式盆一件，郎中海望呈进讫。

157. 十二日，据圆明园来帖内称，郎中海望传：做楠木茶具一份。记此。

于八年十二月二十七日做得楠木茶具一份，交太监李英讫。

158. 二十日，郎中海望持出灵芝一件，奉怡亲王谕：着做山子样。遵此。

于八年二月初三日将灵芝一件配做得椴木胎香面山子座一件，郎中海望呈览，奉旨：外罩匣俱照六年十月十九日交做的五件灵芝罩匣款式一样做，其山子收小些，再内阁有后交的灵芝山子款式，亦照此样式做。钦此。

于十一年十一月初五日将灵芝一件，司库刘山久、催总五十八并配做得紫檀木山子画洋金花洋漆箱一件送赴东陵讫。

159. 二十五日，太监徐文耀来说太监刘希文传：做锡里木桶高一尺二寸，径一尺二个；高一尺二寸，径一尺三寸一个；锡里木盆高八寸，径一尺二寸二个；高八寸径一尺一寸一个；锡盆高五寸，径九寸四个；木把铁锹一把；小砂缸一口。记此。

于本日将小砂缸一口交太监朱佩持去讫。

于二十六日做得杉木把铁锹一把，交太监徐文耀持去讫。

于二十六日照尺寸做得锡里杉木桶二个，锡里杉木盒二件，交太监纪俊持去讫。

于九月二十九日照尺寸做得锡盆四个，交太监纪俊持去讫。

于十月初一日照尺寸做得锡里木桶一个，锡里木盆一个，交太监俞文持去讫。

160. 二十六日，郎中海望、员外郎江毗传：做备用盛活计糊黄纸杉木盘十个。记此。

于本月二十七日做得糊黄纸杉木盘十个，盛活计用讫。

161.1. 二十八日，首领太监萨木哈来说，太监王守贵传：做盛香杉木匣一个，里口长三尺五寸，宽一寸五分，高一寸。记此。

于九月三十日做得里口长三尺五寸，宽一寸五分，高一寸糊黄纸杉木匣一件，首领太监李久明持去交太监王守贵讫。

161.2. 二十八日，太监张进朝来说，宫殿监督领侍陈福、副侍李英传：着将造办处做下备用无量佛龛请一座送至中正殿供奉，再补做一座。记此。

于本日将做下的安玻璃门紫檀木佛龛一座，缎垫一件，员外郎满毗着木匠邓连芳送至中正殿，交敬事房首领周世辅收讫。

十月

162. 初四日,郎中海望、员外郎满毗传:做备用紫檀木镶玻璃盒一件。记此。

于十月二十八日做得紫檀木镶玻璃盒一件,郎中海望呈进讫。

163. 初八日,郎中海望、员外郎满毗传:做备用嵌雕刻夔龙寿字象牙片紫檀木罩盒一件。记此。

于十月二十九日做得嵌雕刻夔龙寿字紫檀木罩盒一件,郎中海望呈进讫。

164.1. 初九日,管理车库事务内管领按布里、清泰经格里、马尔浑、库衣达克石、图妞儿来说,郎中海望传:上乘车二辆,内一辆因圆明园往返随侍,上身后柱二根俱损伤,着另换做铁信攒竹漆杆二根换上。记此。

于十一月初四日换得攒竹漆杆二根,交按布里等持去讫。

164.2. 初九日,太监张玉柱、王常贵交来武定石桃式盘一件,武定石葵花式盘一件,武定石玉兰花式盘一件,武定石荷叶式盘一件,武定石海棠花叶式盘一件,武定石莲花荷叶式盘一件,武定石桐叶式盘一件,武定石莲花式盘二件,武定石玉兰花叶式盘一件,武定石木瓜式盘一件 俱有绺,传旨:将此石盘内有上好的挑选出,或用紫檀木,或用花梨木配做架子,朕陈设用,其余糙些的用楠木做糙架子,朕做赏用。钦此。

于本日郎中海望选得武定石木瓜式盘一件,交张文玉持去讫,其余十一件交马尔汉配架座。钦此。

于十三年十二月二十七日将武定石盘十一件,司库常保、首领萨木哈交太监毛团呈进讫。

164.3. 初九日,郎中海望、员外郎满毗传:做备用安表镜紫檀木香几陈设一件。记此。

于十月十八日做得安表镜紫檀木香几一件,上安六年二月初七日交出的圣寿无疆表一件,郎中海望呈进讫。

165. 十四日,首领太监郑忠传:做紫檀木带手巾滑子二件,各长八分,径二分。记此。

于本月十七日做得紫檀木手巾滑子二个,交太监郑忠持去讫。

166. 十五日,太监张玉柱、王常贵交来海南香二锡匣 共重五斤十一两九钱,传旨:着劈成片交太监刘希文。钦此。

于十一月二十六日将海南香五斤十一两九钱劈得香丁片随锡匣,郎中海望交太监马进忠持去交太监刘希文收讫。

167. 二十日,怡亲王府侍卫鲁都立交来桄榔木八人轿杆一副,桄榔木四人轿杆二副,请杆十根,撑杆六根,老杆锡筒八个,请杆锡筒八个,锡盖瓦四块 裹轿杆红布八块,传怡亲王谕:着交造办处。遵此。

随交司库马尔汉讫。

168. 二十二日,郎中海望、员外郎满毗传:做备用盛活计糊黄纸杉木盘三十五个。记此。

于十月二十八日做得糊黄纸杉木盘三十五个盛活计用讫。

169. 二十九日,郎中海望奉旨:着做花梨木竖柜二对,中层安二层抽屉,上层安一层抽屉,中层安隔断板一层,画样呈览过再做。钦此。

于十一月初五日画得花梨木竖柜样一张,郎中海望呈览,奉旨:中层抽屉落矮些,上层添一屉板,照样做三对。钦此。

于十二月初九日做得花梨木竖柜三对,各高五尺九寸六分,宽三尺六寸,深一尺六寸八分,俱钉白铜饰件,白铜锁钥匙,里糊杭细。

本日郎中海望奏称,花梨木竖柜三对做完,请旨交与何处等语,奉旨:做完交给刘希文呈览。钦此。

于十二月初四日将做得竖柜三对并尺寸帖一件,交首领太监萨木哈持进交太监刘希文讫。

十一月

170. 初三日,太监王璋交来杉木卷杆一根,说首领太监李统忠传:着照样做一百根。记此。

于十一月二十七日做得杉木卷杆一百根并交来卷杆一根,领催马学尔交太监王璋持去讫。

171. 二十四日,太监徐文耀来说,太监王守贵传:做杉木杌子一个,高三尺八寸，见方一尺四寸。记此。

于十一月二十九日照尺寸做得杉木杌子一个，交太监徐文耀持去讫。

172. 二十六日，太监张玉柱交来如意观音菩萨一尊，传旨：着配龛赏大学士嵩祝。钦此。

于十二月初十日做得花梨木佛龛一座，随黄缎垫一件并原交菩萨一尊，郎中海望、员外郎满毗俱着太监吕进朝持去交太监张玉柱讫。

173. 二十八日，首领太监李久明来说，太监王守贵传：做糊红纸面里杉木匣一个，长二尺二寸，宽一尺，高一尺。记此。

于十二月二十三日照尺寸做得糊红纸面里杉木匣一个，首领太监李久明持去交太监王守贵收讫。

十二月

174. 十四日，首领太监张尔泰来说，郎中海望传：熏罐上的楠木火箱唯恐木性爆裂，欲再做一件备用。记此。

于八年二月初二日做得楠木雕夔龙火箱一件，员外郎满毗、催总张自成交药房太监魏久贵持去讫。

175. 十八日，据宫殿监督领侍陈福交来赏哈密国达尔汉薄格厄米尔五彩大菊花碗四件，五彩盘子四件，五彩菱花盘八件，五彩宫碗八件，五彩盖碗四件，红福五寸碟十二件，五彩荷花六寸碟八件，五彩七寸盘八件，祭红七寸盘八件，五彩小碟十二件，五彩宫碗八件，祭红釉五彩宫碗八件，五彩团花宫碗八件，祭红釉五彩茶碗八件，五彩茶碗八件，白玻璃盖碗四件，蓝玻璃盖碗四件，红玻璃盆四件，酒黄玻璃盆四件，红玻璃菊花大碗一件，旋圆紫青玻璃菊花大碗一件，蓝玻璃盘二件，白玻璃盘二件，红玻璃渣斗一件，绿玻璃渣斗一件，连四大香袋四对 计四匣，连二香袋八对 计八匣，什锦香袋八十个 计八匣，着配做木箱盛装，棉花塞垫外裹黑毡。记此。

于十二月二十三日将以上物件共装杉木箱十个，钉包角叶合扇西洋钩子棉花塞垫外裹黑毡套，郎中海望、员外郎满毗、司库硕塞送去交理藩院尚书特古忒收讫。

176. 十九日，太监王璋来说，首领太监李统忠传：做竹筒长二尺五寸五个，长二尺三寸五个，里口俱径二寸五分。记此。

于八年二月初七日照尺寸做得椴木底盖毛竹筒十件，交太监王明贵持去讫。

177. 二十二日，首领太监李久明持来红藏香一根，说太监王守贵传：着照此香尺寸配做盛二根香木匣一个，盛四根香木匣一个，里面俱糊黄纸安紫檀木别子。记此。

于十二月二十三日照尺寸做得糊黄面里杉木匣大小二个，并原交出红藏香一根，郎中海望、首领太监李久明持进交太监王守贵讫。

178. 二十三日，宫殿监副侍苏培盛传：着照御笔福字样镌刻花梨木印版一块。记此。

于十二月二十五日郎中海望传：锡片印版亦做一块备用。记此。

于十二月二十六日做得花梨木印版一块，锡片印版一块交太监赵朝凤持去讫。

179. 二十六日，营造司首领太监丁朝凤来说，太监刘希文传：做杉木地平板长七尺六寸，宽一尺四寸，厚一寸五分一块；长七尺六寸，宽一尺四寸七分，厚一寸五分一块；板凳二条，各长九尺五寸，宽六寸，厚五寸，高二尺一寸五分。记此。

于二十七日照尺寸做得杉木地平板二块，板凳二条，柏唐阿苏尔迈交首领太监丁朝凤持去讫。

180. 二十七日，太监张玉柱交来沉杉木板二块各长九寸二分，宽一寸五厘，厚二分五厘，传旨：应做何物做一物用。钦此。

于十二月二十八日将沉杉木二块做得砚盒一件，郎中海望呈进讫。

181. 二十八日，太监张玉柱、王常贵传旨：养心殿东暖阁落地罩内靠南面槛窗下，着做花梨木桌二张。钦此。

于本月二十九日照尺寸做得花梨木桌二张，郎中海望交太监张玉柱讫。

182. 二十九日，太监张玉柱传旨：着做花梨木桌一张，长二尺八寸八分，宽一尺三寸三分，高一尺五寸。钦此。

于八年正月初八日照尺寸做得花梨木桌一张，郎中海望持进交太监张玉柱讫。

2. 玉作

二月

201. 二十日,太监刘希文、王太平交来汉玉福寿磬一件 紫檀木座,牛角把,象牙茜红锤,白玉飞龙在天磬一件,青绿古铜圆形夔龙式磬一件 白玉双喜牌一件,紫檀木架,传旨:着陈设在莲花馆书格上,如书格空处容不下大磬,不必陈设,另请旨。钦此。

于二月二十一日着柏唐阿富明送至圆明园工程处笔帖式苏那收讫。

三月

202. 初二日,据圆明园来帖内称,首领太监李久明持来白玉壶一件,汉玉式花插一件 象牙茜绿座,说太监刘希文传旨:着海望见面请旨。钦此。

于四月初三日将此壶一件,花插一件郎中海望持进请旨,奉上谕:将玉壶上螭虎去了做素的,此汉玉花插其中间空处或配一剑,做一剑架,两边插管内或做一架子,尔酌量配合。钦此。

于四月十一日将汉玉山式花插一件,配得汉玉把白玉剑一把,流云架紫檀木座,郎中海望呈览,奉旨:流云架做时再矮三四分,用乌拉石做。钦此。

于四月二十四日将玉壶改做素的,太监王进孝持去交太监刘希文讫。

于十三年十月二十三日将汉玉花插一件,司库常保交太监毛团呈进讫。

203. 初六日,据圆明园来帖内称,太监刘希文、王太平交来白玉连锁钟一件 随象牙茜红座,锤子一件,红玛瑙提梁卣一件 随紫檀木架,传旨:着收拾,陈设在莲花馆书格上。钦此。

于三月十一日收拾完太监范国用持去交莲花馆首领彭凯昌收讫。

204.1. 十六日,据圆明园来帖内称,本月十五日郎中海望奉旨:含韵斋屋内围屏后书格空处,着安集锦玻璃镜。钦此。

于四月十四日做得紫檀木边背后糊黄绢安铜护眼钩头钉玻璃镜十三面,郎中海望带领催白世秀持进安讫。

204.2. 十六日,据圆明园来帖内称,本月十三日太监刘希文交来汉玉昭文带四件,传旨:着做压纸用。钦此。

于十三年十月二十三日将紫檀木嵌汉玉昭文带四件,司库常保、首领萨木哈持进交太监毛团呈进讫。

四月

205.1. 初五日,郎中海望持出碧玉太平有象一件,奉旨:此玉情甚好,做法不好,着收拾。钦此。

于十一月二十九日将碧玉太平有象牌一件配得象牙茜紫檀木色插屏座,郎中海望呈进讫。

205.2. 初五日,郎中海望持出白玉卧蚕纹佩一件,奉旨:做匣内提手用。钦此。

于闰七月二十七日将此佩嵌在瀏鹈木盒绿端石砚一方,赏暹罗国王用讫。

205.3. 初五日,郎中海望持出白玉有锁扇牌十件,圆形金鸡镶嵌一件,白玉别子一件,白玉夔龙提梁扇牌三十件,青玉别子一件,白玉琴一件,白玉螭虎扇牌三十九件,白玉长方镶嵌一件,白玉图书二方,玛瑙扇牌三件,碧玉圆图书一方,六角如意镶嵌一方,桃形带板镶嵌一件,碧玉扇器五件,奉旨:玉器等件着酌量,或做何物用,或做材料用。钦此。

于四月二十四日将三十九件内白玉扇牌一件配在三月十九日交出玛瑙小碟上,紫檀木玉梃座一件,郎中海望呈进讫。

于五月初四日将三十九件内白玉螭虎扇牌三件嵌在四月三十日送来木盒砚三方上,郎中海望呈进讫。

于七月初三日将三十九件内玉扇牌一件配在官窑八角碟上,紫檀木独梃座,郎中海望呈进讫。

于七月初十日将碧玉圆图书一方配得紫檀木玉梃座,郎中海望呈进讫。

于闰七月初七日将三十九件内扇牌一件配在四月初六日交出白玉羽觞一件一同配做得紫檀木玉独梃座上,郎中海望呈进讫。

于八月十四日将三十九件内玉扇器一件配做得双喜万寿玦插屏一件,郎中海望呈进讫。

于八年十月三十日将白玉图章二方,内务府总管海望呈进讫。

于十三年十月十三日将三十九件之内杵花纹扇器一件,司库常保、首领萨木哈持进交太监毛团呈进讫。

于十三年十月二十四日将白玉有锁扇牌二件,司库常保交太监毛团呈进讫。

于十三年十月二十五日将白玉螭虎扇器大小三十一件,司库常保交太监毛团呈进讫。

于十三年十月二十七日将白玉琴一件,碧玉扇牌五件,司库常保交太监毛团呈进讫。

于十三年十月二十八日将白玉扇牌八件,白玉别子一件,白玉夔龙提梁扇器三十件,青玉别子一件,白玉长方镶嵌一件,司库常保交太监毛团呈进讫。

于十三年十一月初一日将玛瑙扇器三件,司库常保交太监毛团呈进讫。

于十三年十一月初八日将圆形天鹅镶嵌一件,八角如意镶嵌一件,交太监毛团呈进讫。

于十三年十二月十四日将桃形镶嵌一件,司库常保交太监毛团呈进讫。

206. 二十一日,据圆明园来帖内称,本月二十日郎中海望持出各色玛瑙石子大小二十八块,奉旨:此内有小些的石子砣磨收拾摆水盆用,其形势的大石子酌量应做何物用。钦此。

于四月二十日将此二十八块石子之内砣磨光亮小些石子七件,郎中海望呈进讫。

于五月十九日将此二十八块石子之内天然玛瑙石子一件,配得紫檀木座,郎中海望呈进讫。

于六月二十日将玛瑙石子二十件盛一玛瑙碟,郎中海望呈进讫。

五月

207.1. 十三日，据圆明园来帖内称，郎中海望持出汉玉卧蚕纹透花夔龙昭文带一件，奉旨：着将透花朝上，酌量配做。钦此。

于八月十四日白玉双喜万寿玦紫檀木插屏上嵌汉玉卧蚕纹透花夔龙昭文带一件，郎中海望呈进讫。

207.2. 十三日，据圆明园来帖内称，郎中海望持出汉玉卧蚕纹透地牌一件，奉旨：着将透地边朝上，酌量配做。钦此。

于八月十四日白玉双喜万寿玦紫檀木插屏上嵌汉玉卧蚕纹一面，透地横披牌一件，郎中海望呈进讫。

六月

208. 二十日，据圆明园来帖内称，本月十五日太监王太平传旨：西峰秀色自得轩后方亭内着做乌拉石宝座一张，桌一张，不要太重了。钦此。

于七月初十日做得镶嵌乌拉石紫檀木宝座一张，桌子一张，郎中海望持进安讫。

十月

209. 二十五日，郎中海望持出碧玉蕉叶花插一件 随紫檀木座，奉旨：此玉情好，但做法不好，应收拾处酌量收拾，其紫檀木座亦不好，或用寿山石，或用何样石做地景座子。钦此。

于十一年八月十三日将碧玉蕉叶花插一件配得紫檀木座，司库常保呈进讫。

3. 杂活作

二月

301. 二十三日，太监刘希文、王太平交来碧玉有锁提梁卣一件，传旨:着配架子,得时安在莲花馆书格上。钦此。

于十三年十月二十一日碧玉有锁提梁卣一件,配得紫檀木架,司库常保、首领萨木哈交太监毛团呈进讫。

三月

302. 初二日,据圆明园来帖内称,首领太监李久明持来碧玉乳丁磬一件 随紫檀木座,说太监刘希文传旨:着安在莲花馆书格上。钦此。

于三月十一日将玉乳磬一件换完黄绦子随紫檀木架,太监范国用持去交首领太监彭凯昌收讫。

303. 初九日,据圆明园来帖内称,本月初六日太监王太平传:做古董鼓一件 随板。记此。

于十月二十五日做得黑漆画洋金花鼓墩陈设一件,内随铜镀金口圈鋄银钉古董鼓一面,紫檀木拴黄线穗板一副,竹子锤二件,郎中海望呈进,奉旨:此鼓做的得法。钦此。

304. 十九日,太监刘希文、王太平交来白玉磬一件,碧玉磬一件,传旨:着配做架子。钦此。

于五月二十五日将玉磬二件配做得铜錾花镀金饰件紫檀木架二件,郎中海望陈设在莲花馆讫。

305. 二十日,郎中海望持出汉玉拱璧一件,奉旨:照先做过的紫檀木镜支再配做。钦此。

于九月初九日将汉玉拱璧一件配在四月十四日交出紫檀木镜支一件,首领萨木哈交太监刘希文讫。

四月

306.1. 初二日,太监刘希文、王太平交来甘黄玉筒一件,传旨:着配座安匙箸。钦此。

于十三年十月二十八日将甘黄玉筒一件配得匙箸安紫檀木座,司库常保交太监毛团呈进讫。

306.2. 初二日,太监刘希文、王太平交来玉筒一件,传旨:着配座安匙箸。钦此。

于十三年十月二十八日将玉筒一件随匙箸紫檀木座，司库常保、首领萨木哈交太监毛团呈进讫。

306.3. 初二日，据圆明园来帖内称，三月二十日郎中海望持出汉玉钩一件，奉旨：配做挑杆架用。钦此。

于五月初四日做得汉玉钩铜镀金卡子黑漆杆绿玻璃座紫檀木托挑杆一件，郎中海望呈进讫。

307. 初五日，郎中海望持出汉玉乳丁磬一件，白玉圈一件，奉旨：将白玉圈着配汉玉乳丁璧座用，另添一玉梃做陈设用。钦此。

于四月十一日将此汉玉乳丁璧一件，白玉圈一件，配做得独梃座椴木样呈览，奉旨：准做，梃子座俱用紫檀木做，抱月番草做铜镀金的。钦此。

于四月三十日做得紫檀木独梃座铜镀金番花抱月陈设一件，郎中海望呈进讫。

308. 初八日，据圆明园来帖内称，本月初三日郎中海望持出汉玉拱璧一件，传旨：着配镜支用。钦此。

于九月十一日做得镶嵌汉玉拱璧雕刻紫檀木镜支一件，绣黄缎背面上铜镀金边象牙茜色镜纽拴黄穗子玻璃镜一面，内配象牙梳子五把，象牙梁篦子二把，牛角刷牙二把，首领太监萨木哈持进交太监刘希文收讫。

309. 十四日，郎中海望持出紫檀木小镜支一件，传旨：着配汉玉拱璧。钦此。

于九月初七日将紫檀木镜支一件上配在三月二十日交出汉玉拱璧一件，首领太监萨木哈交太监刘希文讫。

五月

310. 初五日，据圆明园来帖内称，四月三十日怡亲王带领郎中海望持出驼骨筒千里眼二件 各有多目镜、显微镜，黑子儿皮筒千里眼一件，影子木筒千里眼二件，竹筒千里眼二件，铜镀金筒盘线簧鼻烟壶一件，乌木筒千里眼一件 象牙盒盛，象牙箍影子木筒千里眼一件，黄杨木筒千里眼一件随黄杨木塔式套盒一件，白羊角套圈千里眼一件 红羊皮套盛随藤子外套，黑羊角

套圈千里眼三件 红羊皮套盛随马尾外套，西洋纸筒千里眼一件 红羊皮罩盒外随黄绢囊，红羊皮鼻烟壶千里眼火镰包一件，核桃鼻烟壶盒内盛千里眼一件，象牙钩花二层盒一件 随珊瑚盖珠，象牙镶铜扣千里眼一件 随乌木套，撒林皮罩套火镰包二件 内有珊瑚盖珠一件，撒林皮折套火镰包一件，圈子火镰一件 随黑牛皮罩盖珊瑚珠二个，黄缎地绣夔龙罩套一件 随珊瑚珠二个，磁青纸天文图二张 随黄绢匣盛，鋄金梁黑撒林皮绣金线皮蛤蟆一对，鋄金梁红羊皮蛤蟆一对，羚羊角解锥开其里大小四件，琥珀解锥一件，花梨木筒千里眼一件，银管千里眼一件 随白玉罩筒珊瑚盖珠，镶假金刚石铜镀金带纽二件，玳瑁面插簧带头一件，有螺丝铜拿子一件，圆嘴钢钳子一件，黑子儿皮匣一件 内盛锤子，钢钳子一把，两头锉一把，錾子一件，钢括刀錾子一件，花梨木筒千里眼一件，奏旨：将此千里眼等件持出去，再将类如此样物件做些赏出兵的官员用，再将军傅尔丹、岳钟琪，副将军巴塞等三人每人赏给紫扯手喀尔喀鞍子一副，或腰刀裙子小舆图等件，再有应可赏给之物，亦酌量做些赏给，再将蓝绦火镰包、小刀等件做些，交傅尔丹等带去用。钦此。

于本日怡亲王拟得赏将军傅尔丹等三人每人紫扯手红鞍心喀尔喀鞍子一副，大凹面腰刀一把，裙子四件，皮裙一件，单裙一件，皮里皮面裙一件，夹裙一件，伊犁等处舆图一份，小刀一把，火镰包一件，署文房一件，解锥一件，有套刮鳔一件，有套马尾眼罩一件，千里眼一件，日晷一件，连皮蛤蟆掐簧带一副，内金黄鞓带一副，再预备赏用蓝绦火镰包一百件，外备用鹅黄绦子二十根，有套日晷二十件，有套括鳔三十件，马尾眼罩三十件，二样蓝绦小刀一把，外备用鹅黄绦子二十根，蓝绦解锥二十件，外备用鹅黄绦子二十根，蓝绦署文房二十件，外备用鹅黄绦子六根，带腰刀皮蛤蟆三十件。遵此。

于五月初四日派得员外郎关花资，催总吴花子、刘山久，柏唐阿花善、富拉他办造写折一件，郎中海望启怡亲王，奉王谕：准派。遵此。

于初九日据圆明园来帖内称，郎中海望传：着将黄缎绣套内配署文房一份，黑子儿皮匣内钢钳子、锉、錾子、凿子并钢拿子、圆嘴钢钳子照样做二三份，每份装一匣，内或有应添应减的物件与催总刘山久商量，再火镰包圈子火镰，照样每样做二三件，皮蛤蟆亦做二三副。记此。

于六月十七日据圆明园来帖内称，六月十五日郎中海望将做得赏将军活计摆在正大光明殿内呈览，奉旨：尔将此活计明早安在四宜堂朕看，将鞍子摆在抱厦下，尔将小式活计再做些，漆皮碗盘有花样的不好，将大盘每样拿十件来，无花样七寸五寸皮盘俱各拿几件来朕看。钦此。

于六月十六日将原持出驼骨筒千里眼等物件共四十五件，柏唐阿巴哈持去交郎中海望呈进讫。

于六月十六日将做得赏将军活计并鞍子，郎中海望持进安在四宜堂呈览，奉旨：准赏给。钦此。

于本日将赏傅尔丹等三人紫扯手红鞍心喀尔喀鞍子三副，大凹面腰刀三把，皮裙三件，单裙三件，夹裙三件，皮里皮面裙三件，伊犁等处舆图三份，子儿皮鞘花羊角把小刀三把，红羊皮彩金拱花火镰包三件，红羊皮套署文房三件，黄羊角解锥三件，红羊皮套刮鳔三件，红羊皮套马尾眼罩三件，红羊皮套西洋绿金花纸千里眼一件，撒林皮套绿皮筒象牙底盖千里眼一件，黑子儿皮套绿皮筒牛角底盖千里眼一件，红羊皮套象牙日晷三件，连皮蛤蟆掐簧金黄鞓带三副，鋄金梁撒林皮绣金线皮蛤蟆三副，郎中海望持去赏讫。

又将赏官员兵丁人等蓝绦子红羊皮彩金火镰包一百件，红羊皮套日晷二十件，红羊皮套刮鳔三十件，红羊皮套马尾眼罩三十件，子儿皮鞘花羊角把小刀一百把，黄羊角解锥二十件，红羊皮彩金套署文房十件，撒林皮彩金署文房十件，红羊皮带刀皮蛤蟆十件，撒林皮带刀皮蛤蟆二十件，郎中海望交将军傅尔丹等带去讫。

于六月十六日将红色大皮盘十件，香色大皮盘十件，红色七寸漆皮盘二十件，香色七寸漆皮盘二十件，红色五寸漆皮盘二十件，香色五寸漆皮盘四十六件，紫色七寸漆皮盘四十件，紫色五寸漆皮盘七十八件，郎中海望持去呈进讫。

于七月初一日做得红羊皮套彩金署文房六件，红羊皮带刀皮蛤蟆二十件，撒林皮带刀皮蛤蟆二十件，红羊皮套刮鳔二十件，红羊皮套马尾眼罩十件，黄羊解锥六个，红羊皮套象牙日晷二个，撒林皮荷包二对，红羊皮彩金火镰十个，子儿皮鞘高丽木把小刀三十把，郎中海望呈进讫。

于九年正月初八日将子儿皮匣一件，内盛安锤子、钳子一件，錾子一件，凿子一件，有螺丝拿子一件，圆嘴钳子一件，镊子一件，员外郎满毗交太监王福隆持去赏副将军查必那讫。

于九年二月初四日将子儿皮匣内盛西洋家伙安锤子、钳子等件一全份，首领萨木哈持去交太监张玉柱赏福建陆路提督石云倬讫。

于九年五月二十五日将子儿皮匣安锤子、钳子等件西洋家伙一全份，太监范国用持去交太监张玉柱赏将军伊里布讫。

于十年九月初一日将黑皮圈子火镰包三件，赏大将军顺承郡王，副将军王丹津多尔吉额驸策凌讫。

311. 十三日，据圆明园来帖内称，郎中海望持出白玉双喜万寿玦一件，奉旨：着配做插屏用。钦此。

于八月十四日做得白玉万寿双喜玦一件，随紫檀木插屏，郎中海望呈进讫。

312. 二十六日，据圆明园来帖内称，本月十九日郎中海望奉旨：着将格折子独梃托板做一件，托板要做四层，各长八九寸，宽五六寸，要铜座，先用合牌糊锦做一件，若好再做漆的。钦此。

于本月二十五日做得紫檀木座紫檀木梃四层格板一件，郎中海望呈览，奉旨：此座子轻，换做铜梃子套一铜管，做抽长的。钦此。

于六月初三日做得抽长独梃格折子托板架一件，系灌铅黄铜座，安象牙顶紫檀木独梃外套，抽长铜管安卡子铜镀金螺丝巴掌糊锦楠木四层托板，郎中海望呈进讫。

于六月初五日据圆明园来帖内称，六月初三日郎中海望奉旨：着照抽长独梃格折子托板架样将黑漆再做一件。钦此。

于九月初二日做得黑退光漆抽长独梃格折子四层托板架一件随铜烧古座，郎中海望呈进讫。

313. 二十八日，据圆明园来帖内称，本月十一日大臣佛伦传旨：上乘车内痰盂不稳，着左边安一卡子或安有盖痰盂或安痰盒。钦此。

于又七月二十三日做得黑洋金痰盂一件，鋄银螺丝卡子鋄银梃子鞔红羊皮黄铜栏杆紫檀木托痰盂托板一件，领催金月玉安在上乘车内，交司库吴保柱讫。

六月

314. 初九日，据圆明园来帖内称，四月十九日郎中海望奉旨：九洲清晏西边陈设的紫檀木镶玻璃门西洋柜子下身座子不好，尔另用紫檀木做一西洋座子，其中间缩腰安西洋柱子，座子上水栏或安或不安，尔酌量，其柜旁倒环一边上层只有一个，或中间或下面两边各添一倒环，再照此样做小些检妆一二件，柜内远近玻璃不必安，或安抽屉或安何物，两边鼓面上或镶牛油石或镶何石。钦此。

于六月十六日做得面长三尺二寸二分，横头宽一尺四寸八分，高一尺一寸六分紫檀木西洋座子一件，黄铜镀金倒环二件，曲须四个，眼钱八个，郎中海望带领催白世秀持进安在九洲清晏讫。

于九月十四日据圆明园来帖内称，本月十一日做得仿西洋式镶牛油石紫檀木检妆一对，内安玻璃镜二个，随紫檀木、黄杨木、楠木座二个，各高一尺六寸，宽一尺二寸，入深八寸，郎中海望呈进，奉旨：再做两三件，俱镶摆锡玻璃。钦此。

于八年十月二十九日做得玻璃西洋检妆一对，郎中海望呈进讫。

315. 二十四日，据圆明园来帖内称，四月初五日郎中海望持出汉玉汉纹花把头一件，汉玉素把头一件，白玉螭虎把头一件，黑汉玉圆珠顶橄榄式圈一件，奉旨：着将玉把头三件配一物做把头用，再黑玉橄榄式圈玉情甚好，酌量配做物件用。钦此。

于四月十一日配做得桦木剑样一件，将汉玉花把头一件，素把头一件配做剑把，黑玉橄榄式圈配做剑隔手，郎中海望呈览。奉旨：准做，但此黑玉隔手不必配在剑上，俟朕交出玉去另行配合在剑上。钦此。

于四月十四日郎中海望持出汉玉隔手一件，传旨：着配在剑把上用。钦此。

于十三年十月二十二日汉玉隔手一件，司库常保、首领萨木哈持进交太监毛团呈进讫。

于本日又将汉玉花把头一件，汉玉素把头一件，白玉螭虎把头一件，司库常保、首领萨木哈交太监毛团呈进讫。

于十三年十月二十三日将黑汉玉橄榄式圈一件，司库常保交太监毛团呈进讫。

七月

316. 二十一日，据圆明园来帖内称，本月十二日郎中海望奉旨：九洲清晏西边陈设的紫檀木镶玻璃门西洋柜子后面，着安玻璃镜一面。钦此。

于七月二十九日做得玻璃镜一面，郎中海望持进安讫。

317.1. 二十六日，据圆明园来帖内称，四月三十日郎中海望持出黄色羊肝石一件，传旨：着镶卡子配座，做陈设用。钦此。

于七月二十日将黄色羊肝石配得铜镀金夔龙吞口独梃紫檀木座，郎中海望呈进讫。

317.2. 二十六日，据圆明园来帖内称，五月初八日郎中海望持出白玉海棠花式盘子一件，奉旨：着配做黑牛角棍子托盘，下或紫檀木独梃座。钦此。

于七月二十日将白玉海棠花式盘配得黑牛角棍子托盘架，象牙茜绿透空梃子紫檀木座，郎中海望呈进讫。

九月

318. 初三日，郎中海望传：做备用寿意八仙庆寿九圆转香盒一件随紫檀木座。记此。

于十月二十九日做得寿意转香盒一件随紫檀木座，郎中海望呈进讫。

319. 初九日，据圆明园来帖内称，本月初六日太监张玉柱传旨：除先赏过将军等物件样式外，着海望另想法做些出外用的对象，以便发报赏给。钦此。

于十月初八日做得烘药葫芦木样一件，郎中海望着用黑牛角做烘药葫芦三件。记此。

于本月十二日为赏将军等物件，催总吴花子画得拆卸火盆纸样一件，洗脸盆纸样一件，郎中海望、员外郎满毗准做。记此。

于十一月三十日做得铜烧古拆卸火盆紫檀木架一件，郎中海望呈览，奉旨:配匣,再此火盆好,系拆卸之处写一用法。钦此。

于十二月初一日将拆卸火盆配做得紫檀木胎鞔黑撒林皮匣一件,随香色棉套一件,郎中海望呈进,奉旨:发报赏岳钟琪。钦此。

于本日用棉花塞垫完,黄布包裹,外用黑毡黄布包好,太监吕进朝持去交太监张玉柱收讫。此拆卸火盆用时先将四面四页立起,将四角下面钩搭毕,将折叠架拉开,将火盆坐入,再将夔龙片二件插入销钉联络方整,坐入火盆口内以为挡火栏杆。

于十四日据圆明园来帖内称,本月十一日画得赏将军等雅器法都样一张,小插梁皮带样一张,痒痒挠套样一张,合牌折叠箭斗样一张,折叠桌样一件,内随红香牛皮包二件,笔砚文房等物,郎中海望呈览,奉旨:准做,其折叠桌不必做大了,做三张。钦此。

于十二月初一日做得鞔黑牛皮折叠桌一张,长二尺一寸,宽一尺六寸,厚一寸六分,内盛古铜暖砚一方,红羊皮彩金笔筒一件,象牙笔二支,寿山石灵芝笔架一件,镶嵌紫檀木墨床一件,穿山甲痒痒挠一件,紫檀木算盘一件,鞔红皮象牙梃帽架一件,古铜书灯一件,压纸一件,拱花皮匣玻璃镜一件,千里眼一件,象牙日晷一件,绣红羊皮卷包火镰包一件,玳瑁把火镜一件,珐琅鼻烟壶一件,黄铜镀金火印一件,规矩一匣共十一件,鞔红羊皮彩金臂搁一件,象牙双喜压纸一件,黑漆画洋金痰盂一件,担子式帽架一件,裁纸刀一把,郎中海望呈进,奉旨:着发报赏岳钟琪。钦此。本日将暖砚等件俱盛装,黑牛皮折叠桌内随香色布套用棉花塞垫稳,用黄布包裹,外裹黑毡黄布,杉木夹板夹好,郎中海望交太监吕进朝持去交太监张玉柱讫。

于八年三月十五日做得黑撒林皮套紫漆洗脸盆一件,鞔红皮苗金圆盒一件,内盛合牌胎鞔红羊皮苗金玻璃镜一件,黑漆盒二个,象牙木梳一件,起子一件,钢锥一件,镊子一件,牙刷一件,刮舌一件,红羊皮雅器法都一件,铜镀金插梁红羊皮带一件,郎中海望交太监张玉柱、王常贵呈览,奉旨:好,着赏大将军岳钟琪。钦此。本日随持出,用油纸包裹棉花塞垫稳木匣盛装黑毡外套黄布挖单包裹,催总胡常保交太监胡庆寿持去讫。

于十一月初三日为赏将军等物件,左世恩做得搁弓架木样一件,郎中海望、员外郎满毗看准，传：着照样办做一份。记此。

于十一月二十二日为赏将军等物件，柏唐阿拉哈里做得掸子式独梃帽架一件，郎中海望、员外郎满毗看准，传：着照样做三份。记此。

于十二月初八日首领太监萨木哈持出汉字帖一张，上写：赏参赞副都统苏图小刀二把，火镰包二个，马尾眼罩二个，日晷一件，红羊皮套刮鳔一件，羊角解锥一件，皮带刀铜圈一副，黑皮大碗四件，小红皮盘四件，小黄皮盘四件，紫皮盘十件，说太监张玉柱、王常贵传：照此物件预备一份。记此。

于十二月初九日将备用做下的鞔红羊皮鞘花羊角把单小刀一把，黑牛皮鞘高丽木把单小刀一把，石青绦子红羊皮罩盖火镰包一件，黑撒林皮彩罩盖火镰包一个，红羊皮套马尾眼罩一个，象牙日晷一件，刮鳔一件，红羊皮筒马尾眼罩一件，黄羊角解锥一件，铜镀金圈带腰刀皮黑撒林皮蛤蟆一件，铜镀金圈带腰刀皮红羊皮蛤蟆一件，香色漆皮碗十件，香色漆皮盘十件，红漆皮盘二件，郎中海望、员外郎满毗交首领太监萨木哈持进交太监张玉柱、王常贵讫。

于初十日首领太监萨木哈仍持出香色漆皮碗十件，香色漆皮盘二件，红漆皮盘二件，说未用交回，随将未用漆盘碗十四件交油匠二黑持去讫。

于八年三月二十八日据圆明园来帖内称，太监刘希文传：着照赏总兵份例预备二份。记此。

于三月三十日做得红羊皮套刮鳔一件，黑皮彩金火镰包一件，黑皮套署文房一件，马尾眼罩二件，黑羊角解锥一件，黑皮套腰圆圈子火镰包一件，黑皮彩金蛤蟆一对，黑红皮带刀圈二件，红羊皮鞘花羊角把小刀一把，红皮套日晷一件，首领太监李久明持去交太监刘希文赏总兵胡杰讫。

于十年七月二十三日将黑牛皮折叠桌一张，内盛小式物件二十四件，赏鄂尔泰讫。

于十一年八月初一日将折叠桌一张，内盛小式物件二十四件，赏平郡王讫。

320. 二十四日，据圆明园来帖内称，本月二十三日郎中海望持出紫檀木镶牛油石西洋检妆一件，奉旨：上层中空处着安小笔筒、小花瓶，妆盒两边四个抽屉内安火镰包、眼镜、砚台等件，不要着抽屉空了，其扁屉内安笔、裁纸刀等件，下层三个抽屉左边抽屉内安玻璃镜一面，右边并下边扁抽屉内，俱酌量配合做些对象盛装。钦此。

于九月二十九日将紫檀木镶牛油石西洋检妆一件，内配象牙笔筒一件，绿玻璃瓶一件随福寿长春荣花一束，铜胎珐琅鼻烟壶一对，绿端石砚一方，朱砂墨一锭，黄玻璃水丞一件随铜镀金匙象牙座，黄羊皮圈子火镰包一件，上用茶晶眼镜一副，红羊皮压花彩金匣一件，内盛象牙尺一件，起子一件，玳瑁小刀一件，牙签一件，玳瑁把裁纸小刀一件，象牙把裁纸小刀一件，铜针一件，镊子一件，小卒剁一把，剪子一把，铜烧古鎏金双喜如意式压纸一件，小寿字书式署文房一件，红羊皮拱花夹板玻璃镜一件，白本纸小折四件，连四纸小折四件，紫檀木管杆笔一支，石头笔一支，五彩笺纸五卷，花笺纸斗方九张，紫檀木边底镶云母寿字黄杨木算盘一件，郎中海望呈进讫。

十月

321. 十一日，郎中海望、员外郎满毗传：做紫檀木镶玻璃笔筒一件。记此。

于十月二十八日做得紫檀木镶玻璃笔筒一件，随画山水手卷一卷，象牙笔二支，珊瑚如意一件，郎中海望呈进讫。

十一月

322. 初十日，首领太监潘凤传：养心殿陈设紫檀木大座灯二座内羊角灯六件，着做矮些。记此。

于十二月二十二日领催白世秀带领匠役收拾完讫。

4. 皮作

二月

401. 初六日，太监吕兴朝交来木胎碗套一件，说宫殿监副侍李英传：

着照此木套样做木胎一件，鞔黑撒林皮。记此。

于本日原样碗套一件，随交太监吕兴朝仍持去讫。

于二月十八日照原样做得椴木胎鞔撒林皮碗套一件，交太监吕兴朝持去讫。

九月

402. 初二日，据圆明园来帖内称，八月二十二日太监胡庆寿交来白玉五彩夔龙梵寿字盘一件，五彩双福双圆碟一件 黄油木匣盛，说太监张玉柱传旨：着匣内糊毡里外套，棉花塞垫稳，赏怡亲王用。钦此。

于本日糊得黑毡匣里黑毡外套一件，棉花塞垫稳，交太监胡庆寿持去讫。

5. 铜作

正月

501. 初十日，首领太监萨木哈持来楠木匣底一件，说太监王太平传：着包铜角叶。记此。

于本日将楠木匣底四角包铜叶完，太监吕进朝持去交太监刘希文、王太平讫。

三月

502. 二十日，据圆明园来帖内称，本月十七日太监张玉柱、王常贵交来金托板雕龙珊瑚面戏带板一份 宽一寸七分，计大小二十块，金托板雕龙珊瑚面戏带板一份 宽一寸三分，计大小二十块，传旨：着将金托板取下换做黄铜炕色托板配带。钦此。

于三月二十七日将金托板大小四十块，重三十二两三钱，催总吴花子取下持去交员外郎福森、司库硕塞收讫。

于六月初八日将盛带板紫檀木匣二件，交司库硕塞收讫。

六月

503. 初九日，据圆明园来帖内称，本月初八日太监陈玉来说，总管太监陈九卿传旨：蓬莱洲着添做铜丝炉罩一件。钦此。

于本月二十九日做得径五寸二分，径三寸八分红铜丝烧古紫檀木顶圆炉罩一个，交太监穆进朝持去讫。

504. 二十一日，据圆明园来帖内称，本月二十日首领太监李久明来说，太监张玉柱、王常贵传旨：着做盛巴尔撒木香用有螺丝盖锡罐二十个。钦此。

于本日做得有螺丝盖锡罐二十个，随毡里糊黄纸面杉木匣二个盛装，郎中海望、员外郎满毗着首领太监李久明持去交太监张玉柱、王常贵讫。

于本月二十一日首领太监李久明来说，太监张玉柱、王常贵传：着照前做过的盛巴尔撒木用螺丝盖锡罐再做二十个。记此。

于本月二十八日做得有螺丝盖锡罐二十个，随糊黄纸面毡里匣二个，着太监王玉持进交太监张玉柱、王常贵讫。

505. 二十二日，首领太监李久明来说，太监刘希文传：做盛伽楠香数珠有屉锡盒四个。记此。

于本月二十八日做得有屉锡盒四个，着太监吕进朝持去交太监刘希文讫。

闰七月

506. 初七日，据圆明园来帖内称，本月初四日太监张玉柱、郑爱贵，首领太监李统忠交来赏大学士蒋廷锡御笔“钧衡硕辅”匾字本文一张 雍正七年七月初八日，赐经筵讲官文华殿大学士兼理户部尚书事务加五级臣蒋廷锡，赏大学士张廷玉御笔“调梅良弼”匾字本文一张 雍正七年七月十一日，赐经筵日讲官起居注太子太保保和殿大学士兼理吏部尚书事务翰林院掌院学士加二级臣张廷玉，传旨：着交造办处，做铜字匾赏给，其宝上鉴御笔二字。钦此。

于十一月二十日做得扫金九龙边石青地铜镀金字匾一面，将本文托裱做得黄杭细面红杭细里木匣一件盛装，郎中海望、员外郎满毗着催总常保、领催闻二黑送至大学士蒋廷锡家悬挂讫。

于十一月二十日做得扫金九龙边石青地铜镀金字匾一面，将本文托裱做得黄杭面红杭细里杉木匣一个盛装，郎中海望、员外郎满毗着催总张自成、副领催赵雅图送至大学士张廷玉家悬挂讫。

八月

507. 初五日，郎中海望持出乌木边楠木架玻璃镜一面 长二尺七寸，宽一尺九寸九分，奉旨：尔将此镜持出，不必换边，钉吊环，挂在养心殿后殿西稍间北面，现挂的玻璃镜挪在西面墙上。钦此。

于本月二十八日配得铜镀金吊环二个，托钉二个，挂钉二个，员外郎满毗领匠役持进挂讫。

6. 炮枪作 附弓作

正月

601. 初五日，太监刘义交来花羊角把杏木根鞘小刀一把，其把内盛规矩一件，象牙尺一件，银耳挖一件，说宫殿监督领侍陈福传：着将此刀鞘另换做红桃皮鞘。记此。

于初六日太监刘义又持出羊角把桃皮鞘铁鋄金三道束小刀一把说，将初五日交的换鞘小刀，可照此小刀鞘样换做。记此。本日太监刘义仍将小刀持去讫。

于本月三十日做得桃皮铁鋄金通梁三道束饰件鞘一件，并原交花羊角把小刀一把另换鹅黄辫子，监察御史沈嵛、郎中海望交太监刘义持去讫。

五月

602. 二十五日，领催千佛保持来钻眼鸟枪一杆说，郎中海望奉王谕：着照蒙古鞘式样用桦木配做鞘子。遵此。

于六月二十五日领催千佛保来说，五月二十四日怡亲王交做配鞘钻眼秏子尾式膛素铁交枪一杆。

于六月二十四日配做桦木鞘拴鹅黄带红氆氇油单等套完，领催孙福、千佛保呈怡亲王看，奉王谕：尔等将此枪暂持去收着，俟我往别处去的时候带去试放。遵此。

十二月

603. 二十日，郎中海望持出衣巴丹木长枪杆十根 系乌拉将军哈达进，衣巴丹木虎枪二十根，落叶松鸟枪鞘十个，落叶松线枪鞘十个，柳木鸟枪鞘十个，柳木线枪鞘十个，传：着收着。记此。

于本日交柏唐阿赵六十收讫。

7. 珐琅作 附大器作

六月

701. 二十八日，据圆明园来帖内称，本月二十七日太监张玉柱、王常贵交来烧珐琅牡丹玉兰花卉破白瓷瓶一件 紫檀木座，传：着造办处照样烧造，得时送进，仍补在原陈设处。钦此。

于十月初六日年希尧家人郑旺送来白瓷瓶三十件，内有破的九件并原样一件，交柏唐阿邓八格持去讫。

于八年二月二十九日做得珐琅瓶一对并原样一件，首领李久明持去交太监刘希文讫。

七月

702. 二十九日，据圆明园来帖内称，本月二十五日太监张玉柱、王常贵交来银匙一把，传旨：着照此匙做一木样，其把子不必做凹的，交鄂尔泰将翡翠石、红荆州玛瑙石做些粗坯子送来，再照此匙头将银的亦做几件，造办处有朕交的玛瑙把镶做，或用紫檀木匙把镶做，尔等酌量，不要显露钉子。钦此。

本日据催总张自成来说，郎中海望传：着先做匙头五把。记此。

于闰七月初七日做得匙子木样一件，郎中海望呈览，奉旨：此把子太直了，再做弯些。钦此。

于闰七月初六日将原交出银匙一件，太监赵凤金持去讫。

于十四日做得匙子木样一件，郎中海望呈览，奉旨：此匙把头做齐的好。钦此。

于闰七月三十日做得紫檀木把银匙子一件，木匙子一件，郎中海望呈览，奉旨：着交奏事处，俟鄂尔泰处有人来时，将此匙子木样发去。钦此。

于本日将银匙子仍持出并木样交张玉柱讫。

十月

703. 二十七日，太监张玉柱传旨：着做熏罐样一件。钦此。

于十一月初五日做得鞔黄布弯嘴锡罐样一件，郎中海望呈览，奉旨：照样用木做，镶银里，嘴子不必做弯的做直的。钦此。

于十一月十四日做得楠木镶银里熏罐一份，楠木镶银里盘一件，罐一件，安水牛角耳嘴一件，银里重十二两四钱，郎中海望持进交太监张玉柱呈览，奉旨：着交药房。钦此。

于本日将楠木镶银里熏罐一份，郎中海望交药房首领太监张尔泰收讫。

十一月

704. 十五日，郎中海望持来楠木镶银里熏罐一份楠木镶银里罐一件，盘一件，直嘴一件，奉旨：下层添一火箱，上层管子粗了，再做细些，其口开橄榄式口，另改做。钦此。

于十一月二十日将楠木银里熏罐一份改做橄榄式口，添火箱一件完，郎中海望呈进讫。

8. 镶嵌作 附牙作、砚作

正月

801. 二十五日，领催潘义明持来博古书格画样一张，着照样做镶嵌书格一件。记此。

于十月二十九日做得紫檀木镶嵌书格一件，郎中海望呈进讫。

802. 三十日，郎中海望、员外郎满毗传：做备用多福多寿镶嵌盆景一件，福寿长春镶嵌瓶花一件。记此。

于二月初八日做得镶嵌多福多寿镶嵌盆景一件随糊玻璃罩一件，镶嵌福寿长春瓶花一束随珊瑚枝一枝，珐琅合璧瓶一件随紫檀木座，郎中海望呈进讫。

二月

803.1. 初七日，监察御史沈嵛、郎中海望、员外郎满毗传：做镶嵌紫檀木笔筒一件 随笔、手卷。记此。

于二月二十八日做得福寿双圆笔筒一件，随手卷一卷，笔二支，黄杨木如意一件，郎中海望呈进讫。

803.2. 初七日，监察御史沈嵛、郎中海望、员外郎满毗传：做八仙祝寿式盆景陈设一件。记此。

于二月二十八日做得八仙祝寿式盆景陈设一件，随紫檀木边座玻璃罩，郎中海望呈进讫。

803.3. 初七日，监察御史沈嵛、郎中海望、员外郎满毗传：做福寿余长砚一方 镶嵌紫檀木匣。记此。

于五月初四日做得福寿余长砚一方，随镶嵌紫檀木匣，郎中海望呈进讫。

803.4. 初七日，监察御史沈嵛、郎中海望、员外郎满毗传：做沉香节节双喜如意一件。记此。

于二月二十六日做得沉香节节双喜如意一件，随锦匣，郎中海望呈进讫。

804. 初十日，首领太监萨木哈持来福寿长春瓶花一件 蓝玻璃瓶紫檀木座，芝仙祝寿盆景一件 白石盆，寿比南山盆景一件 白石盆，蟠桃九熟一件 随香饼都盛盘一件，说太监王太平传：着粘补收拾。记此。

于本月十八日收拾得瓶花一件，盆景二件，蟠桃九熟一件，首领太监萨木哈持去交太监王太平讫。

三月

805. 初七日，据圆明园来帖内称，太监刘希文交来竹根陈设一件随紫檀木座，传旨：着酌量配合做一物用。钦此。

于十三年十一月二十二日将竹根陈设一件，司库常保、首领萨木哈交太监毛团呈进讫。

806.1. 十九日，太监刘希文、王太平交来镶嵌汉玉紫檀木压纸二件，传旨：着收拾。钦此。

于四月十一日收拾得汉玉压纸二件，首领太监李久明持去交太监刘希文讫。

806.2. 十九日，太监刘希文、王太平交来白玉透夔龙臂搁一件 紫檀木座，白玉半踏地芙蓉花臂搁一件，碧玉臂搁一件，传旨：白玉透夔龙臂搁上的紫檀木座甚好，将此白玉半踏地芙蓉花臂搁照此白玉透夔龙臂搁上的紫檀木座款式，配做象牙雕刻茜绿座，其碧玉臂搁亦照此紫檀木座款式，配做象牙雕刻茜红座，俱做合牌匣盛装。钦此。

于五月初四日臂搁三件配做得象牙座二件，并紫檀木座一件，郎中海望呈进讫。

807. 二十日，郎中海望持出汉玉麒麟玦一件，奉旨：配何物用，尔酌量准，奏明再做。钦此。

于四月二十日将此玦配做得椴木流云座样一件，郎中海望呈览，奉旨：好，用寿山石照样做。钦此。

于八月十四日配做得象牙茜紫色流云座，郎中海望呈进讫。

四月

808. 初五日，郎中海望持出汉玉羽觞一件，传旨：着配象牙茜色独梃座，不必高了。钦此。

于五月十五日配得象牙茜紫檀木色座，郎中海望呈进讫。

809.1. 十八日，据圆明园来帖内称，本月初五日，郎中海望持出汉玉昭文带一件，传旨：着镶嵌压纸用。钦此。

于十一日配做椴木压纸样，郎中海望呈览，奉旨：着做绿端石的，照此木样两头去短些。钦此。

于五月十五日，配得绿苗石座一件，郎中海望呈进讫。

809.2. 十八日，据圆明园来帖内称，三月十九日太监刘希文、王太平交来汉玉把白玉剑一把，传旨：着配架子，四面堵头俱镶象牙雕做夔龙。钦此。

于四月十一日将汉玉把白玉剑一把，并三月初二日交出汉玉式花插配得流云架子紫檀木底座，郎中海望呈览，奉旨：流云架子做时再矮三四分，做乌拉石的。钦此。

于六月二十日做得乌拉石流云架一件，郎中海望呈进讫。

810. 三十日，郎中海望持出黑白锦纹花石一块，奉旨：着做砚盒用。钦此。

于七月二十日做得盒一件，配铜镀金掐紫檀木座，郎中海望呈进讫。

五月

811. 十三日，据圆明园来帖内称，郎中海望持出白玉卧蚕纹凤头钩一件，奉旨：着做一挑杆架用。钦此。

于七月初十日将白玉卧蚕纹凤头钩一件，配得象牙茜绿夔龙挑杆上铜镀金托顶安汉玉鸠一件，系四月初五日交下凤头钩用铜镀金夔龙卡子黑漆梃子长一尺六寸，径三分一根，下配铜镀金吞口绿玻璃座紫檀木托座，通高二尺，郎中海望呈进讫。

812. 二十一日，宫殿监督领侍陈福传旨：着将纪录牌样做几件。

钦此。

于六月初一日做得雕夔龙边写红字头等纪录椵木牌样一件，雕如意头写红字二等纪录椵木牌样一件，雕卷头起边线写黑字头等纪录柏木牌样一件，雕如意头起边线写黑字二等纪录柏木牌样一件，交宫殿监督领侍陈福等呈览，奉旨：雕夔龙边写红字头等纪录椵木牌样好，做时将下身边线不必雕做素，象牙的头等纪录牌，二等记录牌每样做些，柏木的亦做些。钦此。

于本日陈福等定得象牙头等、二等纪录牌每样做五十件，柏木头等、二等纪录牌每样做五十件。记此。

于六月初九日做得象牙雕夔龙头写红字头等纪录牌十件，二等纪录牌十件，柏木雕夔龙头写黑字头等纪录牌十件，二等纪录牌十件，着太监马进忠持去交宫殿监督领侍陈福收讫。

于六月十三日做得头等柏木记录牌十个，头等象牙记录牌十个，二等柏木记录牌十个，二等象牙记录牌十个，太监王玉持去交宫殿监督领侍陈福收讫。

于七月初七日做得头等象牙纪录牌二十个，头等柏木纪录牌二十个，二等象牙纪录牌二十个，二等柏木纪录牌二十个，太监王进孝持去交宫殿监督领侍陈福讫。

七月

813. 初六日，据圆明园来帖内称，四月初五日郎中海望持出白玉天然钩一件，甘黄玉鸠钩一件，奉旨：着镶嵌压纸用。钦此。

于七月初三日将此玉钩二件配得象牙茜紫檀木色压纸一件，郎中海望呈进讫。

九月

814. 十一日，据圆明园来帖内称，本月初六日郎中海望传：做备用寿意象牙镶紫檀木帽架二份。记此。

于九月二十九日做得象牙寿意紫檀木帽架二份，郎中海望呈进讫。

815. 十二日，郎中海望传：做备用寿意镶嵌玻璃镜一件，寿意镶嵌紫檀木笔筒一件。记此。

于本月二十九日做得寿意镶嵌玻璃镜一面，郎中海望呈进讫。

于十年二月二十六日做得紫檀木边衬色玻璃笔筒一件，随手卷一件，象牙如意一件，象牙管笔二支，司库常保交太监刘沧洲讫。

十月

816. 十八日，太监张玉柱、王常贵交来蜜蜡如意一柄 紫檀木边嵌玻璃匣黄绫垫，传旨：如意柄上万寿无疆四字俗气，着去平，照柄上地袱寿字样式刻做，匣内垫子不好，酌量配做架子。钦此。

于十三年十月初二日将蜜蜡如意一件随紫檀木嵌玻璃匣，司库常保、首领萨木哈持去交太监毛团呈进讫。

十二月

817. 十二日，郎中海望、员外郎满毗传：做备用玻璃面镶嵌紫檀木圆盒一对。记此。

于八年五月二十二日做得玻璃面镜紫檀木圆盒一对，郎中海望呈进讫。

9. 匣作

四月

901. 二十二日，据圆明园来帖内称，本月十一日，郎中海望持出西洋玻璃鸡一只，西洋玻璃鸭子二只 随紫檀木座，奉旨：着配玻璃罩，送进百什件内用。钦此。

于八年四月十二日配得玻璃罩，郎中海望呈进讫。

闰七月

902. 初六日，郎中海望持出洋漆箱一件，上层内盛乌拉石葫芦式砚一方随掐丝珐琅仿圈一件，压纸四件，玛瑙笔架一件，银晶水丞一件随珊瑚匙，白玉仙人一件，白玉孔雀扇器一件，白玉鹅式扇器一件，定窑菊花盒一件，象牙巧工塔一件，洋漆小方盒一件内盛象牙果子十二件，树包一件，西洋玻璃耳挖筒一件，西洋剪子一把，锥子一把，镊子一把，锉一把，棕竹股写画扇一柄，象牙尺一件，斑竹管笔二支，紫檀木笔船一件，铅笔一支，金珀仙人扇器一件，小葫芦一件，黑漆串心小盒一件，天下太平古钱一个，洋漆长方小匣一件内盛黑红墨二锭。

二层内盛玛瑙小图书三方，白玉引首二方，成窑靶杯一对，鸂鶒木画金花长方匣一件内盛小匣三件，水牌一件，汉玉鹦式扇器一件，白玉双喜鸡心玦一件，洋漆小罐一件，玳瑁把圈玻璃火镜一件，白玉双娃娃一件，银晶圆盒一件内盛象牙噶十哈十二件，琥珀扇器一件，象牙巧工花囊一件，白玉图书一方，罗汉手卷二卷，檀香木牌子一件，珐琅玻璃扇器一件，象牙耕夫扇器一件，汉玉挂瓶一件，白玉有锁扇牌子一件，雕橄榄船二件，白玉猫一件，象牙巧工船一件，哥窑笔砚一件随紫檀木座，雕橄榄花篮扇器一件，古铜图章一方，念佛数珠一盘随珊瑚佛头，珠子，记念，松石塔墨晶豆一件，加间珠一个，拉扯一件，宜兴双喜水丞一件白玉匙紫檀木座，象牙巧工春节一件，白玉夔龙扇牌一件，诗韵一套，米南宫墨刻汉十八侯铭一件，戴文进三星图画一轴掐丝珐琅轴头青缎套，朱漆小圆盒一件，玛瑙酒圆一件，古铜方炉一件紫檀木盖珊瑚顶，犀角罐一件。

三层内盛千里眼一件，西洋玻璃人一件破烂，圆玻璃把缸一件，署文房一件随铅笔一支，玻璃珐琅册页一册，掐丝珐琅玻璃镜一件，象牙纸三片，署文房一件随铅笔一支，剪子一把，铜尺一件，铅笔一支，铜半圆仪一件，小规矩二件，大规矩一份计六件。

填漆箱一件，上层内盛白玉五岳真形漆盒端石砚一方，汉玉臂搁一件下有金珀砚山乌木座，汉玉玉兰花杯一件内有小葫芦一件，白玉挂瓶一件，红玛瑙解锥一件，汉玉螭虎笔架一件象牙座，白玉鸡心玦一件，红玛瑙鱼扇器一件，白瓷暗花三层穿心盒一件，龙油珀雕花香盒一件 内有紫檀木竹节盒一件，蚕茧一件，红玛瑙鸠扇器一件，金珀仙人扇器一件，洋漆扇式盒一件 内有玻璃鼻烟壶一件，黑狮白玉压纸一对，象牙菊花瓣九龙盒一件。

二层内盛宜兴仙桃一件，玉婴儿一件，红白玛瑙鸠扇器一件，玛瑙鱼扇器一件，玛瑙牛墨床一件，定窑小花瓶一件，汉玉龙尾觥一件 内有象牙花篮一件，烫香玻璃鼻烟壶一件，洋漆梅花盒一件，白玉海棠笔洗一件，玛瑙子母鸠扇器一件，红玛瑙秋叶笔砚一件 下有宣德青花小罐一件，黄色关东石西番花插一件，琴一张，嵌汉玉紫檀木压纸一件，葫芦四方鼻烟壶一件，象牙分寸尺一件，象牙夔龙起子一件，西洋剪子一把，锉一件，锥子二件，镊子二件，赵孟頫金书莲花经一册，钧窑花插一件，定窑拱花平底杯一对，成窑五彩云小碟一件。

三层内盛红白玛瑙桃式水丞一件 内有画花小葫芦一件，嘉靖五彩青鱼罐一件，天鸡玉水注一件 下有桃式水丞，紫檀木座一件，白玉双龙方环一件，汉玉小花插一件，珊瑚砚山一件 伽楠香座，东青狮子水注一件 下有钧窑水丞一件，珊瑚匙，画花葫芦一件，定窑金口花瓶一件，彩漆笔筒一件 内有龙油珀方花插一件，镶嵌鼻烟壶一件，定窑天平口花插一件，砗磲珠算盘一件，白玉狮子一件，雕花椰子鼻烟壶一件 珊瑚顶，银晶瓜式水丞一件 蜜蜡匙，白玉琴式扇器一件，绀青玉夔龙扇器一件，玛瑙双豆角扇器一件，缠丝玻璃蜡签一件，钧窑双耳花插一件，雕漆香盒一件 内有钟式鼻烟盒一件，琥珀仙人砚山一件，银晶马一件，长把小葫芦一件，古铜鎏金兽水注一件，祭红花瓶一件，小葫芦一件，掐丝珐琅匙箸瓶一件 随镀金匙箸一份，玛瑙石子七块，朱墨一锭。

雕漆箱一件，上层内盛嘉窑青花白地小圆瓷盒一件，红玛瑙腰圆形水丞一件 随象牙座，白玉云龙带钩带圈二件，黄铜镀金瓜式鼻烟壶一件，蜜蜡鸡心玦扇器一件，红玛瑙小圆盒一件 象牙座，白玉有锁花篮扇器一件，碧玉夔龙扇器一件，红玛瑙卧蚕纹扇器一件，白玉夔龙扇器一件，碧玉双鸠扇器一件，汉玉人形佩一件，金珀荷叶式笔洗一件，白玉娃娃一件，白玉双鹅圆盒一件 象牙座，白玉扳指一件，乌银圆鼻烟罐一件，玛瑙鱼一件，蜜蜡鹊扇器一件，玛瑙狮子扇器一件，雕漆小圆盒一件，玛瑙仙鹤扇器一件，墨山一件，象牙巧工扇器一件，橄榄花囊扇器一件，象牙镶嵌臂搁一件，雕椰子扇器一件，紫檀木蝴蝶一件，嵌玉紫檀木盒端砚一方，黑墨二锭，朱墨二锭，乌银扇式鼻烟盒一件。

二层内盛紫端风字式砚盒绿端砚一方，定窑有盖水丞一件 紫檀木座，黑墨一锭，朱墨一锭，白玉鹅扇器一件，白玉娃娃一件 乌木座，碧玉图书二方，青玉葫芦式引首一方，寿山石图书一方，汉玉昭文带一件，汉玉兔扇器一件，洋漆鼻烟壶一件，哥窑印色盒一件，钧窑秋叶笔洗一件，定窑拱花笔洗一件 紫檀木座，长把有花小葫芦一件，万历青花小杯二对，花玛瑙扇器一件，古铜炉一件 紫檀木座，画扇二柄，象牙分寸尺一件，象牙夔龙起子一件，斑竹管笔二支，西洋剪子一把，锥子二件，镊子二件。

三层内盛玛瑙鸠一件，银晶筒扇器一件，红白玛瑙刘海扇器一件，绀青玉乳丁拱璧一件，稻各菩萨二尊，白玉夔龙扇器一件，白玉娃娃荷花一件，西洋家伙一份，小葫芦一件，红白玛瑙鱼扇器一件，玻璃鼻烟壶一件，金珀刘海一件，汉玉夔龙式玦一件，花玛瑙牛扇器一件，白玉扇牌一件，汉玉鱼扇器一件，红玛瑙夔龙扇器一件，红白玛瑙双鱼扇器一件，白玉图书三方，白玉引首一方，汉玉图书三方，汉玉引首一方，碧玉图书一方，银晶引首一方，黄晶引首一方，白玉有锁莲花卣一件 紫檀木架，祭红瓶一件 紫檀木座，杏木根天然仙鹤一件，蜜蜡图书一方，古铜马褂瓶一件，白玉雕花墨床一件，钧窑鼎炉一件 乌木嵌玉桃顶，镀金匙箸一份，镀金匙箸瓶一件，竹根笔筒一件，英石山一件，汉玉八楞有字扇器一件，汉玉仙人扇器一件，汉玉觥一件 内盛雕花椰子鼻烟壶一件，镀金葫芦鼻烟瓶一件，西洋画像一册，乌银鼻烟瓶一件，葫芦一件，钧窑三管花插一件，定窑瓜式有盖壶一件，定窑拱花杯一件 内盛铜镀金有盖钟一件，黑漆泥金里钟一件，暗花白瓷罐一件，奉旨：此箱内有缺少空处，有先交出去着配箱的百什件对象内挑选，将此内空处补足收拾好送进。钦此。

于八年五月十二日将玉器古玩三百四十六件收拾好，并原漆箱催总常保呈进讫。

十月

903. 二十一日，催总常保来说，郎中海望、员外郎满毗传：雍正四年内传做紫檀木大座灯二座上有挂珞香袋十二挂，璎珞二件，六角嵌玻璃桌灯一对，上挂珞香袋十六挂，璎珞二挂，紫檀木寿字灯五对，上挂珞香袋四十挂，璎珞五对，俱年久，其珠脱落破坏处着添补收拾。记此。

于十二月二十五日收拾完催总胡常保进内安讫。

十一月

904. 二十七日，首领太监潘凤交来穿珠边累丝花点翠叶镶嵌珠石面方盒一件，说太监刘希文传：着配做糊红绫里花梨木屉一件。记此。

于本月二十八日配做得糊红绫里花梨木屉一件，郎中海望着太监吕进朝持去交太监刘希文讫。

10. 裱作

九月

1001. 二十八日，郎中海望、员外郎满毗传：旧糊黄纸盛活计杉木盘子大小十七个着另糊黄纸。记此。

于十月初二日将杉木盘子大小十七个糊纸讫。

十月

1002. 十四日，太监邓尔柱交来象牙纪录牌三十个，柏木纪录牌三十个，说宫殿监督领侍陈福，副侍李英、苏培盛传：着做黄纸套二个。记此。

于本日做得糊黄纸套二个，内盛交来纪录牌六十个，员外郎满毗交太监邓尔柱持去讫。

十二月

1003. 十六日,郎中海望、员外郎满毗传:着将盛活计旧杉木盘大小十个另糊黄纸。记此。

于本月十八日将杉木盘大小十个俱糊黄纸讫。

11. 雕銮作

二月

1101. 初三日,首领太监刘进朝交来大小梨木太阳糕模子四个,说总管太监赵进斗传:着照样每个放大六分做四个。记此。

于九月二十日做得太阳糕模子四个并原样,交太监刘进忠持去讫。

1102. 初七日,监察御史沈嵛、郎中海望、员外郎满毗传:做黄杨木葫芦式盒一件。记此。

于五月十二日做得黄杨木葫芦式福寿盒一件,太监范国用持去交太监刘希文讫。

四月

1103. 二十五日,员外郎满毗传:做端阳节备用三色宫香饼二斤,降香丁八两,白檀香丁八两,沉香方丁八两。记此。

于五月初四日备用得宫香饼二斤,降香丁八两,白檀香丁八两,沉香方丁八两,郎中海望呈进讫。

闰七月

1104. 十九日,据圆明园来帖内称,郎中海望传:做备用香斗二十份。记此。

于八月初一日首领太监李兴泰持去香斗一份讫。

于八月十五日首领太监李兴泰持去香斗一份讫。

于九月初一日首领太监李兴泰持去香斗一份讫。
于九月十五日首领太监李兴泰持去香斗一份讫。
于十月初一日首领太监李兴泰持去香斗一份讫。
于十月十五日首领太监李兴泰持去香斗一份讫。
于十一月初一日首领太监李兴泰持去香斗一份讫。
于十一月十五日首领太监李兴泰持去香斗一份讫。
于十二月初一日首领太监李兴泰持去香斗一份讫。
于十二月十五日首领太监李兴泰持去香斗一份讫。
于八年正月初一日首领太监李兴泰持去香斗一份讫。
于八年正月十五日首领太监李兴泰持去香斗一份讫。
于八年二月初一日首领太监李兴泰持去香斗一份讫。
于八年二月十五日首领太监李兴泰持去香斗一份讫。
于八年三月初一日首领太监李兴泰持去香斗一份讫。
于八年三月十五日首领太监李兴泰持去香斗一份讫。
于八年四月初一日首领太监李兴泰持去香斗一份讫。
于八年四月十五日首领太监李兴泰持去香斗一份讫。

九月

1105. 二十日,员外郎满毗传:做备用香八两,唵叭香十二两,四色宫香饼二斤。记此。

于十月二十九日备用的沉香丁十两,白檀香丁八两,紫降香丁八两,芸香八两,唵叭香十二两,宫香饼二斤,郎中海望交太监范国用持去交太监刘希文讫。

十二月

1106. 二十一日,郎中海望、员外郎满毗传:做备用沉香方丁八两,紫降香方丁八两,唵叭香八两,大宫香饼一料 计九百个。记此。

于十二月二十九日备用得沉香丁八两,紫降香方丁八两,唵叭香八两,芸香八两,宫香饼九百个,郎中海望交太监王玉持去交太监王太平讫。

12. 漆作

三月

1201. 十三日,副领催赵老格持来福寿香盒纸样一张,说郎中海望传:着照样做杉木卷胎嵌漆盒一对,香几一张。记此。

于十月二十八日做得杉木卷胎漆盒一对,随香几一件,郎中海望呈进讫。

1202. 十九日,太监刘希文、王太平交来白玉图章二方,传旨:交与海望将此图章上的字看明请旨。钦此。

于四月初三日郎中海望将此图章二方呈览请旨,奉旨:配做楠木胎漆罩画洋金节节双喜,岁岁双安。钦此。

于十三年十一月初七日将玉图章二方,司库常保、首领萨木哈交太监毛团呈进讫。

四月

1203.1. 初二日,太监刘希文、王太平交来白玉有锁磬一件,传旨:着配黑漆架陈设在莲花馆。钦此。

于五月二十五日配得紫檀木架铜錾花镀金饰件,郎中海望陈设在莲花馆讫。

1203.2. 初二日,太监刘希文、王太平交来官窑长方花樽上紫檀木座一件 此樽未交出,传旨:着另配一木胎漆座,上安挡足栏杆,先做木胎呈览过再漆做。钦此。

于七月初三日做得漆座一件并原紫檀木座一件,交太监刘希文讫。

于本月初五日太监刘希文将漆座交出,着另收拾。记此。

于八月十二日将漆座一件收拾完,仍交太监刘希文收讫。

1204. 初四日,郎中海望持出白玉送子观音一件,奉旨:此观音右边有缺处,配做时或配山石或配何物遮挡,做样呈览。钦此。

于五月二十二日据圆明园来帖内称，四月十一日郎中海望将四月初四日持出白玉送子观音一尊，配做得青金夹绿苗石颜色椴木山子样一件，上有白鹦哥一个，红净瓶一个，紫竹六根并佛龛画样一张呈览，奉旨：此配合甚好，佛龛做拱漆的，四面镶玻璃。钦此。

于十二月二十六日做得黑漆堆暗花玻璃罩佛龛一座，郎中海望呈进，奉旨：白玉送子观音一尊上着酌量配一高香几，前边不必宽了，只要容下香炉的位份，中间安一插安炉，左边安一净水瓶，右边安一花插。钦此。

于八年二月二十四日白玉送子观音一尊，配做得黑退光漆拱花玻璃罩一件，紫檀木高香几一件，铜烧古白玉炉一件，铜座象牙嵌色节节双喜花插一件，铜镀金匙箸一份，象牙茜色长春花一树，珐琅莲瓣净水瓶一件，郎中海望呈览，奉旨：净水瓶不好，另做象牙盛香撞盒，或腰圆，或海棠形，高四五寸，雕夔龙，烫巴尔撒木香，其白玉观音香几，白玉炉花插俱陈设在西峰秀色，其珐琅净水瓶持出。钦此。

于二十四日将白玉菩萨一尊随罩子香几等件，郎中海望陈设在西峰秀色讫。其珐琅净水瓶一件交库使武格收讫。

于八年三月初十日做得黑漆描金海棠式四层香盒一件，郎中海望呈进讫。

于八年三月十五日郎中海望持出白玉送子观音一尊，随黑退光漆玻璃罩一件，紫檀木高香几一件，铜钵盂炉一件随铜座，象牙茜绿节节花插一件，铜镀金匙箸一份，象牙茜色长春花一树，海棠式黑漆描金四层香盒一件，奉旨：着赏怡亲王。钦此。

于三月十六日做得高一尺四寸，宽一尺四寸，长三尺二寸糊黄纸木箱一个；高一尺二寸，宽一尺三寸，长一尺三寸糊黄纸木箱一个盛装。郎中海望带领副领催赵雅图送至怡亲王府讫。

1205. 十七日，据圆明园来帖内称，本月初二日太监刘希文、王太平交来红油杌子一个，传旨：照此样式比此尺寸，放大些，并收小些的红漆杌子共做二三十件，牙子做秀气些，宽边水栏高一二分。钦此。

于二十三日据圆明园来帖内称，本月十九日做得松木杌子样一件，郎中海望持与太监刘希文、王太平看，据伊说木栏窄了，共要宽二寸，深二分方好。记此。

于九月十一日做得圆木杌样一件，郎中海望呈览，奉旨：照此样做几样，比此样矮五分的做几件，高五分的做几件，牙板面随大小抽长。钦此。

于八年四月十二日做得红油杌子十二张，交太监刘希文讫。

于本月十三日太监刘希文交了红漆杌子十二张，着暂且放着。记此。

于本月十八日将红漆杌子十二张，太监范国用持去交太监刘希文讫。

五月

1206. 二十八日，据圆明园来帖内称，三月二十三日郎中海望奉旨：九洲清晏陈设的宝贝格二架系楠木的，内安古玩看着不起色，尔照此格尺寸另做黑漆格二架，如隔板雕花不能做漆的，尔将两面隔断板或方形、圆形、腰圆形、长方形的酌量配合，俱各挖透，其格外面口线用紫檀木包镶，内做锦套，外做布面纺丝里套，再做一木套箱，下安穿绳眼，将格内安的玛瑙、玉器、瓷铜、古玩等件，座子、架子内有应添做收拾、改做、另做者，尔照朕指示做样呈览，准时再做。钦此。

于四月十七日郎中海望奏称，奴才遵皇上旨，意欲将宝贝格内安的玛瑙、玉瓷器、古玩等件列成号数，陆续请出做成架样呈览，准时再做等语奏闻，奉旨：准奏。钦此。

于五月二十一日将宝贝格内安的寿字六号内白玉鸣凤花插一件配做得铜镀金夔凤座木样一件，青绿古铜有盖罐一件配做得铜镀金座木样一件，将此二件又配合得紫檀木托板铜炕老鹳翎色架座木样一件，郎中海望呈览，奉旨：照样准做。钦此。

于六月二十六日据圆明园来帖内称，郎中海望传：包镶紫檀木边，楠木宝贝格二架，着漆做。记此。

于十三年七月初十日漆做得紫檀木边黑洋漆宝贝格二架，司库常保呈进讫。

七月

1207. 十九日，据圆明园来帖内称，三月二十日郎中海望持出紫檀木栏杆合牌胎透花纱罩都盛盘一件 内盛五彩瓷盘十五件，奉旨：尔照此尺寸将红漆的做几件，其罩子要入在栏杆内，柱子要入在栏杆口上，罩内四角各安掐口，腿子罩盖面上另画夔龙式花样，不必雕刻寿字，再花档面上彩画寿字，糊硬纱。钦此。

于九月二十九日照尺寸做得红漆画洋金夔龙寿字糊硬纱都盛盘二件，郎中海望呈进讫。

于乾隆元年二月初三日将原样都盛盘一件，内盛五彩瓷盘十五件，七品太监交太监毛团呈进讫。

八月

1208.1. 初五日，郎中海望持出祭红小玉壶春瓶一件，奉旨：尔将此瓶上配一直腿漆架。钦此。

于九月十一日将祭红小玉壶春瓶配得楠木胎直腿黑漆退光漆架一件，上安象牙顶，郎中海望呈进讫。

1208.2. 初五日，郎中海望、员外郎满毗传：着照本年三月十三日传做过杉木卷胎镶嵌漆福寿盒，添香几样式再做香盒一对，香几一张。记此。

于十二月二十九日做得画洋金花镶嵌漆香几一张，黑漆镶嵌福寿香盒一对，郎中海望呈进讫。

13. 旋作

三月

1301. 三十日，首领太监程国用交来玛瑙浅碗一件 紫檀木座，口上有绺，说太监刘希文传旨：将此座去一道线，其碗安稳送往圆明园。钦此。

于四月初二日收拾得玛瑙浅碗一件，交首领太监程国用持去交太监刘希文讫。

14. 花儿作

九月

1401. 十四日，据圆明园来帖内称，本月十一日画得寿意福寿久长盆景样一件，松柏同茂盆景样一件，郎中海望呈览，奉旨：准做，其架子用紫檀木做。钦此。

于十月二十九日做得寿意福寿久长盆景一件，松柏同茂盆景一件，郎中海望呈进讫。

十二月

1402. 二十七日，太监徐文耀交来五彩有耳葫芦瓷瓶二件，说太监刘希文传：着配寿意果子瓶花随木座。记此。

于本月二十八日配得花梨木座，福寿长春通草花一束，眉寿通草花一束，郎中海望交首领太监李久明持进，交太监刘希文讫。

15. 记事录

三月

1501. 二十四日，据圆明园来帖内称，本月二十三日郎中海望启怡亲王：造办处收贮紫檀木俱已用完，现今上交所做活计等件，并无应用材料，欲将圆明园工程处档子房收贮外省解来入宫紫檀木行取十数根备用等语，奉王谕：准行取。遵此。

十一月

1502. 十八日，太监刘希文交来紫檀木边栏洋漆座九件，绣五彩黄缎垫九件 随绫套布套，万福永长春吉庆如意书架九架，古玩一百二十四架，黄素绫袱子一百九十六个，套十二个，传旨：着送往圆明园，交园内总管太监陈设在竹子院，俟往圆明园时到竹子院看。钦此。

于十一月二十日郎中海望、员外郎满毗将此以上等件，外有清册一本，交司库马尔汉、柏唐阿富明、老格送赴圆明园，交园内太监总管李德讫。

1503. 二十一日太监张玉柱、王常贵交来沉香天然万年福禄一座，金漆万寿鼎案一件，仿洋漆万国来朝万寿围屏一座，雕漆五龙宝座一张 锦褥全份，仿洋漆甜香炕椅靠背一座，仿洋漆云台香几二张，仿洋漆百步灯四架，宫定炉瓶盒三件，万福攸同甜香炕几一张，甜香炕几上陈设小香几一张，甜香画瓶一座，宫定香盘一个，俱系隋赫德进，传旨：着送往圆明园交园内总管太监收着，俟朕往圆明园去时着伊等呈览。钦此。

于本月二十二日郎中海望、员外郎满毗交柏唐阿佛保送赴圆明园档子房交管理事务头等侍卫兼郎中保德收讫。

16. 库贮

三月

1601. 初五日，据圆明园来帖内称，太监张玉柱、王常贵交来伽楠香四块 重七两八钱，银盒盛，传旨：着收贮，有用处用。钦此。

于本日交库使七十五收在圆明园库内讫。

1602. 初六日，据圆明园来帖内称，太监刘希文、王太平交来催生石砚一方 紫檀木嵌白玉盒，传：着海望见面请旨。记此。

于四月初三日将催生石砚一方，郎中海望呈览请旨，奉旨：或改做何物，或做材料用。钦此。

于本日交库使八十三收库讫。

于十三年十一月初三日将紫檀木嵌汉玉匣一件，内盛催生石砚一方，司库常保、首领萨木哈交太监毛团呈进讫。

六月

1603. 初八日，太监王常贵交来伽楠香一块 重二十七两，锡匣盛，传旨：着做数珠用。钦此。

于本日交库使李元、八十三收库讫。

八月

1604. 初七日，首领太监萨木哈持出紫檀木雕刻边玻璃插屏一座 玻璃心长二尺四寸，宽一尺七寸五分，有坏处，包镶乌木边八角玻璃镜一件 玻璃心长三尺五寸，宽一尺九寸，随彩金漆独梃座，旧棉套一件，有坏处，说太监刘希文传旨：着有用处用。钦此。

于本日交库使四达子收库讫。

九月

1605. 二十四日，据圆明园来帖内称，本月二十二日首领太监萨木哈持出伽楠香一块 重七斤十三两，随杭细绵套一件，说太监刘希文传旨：着海望认看，此香若是好的，应做何器皿着伊请旨，若是不好的，留着配平安丸用。钦此。

于本日交司库硕塞收库讫。

十月

1606. 初八日，太监张玉柱、王常贵交来伽楠香二块 共重七斤，玻璃轩辕镜大小五件 随珐琅葫芦顶，系孔毓珣进，传旨：着交造办处收着。钦此。

于本日交库使武格收库讫。

1607. 十五日，太监刘希文交来玻璃轩辕镜四个 随珐琅葫芦式顶四件，内一件有破坏处，伽楠香一块 重三十三分五钱，传旨：交造办处。钦此。

本日交库使关福盛、德邻收讫。

1608. 十八日，太监张玉柱、王常贵交来伽楠香数珠一串 随鹤顶红佛头四个，传旨：着认看，若是好的收着。钦此。

于本日随着南匠施天章认看，系好的，交库使关福盛收讫。

1609. 二十五日，郎中海望持出桦木乂小刀鞘料六件，桦木木乂小刀把料八件 系太监薛保库进，奉旨：着收贮，有用处用。钦此。

于本日交库使七十五收库讫。

雍正八年

1. 木作

正月

101. 初四日，宫殿监督领侍陈福，正侍王朝卿，副侍苏培盛、李英、徐起鹏、安泰传旨：着做有抬杆罗圈椅二张，每张各安长七尺抬杆二根，拴蓝色抬绊。钦此。

于正月二十一日做得长六尺六寸柳木抬杆，榆木胎藤屉金漆罗圈椅二张，各钉火漆铁卡子拴蓝色棉花线抬绊，员外郎满毗交跳神处首领太监张文持去讫。

102. 二十四日，首领太监刘进福交来梨木太阳糕模子一件，传：着糊矾高丽纸一层，再旧小木模子十件每样接高六分。记此。

于本月二十九日糊得太阳糕模子一件并接高小木模子十件，交首领太监刘进福讫。

103. 二十七日，太监徐文耀来说，首领太监潘凤传：做杉木高凳一个，高四尺，长二尺五寸，宽八寸，下宽一尺一寸。记此。

于二月初二日照尺寸做得杉木高凳一个，员外郎满毗交太监徐文耀持去讫。

二月

104. 初三日，郎中海望、员外郎满毗传：做备用紫檀木长方香几二件。记此。

于二月二十九日做得紫檀木长方香几二件，首领李久明持去交太监刘希文讫。

105. 初五日，首领太监李久明来说，员外郎满毗传：做备用柳木牙杖二千根。记此。

于本月十三日做得柳木牙杖二千根，交首领太监李久明讫。

106. 十五日，员外郎满毗传：做备用盛活计糊黄纸木盘大小二十个。记此。

于三月初十日做得糊黄纸杉木盘大小二十个陆续呈进活计用讫。

107. 十七日，据圆明园来帖内称，本月十五日郎中海望奉旨：着做紫檀木圆桌一张，径二尺六寸，高九寸，腿子做直的。再照样做漆桌几张，俱随红猩猩毡面锦刷云缎里。钦此。

于三月十一日做得紫檀木圆桌一张，红猩猩毡面锦刷云缎里套一件，郎中海望呈进讫。

108. 二十一日，据圆明园来帖内称，首领太监李久明持来紫檀木佛龛二件，说宫殿监督领侍陈福、太监刘希文传：着送在京内造办处，俟司房太监去取即发给。记此。

于二十二日将佛龛二件随佛衣二件、垫子二件，太监马进忠持进交宫殿监副侍安泰收讫。

109. 二十三日，据圆明园来帖内称，本月十六日首领太监李久明持来五彩瓷壶二件，祭红瓷花插一件 随黑漆架，冰裂纹瓷方花插一件 随黑漆座，豆青瓷笔洗一件 随黑漆座，五彩瓷腰圆水丞一件，豆青瓷双管方花插一件 黑漆座，豆青瓷宝月瓶一件 黑漆座，冰裂纹瓷渣斗一件 黑漆座，葫芦式瓷三管花插一件 黑漆座，珐琅花小瓷瓶一件，珐琅花瓷匙箸瓶香盒一件，紫檀木臂搁一件，象牙支棍紫檀木独梃帽架一件，说太监张玉柱、王常贵传旨：着做木匣盛装，棉花塞垫配做毡里外套黄布包裹，发报赏云贵总督鄂尔泰。钦此。

于本月十七日做得高一尺一寸，宽八寸，长二尺杉木三格匣一个，见方八寸，长二尺杉木九空匣一个，又将臂搁、帽架配得糊古色纸合牌匣二个盛装，以上等件用棉花塞垫稳外，做黑毡套黄粗布挖单二个包裹，首领太监李久明持进，交太监张玉柱、王常贵收讫。

三月

110.1. 初六日，员外郎满毗传：做杉木桌一张，给西洋人郎世宁画画用。记此。

于三月十二日做得杉木桌一张，交画画房柏唐阿王幼学讫。

110.2. 初六日，太监焦进朝交来佛一尊 身高五寸二分，宽三寸六分，入深二寸二分，滚都阿拉木巴进，佛一尊 身高六寸三分，宽四寸八分，入深三寸六分，班禅额尔德尼进，说太监张玉柱传旨：着配龛。钦此。

于四月十四日配做得紫檀木玻璃门龛并原交来佛二尊，交太监焦进朝持去讫。

111. 二十九日，首领太监赵进忠来说，员外郎满毗传：着将灯表内盛杏仁油玻璃碗二件，配做见方六寸杉木匣二个。记此。

于四月初二日做得杉木匣二个，交首领太监赵进忠讫。

四月

112.1. 十三日，据圆明园来帖内称，本月十二日礼部主事长布交来赏南掌国国王瓷器大小一百三十三件，各色妆锦大缎倭缎蟒缎共二十匹，红绿二色猩猩毡二块，五色笺纸一百张，五色罗纹笺纸一百张，人参六斤，玻璃盘碗八件，说尚书三泰传：着配箱盛装。记此。

于本月二十一日配做得杉木箱十三个，黄油面、钉火漆倒环合扇面叶，内黑毡里，塞垫棉花外鞔黑毡套盛装，交礼部主事长布持去讫。

112.2. 十三日，员外郎满毗传：做杉木盘大小十六个。记此。

于五月初四日做得杉木盘大小十六个，呈进活计用讫。

113. 十八日，据圆明园来帖内称，本月十三日太监刘希文传旨：万字房对响水玻璃窗户外廊处着做图塞尔根桌一张，后面安接楠木小床一张，长四尺六寸，宽三尺二寸六分，高一尺五寸，合图塞尔根桌一般高，随黄氆氇面月白云缎里坐褥一件，葛布单一块。钦此。

于四月二十日照尺寸做得楠木床一张，随黄氆氇面月白云缎里坐褥一件，葛布挖单一件并图塞尔根桌一张，催总常保持进交首领太监杨忠讫。

五月

114. 十八日，太监陈玉持来官窑如意花樽一件，说总管太监李德、陈九卿传：着配紫檀木座。记此。

于本日配得紫檀木座一件，乌合里达、方关保持去讫。

115. 十八日，太监陈玉交来各色瓷瓶十二件，说总管太监王进玉传：着配座。记此。

于五月二十六日俱配得紫檀木座，太监陈玉持去讫。

116. 二十一日，员外郎满毗、福森传：做备用盛本折杉木插盖匣八个。记此。

于本月二十三日做得杉木插盖匣八个，交笔帖式达素讫。

117. 二十五日，据圆明园来帖内称，本月二十四日太监刘希文传：着将西峰秀色怡亲王进的宝座漆案暂且移在蓬莱洲，着海望或用花梨木，或用紫檀木，将好款式另做一份陈设在西峰秀色。钦此。

于本年七月初十日做得紫檀木宝座一份，催总胡常保持进安在西峰秀色讫。

六月

118.1. 初七日，据圆明园来帖内称，本月初一日太监龙进玉持来圆形紫檀木瓶座一件，八角紫檀木瓶座一件，说总管太监陈九卿传：着照样每样再做一件。记此。

于初二日配做得圆形瓶座一件并原座一件，交太监龙进玉持去讫。

于初七日配做得八角瓶座一件并原座一件，交太监龙进玉持去讫。

118.2. 初七日，据圆明园来帖内称，本月初二日太监陈玉交来各色瓷瓶大小二十件，说总管太监李德、陈九卿传：着配木座。记此。

于七月十九日配做得樟木打色瓶座二十个并原交各色瓷瓶大小二十件，催总张自成交太监陈玉持去讫。

119. 二十三日，据圆明园来帖内称，本月十八日药房首领太监王杰来说，总管太监张尔泰传：做杉木坛架三个，杉木缸架一个，杉木衣架式架二座，椴木模子一副，椴木圆球一个，杉木罐盖七个。记此。

于本日做得杉木高一尺五寸，径二尺二寸缸架一个；高一尺四寸五分，径一尺四寸坛架三个；高五尺，宽三尺二寸，深一尺九寸衣架式架二座；椴木见方八寸模子一副；径六寸圆球一个；长二寸五分，径七寸盖一件；径七寸杉木坛盖三个；径四寸杉木坛盖四个并红螺炭一百斤。交首领太监王杰讫。

120. 三十日，太监白进玉来说，首领太监郑忠、程国用、刘玉传：做杉木匣五个。记此。

于七月二十七日做得杉木匣大小五个，交太监白进玉持去讫。

七月

121. 初二日，据圆明园来帖内称，六月三十日太监白进玉来说，首领太监刘玉、郑忠、程国用传：做杉木长三尺三寸，宽三尺三寸，高八寸匣一个；长四尺五寸，宽四尺，高八寸匣一个；长三尺九寸，宽一尺九寸，高八寸匣一个；长三尺八寸，宽三尺六寸，高一尺二寸匣一个；长二尺，宽一尺六寸，高一尺二寸匣一个。记此。

于七月二十七日照尺寸做得杉木匣五个，交太监白进玉持进讫。

122. 十七日，首领太监丁朝凤来说，副总管苏培盛传：做杉木糊黄纸盘罩三个。记此。

于十八日做得糊黄纸杉木盘罩三个，交太监丁朝凤持去讫。

123. 二十日，首领太监丁朝凤来说，副总管苏培盛传：做杉木糊黄纸有罩盘五个。记此。

于二十一日做得杉木有罩糊黄纸盘五个，交丁朝凤持去讫。

124.1. 二十三日，据圆明园来帖内称，本月十七日首领太监丁朝凤来说，宫殿监副侍苏培盛传：做杉木糊黄纸盘罩八个。记此。

于七月十八日做得长一尺一寸，高一尺，宽六寸五分杉木糊黄纸盘罩三个，交首领太监丁朝凤持去讫。

于七月二十一日做得长一尺一寸，宽六寸五分糊黄纸杉木有罩盘五个，交首领太监丁朝凤持去讫。

124.2. 二十三日，据圆明园来帖内称，六月初二日太监陈玉交来各色瓷瓶大小二十件，说总管太监陈九卿、李德玉、王进玉传：着配木座。记此。

于七月十九日配做得樟木打紫檀木色瓶座大小二十件，催总张自成交太监陈玉持去讫。

八月

125.1. 初一日，据圆明园来帖内称，七月十六日首领太监丁朝凤来说，宫殿监副侍苏培盛传：做杉木糊黄纸有罩盘三个，罩高一尺无罩盘三个，里口俱长一尺一寸，宽六寸五分。记此。

于本日做得杉木糊黄纸有罩盘三个，无罩盘三个，交首领太监丁朝凤持去讫。

125.2. 初一日，据圆明园来帖内称，七月二十四日首领丁朝凤来说，宫殿监副侍苏培盛传：做杉木有罩糊黄纸盘一件，其尺寸照前一样。记此。

于本日做得杉木有罩糊黄纸盘一件，首领太监丁朝凤持去讫。

126. 初二日，据圆明园来帖内称，太监王璋来说，宫殿监副侍苏培盛传：做高丽木灌铅压纸十件，紫檀木灌铅压纸十件。记此。

于八月三十日做得紫檀木压纸五件，交太监赵朝凤持去讫。

于九月十六日做得高丽木压纸十件，紫檀木压纸五件，交太监王璋持去讫。

127. 初八日，据圆明园来帖内称，本月初五日宫殿监副侍苏培盛交来秀青村陈设的黄杨木小香几一件，传旨：香几绦环夔龙团不好，着另换花梨木绦环，牙子粘补收拾。钦此。

于本月初六日换做得绦环，牙子粘补收拾完，催总胡常保交宫殿监副侍苏培盛陈设在秀青村讫。

128. 十七日，首领太监李久明来说，宫殿监副侍李英传：做杉木有架子夹板箱大小二件。记此。

于本日做得杉木有架夹板箱大小二个，员外郎满毗、木匠邓连芳交首领太监李久明持去交宫殿监副侍李英收讫。

129. 二十六日，据銮仪卫管理事务太子太傅大学士议政大臣兼领侍卫内大臣公马尔赛来文内称，着做上用八人黑漆轿轿杆一对。记此。

于本日员外郎满毗传：照旧例用高丽木胎攒竹轿杆做一对，再做杉木胎轿杆请杆做一份，俱漆黑漆。记此。

于本年十二月二十六日做得黑漆高丽木胎攒竹轿杆一对，杉木胎黑漆请杆一份，催总马尔汉持去交公马尔赛讫。

九月

130.1. 二十九日，据圆明园来帖内称，八月十七日首领太监萨木哈来说，首领太监刘玉传旨：着做长二尺七寸五分，宽一尺二寸六分，高八寸一分楠木琴桌一张，紫檀木桌一张，漆桌二张，其漆的做下预备，用时再安，琴垫做三副。钦此。

于九月初二日做得楠木琴桌一张，随红猩猩毡，长五寸九分，宽二寸七分琴垫一份。太监范国用持去，交首领太监刘玉收讫。

于十月二十日做得紫檀木琴桌一张，漆桌二张，太监王玉持去交刘玉讫。

130.2. 二十九日，据圆明园来帖内称，八月十六日首领太监萨木哈来说，宫殿监副侍李英传旨：着做长二尺二寸，宽一尺九寸，高九寸楠木床一张。钦此。

于本月十八日做得长二尺二寸，宽一尺九寸，高九寸楠木床一张，太监范国用持去交宫殿监副侍李英收讫。

130.3. 二十九日，据圆明园来帖内称，本月二十七日太监张玉柱传旨:着做长八寸,宽五寸楠木闲余板一副,闲余架二个。钦此。

于本月初五日做得楠木闲余板一副,闲余架二个,交太监张玉柱讫。

十月

131.1. 十八日,据圆明园来帖内称,八月十三日太监龙进玉交来竹宝座一件,说总管太监王进玉传:着照秀青村竹宝座靠背一样做楠木靠背,再做石青缎面月白缎里薄绵套二个,秀青村竹宝座上用一个,此竹宝座上用一个。记此。

于十四日做得石青缎面月白缎里棉套一个,催总胡常保持进安在秀青村竹宝座上讫。又做得楠木靠背一份,石青缎面月白缎里薄棉套一个,并原交竹宝座一件存库。

131.2. 十八日,据圆明园来帖内称,八月十四日太监张玉柱传旨:着做长一尺二寸八分,宽九寸五分,高七寸五分楠木杌子一个,石青素氆氇面衬布里黑春毛毡棉花褥一个,先用杉木做杌子一个,里面布续黑春毛毡褥一个呈样。钦此。

于本日做得杉木杌子一个,里面布续黑春毛毡褥一个,太监刘希文持去讫。

于十五日做得楠木杌子一个,石青素氆氇面布衬面里续黑春毛毡棉花褥一个,交太监刘希文讫。

131.3. 十八日,据圆明园来帖内称,九月十一日,四执事首领太监刘玉传旨:板房内着做杉木挂屏一件,高三尺九寸,宽七尺三寸,边宽一寸,厚八分。钦此。

于本月十四日照尺寸做得杉木挂屏一件,交首领太监刘玉持去讫。

131.4. 十八日,据圆明园来帖内称,九月十九日,催总胡常保持出诚恒密匾字一张,说宫殿监侍苏培盛传:做杉木包锦匾一面。记此。

于二十日做完,领催马学尔持去交副总管苏培盛收讫。

131.5. 十八日,据圆明园来帖内称,九月十九日太监玉复隆来说,太监张玉柱传旨:要羚羊角数对,做杉木匣盛,发报用。钦此。

于二十日做得长一尺五寸,宽七寸,高五寸杉木匣一个,里外糊黄纸毡套，盛羚羊角五对，太监王复持去交太监张玉柱讫。

131.6. 十八日，据圆明园来帖内称，九月二十一日，宫殿监副侍苏培盛传旨：着做楠木板四块，各长一尺三寸九分五厘，宽一尺七寸九分。钦此。

于二十三日照尺寸做得楠木板四块，催总胡常保交副总管苏培盛讫。

131.7. 十八日，据圆明园来帖内称，九月二十七日，太监张玉柱传旨：着做长八寸，宽五寸楠木闲余板一副，随楠木闲余架二个。钦此。

于十月初一日照尺寸做得闲余板一副，闲余架二个，催总胡常保交太监张玉柱讫。

131.8. 十八日，据圆明园来帖内称，九月二十八日太监张玉柱传旨：着做长三尺一寸，宽一尺三寸楠木闲余板二块，长二尺，宽五寸二块。

于二十九日做完，催总胡常保安讫。

132.1. 二十六日，据圆明园来帖内称，本月十五日内务府总管海望传：做糊绫里楠木罩盖匣一件，里口长四尺七寸，见方五寸，杉木卷杆一根，杭细挖单见方七尺一个，见方六尺一个，黄榜纸十张。记此。

于十月二十五日首领太监李久明持进交太监张玉柱讫。

132.2. 二十六日，据圆明园来帖内称，本月十八日内务府总管海望持出仿钧窑瓷乳炉二件，奉旨：着配座，随在宫内新盖板房处陈设。钦此。

于十月二十六日将仿钧窑瓷乳炉二件，俱配紫檀木座，内务府总管海望带领司库苏合持进陈设讫。

132.3. 二十六日，据圆明园来帖内称，本月十八日内务府总管海望持出仿钧窑瓷乳炉二件，仿钧窑瓷虬耳炉一件，奉旨：着配座，在圆明园陈设。钦此。

于十月初一日将仿钧窑瓷炉三件各配得紫檀木座一件，内务府总管海望、员外郎满毗着柏唐阿富拉他送往圆明园，交园内总管陈九卿收讫。

132.4. 二十六日，据圆明园来帖内称，本月十八日内务府总管海望持出仿钧窑瓷虬耳炉一件，奉旨：着配座，赏大学士孙柱。钦此。

于十一月初二日将仿钧窑瓷炉一件配做得紫檀木座一件，内务府总管海望着笔帖式哈福持去，赏大学士孙柱讫。

132.5. 二十六日，据圆明园来帖内称，本月二十二日太监张玉柱交来汉玉瓶一件 随紫檀木座一件，白玉卧蚕纹方瓶一件 随紫檀木座一件，传旨：汉玉瓶一件座子不好，另配紫檀木座，供在观世音菩萨面前插鲜花用，白玉方瓶一件另配座一件，座子别衔住瓶，衔在足上方，瓶亦好，供在观世音菩萨面前。钦此。

于本月二十六日将汉玉瓶一件，白玉方瓶一件各配得紫檀木座，内务府总管带领司库苏合持进供讫。

132.6. 二十六日，据圆明园来帖内称，本月二十五日太监张玉柱交来银晶笔洗一件，奉旨：此碟甚净，着配素净紫檀木座，在佛前供果子用。钦此。

于十二月初七日将银晶笔洗一件，另配得素净紫檀木座，内务府总管海望呈览，奉旨：尔将此送在月台上佛堂内。钦此。随送在月台佛堂内讫。

133.1. 二十七日，员外郎满毗传：做备用盛活计糊黄纸杉木盘大小三十个。记此。

于十二月二十五日做得糊黄纸杉木盘大小三十个，呈进活计用讫。

133.2. 二十七日，内务府总管海望持出玻璃镜面西洋美人金边吊屏一件，奉旨：换紫檀木边。钦此。

于九年二月二十日将西洋美人金边吊屏换得紫檀木边，内务府总管海望呈进讫。

133.3. 二十七日，太监焦进朝、首领太监张文保传：做杉木桌一张，长五尺五寸，宽一尺三寸，高三尺，油靠木油。记此。

于十一月初三日照尺寸做得杉木刷黄色桌一张，柏唐阿苏尔迈交首领太监张文保讫。

133.4. 二十七日，内务府总管海望，宫殿监侍苏培盛、刘玉传旨：着做长六尺，宽三尺，高三尺黄油面杉木条桌二张，随夹黄布面黄缎刷黄杭细里桌围一件。钦此。

于十二月二十七日照尺寸做得杉木黄油桌二张，黄布面黄缎刷黄杭细里夹桌围一件，柏唐阿苏尔迈、五十八交首领太监马温良持去讫。

133.5. 二十七日，内务府总管海望传：供佛闲余板上做楠木推龛二件。记此。

于十一月十四日做得楠木推龛二件，催总胡常保持进安讫。

134. 二十九日，管理銮仪卫事务太子太傅大学士兼领侍卫内大臣公马尔赛等清字来文内开：上用八人花梨木亮轿一乘，着换高丽木老杆一对。记此。

于本年十二月十四日做得高丽木老杆一对，柏唐阿苏尔迈持去交公马尔赛讫。

135. 三十日，首领太监马温良来说，宫殿监副侍李英传：做见方三尺，高一尺七寸杉木黄油桌四张，随黄缎面黄杭细里刷子黄布夹面帏桌一件。记此。

于本年十二月二十五日做得杉木黄油桌四张，随黄缎面黄杭细里刷子黄布夹面帏桌一件，交太监马温良持去讫。

十一月

136.1. 初二日，太监王明贵来说首领太监李统忠传：做福字杉木卷杆长二尺二寸二十根，长二尺一百根。记此。

于十二月初九日照尺寸做得杉木卷杆一百二十根，交太监王明贵持去讫。

136.2. 初二日，内务府总管海望、宫殿监副侍李英、总管赵进斗同传：做杉木地平接宽进深五尺六寸，宽九尺二寸五分一件 随刷子；三层踏垛一个，宽六尺，进深二尺三寸，高一尺八寸 随刷子；小床二张，长二尺，宽一尺五寸，高六寸 随刷子；斗座一件，见方一尺八寸，高一尺；斗罩一件，见方八寸，高二尺；圆香几一个，径一尺五寸，高二尺七寸；圆香几二个，径一尺三寸，高二尺七寸；头号灯罩一对。记此。

于十二月十二日做得地平一件，踏垛一件，小床二张，斗座一件，斗罩一件，圆香几三件，灯罩一对，交太监范国用、王玉持去交总管太监赵进斗讫。

137. 初七日，内务府总管海望持出高足方玉鼎一件，奉旨：着配做铜镀金胆，鼎盖配做紫檀木的，其架子亦做紫檀木的。钦此。

于十二月初七日将玉鼎配做得铜镀金胆一件，随紫檀木盖一件，架一件，内务府总管海望呈进，奉旨：尔将此供在月台上新盖斗坛内。钦此。

于本月将玉鼎供在月台上新盖斗坛内讫。

138.1. 初八日，太监赵朝凤来说，首领太监李统忠传：做杉木笔罩一件 高二尺，见方二尺四寸。记此。

于十二月初一日做得笔罩一件，交太监赵朝凤持去讫。

138.2. 初八日，太监张玉柱交来镶嵌松石青金石金佛锅一件，内供佛一尊 班禅进，传旨：将佛锅穿绦子，配做一紫檀木龛，前面安玻璃，连佛锅供在龛内，交太监焦进朝诚供。钦此。

于九年二月二十二日将做得镶嵌松石青金石金佛锅一件，佛一尊，配得紫檀木龛一座，太监马进忠持去交太监焦进朝讫。

139.1. 十三日，首领太监李久明传：做备用柳木牙杖二千根。记此。

于本月二十三日做得柳木牙杖二千根，交首领太监李久明持去讫。

139.2. 十三日，太监张玉柱传旨：月台上拆卸围屏佛龛内紫檀木供桌略高些，落矮二三寸，素净些再做一张。钦此。

于十一月十九日做得长二尺八寸，宽一尺一寸，高二尺五寸紫檀木桌一张，催总胡常保交太监范国用持进交太监张玉柱讫。本日仍持出，着收着。记此。

140. 十四日，太监张玉柱传：赏总督李卫人参，着做毡里插盖木匣一件盛装，外糊黄纸。钦此。

于本月二十八日插盖杉木匣一件做完，交太监张玉柱讫。

141. 十六日，太监赵朝凤来说，首领太监李统忠传：做杉木垫板一件 长五尺五寸，裁尺一件 长五尺。记此。

于十二月初五日做得杉木垫板一件，裁尺一件，交太监赵朝凤持去讫。

142. 二十一日，宫殿监督领侍陈福、副侍刘玉传旨：乾清宫东丹墀日精门南边药房后檐墙安隔断壁子一槽，中间开落地罩四扇，油红油，内供三皇药王，药王座位做一小宝座，龛做楠木，供桌、供柜做红油，再做锡五供一份，随供花一对，再有供奉圣祖御书福字二个，寿世药房匾二个，俱见新收拾。钦此。

于本月二十三日画得隔断壁子、落地罩、龛、供桌、供柜纸样二张，催总胡常保持与宫殿监督领侍陈福、副侍刘玉看准，着照样做。记此。

于十二月二十二日做得宝座一件，楠木龛一件，红油供桌一件，供柜一件，锡五供一份，供花一对并福字二个，匾二面，催总胡常保、柏唐阿六达子带匠役进内收拾安讫。

143. 二十四日，宫殿监督领侍陈福，副侍苏培盛、刘玉交来红皮白蜡三对，红藏香四十五束，黄藏香四十五束，黄藏香一根，白檀香、白芸香、沉速香、泡素香、马牙香、黑芸香、降香、攒香、宫香饼等九样共九包，万国来朝连七香袋一对，六合清宁彩画连七香袋一对，黑芸香、白芸香、檀香、宫香、降香、沉速香、沉香、黄熟香等八样共十六包，定香二包，传：着将红皮白蜡俱销金龙，配做杉木箱，黑毡里，黑毡套，棉花塞垫，黄布高丽纸包裹，其内再将定香与各样香十六包，俱用金黄布包裹发报用。记此。

于十二月初一日将以上物件配做得糊黄纸杉木箱五个，糊金黄纸杉木箱二个，俱用棉花塞垫黑毡外套黄布金黄布包裹，内务府总管海望、员外郎满毗、催总胡常保、柏唐阿苏尔迈、五十八交广储司瓷器库司库梅嘉挥领去讫。

144. 二十八日，造炮枪处员外郎马尔汉、司库苏合等呈称，为盛交枪、线枪，欲做面宽七尺五寸，进深二尺二寸，高五尺七寸五层木架二个等语，内务府总管海望、员外郎满毗传：着照尺寸或用松木或用旧木做给。记此。

于十二月十一日照尺寸做得松木五层木架二个，交司库苏合讫。

十二月

145. 初二日，太监王玉凤交来白玻璃灯一件 随红玻璃盖一件，说宫殿监副侍苏培盛传：着配做一糊黄杭细面软里杉木匣一件。记此。

于本月初三日做得杉木胎糊黄杭细面软里木匣一件，副领催韩国玉交太监王玉凤持去讫。

146. 初四日，首领太监李久明请出观音菩萨一尊，说太监刘希文传：

配紫檀木龛一件。记此。

于本月初五日配做得紫檀木佛龛一座，并原请出观音菩萨一尊，柏唐阿苏尔迈交首领太监李久明请进，交太监刘希文讫。

147. 十七日，内务府总管海望、员外郎满毗传：雍正七年四月二十九日奉旨交出盛宝贝书格内瓷器箱一件，二十七日交洋漆罩盖长方箱一件，五月十四日交洋漆箱一件，闰七月初六日交洋漆箱一件，着配松木外套箱四件。记此。

于九年三月二十日做得松木外套箱四件，催总胡常保持进四宜堂讫。

148. 十九日，太监张玉柱交来佛二尊 班禅额尔德尼进，传旨：着配紫檀木龛，得时交太监焦进朝供在养心殿佛堂内，俟朕往圆明园时前一二日着焦进朝请旨。钦此。

于本日做得备用紫檀木佛龛二座，随黄缎垫子，内供原交出佛二尊，员外郎满毗交太监马进忠持进交太监焦进朝收讫。

2. 玉作

二月

201. 初六日，首领太监萨木哈持来汉玉螭虎式磬一件 紫檀木架，系范毓宾进，汉玉鳌鱼式磬一件 紫檀木架，系孟中进，青玉夔龙磬一件 象牙茜红架，系隋赫德进，说太监刘希文旨：交海望陈设在莲花馆。钦此。

于二月十二日将汉玉螭虎磬一件，汉玉鳌鱼式磬一件，青玉夔龙磬一件，郎中海望带领催总胡常保持去交太监彭凯昌陈设在莲花馆讫。

202. 初十日，太监刘义交来伽楠香数珠一盘 珊瑚佛头，青金塔，黄玻璃背云，玛瑙坠角，假松石记念，随锡匣，伽楠香数珠一盘 青金佛头，珊瑚塔、背云、记念，松石坠角，随锡匣，宫殿监督领侍陈福传：着另换粗绦子。记此。

于十一月十一日另换得绦子完，柏唐阿佛保交太监刘义持去讫。

203.1. 十七日，据圆明园来帖内称，本月十五日郎中海望持出白玉一统万年樽一件 随紫檀木座，奉旨：此樽上口有黄色带霞处，或砣去，或去矮些，身上细藤萝做法不好，或砣去或应如何收拾处，尔同好手玉匠商量收拾，做一笔筒用。钦此。

于十一年八月十五日改做得白玉笔筒一件，司库常保呈进讫。

203.2. 十七日，据圆明园来帖内称，本月十五日郎中海望持出汉玉天鹿杯一件 随紫檀木座，奉旨：此杯上或配一荆州石座，或配一盒样式座，尔酌量配合。钦此。

于八年十月三十日将汉玉天鹿杯一件配得荆州石座一件，内务府总管海望呈进讫。

九月

204. 二十五日，据圆明园来帖内称，本月十八日太监刘义交来伽楠香数珠一盘 随松石佛头、珠子、记念，珊瑚塔，碧玺背云，红宝石坠角三个，蓝宝石坠角一个，银里木盒盛，说首领太监刘玉传旨：着配上用装严。钦此。

于十二月十二日将伽楠香数珠一盘，随松石佛头四个，珊瑚塔一个，珠子记念三十个，碧玺坠角一个，红宝石坠角三个 内一个原惊坏，蓝宝石坠角一个，金累绿宝盖圈一份，鹅黄辫子银里木盒一件，黄缎袱一块，并拆下毁做圈掐回残金一块，柏唐阿佛保交太监刘义持去讫。

十月

205. 二十二日，笔帖式宝善持来银库挑来碧玉小瓶一件 随紫檀木座，白玉小碟一件，说内务府总管海望传：此二件俱使得，着暂行文广储司，俟呈览过再行实用，其白玉小碟边上有不齐处着收拾，配一紫檀木高座，碧玉小瓶交给活计房收着，与玉碟明早请佛用。记此。

于本月二十五日将玉小瓶、碟二件，内务府总管海望呈览，奉旨：俱不好。钦此。本日将玉瓶、碟二件交笔帖式宝善持去交银库郎中常安讫。

206.1. 二十六日，据圆明园来帖内称，本月十四日首领太监萨木哈持来伽楠香数珠一盘 随珊瑚佛头、背云、记念、坠角，锡盒盛，说太监张玉柱、王常贵传旨：交海望照朕戴的数珠一样装严，珊瑚背云应收拾的收拾。钦此。

于十二年十月二十九日将伽楠香数珠一盘,随珊瑚佛头、背云、记念、坠角,锡盒盛,交太监刘义持去讫。

206.2. 二十六日,据圆明园来帖内称,本月二十一日太监张玉柱交来汉玉陈设一件 随紫檀木座,传旨:着认看是何物件。钦此。

于本日玉匠都志通认看得,系汉玉笔架,交太监张玉柱讫。

206.3. 二十六日,据圆明园来帖内称,本月二十三日太监张玉柱、王常贵交来伽楠香数珠一串 系提督王绍绪进,传旨:着配做上用装严。钦此。

于十二月二十五日将伽楠香数珠一串配得珊瑚佛头,松石塔,碧玺背云、坠角,交太监刘义持去讫。

206.4. 二十六日,据圆明园来帖内称,本月二十五日内务府总管海望、太监张玉柱将太监郑忠交来银晶棱瓣灯碗一件呈览,奉旨:照此款式,比此再放高些,雨过天晴玻璃做一件,下配座,上安扁形顶火。钦此。

于十月二十八日将银晶棱瓣灯碗一件,配得铜镀金托紫檀木座,银扁形顶火,铜镀金卡子等,内务府总管海望带领司库苏合持进,安在新盖板房佛堂内讫。

于十二月初七日做得雨过天晴玻璃海灯一件,随铜镀金托,紫檀木座,银扁形顶火一件,铜镀金卡子,内务府总管海望呈览,奉旨:尔将此送在月台上佛堂。钦此。内务府总管海望随送在月台上佛堂内讫。

3. 杂活作

二月

301. 十七日,据圆明园来帖内称,本月十六日郎中海望持出碧玉磬一件 随紫檀木座,奉旨:着陈设在莲花馆。钦此。

于本日将碧玉磬一件,郎中海望持进陈设在莲花馆讫。

302.1. 二十三日,据圆明园来帖内称,本月十六日首领太监李久明来说,太监张玉柱、王常贵传旨:着将象牙支棍独梃帽架做几件,安在勤政殿后殿内。钦此。

于五月二十一日做得象牙紫檀木独梃帽架二件，交四执事太监陈璜持去讫。

302.2. 二十三日，据圆明园来帖内称，本月二十日总管太监李德交来一面堆宣石山，一面堆黑石山，山上栽灵芝紫檀木插屏一件 系赵永培进，传旨：着将背面黑石灵芝拆去，前面安玻璃。钦此。

四月

303. 十一日，领催白世秀持来挑杆香袋画样一张，说郎中海望传：着照画样做香袋二对。记此。

于五月初三日做得黑漆梃镶嵌紫檀木座象牙茜绿夔龙挑杆黄玻璃托珊瑚顶挑杆香袋一对，上随铜镀金撒花宝盖口珠璎珞合牌烫胎鞔红黄羊皮彩金花嵌绣片铜镀金点翠压口连二香袋二挂，象牙花囊二件，盖上嵌珊瑚滴子，上安随珊瑚珠黄穗子香袋，随白玉圈四件，内嵌铜镀金福寿字，黑漆梃嵌紫檀木座铜镀金夔龙挑杆象牙茜绿托红玻璃顶挑杆香袋一对，随铜镀金盖口珠璎珞合牌烫胎鞔红绿羊皮彩金花嵌绣片铜镀金点翠压口连三香袋二挂，蓝绿玻璃长如意二件，象牙花篮二件安珊瑚黄穗子，催总胡常保持进讫。

于十年四月二十九日将黑漆梃镶紫檀木座珊瑚顶挑杆香袋一对，内大臣海望带领司库常保呈进讫。下欠挑杆香袋一对，存活计库。

七月

304. 十九日，催总吴花子持来赏将军用盛孔雀翎套木样一件，说内务府总管海望、员外郎满毗传：着照样用桦木胎鞔红羊皮安水牛角底盖做二件备用。记此。

于九年二月十一日照样做得桦木胎鞔红羊皮牛角底盖翎套一件，随赏用活计内用讫。

九月

305.1. 二十九日，据圆明园来帖内称，九月二十五日太监刘希文交来和合如意翠供花蜜蜡宝盆盆景一件 随紫檀木座，楠木匣盛，传旨：着配做玻璃罩。钦此。

于十一年五月初一日将和合如意盆景一件配得玻璃罩,司库常保呈进讫。

305.2. 二十九日,据圆明园来帖内称,本月二十五日太监刘希文交来天花献瑞翠花伽楠香盆盆景一件,万福万寿翠花银晶盆盆景一件,诸仙祝寿翠花砗磲盆盆景一件,锦绣长春翠花碧玉盆盆景一件 俱随紫檀木座,楠木匣盛,传旨:此盆景四件花盆不好看,着另换花盆,头有不好的酌量改做收拾。钦此。

于十一年五月初一日将翠花天花献瑞盆景一件,万福万寿盆景一件,群仙祝寿盆景一件,锦绣长春盆景一件,司库常保呈进讫。

伽楠香盆景一件,银晶花盆景一件,砗磲花盆景一件,碧玉花盆景一件现存活计库。

十月

306.1. 十四日,据圆明园来帖内称,内务府总管海望将造办处备用十供一份呈览,奉旨:着在养心殿西暖阁斗坛内陈设,其内佛衣再做绣的一件,得时换上,水晶珠不必用,桌上另做一紫檀木座,座上安一挑杆,上挂好数珠一串,或用珠子亦可,将水晶珠另配一高些架子朕另用。钦此。

于十月十八日圆明园造办处该班司库达善着柏唐阿黑达子送来六年七月初八日送去 四年八月初八日奉旨 着做的十供一份,计开:香,系沉香山子,紫檀木座子一件;花,系象牙茜色花一束,随白玉瓶一件,紫檀木座一件;灯,系铜烧古见镀金蜡台一件,上安象牙茜红色蜡一支;图,系亮白玻璃有盖图一件,紫檀木座一件;果,系珐琅果托一件,随紫檀木座,上安紫檀木画金花圆碟一件;茶,系紫檀木边黄杨木心画金花敞口匣一件,随红漆桌一张;食,系白玉碗一件,随红漆桌一张;宝,系铜鋄金八宝假红蓝宝石地景白瑞石盆一件,红漆桌一张;珠,系水晶元珠,随彩漆座一件,红漆桌一张;衣,系黄缎画五彩龙衣一件,红漆彩金箱一件盛装,红漆桌一张。

于本月二十二日将十供内珠份位换做得呆绿玻璃念佛装严数珠一

盘，上有珊瑚佛头四个，松石塔一个，珠子记念三十个，白玉豆一个，墨晶豆一个，珊瑚银锭一个，鋄金铜敖七里一个，鋄银钱一个，鹅黄辫子随紫檀木座黑漆挑杆一件，并其余十供九份，员外郎满毗带领柏唐阿富拉他持进，陈设在养心殿内西暖阁斗坛内讫。

于十二月十七日将水晶珠一件配得紫檀木架一件，内务府总管海望呈进讫。

306.2. 十四日，据圆明园来帖内称，首领太监萨木哈来说，太监王常贵传旨：照赏陈泰等东西打点一份。钦此。

于本月十五日首领太监李久明持去高丽木把子儿皮鞘半攒小刀一把，高丽木把红羊皮鞘单小刀一把，黑皮蛤蟆一副，红皮蛤蟆一副，红羊皮套日晷一件，红羊皮套刮�一件，黑撒林皮彩金火镰包一件，红羊皮彩金火镰包一件，黄羊角解锥一件，红羊皮套彩金署文房一件，黑皮带刀蛤蟆一件，红羊皮带刀蛤蟆一件，红羊皮马尾眼罩一件，子儿皮鞘腰刀一把，交太监王常贵收，赏马尔赛讫。

307. 二十七日，太监焦进朝交来银晶海灯一件随铜镀金托，紫檀木座，银顶火，传旨：灯内着配做灯漂，尔等商量做。钦此。

于本日配做得灯漂一份，催总胡常保持去交太监焦进朝讫。

十一月

308. 初四日，内务府总管海望、员外郎满毗传：做备用花羊角把红羊皮鞘单小刀十把，花羊角把黑子儿皮鞘半攒小刀五把，高丽木把红羊皮鞘单小刀六把，红羊皮套彩金象牙日晷六件，黑撒林皮彩金双盖火镰包十件，红羊皮彩金双盖火镰包十件，黄羊角解锥六件。记此。

于八年十二月十四日做得红羊皮鞘高丽木把小刀一把，首领萨木哈交太监张玉柱讫。

于八年十二月二十六日做得红羊皮鞘高丽木把小刀一把，交太监胡全忠持去讫。

于九年正月初四日将子儿皮鞘高丽木把单小刀一把，太监吕进朝持去交太监张玉柱讫。

于九年正月初八日将高丽木把子儿皮鞘半攒小刀一把，高丽木把子儿皮鞘单小刀一把，黄羊角解锥一件，红羊皮套象牙日晷一件，红羊皮彩金罩盖火镰包一件，撒林皮彩金罩盖火镰包一件，太监范国用交太监张玉柱讫。

于九年正月初八日将花羊角把子儿皮鞘半攒小刀一把，花羊角把红羊皮鞘单小刀一把，红羊皮套象牙日晷一件，黄羊角解锥一件，员外郎满毗交太监王福隆持去讫。

于九年正月初十日将花羊角把红羊皮鞘单小刀一把，花羊角把子儿皮鞘半攒小刀一把，高丽木把红羊皮鞘单小刀二把，黄羊角解锥三件，员外郎满毗交太监王福隆持去讫。

于九年正月十一日将黑子儿皮鞘花羊角把半攒小刀一把，黄羊角解锥一件，撒林皮罩盖火镰包一件，员外郎满毗交太监胡全忠持去讫。

于九年正月十一日将子儿皮花羊角把半攒小刀一把，红羊皮彩金罩盖火镰包一件，员外郎满毗交太监贾弼持去讫。

于九年正月十一日将红羊皮鞘高丽木把单小刀一把，子儿皮鞘花羊角把小刀一把，红羊皮罩盖火镰包一件，红羊皮套象牙日晷一件，员外郎满毗交太监王福隆讫。

于九年正月十六日将红羊皮鞘花羊角把单小刀一把，太监王进玉持去交太监张玉柱交三等侍卫安出库讫。

于九年正月二十四日将子儿皮鞘花羊角把小刀一把，撒林皮双盖火镰包一件，太监王进孝交太监张玉柱收讫。

于九年三月初四日将黄羊角解锥一件，红羊皮套象牙日晷一件，红羊皮鞘花羊角把单小刀一把，首领萨木哈交太监张玉柱持去交提督石云倬讫。

于九年五月初五日将红羊皮套日晷一件，红羊皮鞘花羊角把单小刀一把，太监马进忠持去交太监张玉柱交阿成阿讫。

于九年五月二十五日将红羊皮鞘花羊角把单小刀一把，红羊皮套象牙日晷一件，太监王进孝持去交太监张玉柱交伊里布讫。

于九年六月十二日将红羊皮鞘花羊角把单小刀一把，太监赵玉交太监张玉柱交敦巴讫。

于九年八月二十日将红羊皮双盖火镰包一件，交太监刘进持去讫。

于十年七月二十三日将黑皮彩金双盖火镰包一件，红皮双盖火镰包一件，交大学士鄂尔泰、总督查郎阿讫。

于十年九月初一日将撒林皮双盖火镰包六件，红羊皮双盖火镰包五件，司库常保交茶房头目佛保转交护军统领永福代赴军营讫。

十二月

309. 初六日，内务府总管海望奉旨：照降魔杵式压纸做几件，或长尺余，或长七八寸，或做牛油石，或象牙，或下肩用铁做老鹳翎色，中镶紫檀木，顶用铜做，镀金亦可，再传与年希尧，将做降魔杵玉坯子寻几块送来，如尺寸不敷，略小些亦可。钦此。

于十二月二十三日做得降魔杵式压纸一件，长九寸二分，系铜镀金顶镶象牙紫檀木梃炕老鹳翎色铜簧，内务府海望呈进，奉旨：好，照样再做一件，珐琅的做一件，牛油石做三四件，其翎俱做炕老鹳翎色。钦此。

于九年三月初四日做得降魔杵式珐琅压纸一件，牛油石压纸四件，内大臣海望呈进讫。

4. 皮作

四月

401. 二十六日，首领太监李久明持来黑撒林皮木碗套一件，说太监刘希文传旨：着照样做一件，其里做红猩猩毡软里。钦此。

于五月初七日做得杉木胎鞔撒林皮面，糊红猩猩毡软里，钉合扇、卡子、钩子，黄鹿皮背绊碗套一件，员外郎满毗着太监王进孝交太监刘希文收讫。

十月

402. 二十七日,内务府总管海望奉旨:乾清宫月台上新盖毡板房后着做斗坛一座,外面用黄毡安板墙开门。钦此。

于十月二十八日做得乾清宫月台上板房斗坛烫胎小样一件,内务府总管海望呈览,奉旨:此样做法不是,尔在月台上板房一间,将呈过样的拆卸斗坛塔在此板房内,周围俱要走得人则可,斗坛内做一插屏,上身高三尺三寸,宽二尺四寸,满扫天青,中间做一径圆四寸玻璃镜,左边做一玻璃红日,右边挂一玻璃白月,俱径一寸二三分,下画流云,上画祥光暂供用,俟后再做一九龙边扫金座,上身插屏用白檀,满扫天青,其镜日月照此样做,另画样呈览。钦此。

于十一月初一日做得乾清宫月台上板房佛龛烫胎小样一件,画样二张,内务府总管海望呈览,奉旨:板房烫胎样是照样盖造,斗坛内牌位画样中间圆光太高,日月太低,将日月画在元光上,祥光到顶,用云穿插,半掩半露,牌身用柏木做,座子用紫檀木做,其供桌或用花梨,或用紫檀木做,不必用帏,外层板顶准用黄毡,两山红油薄缝。钦此。

于十二月二十六日照样做得紫檀木佛龛一座,催总刘山久持进安讫。

5. 铜作

七月

501. 初九日,据圆明园来帖内称,本月初八日首领太监马温良交来楠木神牌座子三件,说太监刘希文传:着将此座子底上灌铅。记此。

于七月二十八日将楠木神牌位座子三件灌铅完,交首领太监马温良持去讫。

八月

502. 初三日,据圆明园来帖内称,七月二十八日首领太监李久明、萨木哈来说，太监张玉柱传：做紫檀木锤一件，小铜锤一件备用。记此。

于八月初二日做得紫檀木锤一件，小铜锤一件，太监王玉持去交太监张玉柱收讫。

十月

503. 二十六日，据圆明园来帖内称，本月二十一日太监张玉柱交来四足象鼻玉炉一件 随嵌玉乌木盖一件，乌木座一件，隋赫德进，传旨：着将玉炉内配铜镀金胆一件，耳子要高些，耳上嵌香木，得时供在斗坛前面。钦此。

于十月二十六日将玉炉配做得铜镀金胆一件，耳上嵌沉香，另换紫檀木盖座，内务府总管海望带领司库苏合持进，陈设在养心殿西暖阁斗坛内供讫。

6. 炮枪作 附弓作

正月

601. 十一日，郎中海望、员外郎满毗传：做备用赏用小刀二十把。记此。

于四月初六日做得黑子儿皮鞘高丽木把单小刀六把，副领催依吕阿交太监焦进朝讫。

于六月十八日做得黑子儿皮鞘高丽木把小刀六把，领催千佛保交太监焦进朝持进去讫。

于十月二十五日做得黑子儿皮鞘高丽木把小刀八把，催总福六交太监焦进朝持去讫。

八月

602. 初五日，内务府总管海望交腰刀木样一件，着照样用芜湖钢打造刀头，用铁做饰件，錾玉器夔龙看样。记此。

于九年五月二十一日做得芜湖钢凹面腰刀头随椴木鞘，做錾玉器夔龙铁饰件腰刀一把，领催千佛保呈内务府总管海望看过，随交鞘用绿皮鞔做画洋金花铁饰件，用重一钱金叶鋄，用重五分金带罩，拴鹅黄绦缏，预备上用。记此。

于十年八月二十五日将做得绿皮彩金花鞘铁鋄金饰件腰刀一把，内大臣海望呈览，奉旨：着收着。钦此。

十二月

603. 二十二日，乾清门三等侍卫阿兰泰交来吉林乌拉将军常德，武查拉进枪杆四十根，乌拉松枪鞘十六件，柳木枪鞘十六件。记此。

交赵六十持去讫。

7. 珐琅作

正月

701. 初二日，太监刘希文交来金累丝嵌珠石小如意珊瑚枝汉玉龙头觥花插一件 上嵌珠子一粒，红宝石一块，蓝宝石一块，小砢子一块，紫檀木座，传旨：将此金累丝如意鱼珊瑚枝取下，着另做一珐琅扁瓶，其瓶款式做样呈览，再将小如意上嵌的珠子换上养珠，连汉玉觥一并送进。钦此。

于本月初八日将小如意上珠子一粒取下，并汉玉龙头觥一件，紫檀木座，郎中海望交太监刘希文收讫。

二十八日，据圆明园来帖内称，本月二十四日将金累丝珊瑚枝等件配做得五彩珐琅扁瓶木样一件，郎中海望呈览，奉旨：准做。钦此。

于十三年十月二十日将照汉玉觥样烧造得珐琅双环瓶一件，司库常保、首领萨木哈持去交太监毛团呈进讫。

五月

702. 二十六日，据圆明园来帖内称，本月二十五日，郎中海望奉上谕：佛楼东间现供的火神一尊，其东边朕欲要供吕祖一尊，尔照先造过的铜胎旃檀佛尺寸用檀香造吕祖一尊，酌量配龛，供在佛楼火神东边。钦此。

于六月二十日做得檀香吕祖一尊，紫檀木佛龛一座，郎中海望呈进讫。

八月

703. 二十三日，据圆明园来帖内称，本月二十一日首领太监杨忠交来铜胎掐丝珐琅瓶一件 随供花一对，铜胎掐丝珐琅蜡台一对，铜胎掐丝珐琅香筒一件 随紫檀木座，银珐琅七宝八宝瓶三件，红铜镀金八供八件 随铜胎珐琅盘八件，玻璃罩五件，金累丝五供五件 随铜胎珐琅盘五件，玻璃罩二件，□上少累丝搭拉二件，说太监焦进朝传旨：着找补收拾，换花一对。钦此。

于本年十二月二十三日收拾得铜胎掐丝珐琅瓶一件，随供花一对，铜胎掐丝珐琅蜡台一对，铜胎掐丝珐琅香筒一件，交太监杨忠持去讫。

于九年十一月二十一日将铜镀金八供八件随铜胎珐琅盘八件，司库常保交太监焦进朝讫。

于十三年十二月二十八日将金累丝五供五件随铜胎珐琅盘五件，交太监毛团呈进讫。

8. 镶嵌作 附牙作、砚作

二月

801.1. 初三日，郎中海望、员外郎满毗传：做备用镶嵌芝仙祝寿黄杨木香盘一件。记此。

于乾隆元年正月初六日将黄杨木香盘一件，司库常保、首领萨木哈交太监毛团呈进讫。

801.2. 初三日，郎中海望、员外郎满毗传：做备用紫檀木镶嵌五福捧寿盒一对。记此。

于二月二十九日做得紫檀木镶嵌五福捧寿盒一对，首领李久明交太监刘希文讫。

801.3. 初三日，郎中海望、员外郎满毗传：做备用福寿帽架一对。记此。

于十月二十八日做得紫檀木镶象牙福寿帽架一对，首领李久明交太监刘希文讫。

802. 十七日，据圆明园来帖内称，本月十五日郎中海望持出白玉九翅双管瓶一件 随紫檀木座，奉旨：此瓶座子不好，另配一象牙座，不要挡了花纹。钦此。

于十月三十日将白玉九翅双管瓶配得牙座一件，内务府总管海望呈进讫。

七月

803. 十八日，内务府总管海望、员外郎满毗传：做备用夔龙式嵌蜜蜡鼻烟壶二件，象牙嵌玳瑁鼻烟壶二件，沉香夔龙玦鼻烟壶二件，镶嵌洋漆玳瑁墙鼻烟壶二件。记此。

于本年十月二十八日做得镶嵌鼻烟壶二件，内务府总管海望呈进讫。

于本年十月三十日做得镶嵌鼻烟壶二件，内务府总管海望呈进讫。

于九年五月初四日做得镶嵌鼻烟壶二件，常保呈进讫。

于九年八月十四日做得镶嵌鼻烟壶二件，常保呈进讫。

9. 裱作 附刻字作

五月

901. 二十日，总管太监苏培盛传：着将万字房闲文图书二十八方做杉木外套匣二件，糊软里，再照先用黄笺纸将图书印在纸上，钩好粘在册页上边。钦此。

于本月二十五日做得杉木胎糊黄笺纸面红杭细里二个，将图章钩好粘完，刻字匠人佛保持去交太监赵进孝讫。

10. 雕銮作

二月

1001. 二十三日,员外郎满毗传:做备用白檀香方丁八两,沉香方丁八两,紫降香方丁八两,唵叭香八两,芸香八两,四色香饼一斤。记此。

于五月初七日做得各色香丁二斤八两,四色香饼一斤,交太监李兴泰持去讫。

三月

1002. 十八日,据圆明园来帖内称,本月十五日郎中海望持出白瓷罗汉一尊,奉旨:着好手匠役,或用白檀或用黄杨木仿做一尊,其形容愈喜相愈好,左手持十八罗汉数珠,右手持芭蕉扇,如木不能甚大,即收小些做亦可。钦此。

于五月初三日做得白檀香罗汉一尊,并原交瓷罗汉一尊,催总胡常保送上京去讫。

于十二年四月二十九日将做得白檀香罗汉一尊,并原交瓷胎罗汉一尊,司库常保持去呈进讫。

六月

1003. 初七日,员外郎满毗传:做备用香斗二十份。记此。

于八月十五日做得香斗一份,随白檀、紫降香各八两,副领催赵老格交首领太监李兴泰持去讫。

于九月初一日做得香斗一份,随白檀、紫降香各八两,副领催赵老格交首领太监李兴泰持去讫。

于九月十五日做得香斗一份,随白檀、紫降香各八两,副领催赵老格交首领太监李兴泰持去讫。

于十月初一日做得香斗一份,随白檀、紫降香各八两,副领催赵老格交首领太监李兴泰持去讫。

于十月十五日做得香斗一份,随白檀、紫降香各八两,副领催赵老格交首领太监李兴泰持去讫。

于十一月初一日做得香斗一份,随白檀、紫降香各八两,副领催赵老格交首领太监李兴泰持去讫。

于十一月十五日做得香斗一份,随白檀、紫降香各八两,副领催赵老格交首领太监李兴泰持去讫。

于十一月二十二日做得香斗一份,随白檀、降香各八两,交首领太监马温良持去讫。

于十二月初一日做得香斗一份,随白檀、降香各八两,交首领太监马温良持去讫。

于十二月十五日做得香斗一份,随白檀、紫降香各八两,交首领太监马温良持去讫。

于九年正月初一日做得香斗一份,随白檀、紫降香各八两,交首领太监马温良持去讫。

于九年正月十五日做得香斗一份,随白檀、紫降香各八两,交首领太监马温良持去讫。

于九年二月初一日做得香斗一份,随白檀、紫降香各八两,交首领太监马温良持去讫。

于九年二月初二日做得香斗一份,随白檀、紫降香各八两,交首领太监马温良持去讫。

于九年二月十五日做得香斗一份,随白檀、紫降香各八两,交首领太监马温良持去讫。

于九年三月初一日做得香斗一份,随白檀、紫降香各八两,交首领太监马温良持去讫。

于九年三月初三日做得香斗一份,随白檀、紫降香各八两,交首领太监马温良持去讫。

于九年三月十五日做得香斗一份,随白檀、紫降香各八两,交首领太监马温良持去讫。

于九年四月初一日做得香斗一份，随白檀、紫降香各八两，交首领太监马温良持去讫。

于九年四月十五日做得香斗一份，随白檀、紫降香各八两，交首领太监马温良持去讫。

十月

1004. 十八日，据圆明园来帖内称，本月初五日太监王守贵传：做面花的梨木模子九件，小桌一张。记此。

于本月十二日做得梨木模子九件，小桌一张，催总胡常保交太监王守贵收讫。

1005.1. 二十六日，据圆明园来帖内称，本月十七日太监崔林交来花梨木杆羊角戳灯一对，说总管太监陈九卿、王进玉传：羊角灯破了，另换做羊角灯一对，杆子上牙子添补收拾。记此。

于九年五月十二日做得羊角灯一对，并原交羊角灯一对，俱交太监崔林持去讫。

1005.2. 二十六日，据圆明园来帖内称，首领太监董自贵交来花梨木杆羊角破戳灯一个，破铜喜相逢遮灯三个，手把羊角西瓜式灯一个，手把羊角冬瓜式灯一个，说总管太监陈九卿传：戳灯上羊角破坏，另换一个，杆上牙子粘补收拾，喜相逢遮灯三个换做粘补收拾，手把羊角灯二个上另换西瓜式羊角灯二个，其余粘补收拾见新。记此。

于九年五月二十日俱收拾粘补换做完，交首领太监董自贵持去讫。

11. 镀金作

九月

1101. 二十九日，据圆明园来帖内称，八月十八日太监陈玉交来汉玉杠头水丞一件 随紫檀木座，汉玉圆盆笔洗一件 随紫檀木座，汉玉羽觞水丞一件 随象牙茜红色座，说太监刘希文传旨：着擦抹收拾，配镀金匙。钦此。

于本月十九日配做得铜镀金匙三件，并收拾完水丞等三件，交太监王进孝持进交太监刘希文收讫。

十二月

1102. 初三日，首领太监夏安交来弘德殿陈设紫檀木匙箸瓶一件，说宫殿监副侍苏培盛传：此瓶内镀金匙箸一份用了，着照样补做一份。记此。

于本月二十六日配做得铜镀金匙箸一份，首领太监夏安持去讫。

12. 旋作

正月

1201. 三十日，太监王璋交来紫檀木镶象牙梃牛角头小抓笔一支，说首领太监李统忠传：着照样做笔管一支。记此。

于本日照样旋得笔管一支并原样交王璋持去讫。

13. 炉作

九月

1301. 十八日，内务府总管海望奉上谕：地震之时闻得寿皇殿供器香几不稳，地震原系难测之事，今应如何预先度量，欲其永远平衡方好，不但寿皇殿供器，即坛庙陵寝之处并怡亲王寝园供器，尔等如何妥协成造之处，议奏。钦此。

于十月二十一日内务府总管海望奏称，各处供奉珐琅器，虽系贵重之物，不能永远坚固，今用宣铜仿做古制花纹，成造供器，意欲画样呈览等语具奏，奉旨：画样看，准时再行成造。钦此。

于十二月十七日画得香炉纸样一张，蜡台纸样一张，花瓶纸样一张，又做得漆石座香几木样一件，内务府总管海望呈览，奉旨：香炉、蜡台纸样准做，花瓶耳子不好，另改画，做时寿皇殿一份镀金，其余俱烧古色，再漆石座香几准照样漆石座，其孔庙香几石座路远难去，着本处做，如本处不能，再令石匠前往彼处办做。钦此。

于九年三月十六日画得铜汉文烧古瓶样二张，内务府总管海望呈览，奉旨：照双环样成造。钦此。

于十年十二月十二日员外郎满毗，三音保回明内务府总管海望，准做楠木胎红漆大香几二份备用。记此。

于十年九月初六日做得楠木香几五件，石座五件，随供器交司库嘉挥持赴水东村怡贤亲王陵寝安讫。

十月

1302. 十八日，据圆明园来帖内称，八月三十日首领太监赵进忠来说，太监刘希文传旨：着将豆瓣楠木小架自鸣钟赏给果亲王。钦此。

于本日将豆瓣楠木小架自鸣钟赏果亲王讫。

14. 花儿作

正月

1401. 二十八日，据圆明园来帖内称，太监范国用持来豆青瓷双喜樽一件，说太监刘希文传：着配一紫檀木座瓶，内安寿意花一束。记此。

于正月二十日将豆青瓷双喜寿樽一件配得紫檀木座，福寿长春通草瓶花一束，员外郎满毗着太监马进忠持进交太监刘希文讫。

15. 记事录

五月

1501. 二十日，大学士张廷玉传旨：怡亲王配享牌位用檀香做，交光明殿造宝座、屏风处官员成造。钦此。

于六月十二日内务府总管海望为怡贤亲王入太庙配享牌位龛式，画得照原样彩画龛样一张，彩画牌位样一张，改画彩金龛样一张，彩金牌位座样一张呈览，奉旨：龛照原样彩画，牌位座照画样彩金，俱往细致里漆做，字言向大学士处要，俟字得时，将牌位尺寸写明，应用何样字体，交苏培盛着戴临写底。钦此。

于九年正月十三日内务府总管海望着笔帖式瑞保将旨意缮写折片一件，交大学士公马尔赛收讫。

16. 库贮

十月

1601. 二十七日，首领太监周世辅交来桦木一块 长六寸一分，宽五寸二分，厚一寸九分，桦木乂小刀把八个，桦木乂小刀鞘三个，灵芝一本 热河总管薛保库进，说太监张玉柱传旨：着交造办处收贮。钦此。

本日交库使关福盛持去讫。

1602. 二十八日，太监张玉柱、王常贵交来伽楠香一块 重二斤六两，传旨：着交造办处收贮。钦此。

本日交库使四达子持去讫。

雍正九年

1. 木作

正月

101. 初六日,敬事房太监郑进忠交来牛油石花插一件随象牙茜色花一束,紫檀木座,说宫殿监督领侍陈福传旨:着配匣盛装赏喀屯汉。钦此。

于本月初八日做得糊黄纸面里杉木匣一个,内盛花插并花用棉花塞垫稳,员外郎满毗交太监郑进忠持去讫。

102. 初八日,太监赵朝凤来说,宫殿监副侍苏培盛传:做杉木卷杆,长二尺五寸,径五分五根;长二尺八寸,径五分五根。记此。

于本月初十日照尺寸做得杉木卷杆十根,交首监赵朝凤持去讫。

103.1. 初十日,首领太监王辅臣交来玻璃杯三件,小斋戒牌二件,说宫殿监督领侍陈福传:着做木匣一个。记此。

于本日将杯三件,牌二件,王辅臣仍持去讫。

于二月初二日做得糊黄纸杉木匣一个,交首领太监王辅臣持去讫。

103.2. 初十日,员外郎满毗传:做盛备用活计杉木盘十个,杉木黄油箱一个。记此。

于本月十六日做得杉木盘十个,黄油箱一个用讫。

104. 十一日，催总常保来说，宫殿监督领侍陈福、监副侍刘玉传：做楠木小条桌一张 长二尺六寸二分，宽一尺三寸，高三尺八寸，罩珊瑚盆景黄油墩布面黄杭细里厚些棉套一件，长二尺五寸二分，宽一尺二寸，高一尺七寸五分。记此。

于二月十三日照尺寸做得楠木小条桌一张，珊瑚盆景棉套一件，催总常保交太监刘玉讫。

105. 十五日，首领太监李久明、萨木哈持出紫檀木边长方形堆纱片罩玻璃灯一对，紫檀木边长方形刻花玻璃灯一对，紫檀木边长方形画人物玻璃灯一对，紫檀木边方形堆纱片罩玻璃灯一对，紫檀木边方形刻花玻璃灯一对，紫檀木边方形画花卉玻璃灯一对 系祖秉圭进，说宫殿监督领侍陈福传旨：交与内务府总管海望，朕看长方形灯还像个灯，将玻璃拆下有用处用，其拆下玻璃位份用纱还上，方形灯竟不像灯，将玻璃拆下有用处用，紫檀木边拆下或做桌边框，或做何物用，其铜条接油等件亦拆下，有用处用。钦此。

于本月二十一日将长方形灯三对拆下，玻璃二十四块，方形灯三对全，司库马尔汉交员外郎福森收讫。

于乾隆七年十月二十二日司库白世秀、副催总达子将长方形紫檀木灯架三对，随灯扇边框二十四扇，回明太监高玉着改配做灯用。记此。于本日将灯架灯扇俱交副催总强锡，领催马兆图持去配灯用讫。

106. 十九日，敬事房首领太监周世辅来说，宫殿监督领侍陈福、监副侍苏培盛交白玉荷叶笔洗一件，白玉桃式杯一对，白玉双喜杯一对，白玉双喜碗一件，白玉双喜有盖壶一件，青玉鼎一件，白玉觚一件，白玉方戟瓶一件，白玉菱花式壶一件，汉玉鸠式花插一件，五彩瓷葵花七寸盘十件，墨花瓷七寸盘八件，五彩瓷七寸盘十件，五彩瓷五寸碟四件，绿瓷四寸碟六件，紫色瓷四寸碟四件，祭红瓷四寸碟六件，红花瓷盖碗一对，红花瓷盖钟二对，祭红瓷茶浅六件，矾纸茶浅六件，祭红瓷碗六件，黑地五彩瓷碗八件，霁青瓷碗十件，五彩莲瓣瓷碗四件 随五彩瓷托四件，五彩瓷花樽一件，矾红瓷双管瓶一件，祭红瓷胆瓶一件，青龙白地瓷壶一对，画松树瓷壶二对，松竹梅瓷罐二对，五彩瓷壶一对，五彩瓷提梁壶一对，透花边五彩大瓷盘二件,各样茶叶十瓷罐,仿洋漆梅花式衬色玻璃盒二件,洋漆圆香几一对,洋漆方香几一对,洋漆方胜香几一对,洋漆书格一对,洋漆长方盒一对,洋漆方罩盒一对,洋漆桃式盒一对,洋漆圆八角盒二对,洋漆方胜盒一对,紫色洋漆盒一件,洋漆茶钟四件,红色洋漆茶碗八件,香色漆皮碗十二件,香色漆皮碗十件,紫色漆六寸皮盘六件,香色漆七寸皮盘六件,紫色漆七寸皮盘六件,紫色漆大皮盘四件,珐琅马蹄炉一件,珐琅双陆马式壶一对,珐琅鼻烟壶一对,珐琅鳅耳炉一件,珐琅香盒一件,珐琅匙箸瓶一件铜镀金匙箸,呆绿玻璃鳅耳炉一件,呆蓝玻璃盒一对,亮红玻璃盒一对,仿钧窑炉一件,牛油石花插二件 内盛象牙茜色长春梅花二束,红白玛瑙盒一件,各式扇子十二匣 每匣五把,墨八匣 每匣八块,各色锦十匹,各色妆缎八匹,各色官用缎四匹,各色上用缎十二匹,各色香袋六十个,各式连二香袋四对,各式连三香袋六对,传旨:着配杉木箱,用棉花塞垫稳,赏鄂尔泰用。钦此。

于二月初三日将以上之物配得杉木胎绿油面黑毡里鋄银饰件箱十九个,用棉花塞垫稳,随黑毡外套十九个,员外郎满毗交内阁学士德新,侍读学士巴筵泰领去讫。

107. 二十四日,执事执首侍郑忠、太监刘贤来说,宫殿监督领侍陈福、监副侍刘玉传:做杉木格子一对,高七尺,宽五尺,入深二尺二寸,腿子高八寸,三层,不要门。记此。

于二月十三日照尺寸做得杉木格子一对,交四执事太监田进忠持去讫。

二月

108. 初三日,催总常保来说,宫殿监督领侍陈福、太监张玉柱交来御笔"万几听览省行游"挑山一张,"一堂和气"匾文一张,"雨过苔纹翠,云含石髓香"对联一副,传:着托裱,配杉木架子三个,赏大学士等办事板房贴挂。记此。

于本月初四日做得杉木架三个,上贴御笔挑山匾对,催总常保持进挂在大学士板房内讫。

于二十一日首领太监萨木哈持出御笔"一堂和气"米色洒金绢匾文一张,"雨过苔纹翠,云含石髓香"粉红色洒金绢对一副,"万几听览省行游"银红色洒金绢挑山一张,说太监张玉柱传:着配杉木锦边架子随匾钉倒环梃钩,二十二日送往圆明园。记此。

于本年二月二十三日将匾文一张,挑山一张,对一副配得锦边杉木架随梃钩二根,钩钉九个,云头钉二个,催总常保持去交太监张玉柱讫。

109. 初四日,首领太监李久明来说,太监王守贵传:做杉木板箱一个,长五尺二寸,见方一尺,钉铁饰件油黄油。记此。

于本月十一日做得长五尺二寸,见方一尺杉木箱一个,油黄油铁饰件,太监范国用持去交太监王守贵讫。

110. 初七日,首领太监萨木哈持出红油小盘一件,说太监王守贵传:照样做杉木盘二件,糊黄纸。记此。

于本月初九日照样做得糊黄纸杉木盘二件并原样盘一件,太监王玉持去交太监王守贵讫。

111. 十三日,首领太监李久明来说,宫殿监副侍苏培盛交来御笔"清吟恬淡"洒金白绢匾文一张,传:着配做一块玉杉木匾一面,随钉。记此。

于二月十四日做得一块玉杉木匾一面,随铜钉一个,首领太监李久明持进安讫。

112.1. 二十五日,太监张玉柱交来御笔"种花春扫雪,看篆夜焚香"对子一副,"春暖黄莺织柳边,水晶帘影露珠圆,绮霞偏映晓晴天,藻荇万条牵翠带,飞红满地贴橘田,蕙风飘荡散轻烟"挑山一张,传:着做杉木壁子,边上糊锦,背后糊杭细。记此。

于十年二月十一日俱配做得杉木壁子,胡常保持去交太监张玉柱讫。

112.2. 二十五日,内务府总管海望传:做斗坛内用供茶、食、宝、珠、衣、香、花、灯、图果楠木桌五张,各长六寸二分,宽四寸,紫檀木座三件,花梨木座一件,衣箱一件。记此。

于四月十四日照尺寸做得楠木桌五张,紫檀木座三件,花梨木座一件,衣箱一件,胡常保持进斗坛内供讫。

113. 二十八日,太监祁尚英来说,首领太监张文保传:紫檀木佛龛一件。记此。

于本日将传做备用得紫檀木佛龛一座，柏唐阿苏尔迈送至中正殿交喇嘛罗卜藏转交首领太监张文保收讫。

114. 三十日，太监赵良佐交来铜烧古有把圆炉二件，说宫殿监督领侍陈福传：内一件着漆底座口线烧古，配做杉木匣一件，里口俱长一尺，宽三寸八分，里外糊黄纸。记此。

于本日将圆炉一件，仍交太监赵良佐讫。

于三月初四日将圆炉一件，烧古收拾完，配得里外糊黄纸杉木匣二个，交太监赵良佐持去讫。

三月

115. 初三日，催总胡常保来说，太监张玉柱传旨：着将豆青瓷六角樽配一座。钦此。豆青瓷樽未持出。

于本月初六日配得紫檀木座一件，常保持去交太监张玉柱讫。

116. 初四日，太监陈玉来说总管太监刘玉传旨：着做高二尺七寸五分，长二尺三寸，宽一尺〇五分楠木桌一张。钦此。

于本月初七日做得楠木桌一张交太监陈玉持去讫。

117. 十一日，催总吴花子来说太监焦进朝传：做楠木放桌二张，高三尺，面宽一尺五寸，进深一尺。记此。

于本月十七日照尺寸做得楠木放桌二张，催总吴花子持去交太监焦进朝讫。

118. 二十日，首领太监马温良交来旧围屏一架六扇，说宫殿监督领侍陈福传：着配做松木座一件；糊花锦纸，径五寸，高九寸，长八尺；再添做杉木壁子六扇，各高三尺八寸，宽一尺一寸，糊高丽纸底，黄杭细面掐边。记此。

于五月初二日照尺寸做得松木座一件，杉木壁子六扇交首领太监马温良持去讫。

119. 二十二日，总管太监李德交来乾惕堂红漆书架一件，紫檀木、花梨木书格四件，传：着粘补收拾。记此。

于本日胡常保领木匠刘智进内收拾讫。

120. 二十五日，员外郎满毗传：做备用盛活计杉木糊黄纸盘十个。记此。

于四月初十日做完用讫。

121. 二十七日，四执事首领太监郑忠传：画画三副用长一尺六寸，宽一尺，边高六分杉木盘三个；高六尺，上宽一尺六寸，下宽三尺五寸，边挡宽二寸，厚一寸五分杉木架子三个。记此。

于二十九日照尺寸做得杉木盘三个，架子三个交太监郑忠讫。

四月

122. 十一日，木匠白子来说，首领太监萨木哈传：做备用柳木牙签二千根。记此。

于本月二十日做得牙签二千根，交首领太监萨木哈讫。

123. 十三日，太监马进忠持来拉固里木碗一件，斗母菩萨一尊 系贝勒特母代进，说太监张玉柱传旨：着将斗母配龛。钦此。

于本月二十七日内务府总管海望遵旨画得斗尊龛样一张呈览，奉旨：斗尊龛着另做圆式的，如不得此合式的圆玻璃，将圆龛前面接出圆筒安圆玻璃。钦此。

于十月十五日配做得紫檀木龛，催总胡常保持进供在深柳读书堂讫。

拉固里木碗一件现存活计库。

124. 二十日，员外郎满毗传：做备用盛端阳节活计糊黄纸杉木盘十个。记此。

于五月初三日做得杉木盘十个，呈进活计用讫。

125.1. 二十八日，据圆明园来帖内称，三月十五日内务府总管海望奉上谕：着做楠木带子架一份，随烧古葫芦式錾夔龙铜坠角。钦此。

于五月十八日做得楠木面座紫檀木夔龙架带子架一件，随象牙别棍一根，象牙茜绿钩子三十个，錾夔龙黄铜烧扁葫芦坠子三十个，白鹿皮三十条，抽屉内糊红绫里，催总吴花子交太监吕进朝持去交太监刘沧洲讫。

125.2. 二十八日，宫殿监督领侍陈福、副侍刘玉传旨：曲尺靠背做二份，黄氆氇面白春毛毡里杉木胎□，高二尺七寸，底见方二尺五寸。钦此。

于十月十三日做完，交太监王山持去讫。

五月

126. 初四日，首领太监萨木哈来说，里边画画处用，着做杉木正子一件 里口长一丈二尺，宽二尺二寸。记此。

于本月初六日照尺寸做得杉木正子一件，交首领太监萨木哈持去讫。

127. 十二日，太监黄太平来说，太监刘玉传：着新做的楠木敓床上照样再做靠背一份。记此。

于本月二十一日做得楠木靠背一份，胡常保持去交太监刘玉讫。

128. 二十二日，太监张玉柱交来佛一尊，说特古忒送进，系班禅额尔德尼进的扎使力马妈礼子佛一尊，传旨：配好龛，画样呈览，供在佛楼斗坛内。钦此。

于九月初二日配做得紫檀木圆龛一座，司库常保请进。

六月

129. 初三日，太监焦进朝传：做紫檀木窝龛一座。记此。

于本月十一日做得紫檀木窝龛一座，交太监马进忠持去讫。

130. 十二日，员外郎满毗传：为养心殿抱厦内用上香楠木插屏一座，因板薄破裂，着另换整板。记此。

于本月十三日常保带领匠人进内换讫。

131. 十四日，太监杨进忠来说，宫殿监督领侍陈福交来无量寿佛一尊，传：着配紫檀木窝龛一座。记此。

于本日将做得备用紫檀木窝龛一座，柏唐阿苏尔迈交太监杨进忠持去讫。

132. 十六日，宫殿监督领侍陈福、副侍安泰、首领太监周世辅交来赏布哈尔等十五人缎匹、瓷器、洋漆等物件，传旨：交造办处做箱盛装。钦此。

于本月二十四日做得杉木箱十件交首领周世辅持去讫。

133. 十七日，首领太监张文保传：紫檀木佛龛一座，着送至中正殿配佛。记此。

于本日将备用紫檀木佛龛一座高八寸，宽七寸，入深四寸，黄片金里玻璃门，柏唐阿苏尔迈送至中正殿交太监喇嘛罗卜藏吹丹格隆收讫。

七月

134. 初十日，内务府总管海望传：做盛活计杉木盘十一个。记此。

于八月十三日做得杉木盘十一个，中秋节呈进活计用讫。

135. 十四日，太监段起明来说，太监刘希文传：做楠木有抽屉桌一张长一尺六寸，宽一尺三寸，高七寸。记此。

于七月十七日照尺寸做得楠木桌一张，交太监杨常荣持去讫。

136. 二十日，首领太监潘凤差、太监徐文耀持出榆木茅葫芦三份，说太监陆成着改做。记此。

于本月二十七日改做完，交太监徐文耀持去讫。

137. 二十二日，首领太监萨木哈来说，太监刘沧洲传：做杉木匣一件，上安黄铜合扇。记此。

于本日做完，首领太监萨木哈持去交太监刘沧洲讫。

八月

138. 初二日，宫殿监副侍刘玉传：做楠木圆香盒一对 径四寸，高一寸二分。记此。

于本月十九日做完，常保持去交副侍刘玉讫。

139. 初八日，头等侍卫兼郎中保德交梨木刻成符版印版样六块，计东、西、南、北、中五方五块，符样一块，着配木匣盛装，交造办处库内收贮，若再做时可照五方符版样做五块，其版之背面俱照此样内的符样一一镌刻在五方版上。记此。

于本月初九日内大臣海望口奏择得八月十二日、十五日安设吉，请皇上钦定吉日安设等语奏闻，奉旨：十二日好，着保德同宫内总管带领匠人安设，乾清宫安一份，养心殿安一份，太和殿安一份，或用供献之处着保德酌量，道宫不必。钦此。

于十一日头等侍卫兼郎中保德传：照现有符版样式做黄铜符版一份计五块，紫檀木符版二份计十块，随贴金木供器三堂计十五份，再做成五色石一份，未做成五色形石一份，其未做成五色形石速做完，各配一木箱盛装，交造办处库内收贮，其形石安法、图样、尺寸，着序班沈祥送来。记此。

于十二日吉时头等侍卫兼郎中保德带领催总刘山久、张四，序班沈祥将旧做下黄铜符版一份安在养心殿讫。将木符版二份太和殿安一份，乾清宫安一份，随七月二十九日、八月初十日传做贴金小供器三堂计十五份，俱各安讫。

140. 初十日，木匠白子自圆明园来说，首领太监李久明欲做备用柳木牙签二千根。记此。

于本月二十四日做得牙签二千根，交太监萨木哈讫。

九月

141. 初六日，乾清宫太监张志旺持来花梨木边石心香几一件，说宫殿监副侍苏培盛传：着将香几石心换做木心。记此。

于十年三月初二日换做木心完，交太监张志旺持去讫。

142. 初八日，太监王志信来说，宫殿监副侍苏培盛、首领太监李统忠传：做杉木卷杆一根，长五尺六寸，径九分。记此。

于本日做得杉木卷杆一根，交太监王志信持去讫。

143. 十一日，催总吴花子来说，内大臣海望传：做盛鞍子腰刀杉木箱二个。记此。

于本月十五日做得盛装鞍子腰刀杉木箱二个，交催总吴花子持去讫。

144. 十六日，首领太监郑忠传：做杉木正子二个，各高五尺三寸，宽三尺一寸，给唐岱、郎世宁画画用。记此。

于本月十八日照尺寸做得杉木正子二个，交首领太监郑忠持去讫。

145. 二十八日，据圆明园来帖内称，首领太监马温良来说，总管李英交杉木围屏座一件，传：此围屏座短不能用，着接四尺，糊蜡花纸。记此。

于十月初三日接做完,交首领太监马温良持去讫。

146. 三十日,首领太监李久明来说,内大臣海望传:芰荷香用连四纸二十五张,杉木卷杆长五尺,径一寸五根。记此。

于本日照尺寸做得杉木卷杆五根并连四纸二十五张,交太监王玉持去讫。

十月

147. 十二日,为五月初一日内大臣海望同宫殿监督领侍陈福、副侍刘玉传:做楠木桌一张,楠木折叠桌一张,各长三尺一寸,宽一尺三寸,高二尺七寸。记此。

于十月十八日做得楠木桌一张,楠木折叠桌一张,常保持进交副侍刘玉讫。

148. 二十四日,太监王明贵来说,首领太监李统忠传:做杉木卷杆一根,长四尺八寸五分,径过一寸三分。记此。

于本月二十五日照尺寸做得杉木卷杆一根,交太监王明贵持去讫。

149. 二十五日,太监陈玉交来紫檀木玻璃门柜子一对,说总管李德、王进玉传旨:交海望将玻璃拆下来,有用处用,另换木板。钦此。

现存库。

十一月

150. 初三日,首领太监周世辅请出观音菩萨一尊,说宫殿监督领侍陈福、副侍刘玉传旨:着配紫檀木如意龛,随软套硬套。钦此。

于本月十一日配得楠木如意龛一座,内供原请出观音菩萨一尊,外配杉木匣一件,黄布面杭细里毡衬套一件,首领萨木哈请进,交宫殿监督领侍陈福讫。

151. 初四日,司库常保来说,宫殿监督领侍陈福、副侍刘玉传旨:乾清宫西丹墀下卷棚板房明间东边着安三面壁子,东间隔断板墙上着开一夔龙门,挂鱼白色幔子,安床二张,铺氆氇褥,再东间北面暖阁外落地罩上挂有铜条掩缝幔子一架,暖阁内做楠木小案一张。钦此。

于本月初八日做得杉木三面糊黄纸壁子一架，楠木夔龙门一座，杉木床二张，红氆氇面月白云缎里褥一件，有铜条鱼白夹幔一架，楠木小案一张，司库常保持进同宫殿监督领侍陈福、副领侍刘玉安装陈设讫。

152.1. 初八日，司库常保来说，宫殿监督领侍陈福、副侍刘玉传旨：乾清宫西丹墀下奏事板房西次间安隔断壁子一槽，安床一张，东次间添一曲尺影壁。钦此。

于本日做得杉木糊纸隔断壁子一槽，安暖床一张西次间安设，东次间安杉木糊纸壁子影壁一槽，司库常保同宫殿监督领侍陈福、副侍刘玉安装陈设讫。

152.2. 初八日，宫殿监督领侍陈福、副侍刘玉传旨：今日收拾的卷棚房内曲尺围屏上做木抱柱铅鼓子一件，柱上糊白绢画木纹，再佛堂南小院新盖板房内安一棚格，门口安一横楣。钦此。

于本月十八日做得杉木棚格糊纸横楣一件，司库常保陈设讫。

于本月二十四日做得杉木抱柱铅鼓子一件，司库常保同总管太监陈福、刘玉安设讫。

153. 初十日，宫殿监督领侍陈福、副侍刘玉交来乾清宫西丹墀下卷棚板房东一间内陈设黑漆琴桌一张 高二尺五寸，长三尺二寸，宽一尺二寸五分，洋漆琴桌一张 高九寸，长二尺六寸，传旨：着照黑漆琴桌样式收短二寸，做弯枨楠木桌一张，再做高一尺七寸，长二尺八寸八分，宽一尺二寸五分楠木桌一张，此桌要安在黑漆琴桌底下，套在洋漆琴桌上面。钦此。

于本月十四日照黑漆琴桌样式收短二寸，做得长三尺〇二分，高二尺五寸，宽一尺二寸五分楠木弯枨桌一张；长二尺八寸八分，宽二尺二寸五分，高一尺七寸楠木弯枨桌一张。司库常保同宫殿监督领侍陈福、副侍刘玉陈设在乾清宫西丹墀下卷棚板房东一间内讫。

154. 十一日，宫殿监督领侍陈福、副侍刘玉交来福寿九如盆景一件，松鹤盆景一件，套红玻璃笔筒一件，传旨：着做木匣发报，赏田文镜。钦此。

于本日做得杉木匣一件内盛原交物件三件，用棉花塞垫稳，首领太监萨木哈持进交宫殿监督领侍陈福收讫。

155. 十五日，笔帖式宝善交来黄布包裹物件一包，说内大臣海望传：着配糊黄纸杉木匣盛装，棉花塞垫外做毡衬黄布套，发报用。记此。

于本日做得糊黄纸杉木匣一件内盛原持出物件一包，用棉花塞垫稳，领催白世秀交笔帖式宝善持去讫。

156. 十七日，司库常保来说，宫殿监督领侍陈福、副侍刘玉传旨：廊下新盖板房西边添牌插一槽。钦此。

于本月十八日做得松木牌插一槽，司库常保、柏唐阿五十八持进安讫。

157. 十九日，首领太监李久明来说，为备用，传：做柳木牙签二千根。记此。

于本月二十五日做得牙签二千根交首领太监李久明讫。

158. 二十八日，内大臣海望、员外郎满毗传：做备用紫檀木香几二件。记此。

于十二月二十八日做得紫檀木香几二件，司库常保，首领太监李久明、萨木哈呈进讫。

十二月

159. 初五日，太监张良栋来说，首领太监李统忠传：做杉木吊屏壁子一件，高九寸二分，宽六寸，随挂钉。记此。

于初十日照尺寸做得杉木吊屏壁子一件，交太监张良栋持去讫。

160. 初九日，宫殿监督领侍陈福，副侍李英、刘玉、苏培盛等同传旨：着照乾清宫东暖阁楼上陈设的楠木书格样式，做楠木书格六件。钦此。

于十二月二十五日做得楠木书格六架，司库常保持进交总管李英、刘玉收讫。

161. 十六日，司库常保来说，宫殿监副侍苏培盛传：照本月初九日奉旨着照楠木书格样式再做二个，添旁板，背后添做蓝布面月白杭细里帘二架。记此。

于十二月二十一日做得楠木书格二个随月白杭细帘，司库常保持进交总管苏培盛讫。

162. 二十四日，员外郎满毗传：养心殿陈设紫檀木大座灯一对，有裂缝处着粘补收拾。记此。

于本月二十五日司库常保带匠役进内粘补收拾讫。

2. 玉作

二月

201. 初三日，内务府总管海望、员外郎满毗传：做备用紫檀木边嵌拱花玻璃衬色八角笔筒一件。记此。

于八月十四日做得紫檀木边嵌拱花玻璃八角笔筒一件，司库常保呈进讫。

七月

202. 初四日，据圆明园来帖内称，内务府总管海望传：赏用朝装严数珠拾盘，或用沉香，或用泡素香，或买办香的身子，其佛头用珊瑚，好的做五盘，次的做五盘，用石青辫子。记此。

于十年二月二十一日做得菩提数珠三盘，珊瑚佛头记念，松石塔，碧玺坠角、背云，伽楠香数珠三盘，珊瑚佛头，松石塔，绿玻璃记念、背云、坠角，沉速香数珠四盘，珊瑚佛头、记念，松石塔，碧玺坠角，领催周维德交太监刘义持去讫。

十二月

203. 二十九日，首领萨木哈来说，太监王常贵交伽楠香大小十一块重五十八两，祖秉圭进，传旨：着告诉海望，往前所交下的伽楠香内挑好些，可以做得好数珠的选完，着常保、首领太监萨木哈奏明时再做。钦此。

于十年正月二十一日将伽楠香数珠三盘，随珊瑚佛头，松石塔，绿玻璃记念、背云、坠角，银镀金宝盖圈卡子，柏唐阿佛保、领催周维德交太监刘义持去讫。

3. 杂活作 附眼镜作、锭子药作、绣作

正月

301. 初四日，太监吕进朝来说，太监张玉柱传：赏用黄绦小刀、火镰包、眼罩，每样送进一件来。记此。

于本日将备用做下黑子儿皮鞘，高丽木把单小刀一把，黄绦子绣黄宫绸火镰包一件，黄绦子珊瑚盖珠红羊皮套马尾眼罩一件，副领催赵雅图交太监吕进朝持去交太监张玉柱收讫。

302. 初七日，太监王福隆来说，太监张玉柱、王常贵传旨：照赏陈泰小式物件例预备一份，赏副都御史二格。钦此。

于本日将七年闰七月二十一日着做千里眼一件，子儿皮套黄绦子高丽木把黑子儿皮鞘半攒小刀一把，高丽木把黑子儿皮鞘单小刀一把，八年十一月初四日着做黄羊角解锥一件，红羊皮套象牙日晷一件，红羊皮套署文房一件，红羊皮彩金罩盖火镰包一件，撒林皮彩金罩盖火镰包一件，红羊皮套刮鳔一件，红羊皮筒马尾眼罩一件，铜镀金圈红羊皮带腰刀蛤蟆一件，黑撒林皮带腰刀蛤蟆一件，红羊皮彩金蛤蟆一副，撒林皮彩金蛤蟆一副，子儿皮鞘铜镀金饰件大凹面腰刀一把，员外郎满毗交太监范国用持去，交太监张玉柱收讫。

303.1. 初十日，太监王福隆来说，太监张玉柱、王常贵传旨：着照赏参赞小式物件例预备二份，赏喀喇沁贝子僧滚查布一份，赏鄂汉公罗卜藏一份。钦此。

于本日将八年十一月初四日着做子儿皮鞘花羊角把半攒小刀一把，红羊皮鞘高丽木把单小刀二把，绣宫绸火镰包二件，撒林皮彩金火镰包二件，羊皮筒马尾眼罩二件，红羊皮套象牙日晷二件，红羊皮套刮鳔二件，黄羊角解锥二件，铜镀金圈带腰刀撒林皮蛤蟆一对，红羊皮蛤蟆一对，子儿皮鞘铜镀金饰件大凹面腰刀二把，员外郎满毗交太监王福隆持去讫。

303.2. 初十日，宫殿监督领侍陈福等交斋戒牌大小六件，传：着做黄

杭细夹套六件，糊黄纸杉木匣六件。记此。

于本月十三日做得黄杭细夹套六件，糊黄纸杉木匣六件，催总常保交宫殿监督领侍陈福收讫。

304. 十四日，催总常保来说，宫殿监督领侍陈福、副侍刘玉传：做匙箸瓶香盒一份，随香几一件 长一尺三寸，宽六寸，高二寸。记此。

于本日将本月十一日传做紫檀木香盒一件，黄杨木匙箸瓶一件，太监王进孝持去交宫殿监副侍刘玉收讫。本日仍持出匙箸瓶一件，着暂收着。记此。

305. 十五日，太监王福隆来说，太监张玉柱、王常贵传旨：着赏喀尔沁贝子僧滚查布小式物件例预备一份，赏贝子罗卜藏。钦此。

于本日将八年十一月初四日着做红羊角鞘高丽木把单小刀一把，子儿皮鞘花羊角把半攒小刀一把，九年正月初十日着做黄羊角解锥一件，红羊皮无金罩盖火镰包一件，署文房一件，象牙日晷一件，九年正月初十日传做马尾眼罩一件，刮鳔一件，铜镀金圈撒林皮蛤蟆一件，红羊皮蛤蟆一件，撒林皮彩金蛤蟆一对，子儿皮鞘大凹面腰刀一把，员外郎满毗交太监王福隆持去讫。

二月

306. 二十一日，据圆明园来帖内称，内务府总管海望传：熏屋子用芸香一斤，白檀香一斤，泡素香一斤。记此。

于三月十四日将芸香一斤，白檀香一斤，泡素香一斤，交首领马温良持去讫。

307. 二十三日，据圆明园来帖内称，太监王常贵持出红黄色藏香二根，说太监张玉柱传：着做木样二根打色。记此。

于二十四日做得杉木样长三尺四寸，径过五分五厘二根，交太监任朝贵持去讫。

308. 二十四日，员外郎满毗传：做备用沉香一斤，白檀香丁一斤，芸香一斤。记此。

于二月二十日将沉香一斤，白檀香丁一斤，芸香一斤，交太监李兴泰持去讫。

三月

309.1. 初四日，首领太监李久明、萨木哈来说太监张玉柱、王常贵传旨：照赏过查必那东西的例预备一份，赏福建陆路提督石云倬。钦此。

于本日将子儿皮鞘黄铜饰件石青辫大凹面腰刀一把，子儿皮筒大小千里眼二件，绣红官细火镰包一件，黑撒林皮带腰刀黄铜圈子一对，子儿皮匣内盛西洋家伙一份，黄羊角解锥一件，红羊皮彩金蛤蟆一对，红羊皮套象牙日晷一个，红羊皮套刮鳔一个，红羊皮筒马尾眼罩一件，红羊皮拱花署文房一件，花羊角把红羊皮鞘单小刀一把，花羊角把子儿皮鞘半攒小刀一把，拴扮软带一条随高丽布手巾二条，黑撒林皮荷包一对，羊皮彩金皮蛤蟆一对交太监马进忠持去讫。本日仍持出，说太监张玉柱、王常贵传：着做杉木匣盛装，棉花塞垫做毡里外套包裹发报。记此。

于本月初五日做得里口长一尺二寸五分、宽五寸、高三寸杉木匣一个，长三尺、宽四寸、高三寸杉木匣一个，用油纸西纸包裹做黑毡里，外套棉花塞垫外用黄粗布包裹完，首领太监萨木哈持去交太监张玉柱讫。

309.2. 初五日，据圆明园来帖内称，本月初三日催总胡常保来说，内务府总管海望传：西峰秀色陈设的各样活计内有应收拾者收拾。记此。

本日，催总吴花子、胡常保持出寿字遮灯帽架一件 堆花遮灯挡上圆玻璃坏了，另换玻璃收拾，通草百福玻璃镜帽架一件 罩百福玻璃并紫檀木座坏了，收拾不得，另换做，玳瑁福寿帽架一件 少寿字一个，配象牙寿字，贴金木座一件 水头掉了一个，粘补，紫檀木嵌白玉臂搁一件 白玉一件掉了，应收拾，书格上紫檀木中闩一件 白玉吊牌一件掉了，应收拾，象牙茜黄梧桐叶、茜绿秋葵花座、茜绿八角叶 坏了，牛角细棍帽架一件 应收拾，玻璃笔筒一件 象牙座应收拾，金珀万寿菊花大小四朵象牙长春花大小四朵 应换叶收拾，花梨木嵌石面香几一件 少牙子一块，应补做，紫檀木座三件 应收拾，紫檀木嵌玉梃八角托碟座一件 应换上面托板，黄杨木六瓣夔龙式帽架一件 应换座，岁岁双安嵌象牙黑漆玻璃罩一件 少大玻璃一块，其余应收拾，福寿长春瓶花一束 收拾得收拾，收拾不得另换做，银边镶温都里那石盛规矩盒一件 石面破坏了。

以上十七件于本年五月初三日交太监张学燕收讫。

紫檀木边玻璃挂镜一面 玻璃坏了，另换玻璃，洋漆春盛二份 应收拾，洋漆小格一对 内有抽屉二个，抽屉内有小盘二件，上层抽屉有小盒四件，应收拾。

于十年七月二十五日太监张学燕持去讫。

黑漆牡丹妆盒一对 破坏应收拾，黑漆六角盒一件 内有盘一件，屉一件，小盒三件应收拾，黑漆壶一对 盖上少项，应找补收拾，洋漆入角六方盘一件 腿手掉了，应收拾。

于十年七月二十五日太监张学燕持去讫。

洋漆斜方香盒一件 随架内有小盘一件，小盒四件应收拾，洋漆长方盒四件 每一件内有小盘一件，小盒四件，内一件少小盘，一件坏了应收拾，洋漆小圆盒妆盒二件 应找补收拾，洋漆楼子盒二件 应找补收拾，洋漆书格一对 每件内上层抽屉内有小盘一件，门旁边抽屉内有西洋折子二个，中层都盛盘内有长方妆盒一件，漆罐一对，三层内有云斑腿长方盒一个，内盛小方盒十件，两边有有盖抽屉一对，下层抽屉二层，上层内有砚一方，水壶一件，破坏应收拾，雕漆八角盒一件 应收拾，黑漆荷叶香几二件 破坏应收拾，黑漆梅花式高腿香几一件 破坏应收拾。

以上十五件于十年七月二十五日太监张学燕持去讫。

310. 初六日，太监张玉柱交来玉炉一件，传旨：将盖上、座上镶嵌的花纹去了，炉内配铜胆胆耳子，与炉耳子一样高，再配做炉盖架子一件，做好供在佛楼斗坛前。钦此。

于本月十三日配做得黄铜镀金炉胆一件，紫檀木炉盖架一件，太监范国用持去交太监张玉柱讫。

311. 十二日，据圆明园来帖内称，内务府总管海望传：着照养心殿所供玻璃龛像斗坛内供桌、柜、九凤瓶、九皇灯、钟鼓供器等类，猪辇一份，急速成造一份，雍和宫斗坛内供用。记此。

计开斗母画像一轴 紫檀木玻璃门龛一座，红油供桌大小四张，珐琅九皇灯一份，磬一口 随衣摆，朝钟一口 随衣摆架子，鼓一面 随架子，诸经二部，牙简一块，珐琅水盂一件，令牌一件，请尺一件，剑一口，扇鼓一面，铛子一架，大小鱼二件，锅子一副，帝钟二把，黄彩漆□盘一件，手磬一件，经袱二件，经盖二件，牌垫二件，银倘炉一件，银手炉一件，银奠池一件，大铜鼎一

件 随座，填漆香盘四件，九凤瓶一座 蓝玻璃，海灯一座 随罩，檀香炉二件 随座，方炉一件 随座。记此。

于九年八月十九日做得斗母画像一轴，紫檀木玻璃门龛一座，催总张自成、张四送至雍和宫同头等侍卫兼郎中苏合讷安讫。

于十年闰五月初九日做得红油供桌四张，珐琅九皇灯一份，磬一口，朝钟一口，鼓一面，诸经二部，牙简二块，珐琅水盂一件，令牌一件，请尺一个，剑一口，扇鼓一面，铛子一架，大小木鱼二件，锅子一副，帝钟二把，黄彩漆□盘一个，手磬一件，经袱二件，经盖二个，牌垫二件，银倘炉一个，银手炉一件，银奠池一件，大铜盘一件，填漆香盘四件，玻璃九凤瓶一座，檀香炉二件，方炉一件，俱随座，催总张自成送赴雍和宫交佛楼太监金延相收讫。

312. 十三日，宫殿监副侍苏培盛交来紫檀木管抓笔一支，传：着将掐笔碗子另换一件。记此。

于本日做完于十四日王璋持去讫。

313. 十七日，福园首领太监王进朝交来花梨木条桌一张，黑漆彩金火盆架一件，黑漆砚盒一件，双圆挂屏一件，小铜烧古炉一个，竹节式挂屏一件，铜子炉罩一件，说园内太监总管王进玉传：着应收拾处收拾。记此。

于十年七月二十六日俱收拾完，太监梅进忠持去讫。

314. 二十二日，万字房太监曹进公交来雕朱漆圆形盒一件，洋漆春节架一件，白玉觥一件，碧玉瓶一件，白玉磬一件，蜜蜡仙人一件，说首领太监杨忠传：着粘补收拾。记此。

于九年八月十一日收拾得蜜蜡仙人一件，首领太监杨忠持去讫。

于十年三月二十日收拾得碧玉瓶一件，白玉磬一件，随紫檀木座，太监曹进公持去讫。

于十一年十一月初四日将白玉觥一件，太监曹进公持去讫。

于十一年十一月初八日将雕朱漆圆形盒一件，洋漆春节架一件，交太监曹进公持去讫。

四月

315. 十六日，宫殿监副侍苏培盛交来紫檀木笔管二件，着换象牙笔卡子二件。记此。

于二十日换得象牙笔卡子二件，催总吴花子持去交太监苏培盛讫。

316. 二十一日，宫殿监副侍苏培盛交来紫檀木笔管四根，传：换象牙笔卡子四件。记此。

于二十五日换得象牙笔卡子四件，胡常保持去交苏培盛讫。

六月

317. 三十日，据圆明园来帖内称，五月初七日内务府总管海望奉上谕：着将胡常保带来。钦此。

本日，内务府总管海望随将催总胡常保带进，面奉上谕：尔等照朕批示做一花篮，花篮做紫檀木边，嵌雕象牙中心花要透地，将花篮的提梁分为四瓣做帽架，花篮内安铜烧珐琅胆，取出当器皿用，上安珐琅盖，盖上留眼插鲜花，又像盘子，盛得香圆佛手熏冠用。钦此。

于本年八月十四日做得花篮一个，常保呈进讫。

七月

318. 二十二日，据圆明园来帖内称，本日司库常保、首领太监萨木哈面奉上谕：着做降真香上面长方不要圆柱弯尺一件，白檀香长方盘一件，内盛香面，如香面若黏，内盛砂子压盘，中间安洁净木屉板一块，将弯尺放在上面要与盘子一样平，再用白檀香做刮板一块，外面做一楠木匣，于本月二十四日或寅时或未时成做。钦此。

于本月二十九日做完匣上钉镀金饰件一份，杭细衬毡垫一份，挖单一件，常保、萨木哈呈进讫。

八月

319. 初二日，据圆明园来帖内称，本日司库常保、首领太监萨木哈面奉上谕:着照前再做香盘一件,弯尺一件,仍用黄色砂子,其香盘略放宽些,不要楠木匣,或用合牌,或用杉木做轻,着添做标杆一份,安支棍三个,今日申时做。钦此。

于本月初八日做完,添标杆一份,支棍三个,常保、萨木哈呈进讫。

320. 初十日,司库常保、首领太监萨木哈面奉上谕:着做降香弯尺板一件,圆杆三根。钦此。

于本日做完,常保呈进讫。

九月

321. 二十三日,内大臣海望传:做紫檀木镶玻璃堆福禄寿山水插屏一件。记此。

于十月二十八日做得松柏鹤鹿同春玻璃插屏一件,内大臣海望带领司库常保呈进讫。

十月

322. 十九日,太监王明贵来说,总管太监李英传:做盛眼镜楠木崩簧匣一件。记此。

于十一月初三日做得楠木崩簧匣一件,交太监王朝贵持去讫。

323. 二十五日,据圆明园来帖内称,本日常保来说,宫殿监督领侍陈福传旨:深柳读书堂斗尊扎彩亭并供器、供桌,请在养心殿供设,养心殿斗尊供在后花园,别设正位,略偏些,候寅时请。钦此。

于二十六日司库常保自圆明园深柳读书堂斗坛内请来斗母菩萨一尊随紫檀木玻璃龛一件,经一部,斗尊一尊随黄云缎□供桌一张,黄纺丝□一件,十供一份香花灯圆果茶食宝珠衣十件,柳木桌五张,黄云缎□桌一张,铜烧古九凤灯一份随瓷盘九件,斗一件,锡供托九件随瓷盘九件,黑漆供器一份计五件,随龛供花一对,黑漆香筒一对,黑漆蜡台一对随红油锡蜡四支,镀金填青九凤玻璃瓶一件随黄云缎□桌一张,十柱香炉一件随紫檀木座一件,银镀金倘香炉一件随盖一件,杯一件,铜烧古檀香炉三件随紫檀木座一件,铜座一件,铜长方炉一件随紫檀木座一件,玉长方鼎炉一件随镀金胆一件,紫檀木座一件,盖一件,搁盖架一件，□胆座一件，座鼓一件 随架一件，锤二根，扁鼓一件，钟一架 随紫檀木架一件，铛子一件 随锤一件，小镜一副，大木鱼一个 随垫一件，锤一件，小木鱼一件 随垫一件，锤一件，磬一口 随座一个，锤一根，垫一件，刷一件，经六部 随经盖二件，经□二件，剑一口，铜水盂一件，灯杖二根，珐琅盒一件，杉木供桌二张 随黄云缎套二件。

以上活计于十月二十七日司库常保持进陈设在养心殿西暖阁斗坛内讫。

十一月

324. 二十三日，内阁中书雅尔善送来山西巡抚石麟进五台山将樯木根四块，桦木根四块，六道木根二块，六道木四根，于本日呈内大臣海望看过，随谕：交司库常保将木根等收拾妥协呈览，准时再做物件。记此。

于十二月初八日宫殿监副侍李英，首领太监李久明、萨木哈将山西巡抚石麟所进桦木根四块，樯木根四块，六道木根一块，六道木四根，内持进桦木根四块，樯木根二块，六道木根一块呈览，奉旨：六道木材料不能甚大，应旋做何物，酌量旋做小些物件，其余俱交造办处，有用处用。钦此。

本日宫殿监副侍李英随交传与山西巡抚石麟：将六道木根再寻些送来。记此。

于本月初十日交内阁中书雅尔善讫。

十二月

325. 初四日，敬事房太监陈进忠来说，宫殿监督领侍陈福传：造办处有收贮道冠，或玉石，或黄杨木的送进一件来。记此。

于本日将库贮青玉道冠一件，碧玉簪一支，交首领萨木哈持进交宫殿监督领侍陈福讫。

于初五日首领萨木哈将青玉道冠一件，碧玉簪一支仍持出，说宫殿监督领侍陈福传旨：着照玉道冠式样做黄杨木道冠。钦此。

于十二月初七日照青玉道冠样式做得黄杨木道冠一件，随库贮白玉簪一支，首领萨木哈持进，交宫殿监督领侍陈福收讫。

其玉道冠并簪仍交库使八十三收库。

4. 皮作

二月

401. 初四日，催总胡常保来说，宫殿监督领侍陈福、太监张玉柱传：给大学士等办事板房内做安黄布帘杉木格子，高三尺二寸，宽五尺二寸，入深二尺一个；高五尺八寸，宽二尺四寸，入深一尺二寸二个。记此。

于本月初六日照尺寸做得杉木格子三个，催总常保、柏唐阿五十八安讫。

十月

402. 十二日，司库常保来说，宫殿监督领侍陈福、副侍刘玉传：镀金铜炉十二个，上配做棉花套十二件，杉木套匣一个。记此。

于十月二十四日炉十二个，配做棉套十二件，木匣一个，交首领太监王明升持去讫。

十一月

403. 初五日，司库常保来说，宫殿监督领侍陈福、副侍刘玉传旨：乾清宫西丹墀下转角板房东一间羊皮帐内，原安设床移在前边安设，后边添做床一张，两边安牌插皮帐，中间做一有角门，二面羊皮隔断，其隔断上两边各开一方窗，衬纱，床上铺氆氇褥，两边皮帐上开一玻璃窗，对玻璃窗板墙开一方窗，再切廊下盖大些板房三间。钦此。

于十一月十五日将原床移在前边，又做得杉木床一张，上安牌插红氆氇面，月白缎里褥一件，二面羊皮有角门，幔子一架，上开衬纱方窗玻璃窗一件，板墙上方窗一件，司库常保同宫殿监督领侍陈福、副侍刘玉安装陈设讫。

于十一月十八日司库常保、柏唐阿五十八等带匠役至乾清宫切廊下盖造大些板房三间讫。

十二月

404. 十六日，宫殿监督领侍陈福，副侍刘玉、李英传：乾清宫西丹墀下卷棚板房明间前接做榆木檩柱，棉布偏厦一座，两旁各安帘子。记此。

于本月二十二日做得榆木檩柱，金黄布面蓝布里棉偏厦一座，两旁各安帘子，司库常保、柏唐阿五十八交首领夏安持进安讫。

于十年正月十八日首领夏安仍持出，着收着。记此。

于十二月二十五日做得棉布偏厦一座，交首领夏安持进安讫。

5. 铜作

二月

501. 二十一日，催总刘山久来说，宫殿监督领侍陈福、副侍刘玉传：做有把铜炉一件。记此。

于本月二十二日做得红铜烧古熏炉子一件，紫檀木把，催总刘山久交宫殿监督领侍陈福、副侍刘玉收讫。

十一月

502. 二十九日，首领太监夏安持出铜烧古一统樽炉一件 随紫檀木座。记此。

于十二年三月二十五日将铜烧古一统樽炉一件，交太监左玉持去讫。

6. 炮枪作 附弓作

正月

601. 初十日，内务府总管海望、员外郎满毗传：做备用赏用花羊角把黑子儿皮鞘半攒小刀十把，高丽木把黑子儿皮鞘半攒小刀十把，花羊角把红羊皮鞘单小刀十把，高丽木把红羊皮鞘单小刀十把。记此。

于本年二月初四日将高丽木把子儿皮鞘半攒小刀一把，首领萨木哈交太监张玉柱，赏提督石云倬讫。

于五月初五日将高丽木把子儿皮鞘半攒小刀一把，太监马进玉交太监张玉柱，赏阿成阿讫。

于五月二十五日将子儿皮鞘花羊角把半攒小刀一把，赏伊里布讫。

于六月十二日将花羊角把子儿皮鞘半攒小刀一把，赏敦巴讫。

于八月二十日将半攒小刀一把，交太监刘进持去讫。

于八月二十一日将单小刀五把，太监范国用持去交太监焦进朝讫。

于十年三月十二日将半攒小刀一把，赏哲库纳讫。

于三月二十日将半攒小刀一把，单小刀一把，太监范国用持去交太监陈福讫。

于四月十二日将活底活束小刀四把，首领萨木哈交太监刘沧洲讫。

于七月二十三日将单小刀二把，司库常保持去赏大学士鄂尔泰、总督查郎阿讫。

于十二年四月二十二日将单小刀一把，催总吴花子持去讫。

于十三年三月初七日将单小刀一把，赏总兵李如柏讫。

于十三年闰四月二十三日将半攒小刀三把，首领萨木哈交太监优闷儿收讫。

三月

602. 十八日，据圆明园来帖内称，公马尔赛、内务府总管海望交来冲天炮二位，传：有应收拾者急速收拾。记此。

于三月二十八日员外郎马尔汉等呈称，公马尔赛交收拾冲天炮二位，每位应补做之物开后，铜格漏一块，长一尺，宽二寸五分，厚五厘，铜药漏子一个，口面径过三寸五分，厚五厘，地平车轴两根，长三尺八寸，见方四寸，轱轮四个，径过九寸五分，厚三寸，榆木塞子八块，长四寸，宽三寸，厚一分五厘，榆木炮探子一根，长三尺，径一寸五分，榆木滚木二根，长二尺八寸，径四寸，榆木垫板六块，长一尺一寸，宽九寸五分，厚三寸，稍厚一寸八分，榆木榔头一件，长五寸，径三寸，把长二尺五寸，榆木充杠一件，长三尺五寸，径三寸，大头小尾榆木撬杠二根，长四尺，径三寸六分，装什物杉木匣一个，长二尺五寸，宽一尺五寸，高一尺八寸，画龙黄布油苫单一块，长六尺五寸，宽五寸，黄布苫单二块，长六尺五寸，宽五寸，做药口袋白布四尺，黄布夹炮套一件，长二尺五寸，宽三尺五寸，顶目元一尺二寸高丽纸三张，红鞍笼一个，□尺匣裹白毡四块，每块长三尺八寸，宽二尺一寸，金黄纸绳四根，每根长五尺，车川八根，每根里口二寸三分，车箭十六根，每根长一寸见方，二分铜盘秤一件，黄蜡八两。记此。

于六月十三日将冲天炮二位内应收拾物件，俱补做收拾完，员外郎马尔汉持去交公马尔赛讫。

九月

603. 初五日，员外郎满毗传：做备用赏用花羊角把黑子儿皮鞘半攒小刀十把，高丽木把黑子儿皮鞘半攒小刀十把，花羊角把红羊皮鞘单小刀十把，高丽木把红羊皮鞘单小刀十把。记此。

于十年十月初十日将半攒小刀二把，太监马进忠持去交太监王常贵讫。

7. 珐琅作

四月

701. 十五日，柏唐阿邓八格来说，内务府总管海望传：照八年十月初三日奉旨着做的珐琅噶布喇碗样式，做八供内珐琅噶布喇碗四件，有盖供酒珐琅噶布喇碗一件，俱随座子备用。钦此。

于四月二十二日做得珐琅噶布喇碗八件，有盖供酒噶布喇碗一件，镀金铃一件，杵一件，铜架一件，银匙一件，紫檀木座，交太监王进孝持去交太监陆道讫。

十月

702. 二十九日，首领太监王辅臣持出盛珐琅蜡台黑纸罩油鞔黄绢毡里杉木匣一件，说内大臣海望传：着照样做一件。记此。

于十二月初十日做得杉木匣一件，交首领太监王辅臣持去讫。

8. 镶嵌作 附自鸣钟

二月

801. 十二日，内务府总管海望奉旨：着做紫檀木有盖围棋一盘，上面做象棋，下面做围棋，用象牙镶嵌，或做茜色果子，或做茜色花卉，镶嵌比地栿高起一半分，不可太高起来。钦此。

于十二月二十八日做得紫檀木镶嵌各样果子围棋一件，随骰子四件，仿洋漆骰盘一件，枚马等件，司库常保，首领太监李久明、萨木哈呈进讫。

三月

802. 十八日，领催潘义明来说，内务府总管海望、员外郎满毗传：做备用紫檀木胎镶嵌玳瑁福寿九如盒一对。记此。

于八月十四日做得紫檀木镶嵌玳瑁福寿盒一对，司库常保呈进讫。

九月

803. 二十五日，为本月二十四日内务府总管海望传：做备用紫檀木镶嵌香几二张。记此。

于十月二十八日做得紫檀木镶嵌香几二张，司库常保呈进讫。

804. 二十六日，领催潘义明来说，内大臣海望交眉寿瓶花纸样一张，江山万代盒纸样一张，江山万代盆景纸样一张，传：着照样做镶嵌瓶花一件，盆景一件，盒子一对。记此。

于十月二十八日做得江山万代盆景一件，司库常保呈进讫。

于十二月二十八日做得眉寿瓶花一束，钧窑瓶紫檀木座，紫檀木胎镶嵌玳瑁万代如意盒一对，司库常保，首领萨木哈、李久明呈进讫。

十一月

805. 二十八日，内大臣海望、员外郎满毗传：做备用万国来朝钟表陈设一件。记此。

于十二月二十八日做得万国来朝陈设一件，随铜镀金宝盖珊瑚扣珠白斗珠璎珞紫檀木边玻璃罩纸堆山城象牙人物，内安转盘轮子，无钟表，司库常保，首领太监萨木哈、李久明呈进讫。

9. 牙作 附砚作

十月

901. 二十日，常保、萨木哈持出珊瑚如意一件 随玻璃罩匣，鹤顶秋叶式盘子，蜜蜡桃一件 随玻璃罩匣，系巡抚鄂弥达进，奉上谕：如意把子不配合，酌量配做，蜜蜡桃酌量改做。钦此。

于十三年十月初二日将珊瑚如意一件，随紫檀木嵌玻璃匣一件，司库常保、首领萨木哈持去交太监毛团呈进讫。

于十三年十月初二日将蜜蜡桃一件，随鹤顶红盘一件，司库常保、首领萨木哈持去交太监毛团呈进讫。

10. 匣作

五月

1001. 二十三日，宫殿监督领侍陈福传：着做盛砚台火镰包鼻烟壶合牌匣三件，盛牛油石瓶五彩纱扇杉木匣大小二件。记此。

于本日俱做完，太监范国用持去交陈福讫。

六月

1002. 十三日，宫殿监督领侍陈福、副侍刘玉交来沉香如意一件，檀香如意一件，珐琅桃式鼻烟罐一件，传：着将如意拴穗子、鼻烟罐配做黄匣。记此。

于本年七月十七日将珐琅鼻烟罐一个配匣完，常保持去交太监刘玉讫。

于乾隆元年正月二十日将沉香如意一件，员外郎常保交太监毛团呈进讫。

于三月二十六日将檀香如意一个，员外郎常保交太监毛团呈进讫。

十一月

1003. 初九日，司库常保面奉上谕：尔将镶紫檀木边糊绿西番花锦面合牌匣做三四件。钦此。

于十一月二十七日做得镶紫檀木边嵌绿西番花锦黄绫里提簧插盖合牌胎匣四件，长六寸五分，宽三寸，高一寸五分，司库常保呈进讫。

11. 裱作

二月

1101. 十三日，首领太监李久明来说，宫殿监副侍苏培盛交御笔“澡雪心神”白绫匾文一张，御笔“云函自秘金坛录，仙牒常翻石室书”黄绢对一副，传：着托裱配杉木糊黄纸匣盛装。记此。

于二月十五日将御笔匾一面，对一副托裱完，配得糊黄纸杉木匣一件，催总常保交宫殿监副侍苏培盛收讫。

1102. 二十六日，首领太监萨木哈持来杉木壁子一件 高五尺五寸，宽六尺五寸，说总管太监陈福传：着前面糊高丽纸二层，布一层，粉连四纸二层，黄绫出边，红绫出线，背后糊高丽纸二层，粉连四纸一层。记此。

于本日糊得杉木壁子一件,交首领太监萨木哈持去交陈福收讫。

七月

1103. 十六日,据圆明园来帖内称,本日内大臣海望传:做杉木架一件,高一尺一寸,宽一尺,糊黄绫,照神牌样染黄纸做三四张,别托,各高一尺三寸长,尽纸做,表用要洁净。记此。

于本月十八日做得糊黄绫杉木架一件,染黄纸神牌样四件,交李毅持进讫。

12. 雕銮作

正月

1201. 十一日,内务府总管海望、员外郎满毗传:做备用黄杨木匙箸瓶五个 随匙箸,紫檀木匙箸瓶五个 随匙箸,黄杨木香盒五个,紫檀木香盒六个。记此。

于正月十四日做得紫檀木香盒一个,太监王进孝持进交宫殿监副侍刘玉收讫。

于三月二十日做得黄杨木匙箸瓶五件,随匙箸香盒五件,紫檀木匙箸瓶五件,随匙箸香盒五件,交太监蔡玉持去讫。

13. 漆作

三月

1301. 十六日,福园首领太监王进朝交来洋漆彩金香几一件,洋漆彩金书柜一件 内盛圆盒一对,妆盒一对,洋漆花插一件,漆盒盖一个,漆扶手一件,洋漆书格一件,填漆圆捧盒一件,铜花插一件 紫檀木座,竹根罗汉陈设一件,掐丝珐琅碗一件,以上共十一件俱破坏,着收拾。记此。

于十年七月二十六日将以上十一件俱收拾完,交太监梅进忠持去讫。

六月

1302. 初九日,内务府总管海望传:做楠木胎洋漆书格一对,香几一件。记此。

于十一年五月初一日将洋漆香几一件,司库常保呈进讫。

十一月

1303. 二十四日,司库常保来说,宫殿监督领侍陈福、副侍刘玉交来楠木圆盒一件,传:着照样做楠木胎黑退光漆描金盒一对。记此。

十二月十六日照样做得黑退光漆描金圆盒一对,交首领马温良持去讫。

14. 铸炉作

二月

1401. 初二日,内务府总管海望奉上谕:忌辰日与遣官斋戒祭祀日所用上香炉,照做过桶子炉做些,不必烧古,俱镀金。钦此。

于本日将做下铜烧古马蹄炉一件,随花梨木座,内务府总管海望着太监吕进朝持去交宫殿副侍刘玉收讫。

15. 记事录

二月

1501. 初七日,内务府总管海望交造办处所有槅扇床等,俱各送到圆明园档子房。记此。

于本日将楠木边柏木心横楣二扇,楠木边柏木心帘架二件,楠木边柏木心落地罩二扇，楠木边柏木心矮落地罩四扇，楠木边心落地罩二扇，楠木边心花窗三扇，柏木边楠木心小槅扇二扇，柏木边楠木心裙板矮槅扇四扇，杉木边楠木心槅扇二扇，楠木包镶床三张，柏唐阿巴蓝泰送至圆明园档子房交笔帖式□□□收讫。

16. 库贮

正月

1601. 十三日，太监张玉柱交伽楠香二块 重六斤，祖秉圭进，传旨：交造办处。钦此。

于本日交库使四达塞讫。

二月

1602. 三十日，催总张四、张自成持出斗坛内拆出围屏二十八扇，帘架一件，黑毡大小二块，白毡一块，红拜垫毡子一块，龛上框二件，山牙二件，披水二件，山花二件，前檐一件，横框一件，紫檀木桌大小三张，黄毡群云二件，黄绢有钢条门帘二件，黄妆缎帐一件，杉木矮床二张，黄缎走水一件，铁卡子十九个，说内务府总管海望传：着交本库收存。记此。

以上等件俱交库使八十三收讫。

三月

1603. 初三日，催总胡常保、吴花子持出斗坛内黄玻璃碟一件 紫檀木座，说内务府总管海望传：着交本库收存。记此。

交库使八十三收库讫。

1604. 十五日，催总胡常保持出紫檀木镶玻璃西洋柜一件 背后玻璃镜一面，说园内总管李德传：玻璃有不全处，着添补收拾。记此。

于本日交库使德邻收讫。

于乾隆元年正月初五日将紫檀木镶玻璃西洋柜一件，司库常保、首领萨木哈交太监毛团呈进讫。

五月

1605. 初七日，太监王常贵交来葵花扇一百柄 随紫檀木箱二件，象牙扇一柄，传：着交内务府总管海望。记此。

于本日交库使四达子讫。

九月

1606. 初一日，首领太监王明升交来楠木条桌一张，花梨木条桌一张，拜垫大小二份，着收着。记此。

于本日交库使八十三讫。

十月

1607. 二十日，司库常保、首领太监萨木哈来说，宫殿监督领侍陈福，副侍刘玉、李英，太监王常贵交来伽楠香一块 重五斤四两，巡抚鄂弥达进，传旨：交造办处做数珠用。钦此。

于十二月十七日将伽楠香五斤四两内挑选旋得数珠五串，一串重二两八钱，一串重二两六钱，一串重二两五钱，一串重二两二钱，一串重二两，共重十二两一钱，折耗五两九钱，回残香沫四斤三两，首领太监李久明、萨木哈持于宫殿监督领侍陈福，副侍刘玉、李英看过，随传：重些二串配上用装严，轻些三串配赏用装严，每数珠一盘各配做楠木胎锡里有屉盒一个盛装，其回残香留下里边。记此。

于十年二月十八日做得上用装严伽楠香数珠二盘，各随珊瑚佛头，松石塔、记念，碧玺背云、坠角，银累丝镀金宝盖、圈、卡子，楠木锡里屉盒一个，内盛蜜八两，交太监刘义持去讫。

于本日又做得赏用装严伽楠香数珠三盘，各随珊瑚佛头，松石塔，绿玻璃记念，碧玺背云、坠角，银累丝镀金宝盖、圈、卡子，楠木锡里屉盒一个，内盛蜜十二两，交太监龙显玉持去讫。

1608. 二十七日，首领太监李久明来说，宫殿监督领侍陈福交来桦木见方五寸,厚二寸一个,桦木乂刀鞘六个,桦木乂刀鞘四个 热河总管薛保库进,传旨:着交养心殿造办处,其桦木有用处用,其刀鞘有做压纸处做压纸用。钦此。

于本日交库使八十三、德邻收库讫。

十二月

1609. 初八日,宫殿监督领侍陈福交来桦木乂二根 长一尺一寸,径一寸三分一根;长七寸六分,径一寸三分一根,桦木根五根 长四寸八分,径一寸八分一根;长四寸二分,径一寸七分一根;长四寸三分,径一寸六分一根;长二寸五分,径一寸六分一根;长一寸八分,径一寸六分一根,桦木根二块 长三寸七分,宽三寸四分,厚一寸八分一块;长三寸三分,宽二寸八分,厚二寸一分一块,杏木根一根 长二寸四分,径一寸六分,热河总管萨保库进,传旨:交造办处有用处用。钦此。

于本日交库使四达子收库讫。

17. 广储司行文 附武英殿,雍正九年正月,吉旦春季 造办处移文

二月

1701. 初五日,为做 并字四十八号 员外郎满毗传:镶嵌紫檀木盒一对,用宝砂五斤,交笔帖式潘一明。

1702. 二十六日,为造 并字二百五十五号 满毗传:坛庙屏风、宝座等件做窨棚,用旧帐房皮子二个,完时交回,交笔帖式刘山久。

三月

1703.1. 十四日,为合 皆字一百十二号,武英殿 满毗传:避暑香珠二十料,用巴尔撒木油二两,交笔帖式苏尔迈。

1703.2. 十四日,为合 皆字一百十二号 满毗传:避暑香珠二十料,用家里数珠匠八名,自本月十六日起至四月初六日止,交笔帖式苏尔迈。

1704. 十六日,为成造 皆字一百二十四号 满毗传:坛庙宝座、屏风、靠

背、坐褥、脚踏套等件，用裁缝头儿一名，绦儿匠头儿一名，自本月十七日起做一个月，交笔帖式刘山久。

18. 广储司行文 附武英殿，雍正九年四月，吉旦夏季 造办处移文

四月

1801. 初七日，为做 佳字六十八号 满毗传：避暑香数珠，用家里数珠匠七名，自本月初七日起至五月初六日止，交笔帖式苏尔迈。

1802. 十一日，为做 佳字九十九号 员外郎满毗传：圆明园送灵芝草三份，琴桌一张，用旧彩绸二十匹。

此号旧彩绸于四月十三日柏唐阿李六十交还广储司，红票掣回，员外郎满毗毁讫。特注，交笔帖式。

1803. 二十日，为做 佳字一百八十三号 满毗传：圆明园送盆景九件，花梨木桌三张，座子三件，玻璃罩三件，暂借用彩绸二十匹 完时交回。

于四月二十四日将彩绸交广储司红票掣回，知帖持去毁讫。赵老格。

1804. 二十九日，为做 佳字二百七十三号，武英殿 避暑香珠十料。用巴尔撒木油一两，交笔帖式苏尔迈。

五月

1805. 二十九日，为做 妙字二百七号 满毗传：迎手、靠背、扶手、椅褡、座褥、外套，用领催曾领弟带领裁缝头目一名，裁缝十八名，绦儿匠头目一名，绦儿匠七名，络丝匠二名，自六月初一日起共用二个月，交笔帖式刘山久。

六月

1806. 二十四日，为往 毛字一百八十八号 满毗传：雍和宫送供桌三张，供柜一件，暂用旧彩绸六十个，用完时交回 彩绸交库，红票掣回入毁票匣内，交笔帖式张自成、李六十。

19. 广储司行文 附武英殿，雍正九年七月，吉旦秋季 造办处移文

七月

1901. 二十七日，为陆续 施字二百二十三号，武英殿 满毗传：画珐琅活计，用芸香露一斤，交笔帖式武格。

八月

1902.1. 初二日，为做 淑字九号 满毗传：宝座、屏风，用绦儿匠马黑了头、安儿、钱粮保、小黑子，自本月初二日起至九月初二日止，交笔帖式。

1902.2. 初二日，为做 淑字十七号 满毗传：此号红票掣回毁讫。知帖掣回，活计备用，暂用白檀香长三尺，径五寸一块，降香长一尺五寸，径一寸五分二根，交笔帖式。

九月

1903. 二十八日，为做 姿字一百七十六号 满毗传：紫檀木镶嵌香几二张，用宝砂三斤，交笔帖式潘义明。

20. 广储司行文，雍正九年十月，吉旦冬季 造办处移文

十月

2001. 十五日，为成造 工字七十六号 满毗传：坛庙宝座、屏风处，为做靠背、扶手、坐褥、迎手等件，用绦儿匠二名，自本月十五日起至十一月十四日止，交笔帖式三音保。

十一月

2002. 初九日，为读 颦字九十八号 满毗传：此号红票掣回毁讫。知帖

掣回,屏风、宝座暂用未用过红黄色新彩绸三百匹,速速送往光明殿去,莫误,交笔帖式三音保。

2003. 初十日,为做 鞶字一百十八号:满毗传:伽楠香数珠,用数珠匠四名,自十一月十一日起至十二月十一日止,交笔帖式赵老格。

十二月

2004. 初二日,为陆续 妍字二十号 满毗传:画珐琅,用芸香露一斤。交笔帖式。

2005. 十四日,为收拾 妍字一百三十号 满毗传:紫檀木大座一对,桌灯一对,寿字方灯五对,用穿珠匠二名,自本月十五日起至二十八日止,交笔帖式韩国玉。

雍正十年

1. 木作

正月

101. 初七日,首领夏安来说,宫殿监副侍刘玉传:做松木板长六尺二寸,宽二寸,厚一寸五分二块。记此。

于本月初八日照尺寸做得松木板二块,司库马尔汉交首领夏安持去讫。

二月

102.1. 初三日,司库常保,首领李久明、萨木哈来说,宫殿监督领侍陈福交洋漆彩金流云蛤蜊盘一件,传旨:着配一座,随至圆明园呈进。钦此。

于四月初三日配做得紫檀木座一件,并原交洋漆彩金流云蛤蜊盘一件,司库常保交首领萨木哈持去,转交宫殿监督领侍陈福收讫。

102.2. 初三日,太监陈进朝来说,宫殿监督领侍陈福、副侍刘玉交顶圆紫青玻璃瓶一对,传:着配紫檀木座。记此。

本日配做得紫檀木座二件,并原交顶圆紫青玻璃瓶一对,司库常保交太监王进孝持去,转交宫殿监督领侍陈福收讫。

103.1. 初六日,太监陈进朝来说,宫殿监督领侍陈福、副侍刘玉传:做杉木矮桌一张,高八寸,宽一尺七寸,长二尺二寸。记此。

于二月初十日照尺寸做得杉木矮桌一张,司库马尔汉交太监陈进朝持去讫。

103.2. 初六日,太监左玉来说,宫殿监督领侍陈福、副侍刘玉交蓝玻璃瓶一对,传:着配紫檀木座。记此。

于本月初七日配做得紫檀木座二件,并原交蓝玻璃瓶一对,司库马尔汉交太监左玉持去讫。

103.3. 初六日,首领李久明持出炉均梅瓶一件,说宫殿监督领侍陈福传:着配紫檀木座。记此。

于本月初七日配做得紫檀木座一件,并原交炉均梅瓶一件,首领李久明持进交宫殿监督领侍陈福收讫。

104. 初八日,太监左玉持来香色玻璃瓶一对,说宫殿监督领侍陈福、副侍刘玉传:着配紫檀木座。记此。

于二月初九日配做得紫檀木座二件,并原交香色玻璃瓶一对,司库马尔汉交太监左玉持去讫。

105. 初十日,首领萨木哈来说,太监刘沧洲交敞官窑鱼缸大小二口,传:着配木架。记此。

于本月二十二日配做得楠木缸架大小二件,并原交敞官窑缸大小二口,首领李久明持进交太监刘沧洲收讫。

106. 十一日,首领李久明持出官窑鱼缸二口,油绿釉鱼缸一口 俱有残破处,说宫殿监督领侍陈福、副侍刘玉传旨:着配架子。钦此。

于本月二十二日配做得楠木缸架三件,并原交官窑鱼缸二口,油绿釉鱼缸一口,首领李久明持进,交宫殿监督领侍陈福、副侍刘玉收讫。

107. 十二日,首领萨木哈来说,膳房总管王太平传:做朱油杉木方盘桌六张,各宽一尺,长一尺六寸,高八寸。记此。

于二月十八日照尺寸做得朱油杉木方盘桌二张,首领萨木哈持进交膳房总管王太平收讫。

又于五月二十五日照尺寸做得朱油杉木方盘桌四张，首领萨木哈持进交膳房太监吕进善收讫。

108. 十四日，首领萨木哈持出铜烧古虬耳炉一件 紫檀木座一件，红玻璃瓶一对，祭红瓶一件，霁青瓶一件，哥窑渣斗一件，哥窑瓶一件，珐琅碗四件，龙泉双管瓶一件，填白双圆瓶一件，菊花瓷壶一件，金里螺钿碗十二件，象牙盒二件，珐琅盒一件，呆黄玻璃瓶一对，雕漆盘四件，湘妃竹边彩漆茶盘一件，痰盂二件，钢墙绣面火镰包一件，口袋式荷包二件，绣缎腰形荷包二件 内盛鼻烟壶二件，各色宁绸四匹，说宫殿监督领侍陈福、副侍刘玉传：着配木箱盛装，用棉花塞垫黑毡黄布包裹，发报用。记此。

于本月十五日配做得杉木箱三件并原交铜烧古虬耳炉等共二十一项俱盛装妥，通用棉花塞垫，黑毡黄布包裹，首领萨木哈持进交宫殿监督领侍陈福、副侍刘玉收讫。

109. 十九日，员外郎满毗传：做备用盛活计木盘子大小十件。记此。

本日做得糊黄纸杉木盘大小十件，陆续盛活计用讫。

110. 二十二日，司库常保来说，太监焦进朝传：做紫檀木窝龛九座 宽九寸四分，入深六寸四分，高九寸五分三座，宽七寸，入深五寸二分，高七寸三座，宽六寸二分，入深四寸七分，高五寸八分三座。记此。

于九月初一日照尺寸做得紫檀木窝龛九座，司库常保持进交太监焦进朝讫。

111.1. 二十五日，首领李久明持出钧窑钵盂缸一口，说太监刘沧洲传旨：缸底有渗漏处，着粘补收拾。钦此。于三月十一日，首领夏安来说，太监刘沧洲传：此缸底俟收拾妥时，配做楠木架一件。记此。

于九月二十一日配做得楠木缸架一件并原交的钧窑钵盂缸一口，另漆黑退光漆底，柏唐阿苏尔迈交太监萧云鹏持去讫。

111.2. 二十五日，太监王进孝请出观音菩萨一尊，说太监刘沧洲传：着配龛。记此。

于二月二十六日配做得高一尺，宽六寸，入深四寸五分，糊黄片金里玻璃欢门紫檀木佛龛一座 随黄片金垫子一件，并原请出现观音菩萨一尊，司库常保交太监王进孝请进转交太监焦进朝收讫。

112.1. 二十七日，太监马龙来说，宫殿监督领侍陈福，副侍刘玉、苏培盛交楠木支棍一根 长一尺八寸，见方一寸，传：照样用楠木做二十四根。记此。

于三月初四日照尺寸做得楠木支棍二十四根并原样楠木支棍一根，柏唐阿苏尔迈交太监马龙持去讫。

112.2. 二十七日，敬事房首领崔崇贵请出佛一尊，说宫殿监督领侍陈福、副侍刘玉传：着配做紫檀木龛。记此。

本日配做得里口高八寸，宽五寸五分，入深三寸三分糊黄片金纸裹玻璃欢门紫檀木龛一座 随黄缎垫子一件，并原请出佛一尊，司库常保交首领崔崇贵请去讫。

113.1. 二十八日，敬事房太监赵兴宗请出佛一尊，说宫殿监副侍刘玉传：着配做紫檀木龛。记此。

本日配做得高八寸，宽六寸，入深三寸二分，糊黄片金里玻璃欢门紫檀木龛一座 随黄缎垫子一件并原请出佛一尊，司库常保交太监赵兴宗持去讫。

113.2. 二十八日，敬事房太监左玉来说，宫殿监督领侍陈福、副侍刘玉传：做紫檀木佛龛大小三座。记此。

于本日，做得檀木佛龛一座 里口高八寸，宽六寸，入深三寸二分，紫檀木佛龛二座 里口高六寸五分，宽四寸，入深二寸五分，司库马尔汉交太监左玉持去讫。

三月

114. 初一日，司库常保、首领萨木哈来说，膳房总管王太平传：铸的铜仙炉着做罩盒盖木箱二个盛装，银锅着配做隔断箱二个盛装。记此。

于四月十五日据圆明园来帖内称，膳房总管王太平传：将盛仙炉银锅箱俱做木胎鞔皮漆黑漆，其箱上安倒环，穿绒绳，随锁钥。记此。

于九月十七日做得盛银锅杉木胎鞔牛皮黑油隔断箱二件 随锁钥，安倒环，穿绒绳，司库常保交太监吕进善持去讫。

又于十一月三十日做得盛仙炉杉木胎鞔牛皮黑油箱一件 随锁钥，安倒环，穿绒绳，司库常保持进交总管王太平收讫。

115. 初三日，司库常保来说，太监刘沧洲传旨：照做过绦子架再做几件，其拴绦子处往后挪一寸，葫芦坠角做重些。钦此。

本日，司库马尔汉回明员外郎满毗：拟做楠木绦子架二件。记此。

于七月十九日做得楠木绦子架一件 随铜葫芦三十四个，象牙茜色猴儿三十个，象牙茜色别簪一枝，司库常保持进交太监刘沧洲收讫。

116. 初四日，敬事房太监段起明持来香色玻璃瓶二件，说宫殿监督领侍陈福、副侍刘玉传：着配紫檀木座。记此。

于三月十二日将香色玻璃瓶二件配做得紫檀木座二件，司库常保交太监段起明持去讫。

117. 初五日，敬事房笔帖式太监沈玉功持来珐琅瓶一件，珐琅盘一件，大官釉四喜花囊一件，龙泉双管瓶一件，西洋红纸槌瓶一件，洋红酒圆四件，五彩酒圆四件，红漆双圆盘四件，红漆圆盘四件，白石觥一件，白玉臂搁一件，呆绿玻璃瓶一件，牛油石福寿盒一件 内盛香饼，呆黄玻璃瓶二件，红玻璃瓶一件，祭红瓶一件，冬青壶一件，填白双圆瓶一件，汝窑锦袋瓶一件，哥窑玉壶春瓶一件，青花白地桃式盒一件，五彩瓷套杯一套 共十件，古铜炉一件 随匣，玛瑙水丞一件，白玉双喜花插一件，汉玉三喜洗一件，说宫殿监督领侍陈福、副侍刘玉传：着用棉花塞垫配木箱盛装，包裹黑毡，发报赏琉球国。记此。本日，司库马尔汉回明员外郎满毗拟做杉木箱二件盛装。记此。

于本月初六日配做得杉木糊黄纸面黑毡里箱二件 内盛原交出珐琅瓶等共二十七件，棉花塞垫外裹黑毡套，司库常保交敬事房笔帖式太监沈玉功持去讫。

118.1. 初九日，太监穆泰然持来紫檀木座一件，说宫殿监侍刘玉传：着照样用紫檀木做一件。记此。

于三月二十日做得紫檀木座一件，并原样紫檀木座一件，柏唐阿苏尔迈交太监穆泰然持去讫。

118.2. 初九日，太监白进玉持来黄氆氇面曲尺靠背一件，说宫殿监侍刘玉传：着改做礓䃰靠背。记此。

本日，改做得礓䃰靠背一件，司库马尔汉交太监白进玉持去讫。

118.3. 初九日，太监白进玉来说，宫殿监副侍刘玉传：做曲尺礓磜靠背二份。记此。

于本月十二日做得杉木曲尺礓磜靠背二份，上钉铁合扇糊纸布杭细毡等，司库马尔汉交太监白进玉持去讫。

119.1. 十一日，司库常保，首领李久明、萨木哈持出白檀香盘一件随楠木匣一件，奉上谕：着收拾。钦此。

于三月二十八日收拾得白檀香盘一件，另换做得楠木匣一件并原交旧楠木匣一件，首领李久明、萨木哈持进交太监刘沧洲收讫。

119.2. 十一日，司库常保，首领李久明、萨木哈持出白檀香安簧饰件九格匣一件 内盛珐琅葫芦九件，奉上谕：着收拾，再照此样放大些，白檀香葫芦的做一份。钦此。

于八月初八日做得白檀香安簧饰件九格匣一件 随白檀香葫芦九个，并原白檀香匣一件，珐琅葫芦九件，司库常保，首领李久明、萨木哈呈进讫。

120. 十二日，首领李久明传：做备用柳木牙杖二千根。记此。

于本月十五日买得柳木牙杖二千根，柏唐阿苏尔迈交首领李久明收讫。

121. 十五日，据圆明园来帖内称，本日四执事太监王三来说，宫殿监副侍刘玉传：做曲尺礓磜靠背二份。记此。

于三月二十五日做得高二尺二寸，长二尺五寸，宽一尺七寸杉木曲尺礓磜靠背二份，上钉铁合扇糊纸布杭细毡等，司库马尔汉交太监王三持去讫。

122. 二十一日，据圆明园来帖内称，本日宫殿监督领侍陈福、副侍刘玉交呆绿玻璃花瓶二件，传：着配紫檀木座。记此。

于二十九日，做得紫檀木座二件 并原呆绿玻璃瓶二件，司库常保交宫殿监督领侍陈福、副侍刘玉收讫。

123. 二十二日，据圆明园来帖内称，太监张忠义来说，首领李统忠传：做杉木卷杆一根，长七尺，径一寸二分。记此。

本日照尺寸做得杉木卷杆一根，司库常保交太监张忠义持去讫。

四月

124. 初一日，据圆明园来帖内称，本日太监陈玉持来仿钧釉鱼缸二口，汝钧釉鱼缸一口，汝釉鱼缸一口，说宫殿监副侍李英传旨：着配架子。钦此。

于本月初二日配做得楠木缸架四件，并原交鱼缸四口，司库常保交太监陈玉持去讫。

125. 初三日，据圆明园来帖内称，本日首领萨木哈请出铜胎万寿佛一尊 系达赖喇嘛进，说宫殿监督领侍陈福、副侍刘玉传旨：着配龛供在九洲清晏。钦此。

于本月初四日配做得玻璃门紫檀木佛龛一件，内供原请出铜胎万寿佛一尊，首领萨木哈请进九洲清晏供讫。

126. 初四日，据圆明园来帖内称，本日工程处副总领蒋德符持来纸样一张，说郎中保德传：着照纸样做"安宁居"三字楠木匾一面。记此。

于四月十六日照纸样做得"安宁居"三字楠木匾一面随黄铜匾钉等件，司库常保持进悬挂讫。

127.1. 初六日，据圆明园来帖内称，本日首领萨木哈来说，宫殿监副侍刘玉、苏培盛传：做盛佛窝紫檀木糊软里匣一件。记此。

于本月初十日做得紫檀木糊软里匣一件，司库常保持进交宫殿监副侍苏培盛收讫。

127.2. 初六日，据圆明园来帖内称，本日首领萨木哈来说宫殿监副侍刘玉、苏培盛传旨：着做紫檀木三面安玻璃亭子式佛龛一座，檐高一尺，进深五寸五分，面宽七寸五分。钦此。

于十月十九日照尺寸做得紫檀木亭子式方佛龛一座，司库马尔汉交太监吕进朝持进转交宫殿监侍苏培盛收讫。

128. 十三日，据圆明园来帖内称，本日首领萨木哈来说，慈宁宫画画处画手卷用杉木正子一个。记此。

于本月十八日做得杉木正子一个，柏唐阿苏尔迈交太监王玉持去讫。

129. 十六日，据圆明园来帖内称，本日宫殿监督领侍陈福、副侍刘玉交赏达赖喇嘛颇罗鼐缎匹、香袋、扇子、珐琅、洋漆、玻璃、瓷、铜器皿等项，传：着配箱盛装。记此。

于五月初七日做得杉木绿油毡里箱十个，各随毡套并缎匹等项俱包裹盛装箱内，司库常保交理藩院员外郎阿兰泰领去讫。

130. 二十二日，员外郎满毗传：做盛锭子药杉木盘子十个。记此。

本日做得糊黄纸用木盘十个，交柏唐阿苏尔迈盛锭子药用讫。

131. 二十三日，据圆明园来帖内称，本日宫殿监督领侍陈福、副侍刘玉交赏拉达克汉德钟那木扎尔、葛弼端罗普、诺颜麟亲其雷拉布吉、查使里布鲁顾吉玻璃瓷皮器皿香袋等项，着配箱盛装。记此。

于五月初七日将赏拉达克汉德钟那木扎尔物件等项，配做得杉木绿油毡里箱三个，各随毡套包裹盛装，司库常保交理藩院员外郎阿兰泰领去讫。

132.1. 二十五日，据圆明园来帖内称，本日司库常保来说，内大臣海望谕：端阳节盛活计着做杉木盘子十个。遵此。

本日照尺寸做得糊黄纸杉木盘十个，端阳节活计盛装用讫。

132.2. 二十五日，员外郎满毗传：做盛香袋带花杉木盘子五个。记此。

本日做得糊黄杉木盘五个，交柏唐阿老格，花匠郭佛保用讫。

133. 二十七日，据圆明园来帖内称，本日奏事太监王常贵传：着做杉木匣一件，配做毡套一件发报用。记此。

本日做得长九寸五分，宽七寸五分，高七寸五分杉木匣一件，随毡套一件，司库常保持进交奏事太监王常贵收讫。

五月

134. 初九日，据圆明园来帖内称，本日首领萨木哈来说，太监焦进朝传：雍和宫有新造佛十八尊，着将佛身尺寸量准，配龛预备。记此。

于六月二十日配做得紫檀木佛龛二座，首领萨木哈持去交太监焦进朝讫。

135. 初十日，柏唐阿班达里沙来说，油画房原存盛画大小旧木箱等件,俱破坏不全,今将此旧材料欲改做盛画箱一个,长五尺,宽一尺,高一尺,外再添做条桌一张,长六尺,宽二尺五寸,高二尺六寸,杌子六个,长一尺五寸,宽一尺,高一尺六寸等语,回明员外郎满毗,准做。记此。

于五月二十九日做得杉木画箱一个,条桌一张,杌子六张,司库马尔汉交油画房柏唐阿班达里沙收讫。

136. 十一日,据圆明园来帖内称,本日笔帖式亮玉来说,内大臣海望谕:着做杉木匣一件,长一尺四寸,宽九寸四分,高三寸六分。遵此。

本日照尺寸做得杉木匣一件,司库常保交笔帖式亮玉持去讫。

137. 十四日,首领萨木哈传:做备用柳木牙杖四千支。记此。

于五月二十八日买得柳木牙杖四千支,柏唐阿苏尔迈交首领萨木哈收讫。

138. 二十二日,宫殿总理监修处员外郎释迦保六格来说,内大臣海望谕:乾清宫月台上黄毡板房斗坛西丹墀各处板房俱拆移中正殿盖造,其月台上斗坛内有陈设围屏、帐幔等项,并西丹墀板房内有陈设及铺设毡条门帘等件,交造办处令该管人员踏看拆卸,如有应交该处者即交该处。遵此。

本日员外郎满毗带领领催闻二黑、副领催金有玉进乾清宫月台上黄毡板房后斗坛内拆出紫檀木供桌一张,花梨木供桌二张,杉木矮床二张,员外郎满毗交司库马尔汉等领去该作收贮讫。

闰五月

139. 初九日,据圆明园来帖内称,本日太监白进玉来说宫殿监副侍刘玉传:做曲尺礓礤靠背二份。记此。

于本月十六日做得高二尺二寸,见方二尺五寸杉木曲尺礓礤靠背二份,上糊杭细布纸铁饰件钉楠木板二块,各长一尺八寸,宽一尺,厚四分,司库常保交太监王三持去讫。

140. 初十日,据圆明园来帖内称,本日宫殿监侍苏培盛交瓷花瓶五件,传:着配木座。记此。

于本月十五日配做得紫檀木座五件,并原交瓷瓶五件,司库常保持进交宫殿监副侍苏培盛收讫。

141. 十二日，员外郎满毗、三音保同传：养心殿东暖阁斑竹帘三架着改做，再帘上用长一丈三尺五寸合竹二根。记此。

于九月初八日改做得斑竹帘三架，每架上照尺寸添做合竹二根，柏唐阿五十八、苏尔迈交首领潘凤持去讫。

142. 十五日，据圆明园来帖内称，太监王明贵来说宫殿监副侍苏培盛传：做杉木卷杆一根，长二尺九寸五分，径二寸。记此。

于本月十六日照尺寸做得杉木卷杆一根，司库常保持进九洲清晏用讫。

六月

143. 初一日，据圆明园来帖内称，本日首领萨木哈来说太监焦进朝传：做杉木胎黄油铅座半圆遮灯二件，内一件半圆□两个，各高四寸五分，外口径五寸。记此。

于本月初六日照尺寸做得杉木胎黄油铅座半圆遮灯三件，随锦褥一个，黄纺棉轿套一件，黄布外套一件，黄布套杉木板凳二条，司库常保、首领萨木哈持进交太监刘沧洲呈进讫。

又于七月十九日做得楠木小太平车一辆，随妆缎褥一个，石青缎靠背一件，黄布套一件，司库常保，首领李久明、萨木哈持进交太监刘沧洲呈进讫。

七月

144. 初十日，据圆明园来帖内称，本日司库常保来说，宫殿监副侍李英传旨：佛楼玉皇阁内添做供桌一张。钦此。

于七月十四日做得长三尺四寸，宽一尺六寸，高三尺楠木供桌一张，司库常保交太监庞谢玉持去讫。

145.1. 十六日，据圆明园来帖内称，本日内大臣海望谕：着做楠木小匣一件给军营盛药用。遵此。

于七月十八日做得楠木小匣一件，司库常保交笔帖式宝善持去讫。

145.2. 十六日，据圆明园来帖内称，本日司库常保来说，内大臣海望谕：佛楼玉皇阁着做楠木供桌一张，再地坛内亦做楠木供桌一张，俱长五尺，宽二尺，高三尺。遵此。

于本月二十五日照尺寸做得楠木供桌二张，司库常保持去陈设讫。

146. 二十四日，据圆明园来帖内称，本日司库常保来说，内大臣海望传：做发报用盛人参杉木匣一件，长二尺五寸，宽一尺五寸，高八寸。遵此。

于八月二十三日照尺寸做得杉木匣一件，内盛人参二十斤，用毡里套，棉花塞垫妥，司库常保交军机处发报赏署大将军查郎阿讫。

八月

147. 初二日，据圆明园来帖内称，本日司库常保、首领萨木哈奉上谕：佛楼地坛方五供后边配做黑漆圆炉一件，供在方五供后面，若供桌摆不了，再配做楠木供桌二张。钦此。

于八月二十日做得楠木供桌二张，司库常保交圆明园工程处副总领马观音布持去讫。

于九月十五日做得黑漆圆炉一件 铜镀金胆一件，司库常保交太监王进孝持进转交太监刘沧洲供在佛楼地坛内讫。

148. 二十二日，据圆明园来帖内称，本日司库常保、首领萨木哈持出美人绢画十二张，说太监刘沧洲传旨：着垫纸衬平，各配做卷杆。钦此。

本日做得长三尺三寸杉木卷杆十二根，并原交美人绢画十二张用连四纸垫平，司库常保、首领萨木哈持去交太监刘沧洲收讫。

149. 二十四日，据圆明园来帖内称，本日司库常保来说，膳房总管王太平传：做盛珐琅碗杉木匣四个，每个内做四隔断，内糊杭细外糊布。记此。

于十月初十日做得黄油糊布面杭细软里杉木隔断匣四件，司库常保交膳房首领刘进忠持去讫。

150. 二十六日，据圆明园来帖内称，本日内大臣海望传：做随掐丝珐琅供器楠木香几五件，径过一尺二寸，高二尺六寸五分，随石座，再将库贮黑漆方香几一件配做楠木座一件。遵此。

于九月十三日做得楠木香几五件，随铁主心石座五件，珐琅铜香炉、蜡台、花瓶、松花全份。

又将库贮黑漆方香几一件随珐琅香盒一件，匙箸瓶一件，匙箸一份，铜炉胆一件，勺匙一件，司库常保持进佛城用讫。

九月

151. 初二日，据圆明园来帖内称，本日司库常保来说，宫殿监副侍苏培盛传：有洋漆亭子格二件矮了，着做楠木拖床二件，再有竹格子二件亦矮了，再接二寸二分。记此。

于九月初四日做得楠木拖床二张，各长三尺三寸二分，宽一尺五寸，高九寸，并原交洋漆亭子格二件，竹格子二件接高二寸二分，司库常保持进交太监刘进朝收讫。

152. 初三日，据圆明园来帖内称，本日首领马温良持来鸂鶒木旧案面一件，说宫殿监副侍苏培盛传：着照样做楠木案几二件。记此。

于九月二十日照样做楠木案几二件并原交鸂鶒木旧案面一件，司库常保交首领马温良持去讫。

153. 初五日，据圆明园来帖内称，本日司库常保、首领萨木哈来说，宫殿监副侍苏培盛传：做紫檀木嵌铜镀金双鱼压纸一件，嵌玉双雁压纸一件。记此。

于九月十一日做得紫檀木嵌铜镀金双鱼压纸一件，紫檀木嵌玉双雁压纸一件，司库常保持进交宫殿监副侍苏培盛收讫。

154. 初六日，据圆明园来帖内称，本日司库常保、首领萨木哈来说，宫殿监副侍苏培盛传：做木杆径二寸，长一丈三尺九根，径一寸三分，长八尺二根，或用松木或用杉木做俱可。记此。

于九月十一日照尺寸做得杉木杆大小十一根，司库常保持去交宫殿监副侍苏培盛收讫。

155. 初七日，据圆明园来帖内称，本日司库常保、首领萨木哈来说，宫殿监副侍苏培盛传：做黄油伞架十份，红银朱油须弥座五十份，各长八寸，宽二寸二分，高二寸五分，底灌铅，随牌位五十份，各宽三寸四分，高一尺六寸五分，厚三分。记此。

于九月十一日做得杉木黄油伞架十份，杉木朱红油须弥座五十份，随杉木黄油牌位五十份，司库常保持进交宫殿监副侍苏培盛收讫。

156.1. 初九日，据圆明园来帖内称，本日太监梁子华来说，宫殿监副侍苏培盛传：做杉木斋意面板六块，各长一尺九寸，宽二寸五分，厚二分。记此。

本日照尺寸做得杉木斋意面板六块，司库常保交太监梁子华持去讫。

156.2. 初九日，据圆明园来帖内称，本日宫殿监副侍苏培盛传：做杉木表匣二个，里口长二尺二寸，宽一尺三寸，高四寸。记此。

于九月十一日照尺寸做得杉木表匣二个，司库常保持进交宫殿监副侍苏培盛收讫。

157. 初十日，据圆明园来帖内称，本日司库常保来说，宫殿监副侍苏培盛传：做杉木表匣一百五十三个，各长八寸五分，宽二寸五分，随小桌一百五十三件。记此。

于九月十五日照尺寸做得杉木表匣一百五十三个，随杉木小桌一百五十三件，司库常保持进交宫殿监副侍苏培盛收讫。

158.1. 十一日，据圆明园来帖内称，本日首领梁子华来说，宫殿监副侍苏培盛传：做杉木表匣一对，长二尺八寸，宽一尺三寸，高三寸，盖一寸，其里面俱糊黄绢。记此。

于本月十一日照尺寸做得杉木表匣一对，里面俱糊黄绢，司库常保交首领梁子华持去讫。

158.2. 十一日，据圆明园来帖内称，本日司库常保来说，宫殿监副侍李英传：做楠木图塞尔根桌一张，长三尺二寸，宽二尺二寸，高一尺七寸。记此。

于本月十四日照尺寸做得楠木图塞尔根桌一张，司库常保持进交宫殿监副侍李英收讫。

159. 十五日，据圆明园来帖内称，本日司库常保来说，宫殿监副侍苏培盛传：做松木卷杆五根，各长一丈二尺，径二寸五分。记此。

于本日照尺寸做得松木卷杆五根，司库常保持进交宫殿监副侍苏培盛收讫。

160．十七日，据圆明园来帖内称，本日司库常保持出黑漆香几一个，说宫殿监副侍李英传：着配做楠木座。记此。

于十月二十五日将黑漆香几一件配做得楠木座一件，司库常保持去交监副侍李英收讫。

161．二十日，据圆明园来帖内称，本日司库常保来说，内大臣海望谕：赏署大将军查郎阿孔雀翎一个，着配做木匣盛装发报用。遵此。

于本日做得杉木匣一件，内盛孔雀翎一件，外随毡套一件，司库常保交笔帖式宝善持去讫。

162．二十三日，据圆明园来帖内称，本日膳房总管王太平交来银火锅一件，传：着配做楠木座二个。记此。

本日做得楠木座二件并原交银火锅一件，司库常保持进交膳房总管王太平收讫。

163．二十五日，据圆明园来帖内称，本日司库常保来说，内大臣海望传：做备用楠木闲余板三份，紫檀木香几一件备用。遵此。

于九月二十七日做得楠木闲余板三份，随铜镀金盖花八个，钉十二个，员外郎满毗带领领催闻二黑持进安宁宫佛堂安讫。

164．二十八日，首领夏安着领催台保交来柏木边楠木心夹纱槅扇二扇，着收贮。记此。

本日将柏木边楠木心夹纱槅扇二扇，交匠役头目邓连芳领去木作收贮讫。

165.1．二十九日，司库常保、首领萨木哈来说，太监刘沧洲传旨：斋宫内殿外间床上着做高六尺二寸，宽三尺五寸五分，厚一寸二分壁子一扇，二面俱糊洗黄绢石青绢边，安铜钩搭。钦此。

本日做得高六尺二寸，宽三尺五寸五分，厚一寸二分杉木壁子一扇，二面俱糊洗黄绢石青绢边钉铜钩搭，司库常保、首领萨木哈同持进斋宫内殿外间床上安讫。

165.2．二十九日，太监赵朝凤来说，首领李统忠传：做高丽木压纸十件。记此。

于十一月十七日做得高丽木压纸十件，柏唐阿苏尔迈交太监赵朝凤持去讫。

十月

166. 初二日，据圆明园来帖内称，本日太监荣世昌来说，宫殿监副侍苏培盛传：做杉木大表匣一份。记此。

于十月初四日做得杉木大表匣一份，司库常保交太监荣世昌持去讫。

167. 十一日，据圆明园来帖内称，本日司库常保来说，宫殿监副侍苏培盛传旨：着做神牌一座，通高二尺七寸六分，周围雕龙边石青地，先画样呈览，俟看准时再做。钦此。

于十一月十一日照尺寸画得龙边神牌纸样一张，交侍监邓尔柱持进讫。

于次日侍监邓尔柱请出龙边神牌纸样一张、“昊天至尊玉皇大天尊玄穹高上帝”双钩油条字样一张，说宫殿监督领侍苏培盛传：照样造牌位一座，用楠木胎雕五龙边扫金中心石青地阳文金字。记此。

于十一年九月初一日照样做得楠木胎雕五龙边扫金石青地阳文字神牌一座，员外郎三音保交侍监邓尔柱请去讫。

168.1. 十三日，据圆明园来帖内称，本日司库常保、首领萨木哈持出石产灵芝一本、灵芝四本，说奏事太监王常贵传旨：着照先做过的灵芝一样做，先做样呈览，俟做得时供奉在圣祖皇帝陵前。钦此。

于十一月初八日做得椴木香面山子样一件、紫檀木山子样一件 随楠木罩套二件，司库常保、马尔汉呈内大臣海望看过，谕：俟呈览准时再定做法。遵此。

于十月初十日做得山子样二件，内大臣海望呈览，奉旨：照样做。钦此。

于十一年十一月初九日将石产灵芝一本、灵芝四本配得山子二件、楠木罩套箱二件，司库刘山久等请去供在圣祖皇帝陵前讫。

168.2. 十三日，据圆明园来帖内称，本月十三日太监李统忠持来御笔“安宁居”匾文一张，宫字一张，说宫殿监副侍李英传旨：着将“居”字改做“宫”字，照先做过“安宁居”匾尺寸做匾一面。钦此。

于十月十八日做得刻御笔“安宁宫”三字楠木匾一面，员外郎三音保带领领催闻二黑请进安宁宫悬挂讫。

169.1. 二十一日，首领周世辅持来雕夔龙旧夹纱槅扇二扇，横楣一扇，说宫殿监督领侍苏培盛传：着糊纸，再配做杉木壁子一扇，高八尺八寸，宽六尺二寸，其旧夹纱槅扇二扇配做上中下槛枋三根，各长一丈二尺一寸，两边配做壁子二扇，各高一丈〇一寸，宽一尺。记此。

于十一月初二日照尺寸做得糊连四纸杉木壁子大小三扇，糊蜡花纸上中下杉木枋子三根，并原交雕夔龙旧夹纱槅扇二扇，横楣一扇俱糊高丽纸，员外郎满毗带领催马学尔持进安设在长春宫讫。

169.2. 二十一日，司库常保来说，太监刘沧洲传旨：安宁宫后殿平台板房内安杉木围屏三扇，二面糊洗黄绢石青绫边，随铁合扇二块，卡子一件，西面窗上安一玻璃窗户眼，再前殿南面床上安杉木围屏二扇，糊洗黄绢石青绫边，随铁合扇二块，卡子一件。钦此。

于十一月十二日做得糊洗黄绢石青绫边杉木围屏五扇 随铁合扇四块，卡子二件，玻璃窗户眼一件随锦帘一个，司库常保持进板房安讫。

169.3. 二十一日，员外郎满毗、三音保同传：做备用盛活计二号杉木盘十件，三号杉木盘五件。记此。

本日照尺寸做得糊黄纸杉木盘十五件，随万寿活计盛装用讫。

169.4. 二十一日，司库常保来说，太监刘沧洲传旨：斋宫内殿外间床上着另做杉木壁子二扇，二面俱糊洗黄绢石青绫边。钦此。

于十一月十五日做得糊洗黄绢石青绫边杉木壁子二扇，司库常保持进斋宫内殿外间床上安讫。

169.5. 二十一日，司库常保来说，太监陈士锽持来铜镀金香插一件，说太监刘沧洲传：着配做紫檀木座。记此。

于十一月初一日做得紫檀木香插座一件，并原交铜镀金香插一件，司库常保持进交太监刘沧洲收讫。

170. 二十二日，首领萨木哈持来天然挑山一件，天然丹凤呈祥一件，说奏事太监王常贵、高玉传旨:着配做文雅紫檀木座。钦此。

于十一月二十七日配做得紫檀木座二件并原交天然丹凤呈祥一件,天然挑山一件,司库常保,首领李久明、萨木哈呈进讫。

171. 二十五日,太监翟进朝持来金漆圆香盒二件,说宫殿监副侍陈福、刘玉传:着做软里木匣一件盛装,外做毡衬布套一件。记此。

于十一月十一日将原交金漆圆香盒一对,司库常保交太监张志旺持去讫。

又于十一月十三日配做得糊黄纸杉木绢裹匣一件,随毡衬布外套一件,司库常保交太监张志旺持去讫。

172.1. 二十六日,司库常保、首领萨木哈持出天然玛瑙花插一件,天然玛瑙灵芝一件,说奏事太监王常贵、高玉传旨:着配紫檀木座子。钦此。

于十一月二十七日做得紫檀木花插座一件,并原交天然玛瑙花插一件,司库常保,首领李久明、萨木哈呈进讫。

172.2. 二十六日,司库常保来说,内大臣海望传:做紫檀木书桌二张。遵此。

于十月二十八日做得紫檀木书桌二张,司库常保,首领李久明、萨木哈呈进讫。

十一月

173.1. 初二日,司库常保来说,太监刘沧洲传旨:斋宫后东暖阁做杉木糊洗黄绢门壁一扇,上安铁合扇。钦此。

于十一月十五日做得高六尺二寸五分,宽二尺六寸五分,厚九分糊洗黄绢杉木门壁一扇随铁合扇,员外郎三音保、司库常保持进安讫。

173.2. 初二日,太监赵朝凤持来楠木活腿炕桌大小三张,说宫殿监督领侍苏培盛传:着将此大桌二张腿接高一寸六分,小桌一张腿接高二寸。记此。

于十一月初三日将原交楠木活腿炕桌大小三张照尺寸接腿安妥,柏唐阿苏尔迈交太监赵朝凤持去讫。

174. 初五日,员外郎满毗、三音保同传:做备用盛活计杉木盘五件。

记此。

本日做得糊黄纸木盘五件，陆续盛活计用讫。

175.1. 初六日，太监赵朝凤持来楠木接腿桌大小三张，说宫殿监督领侍苏培盛传：另换做整楠木桌腿。记此。

于十一月二十日另换做得整腿楠木桌一张，司库马尔汉交太监赵朝凤持去讫。

又于十一月二十四日另换做得整腿楠木桌二张，并原取下楠木接腿十二个，柏唐阿苏尔迈交太监张永祥、刘成同持去讫。

175.2. 初六日，司库常保，首领李久明、萨木哈来说，太监刘沧洲传旨：安宁宫着做二面糊洗黄绢石青绫边杉木壁子四扇，随铁合扇二副。钦此。

于十一月十一日做得糊洗黄绢石青绫边杉木壁子四扇随铁合扇二副，圆铅鼓子八个，司库常保、首领萨木哈持进安讫。

175.3. 初六日，笔帖式宝善来说，内大臣海望谕：将赏巴礼布三汉缎匹、珐琅、玻璃、瓷器等件，配做木箱盛装。遵此。

于十二月二十五日配做得杉木胎绿油面毡里火漆饰件箱九个内盛缎匹、珐琅、玻璃、瓷器等件随锁钥九副，黑毡外套九件，内用棉花塞垫妥，员外郎满毗交理藩院笔帖式哈木班领去讫。

176. 初八日，司库常保来说，宫殿监副侍刘玉传旨：坤宁宫南床上东边安两层踏跺一件，每层高五寸二分，长三尺，上宽九寸，鞔红毡，再安锅处安三层踏跺一件，每层高七寸，宽二尺一寸，进深三尺三寸六分，鞔红毡，再放做长六尺五寸，宽三尺，厚四寸三分地平板一份。钦此。

本日照尺寸做得鞔红毡杉木踏跺一件，司库常保持进坤宁宫安讫。

又于本月初十日照尺寸做得杉木地平板一份，司库常保持进坤宁宫安讫。

又于本月十五日照尺寸做得杉木三层踏跺一件上鞔红毡，员外郎三音保、司库常保持进坤宁宫安讫。

177. 初十日，侍监邓尔柱来说，宫殿监副侍刘玉交无量寿佛一尊，着配做紫檀木龛一座。记此。

本日将备用做下的紫檀木窝龛一座并原交无量寿佛一尊，司库常保交侍监邓尔柱请去讫。

178. 十二日，笔帖式宝善来说，内大臣海望谕：赏大学士鄂尔泰御笔匾文，着配做糊黄绫木匣盛装。遵此。

于本月十二日做得糊黄绫面黄杭细里杉木匣一件，内贮匾文，由大臣海望带领柏唐阿花善、六达子送赴大学士鄂尔泰家去讫。

179. 十五日，司库常保、首领萨木哈持出仿洋漆书桌一张，说太监刘沧洲传旨：此桌面甚好，但桌腿不好，可将桌面取下另做紫檀木桌腿，其原漆桌腿另配做紫檀木桌面，再漆桌面边上回纹锦不用，着用紫檀木包镶。钦此。

于十一年四月初六日将洋漆桌面配得紫檀木腿桌一张，洋漆腿配得紫檀木面桌一张，司库常保、首领太监萨木哈持去交太监刘沧洲讫。

180. 二十日，首领李久明持来玉碗一件，说太监刘沧洲传旨：着配座子。钦此。

于十一月二十七日做得紫檀木座一件并原玉碗一件，司库常保，首领李久明、萨木哈呈进讫。

181.1. 二十九日，太监赵朝凤持来糊纸木卷杆一根 长二尺，径六分，说宫殿监督领侍苏培盛传：照样做五十根。记此。

于十二月二十日照尺寸做得杉木卷杆五十根，并原样卷杆一根，柏唐阿苏尔迈交太监赵朝凤持去讫。

181.2. 二十九日，司库常保，首领李久明、萨木哈持出宜兴胎红釉洋金葫芦花插一件 随洋金座，说太监刘沧洲传旨：座子不好，另配做紫檀木架。钦此。

于十二月二十八日做得紫檀木架一件，并原交宜兴胎红釉洋金葫芦花插一件，司库常保，首领李久明、萨木哈呈进讫。

十二月

182.1. 初八日，首领马温良来说，宫殿监副侍刘玉传：做杉木围屏壁子，高五尺三寸，宽二尺一寸一扇；高五尺三寸，宽一尺五寸一扇。记此。

于本月十六日照尺寸做得杉木壁子二扇，上糊纸布，司库常保交首领马温良持去讫。

182.2. 初八日，员外郎满毗、三音保同传：年例备用紫檀木大座灯一对，紫檀木玻璃寿字灯五对，着粘补收拾。记此。

于本月十二日收拾得紫檀木大座灯一对，紫檀木玻璃寿字灯五对，员外郎满毗交木作柏唐阿苏尔迈、匠役头目邓连芳领去收贮讫。

183.1. 十三日，太监赵朝凤来说，宫殿监督领侍苏培盛、首领李统忠传：做杉木卷杆二根，各长三尺五分，径一寸二分。记此。

于本月十三日照尺寸做得杉木卷杆二根，柏唐阿富拉他交太监赵朝凤持去讫。

183.2. 十三日，笔帖式宝善持来汉字帖，内开十二月十二日奏事太监王常贵、高玉交赐额驸策凌御笔"贤藩伟绩"匾文一张，"阴翳看销画"挑山字一张，"一片云连山似画，几番雨过水流长"对一副。传旨：交造办处做成赏给。钦此。

于本月二十六日将御笔挑山一张、对联一副配做得杉木糊锦边架，员外郎满毗、领催马学尔交额驸策凌之子公苏巴希里请去讫。

184. 十九日，员外郎满毗、三音保同传：做备用年节盛活计杉木盘十个。记此。

本日做得糊黄纸杉木盘十个，随年节活计用讫。

185. 二十三日，笔帖式亮玉持来赏北路大将军顺承亲王，副将军丹津多尔吉，西路署大将军查郎阿，副将军张广泗，提督樊廷，每人御笔福字一张，大荷包一对，奶弹一匣，果干一匣，说内大臣海望谕：福字着用细竹筒包裹盛装，荷包配做木匣盛装，奶弹、果干里用布里外包黑毡。记此。

于本月二十六日将赏北路大将军顺承亲王，副将军丹津多尔吉福字二张配做得竹筒二件盛贮，包黑毡荷包二对配做得杉木匣一件盛贮，外包黑毡奶弹、果干四匣内裹布，外包黑毡。

赏西路署大将军查郎阿，副将军张广泗，提督樊廷福字三张配做得竹筒三件盛贮，包黑毡荷包三对配做得杉木匣一件盛贮，外包黑毡奶弹、果干六匣内裹布，外包黑毡，司库常保照数仍交笔帖式亮玉持去讫。

186. 二十八日，司库常保来说，宫殿监督领侍苏培盛传：做大表疏匣一件，小表疏匣五十件，俱随表案。记此。

于十一年正月初八日做得大表疏匣一件，小表疏匣五十件随表案，司库常保、首领太监萨木哈持去交宫殿监督领侍苏培盛讫。

2. 玉作

正月

201. 三十日，司库常保，首领李久明、萨木哈来说，太监刘沧洲传旨：牛油石何必做大器皿，可将压纸做几件。钦此。

本日，柏唐阿曹佛保回明员外郎满毗，拟做嵌牛油石纽紫檀木压纸八件。记此。

于四月二十九日做得嵌牛油石纽紫檀木压纸四件，内大臣海望带领司库常保，首领萨木哈呈进讫。

于十月二十八日做得嵌牛油石纽紫檀木压纸四件，司库常保，首领李久明、萨木哈呈进讫。

二月

202. 二十一日，内大臣海望面奉上谕：尔将妝珊瑚番像佛多造几尊，其法身约高一寸上下，配龛时或一尊一龛，或九尊一龛，所造佛像务使速得，不可迟滞，朕欲给蒙古王用，得时交与总管太监供奉在中正殿，用时令伊等取用。钦此。

本日，司库常保、柏唐阿曹佛保回明内大臣海望，拟做珊瑚佛十尊。遵此。

于四月初七日据圆明园来帖内称，本日司库常保来说，内大臣海望谕：造成妝珊瑚番像佛，着配做珐琅龛供奉。遵此。

于八月初八日造成妝珊瑚番像佛一尊，配做得珐琅龛一座，司库常保，首领李久明、萨木哈呈进讫，奉旨：将未配龛珊瑚佛九尊，配做紫檀木葫芦式龛一座。钦此。

于十一月初六日司库常保来说,内大臣海望谕:将欲珊瑚番像佛再造九尊。遵此。

于十二月二十六日造成仿珊瑚番像佛九尊,配做得紫檀木葫芦式龛一座,司库常保、首领萨木哈呈进讫。

三月

203. 初八日,将库贮伽楠香一块 重二斤十两四钱,司库常保,首领李久明、萨木哈呈览,奉旨:着做上用数珠用。钦此。

于四月二十九日据圆明园来帖内称,本日旋得伽楠香数珠二串,司库常保呈览,奉旨:着配上用朝装严。钦此。

于七月初一日装严得伽南香数珠一盘 珊瑚佛头、记念,松石塔,碧玺背云,红宝石坠角,鹅黄辫子,楠木锡里盒盛, 此内 珊瑚记念系□敏麟进的数珠上拆下的,碧玺背云系本年四月二十五日交出伽楠香数珠上拆下的,伽楠香数珠一盘 珊瑚佛头、记念,松石塔,蓝宝石背云,红宝石坠角,鹅黄辫子,楠木锡里盒盘,首领李久明持进交太监刘沧洲呈进讫。

四月

204. 二十五日,据圆明园来帖内称,本日司库常保、首领萨木哈持出伽楠香数珠一盘 碧玺佛头、塔、记念、背云、坠角,红宝石大坠角一件,系广东巡抚鄂弥达进,说奏事太监王常贵传旨:将此数珠上佛头等件拆下另配上用装严,其拆下佛头等件配做赏用菩提数珠用。钦此。

于六月二十九日做得赏用菩提数珠一盘,上配珊瑚佛头,松石塔,玻璃背云,碧玺坠角,并原交伽楠香数珠上拆下碧玺记念,菩提数殊一盘,上配玻璃记念、背云,并原交伽楠香数珠上拆下碧玺佛头、塔、坠角,太监范国用持去交四执事执守侍程国用收讫。

于七月初一日将原交伽楠香数珠一盘,上配珊瑚佛头,松石记念、塔,蓝宝石背云,红宝石小坠角,并原随的红宝石大坠角一件,楠木锡里盒盛,首领李久明持去交太监刘沧洲呈进讫。

下存拆下碧玺背云一件，于七月初一日配在本年三月初八日传做伽楠香数珠上用讫。

闰五月

205. 二十八日，据圆明园来帖内称，本日司库常保持出玛瑙水丞一件 有绺，随象牙茜色座镀金匙，说太监刘沧洲传旨：此水丞甚有意思，但此形圆又不似圆，桃形又不似桃形，尔等酌量，若能做得圆的即做圆形，若不能做圆的做桃形亦可，薄些无碍，再座子亦甚蠢，另配圆座子，若圆座子不好做，腰圆形的亦可。钦此。

于六月二十四日改做得桃形玛瑙水丞一件 象牙茜花梨木色座子一件，司库常保、首领萨木哈呈进讫。

六月

206. 二十五日，据圆明园来帖内称，本日太监刘义持来温都里那石数珠一盘 珊瑚佛头、塔、背云、坠角、记念，吕宋果数珠一盘 青金佛头，珊瑚塔、记念，蓝宝石大坠角，碧玺背云、小坠角，夹间松石珠二粒，伽楠香数珠一盘 珊瑚佛头，松石塔、记念，碧玺坠角、背云，说宫殿监督领侍陈福、副侍刘玉传：将温都里那石数珠上珊瑚佛头换在伽楠香数珠上，其余不必换。吕宋果数珠上碧玺背云、坠角、宝石坠角换在伽楠香数珠上，其记念夹间珠不必动，伽楠香数珠上珊瑚头换在温都里那石数珠上，其坠角、背云换在吕宋果数珠上，其记念、塔不必换，绦子换粗些的，长短尺寸俱照旧样两边各容下一个珠儿。记此。

于六月二十九日将伽楠香数珠一盘 上换得温都里那石数珠上拆下珊瑚佛头四个，吕宋果数珠上拆下蓝宝石坠角一个，碧玺坠角三个，背云一个并原数珠上松石记念三十个，塔一个，太监范国用持进交四执事程国用收讫。

于七月初九日将温都里那石数珠一盘 上换得伽楠香数珠上拆下珊瑚头四个并原数珠上珊瑚塔一个，记念三十个，背云一个，坠角四个，吕宋果数珠一盘 上换得伽楠香数珠上拆下碧玺背云一个，坠角四个并原数珠上香金佛头四个，珊瑚塔一个，记念三十个，司库常保交太监刘进持去讫。

九月

207. 二十八日，太监鲁进忠来说，宫殿监督领侍陈福、副侍刘玉传：做朝装严菩提数珠五盘。记此。

于十二月初二日，做得鹅黄辫子菩提数珠二盘 珊瑚佛头，松石塔，碧玺坠角，玻璃背云、记念，太监范国用持进交四执事执守侍马进朝收讫。

十月

208. 初三日，司库常保持来碧玉苍龙训子瓶一件，说内大臣海望谕：此瓶系崇文门宣课司查来之物，看其款式、玉情堪作陈设，可收拾干净预备，俟呈览过再用。遵此。

于十月初六日将碧玉苍龙训子瓶一件，司库常保、首领李久明、萨木哈呈览，奉旨：留用，着配座子。钦此。

于十一月二十七日将碧玉苍龙训子瓶一件配得紫檀木座一件，司库常保，首领李久明、萨木哈呈进讫。

209. 十六日，据圆明园来帖内称，本日太监刘义持来降香数珠一盘 蜜蜡佛头，珊瑚塔，青金珊瑚蜜蜡记念，青金背云，碧玺坠角，镀金敖其里，宫殿监副侍刘玉传：着将敖其里取下，另换红玻璃坠角三个。记此。

于十月二十三日将原交降香念佛数珠一盘 另配得红玻璃坠角三个，并拆下来铜镀金敖其里三件，其余俱未动，司库常保交太监刘义持去讫。

210. 二十七日，太监刘义持来伽楠香数珠一盘 珊瑚佛头，松石塔、记念，碧玺背云、坠角，蜜蜡数珠一盘 珊瑚佛头、塔、记念、背云、坠角，金星玻璃数珠一盘 珊瑚佛头、塔、记念、背云、坠角，珊瑚数珠一盘 假松石佛头、塔、记念，碧玺背云，松石坠角，说宫殿监副侍刘玉传：着将伽楠香数珠上珊瑚佛头、松石塔换在金星玻璃数珠上，碧玺背云、坠角换在珊瑚数珠上，其原伽楠香数珠另换松石塔、记念，红宝石坠角，蜜蜡数珠上珊瑚佛头换在伽楠香数珠上，珊瑚塔换在珊瑚数珠上，其原蜜蜡数珠添做松石塔，碧玺背云，绿玻璃坠角其记念不必动，金星玻璃数珠上珊瑚佛头换在蜜蜡数珠上，其原金星玻璃数珠添做绿玻璃坠角，红玻璃大坠角、绿玻璃背云记念不必动，珊瑚数珠上碧玺背云换在伽楠香数珠上，其原珊瑚数珠上另做青金石记念或暗蓝玻璃记念亦可，佛头不必动。记此。

于十一月二十六日将原交伽楠香数珠一盘 上换得蜜蜡数珠上拆下珊瑚佛头四个，珊瑚数珠上拆下碧玺背云一个，添做得松石塔一个，红宝石坠角四个，面松石记念三十个，新鹅黄辫子，蜜蜡数珠一盘 上换得金星玻璃数珠上拆下珊瑚佛头四个，添置做得松石塔一个，碧玺背云一个，绿暗玻璃坠角四个，新鹅黄辫子，金星玻璃数珠一盘 上换得伽楠香数珠上拆下珊瑚佛头四个，松石塔一个，添做得绿玻璃背云一个，坠角三个，红玻璃坠角一个，新鹅黄辫子，珊瑚数珠一盘 上换得蜜蜡数珠上拆下珊瑚塔一个，伽楠香数珠上拆下碧玺背云一个，坠角四个，添做得蓝玻璃背云一个，坠角三个，红玻璃坠角一个，新鹅黄辫子，珊瑚数珠一盘 上换得蜜蜡数珠上拆下珊瑚塔一个，伽楠香数珠上拆下碧玺背云一个，坠角四个，添做得蓝玻璃记念三十个，新鹅黄辫子，至蜜蜡数珠上拆下珊瑚背云一个，坠角四个，塔一个，金星玻璃数珠上拆下珊瑚背云一个，坠角四个，珊瑚数珠上拆下假松石一个，松石坠角四个，旧辫子四份，领催周维德交太监刘义、赵进忠持去讫。

十一月

211. 十七日，司库常保、首领萨木哈持来嵌养珠玛瑙项圈一圆 嵌养珠七粒，珊瑚数珠一盘 假松石佛头，青金石记念、塔、背云，碧玺坠角，巴尔撒木香数珠一盘 蜜蜡佛头，珊瑚塔，记念夹间豆二粒，白玻璃背云，黄水晶坠角一个，碧玺坠角一个，假避风石数珠一盘 鹤顶红佛头，青金石塔，珊瑚夹间豆二个，白玻璃背云，假松石记念，蓝宝石坠角，宫殿监督领侍苏培盛，副侍刘玉、吕兴朝传：着将项圈添做假背云坠角金黄辫子，另换嵌养珠一粒，其数珠三盘另换金黄辫子。记此。

于本月二十四日将原交玛瑙项圈一圆 上换嵌养珠一粒，配做得玻璃背云、坠角、金黄辫子一份，司库常保交侍监邓尔柱持去讫。

于十二月初二日将原交数珠三盘 俱另换金黄辫子，领催周维德交侍监邓尔柱持去讫。

3. 杂活作

正月

301. 二十日,司库常保、首领萨木哈来说宫殿监副侍刘玉传旨:着做托木瓜独梃卡子几件。钦此。

本日,司库常保回明内大臣海望、员外郎满毗:拟做托木瓜卡子十件。遵此。

于正月二十三日做得托木瓜独梃卡子十件,系红铜圈钢条包黄杭细径三寸,楠木独梃座 高一尺三寸,司库常保、首领萨木哈持进交宫殿监副侍刘玉呈进讫。

五月

302. 初五日,据圆明园来帖内称,五月初四日司库常保、首领萨木哈奉上谕:尔等将敓珊瑚镶嵌做带头,或蓝玻璃带头做一二十副,穿带板或用蓝玻璃,或用敓珊瑚,其带圈或配做镀金,或银母,或玉,或玛瑙,要活的,照上用做法,俱穿青马尾带。钦此。

本日,司库常保回明内大臣海望,拟做玻璃等面带头傍带二十副,随青马尾带二十条。遵此。

于五月十四日做得呆蓝玻璃上嵌珊瑚夔龙面带头傍带一副,系铜镀金圈,银母上嵌珊瑚夔龙面带头傍带一副,系铜镀金圈,龙油珀面带头傍带一副,系玛瑙圈,呆月白玻璃面带头傍带一副,系玛瑙圈,呆蓝玻璃面带头傍带一副,系玛瑙圈,伽楠香面带头嵌珊瑚垫黑皮蛤蟆二副,系玛瑙圈,伽楠香面带头嵌呆月白玻璃垫红皮蛤蟆二副,系玛瑙圈,龙油珀面带头嵌珊瑚垫黑皮蛤蟆一副,系白玉圈,随青马尾带十条,司库常保、首领萨木哈交太监刘沧洲呈进讫。

于五月二十日做得呆月白玻璃面带头傍带一副,系铜镀金圈,伽楠香面带头傍带二副,系铜镀金圈,呆月白玻璃面带头傍带二副,系白玉圈一副，玛瑙圈一副，龙油珀面带头傍带一副，系玛瑙圈，呆蓝玻璃面带头傍带一副，系玛瑙圈，龙油珀面带头嵌呆月白玻璃垫黑皮蛤蟆一副，系玛瑙圈，龙油珀面带头嵌珊瑚垫黑皮蛤蟆二副，系白玉圈，随青马尾带十条，司库常保、首领萨木哈持进交太监刘沧洲呈进讫。随传旨：做的甚好，再将各样多做些，敚珊瑚的亦做些。钦此。

本日，司库常保回明内大臣海望，拟做呆玻璃、敚珊瑚等面带头傍带三十副，随青马尾带三十条。遵此。

于五月二十八日做得敚珊瑚面带头傍带一副，系铜镀金圈，呆蓝玻璃面带头傍带一副，系铜镀金圈，呆月白玻璃面带头傍带一副，系玛瑙圈，亮蓝玻璃面带头傍带一副，系玛瑙圈，牛油石面带头傍带一副，系玛瑙圈，亮红玻璃面带头傍带一副，系玛瑙圈，亮红玻璃面带头嵌呆月白玻璃垫红皮蛤蟆一副，系玛瑙圈，亮蓝玻璃面带头嵌呆月白玻璃垫红皮蛤蟆一副，系玛瑙圈，龙油珀面带头嵌呆月白玻璃垫黑皮蛤蟆一副，系玛瑙圈，伽楠香面带头嵌珊瑚垫黑皮蛤蟆一副，系玛瑙圈，随青马尾带十条，首领萨木哈持进交太监刘沧洲呈进讫。

于闰五月初八日做得敚珊瑚面带头傍带一副，系铜镀金圈，呆月白玻璃面带头傍带一副，系铜镀金圈，牛油石面带头傍带二副，系玛瑙圈一副，牛油石圈一副，呆蓝玻璃面带头傍带二副，系青玉圈一副，牛油石圈一副，亮红玻璃面带头嵌珊瑚垫黑皮蛤蟆一副，系牛油石圈，呆蓝玻璃面带头嵌珊瑚垫黑皮蛤蟆一副，系牛油石圈，龙油珀面带头嵌珊瑚垫红皮蛤蟆二副，系玻璃圈，随青马尾带十条，司库常保、首领萨木哈持进交太监刘沧洲呈进讫。

于闰五月二十三日做得呆蓝玻璃面带头傍带二副，系玻璃圈，亮红玻璃面带头龙油珀面傍带一副，系玻璃圈，呆月白玻璃面带头嵌珊瑚垫黑皮蛤蟆一副，系玻璃圈，呆蓝玻璃面带头嵌呆月白玻璃垫红皮蛤蟆一副，系玻璃圈，呆蓝玻璃面带头嵌青金石垫黑红皮蛤蟆二副，系玻璃圈，亮红玻璃面带头嵌松石垫黑皮蛤蟆一副，系玻璃圈，随青马尾带八条，首领萨木哈持进交太监刘沧洲呈进讫。

六月十三日据圆明园来帖内称，六月十一日首领萨木哈来说，太监刘沧洲传旨:将赏用带头傍带随青马尾带再多做几副。钦此。

本日,司库常保回明内大臣海望,拟做玻璃等面带头傍带二十一副,随青马尾带二十一条。遵此。

于六月十九日,做得亮红玻璃面带头呆月白玻璃面傍带一副,系玛瑙圈龙油珀面带头嵌呆月白玻璃垫黑皮蛤蟆一副,亮红蓝玻璃面带头镶嵌呆月白玻璃垫红黑皮蛤蟆二副,呆月白玻璃面带头嵌珊瑚垫红皮蛤蟆一副,以上系玻璃圈,随青马尾带五条,司库常保、首领萨木哈持进交太监刘沧洲呈进讫。

闰五月

303. 初二日,据圆明园来帖内称,本日首领萨木哈来说,太监刘沧洲传旨:着将金黄马尾带做六副,内三副用嵌青金石垫红皮蛤蟆,三副用嵌松石垫黑皮蛤蟆,俱做细致些。钦此。

于闰五月初八日做得伽楠香面带头嵌青金石垫红皮蛤蟆一副,系玛瑙圈,亮红玻璃面带头嵌松石垫黑皮蛤蟆一副,系玛瑙圈,呆蓝玻璃面带头嵌青金石垫红皮蛤蟆一副,系玻璃圈,随合黄马尾带三条,司库常保、首领萨木哈持进交太监刘沧洲呈进讫。随传旨:将金黄马尾带再做四副。钦此。

于闰五月十二日做得旇珊瑚面带头嵌青金石垫红皮蛤蟆一副,系玛瑙圈,亮红玻璃面带头嵌松石垫黑皮蛤蟆二副,系玻璃圈,随金黄马尾带三条,司库常保、首领萨木哈持进交太监刘沧洲呈进讫。随传旨:将金黄马尾带再做二副。钦此。

于闰五月二十三日做得伽楠香面带头傍带一副,呆月白玻璃面带头傍带一副,呆蓝玻璃面带头傍带一副,旇珊瑚面带头傍带一副,亮红玻璃面带头嵌松石垫黑皮蛤蟆一副,系玻璃圈随金黄马尾带五条,首领萨木哈持进交太监刘沧洲呈进讫。随传旨:将金黄马尾带再做三副。钦此。

于闰五月二十九日做得亮蓝玻璃面带头嵌珊瑚垫红皮蛤蟆二副,亮红玻璃面带头嵌松石垫黑皮蛤蟆一副,以上系玻璃圈,随金黄马尾带三条,首领太监萨木哈持进交太监刘沧洲呈进讫。

于闰五月三十日做得亮红玻璃面带头亮蓝玻璃面傍带一副，随金黄马尾带一条，司库常保交太监马进忠持进交太监刘沧洲收讫。

4. 铜作

二月

401. 二十一日，大臣海望奉上谕：尔将番像琍玛铜佛造几尊，其法身约高一寸上下，或一尊配一龛，或九尊配一龛，尔等酌量，朕记得从前曾造过铜佛给过果亲王，尔可查明，照此铜佛式样铸造，所造佛像务使速得，不可迟滞，朕欲给蒙古王子用，得时交与总管太监供奉在中正殿，用时令伊等取用。钦此。

本日司库常保回明内大臣海望、员外郎满毗：拟造铜渗金番像佛四十五尊。遵此。

于八月初八日做得铜渗金番像佛一尊 高二寸五分六厘，随紫檀木窝龛一座，铜渗金番像佛九尊 高一寸五分六厘，随紫檀木葫芦式龛一座，司库常保，首领萨木哈、李久明呈览，奉旨：着留下，尔等将未配龛的高二寸五分六厘铜佛二十七尊，每九尊各配紫檀木葫芦式龛一座。钦此。

于十月二十八日做得铜渗金番像佛九尊 各高一寸五分六厘，随紫檀木葫芦式龛一座，铜渗金番像佛九尊 各高一寸二分六厘，随紫檀木葫芦式龛一座，铜渗金番像佛九尊 各高九分六厘，随紫檀木葫芦式龛一座，铜渗金番像佛八尊 各高二寸五分六厘，随紫檀木葫芦式龛八座，司库常保，首领萨木哈、李久明呈进讫。

于十一月初六日司库常保来说，内大臣海望谕：除前造成番像佛外，再造铜渗金番像佛四十五尊备用。遵此。

于十二月二十八日做得铜渗金番像佛十八尊 各高一寸五分六厘，随紫檀木葫芦式龛二座，铜渗金番像佛十八尊 各高一寸二分六厘，随紫檀木葫芦式龛二座，铜渗金番像佛九尊 各高二寸五分，随紫檀木葫芦式龛八座，司库常保，首领萨木哈、李久明呈进讫。

于十二月二十二日司库常保来说,内大臣海望谕:除前二次造成番像佛外,再造铜渗金番像四十五尊备用。遵此。

于十一年五月初一日做得铜渗金佛九尊,随紫檀木龛九座,铜渗金佛三十六尊,随紫檀木葫芦式龛大小四座,司库常保、首领萨木哈呈进讫。

四月

402. 十二日,据圆明园来帖内称,本日司库常保来说,郎中海望传:圆明园乐志山村陈设着做铜丝炉罩二件 径过五寸,高六寸五分一件;径过四寸,高五寸一件,楠木匙箸瓶二件 随铜匙箸二份,楠木香盒二件,楠木炉垫二件。记此。

于闰五月初九日做得铜丝烧古炉罩二件,楠木匙箸瓶二件,随铜烧古匙箸二份,楠木香盒二件,楠木炉垫二件,司库常保交圆明园档子房笔帖式赫尔京额持去讫。

十一月

403. 初六日,据宫殿监副侍李英交铜渗金番像佛四尊 随紫檀木窝龛四件,传旨:着向常保要佛一尊,随龛凑成五尊赏蒙古用。钦此。

本日,内大臣海望又奉旨:派出买办羊马头等台吉索诺木王、扎尔策王、多尔济翁牛特协,二等台吉罗卜藏巴凛、台吉凛陈、喀尔沁协他布囊喷苏克每人赐番像铜佛一尊。钦此。

于十一月十四日做得铜渗金番像佛一尊 随紫檀木窝龛一件,并原交出铜渗金番像佛四尊 随紫檀木窝龛四件,司库常保交南书房太监于琪持进,交领侍卫内大臣拉锡赏讫。

5. 炮枪作

五月

501. 十七日,据圆明园来帖内称,本月初二日司库常保来说,内大臣海望谕:着做备用上用小刀十把。遵此。

于五月二十六日,圆明园来帖内称,本日司库常保、首领萨木哈来说太监刘沧洲传旨:着将小刀多做些,或高丽木把,或牛角把,俱随小式物件,照上用装修做要细致。钦此。

本日,司库常保回明内大臣海望,拟做上用装修活底活束单小刀五十把。遵此。

于闰五月十六日做得花羊角把黑子儿皮鞘单小刀二把,水牛角把黑子儿皮鞘单小刀二把,桦木乂把黑子儿皮鞘单小刀二把,以上小刀底束每把各盛铜规矩一件,钢镊子一把,方、圆针二件,象牙耳挖一件,象牙牙杖一件,司库常保、首领萨木哈交太监刘沧洲呈进讫。

于闰五月二十九日做得高丽木把黑子儿皮鞘单小刀二把,水牛角把黑子儿皮鞘单小刀二把,以上小刀底束内每把各盛铜规矩一件,钢镊子一件,方、圆针二件,象牙耳挖、牙杖二件,司库常保、首领萨木哈交太监刘沧洲呈进讫。

于六月十九日做得花羊角把黑子儿皮鞘单小刀一把,水牛角把黑子儿皮鞘单小刀一把,高丽木把黑子儿皮鞘单小刀一把,桦木乂把黑子儿皮鞘单小刀一把,以上小刀底束内每把各盛铜规矩一件,钢镊子一件,方、圆针二件,象牙耳挖、牙杖二件,司库常保、首领萨木哈交太监刘沧洲呈进讫。

于六月二十四日做得水牛角把黑子儿皮鞘单小刀二把,高丽木把黑子儿皮鞘单小刀二把,桦木乂把黑子儿皮鞘单小刀一把,以上小刀五把内共盛铜规矩三件,钢镊子三件,方、圆针各三件,剪子二把,象牙耳挖四件,牙杖四件,铅笔一件,司库常保、首领萨木哈交太监刘沧洲呈进讫。

五月二十九日圆明园来帖内称,本日首领萨木哈来说太监刘沧洲传:花羊角把子儿皮鞘活底活束三道铜腰单刀一把。记此。

本日将花羊角把子儿皮鞘单小刀一把,底束内盛铜规矩一件,钢镊子一把,方、圆针一件,象牙耳挖、牙杖二件,司库常保、首领萨木哈交太监刘沧洲呈进讫。

于七月十九日做得花羊角把子儿皮鞘单小刀一把,水牛角把黑子儿皮鞘单小刀一把,高丽木把黑子儿皮鞘单小刀二把,桦木乂把黑子儿皮鞘单小刀一把,以上小刀五把内共盛铜规矩五件,钢镊子四把,方、圆针各四件,剪子一把,象牙耳挖、牙杖八件,铅笔一件,司库常保、首领萨木哈交太监刘沧洲呈进讫。

七月二十三日圆明园来帖内称,本日内大臣海望奉旨:着将好小刀等预备些,赏大学士鄂尔泰、总督查郎阿。钦此。

本日做得花羊角把黑子儿皮鞘单小刀二把,底束内各盛铜规矩一件,钢镊子一件,方、圆针各一件,象牙耳挖、牙杖二件,司库常保持进交内大臣海望赏大学士伯鄂尔泰、署大将军总督查郎阿讫。

于七月二十七日做得花羊角把黑子儿皮鞘单小刀一把,水牛角把黑子儿皮鞘单小刀一把,高丽木把黑子儿皮鞘单小刀一把,桦木乂把黑子儿皮鞘单小刀一把,以上小刀五把内每把各盛铜规矩一件,钢镊子一件,方、圆针各一件,象牙耳挖、牙杖二件,司库常保、首领萨木哈交太监刘沧洲呈进讫。

于九月二十一日做得水牛角把黑子儿皮鞘单小刀四把,高丽木把黑子儿皮鞘单小刀四把,桦木乂把黑子儿皮鞘单小刀三把,以上小刀十一把内共盛铜规矩十一件,钢镊子七件,方、圆针各七件,剪子四把,象牙耳挖、牙杖各六件,司库常保、首领萨木哈交太监刘沧洲呈进讫。

6. 珐琅作

五月

601. 初七日,据圆明园来帖内称,五月初一日司库常保、首领萨木哈持出白檀香心镶嵌宝石镀金梵字边满达一件 随紫檀木座,说宫殿监副侍李英传旨:照此样将尺寸酌量收小,做珐琅满达几件赏用,其满达顶上花纹甚糙,尔等往细致里做。钦此。

于十一月初十日做得珐琅满达三件并原样一件,司库常保持进交太监刘沧洲讫。

十二月

602. 初八日，司库常保，首领萨木哈、李久明奉上谕：天地香桌上着做一架献供用，其架上陈设黄色珐琅碗，其碗两边陈设花瓶，或珐琅，或瓷，或漆俱可，做橄榄式，插花用。钦此。

于十二月二十八日做得楠木献供架一件，随黄色珐琅瓷碗二件，黄色珐琅瓷盘一件，珐琅梅花白瓷橄榄式瓶一对，司库常保，首领萨木哈、李久明呈进讫。

7. 镶嵌作

二月

701. 初二日，司库常保，首领李久明、萨木哈持出白石长方盆一件，说宫殿监督领侍陈福传旨：着酌量配做有玻璃罩盆景。钦此。

本日，领催潘义明回明员外郎满毗，拟将白石长方盆配做镶嵌齐寿盆景一件 随紫檀木边玻璃罩一件。记此。

于十月二十八日做得镶嵌齐寿盆景一件，随紫檀木边玻璃罩一件，司库常保，首领太监李久明、萨木哈呈进讫。

8. 牙作

二月

801. 初一日，内大臣海望奉上谕：着将象牙、紫檀木、锦绫、合牌、玻璃、颜料等项物料送进些来，里边做活计备用。钦此。

此笔上谕：系里边传用物料之项，并非活计，不便注销，理合声明。

802. 初二日，内大臣海望交象牙雕刻笔筒一件，奉旨：着收拾，配做玻璃罩，或白色，或雨过天晴色俱可，下安座子。钦此。

于四月二十九日将原交象牙雕刻笔筒一件收拾好，配做得紫檀木座白玻璃罩一件，内大臣海望带领司库常保、首领萨木哈呈进讫。

803. 十六日，太监刘沧洲传旨：着将道冠象牙填巴尔撒木香的、蜜蜡的、龙油珀各做些，随簪。钦此。

于本月二十一日做得象牙填巴尔撒木香道冠木样一件，蜜蜡道冠木样一件，龙油珀道冠木样一件，司库常保、首领萨木哈持进交太监刘沧洲呈览，奉旨：俱照样准做，但象牙填香道冠中间的梁不好，可在两旁再添二梁，分做三空，再将月牙形象牙道冠并象牙填香道冠各做几件，再照敓珊瑚九龙道冠样式将龙油珀道冠做几件。钦此。

于三月初三日做得象牙雕刻番花月牙形道冠木样一件，象牙雕刻道冠木样一件，象牙填巴尔撒木香道冠木样一件，象牙填巴尔撒木香月牙形道冠木样一件，司库常保、首领萨木哈持进交太监刘沧洲呈览，奉旨：做花纹要往精细里做。钦此。

本日，领催传：有回明员外郎满毗，拟做蜜蜡道冠一件，龙油珀道冠七件，象牙道冠五件。记此。

于三月初七日做得蜜蜡四梁道冠一件，龙油珀道冠一件，簪子二枝，司库常保、首领萨木哈持进交太监刘沧洲收讫。

于三月二十日做得龙油珀五梁道冠一件，龙油珀九龙道冠一件，象牙雕花烫香道冠一件，簪子三枝，司库常保，首领李久明、萨木哈持进交太监刘沧洲呈进讫。

于四月初四日做得象牙茜色有梁道冠一件，象牙月牙形道冠一件，象牙茜绿色道冠一件，龙油珀有梁道冠一件，簪子四枝，司库常保、首领萨木哈呈进讫。

于四月二十八日做得象牙雕刻烫香道冠一件，簪子一枝，司库常保、首领萨木哈呈进讫。

804. 二十六日，首领李久明持来紫檀木葫芦式盒一件，说太监刘沧洲传旨：着配绿端石砚。钦此。

于四月二十九日配做得绿端石砚一方，并原交紫檀木葫芦砚盒一件，内大臣海望带领司库常保、首领萨木哈呈进讫。

805. 二十八日，司库常保、首领萨木哈持出象牙茜红架蜜蜡葫芦铜镀金点翠枝梗叶玻璃罩盆景一件，说太监刘沧洲传旨：着照此盆景式样另做几件，再此盆景上配一合牌匣。钦此。

本日，领催传：有回明员外郎满毗，拟做蜜蜡葫芦翠叶假珊瑚架盆景一对。记此。

于本月二十九日做得黄绢面合牌匣一件，并原交象牙茜红架蜜蜡葫芦铜镀金点翠枝梗叶玻璃罩盆景一件，首领萨木哈持进交太监刘沧洲收讫。

于四月二十九日做得蜜蜡葫芦翠叶假珊瑚架盆景一对 黑系边玻璃罩，紫檀木座，内大臣海望带领司库常保、首领萨木哈呈进讫。

三月

806. 二十六日，据圆明园来帖内称，本日司库常保、首领萨木哈持出象牙茜色木瓜一件，佛手一件，香橼一件，蜜萝柑一件 每件内盛枚马七十件，随宜兴盘，说太监刘沧洲传旨：此佛手做法不像，再另做佛手一件，再此四件内枚马有不足数处俱添补足数见新。钦此。

于闰五月十六日做得象牙茜色佛手一件 内盛枚马三百五十五件，并原交象牙茜色木瓜一件，佛手一件，香橼一件，蜜萝柑一件俱收拾见新，每件内盛枚马七十件随宜兴盘，首领萨木哈持进交太监刘沧洲收讫。

闰五月

807. 二十八日，据圆明园来帖内称，本日司库常保持出汉玉圆水丞一件 碧玉匙子一件，乌木座一件，说太监刘沧洲传旨：着配圆座子。钦此。

于六月二十四日配做得象牙茜乌木座一件，并原交汉玉圆水丞一件，碧玉匙子一件，司库常保、首领萨木哈呈进讫。

九月

808. 十八日，据圆明园来帖内称，本月十七日司库常保、首领萨木哈来说，宫殿监副侍李英传旨：佛城后三间殿内有瓷瓶二件，着配做紫檀木座二件，象牙瓶花一对，先画样呈览，俟朕看准再做。钦此。

于本月二十三日据圆明园来帖内称，本月二十二日画得竹梅瓶花纸样一张，司库常保，首领李久明、萨木哈呈览，奉旨：准做。钦此。

本日，司库常保，首领李久明、萨木哈持出黄色鲜菊花一朵 随量得花朵一寸二分，说太监刘沧洲传旨：象牙竹梅瓶花先不必做，照此鲜菊花做通草黄色菊花一瓶，其花朵大小参差做，俱要一色黄，俟做得呈览，准时再做象牙瓶花。钦此。

于本月二十三日据圆明园来帖内称，本日司库常保、首领萨木哈持出小黄菊花一盆，说太监刘沧洲传旨：此花朵梗叶俱甚好，着照样做瓶花。钦此。

本日将原交小黄菊花一盆，首领萨木哈交太监刘沧洲收讫。

于十月初六日据圆明园来帖内称，本日做得通草黄菊花一束，司库常保，首领李久明、萨木哈呈览，奉旨：花头甚少，再添配些，不要骨朵，枝叶亦添稠些。钦此。

于十月二十七日改做得通草黄菊花瓶花一束，首领太监萨木哈持去交太监刘沧洲讫。

十月

809. 初三日，据圆明园来帖内称，本日司库常保来说内大臣海望传：做备用象牙福禄寿陈设一件，龙油珀幢盒一对，龙油珀扇面式盒一对，龙油珀双凤香盘一件，龙油珀夔福觥一件。遵此。

于本月二十八日做得象牙茜色福禄寿陈设一件 紫檀木边玻璃罩，龙油珀幢盒一对 象牙茜色座，龙油珀扇面式盒一对，龙油珀双凤香盘一件，龙油珀夔福觥一件 象牙茜色座，司库常保，首领李久明、萨木哈呈进讫。

9. 匣作

二月

901. 二十一日，司库常保、首领萨木哈持来鸡缸杯十件，说太监刘沧洲传旨:着照宝贝格内盛鸡缸杯合牌匣样式做匣一件,不必安牌子,另糊别样锦,匣内配一紫檀木架。钦此。

于七月十九日将鸡缸杯十件配得绿西番花面合牌匣一件,紫檀木架一件,司库常保,首领李久明、萨木哈持去交太监刘沧洲呈进讫。

902. 二十八日,司库常保、首领萨木哈来说,太监刘沧洲交菩提数珠一盘东珠佛头,青金塔、珠子、记念,珊瑚坠角,玛瑙豆,铜镀金敖其里,旧锦匣一件,传:着收拾匣子,另糊黄绢面。记此。

于本月二十九日旧数珠匣一件另糊黄绢面,并原交菩提数珠一盘,首领萨木哈持去交太监刘沧洲收讫。

九月

903. 二十三日,宫殿监副侍苏培盛交檀香炉八件,传:着配做糊锦合牌座八件,斋宫陈设用。记此。

于本月二十五日配做得糊锦合牌座八件,并原交檀香炉八件,副领催韩国玉交斋宫监修员外郎□悟托持去讫。

10. 裱作

二月

1001. 二十七日,太监赵朝凤持来白绫十匹,说宫殿监副侍苏培盛、首领李统忠传:着浆矾,随卷杆。记此。

于五月十四日矾得白绫六匹随杉木卷杆六根,领催马学尔交太监张忠义持去讫。

于五月二十日矾得白绫四匹随杉木卷杆四根,副领催金有玉交太监李尔玉持去讫。

闰五月

1002. 十二日,据圆明园来帖内称,本日宫殿监副侍苏培盛、刘玉传旨:乐志山村皓月清风亭内着做围屏十二扇,各高六尺二寸,各宽二尺,二面满糊米色画绢,周围石青绫边出红小线,上安楠木押条,下安楠木小槛,再做楠木小案一张。钦此。

内大臣海望谕:交工程档子房将应用之木料急交木作办做,其裱糊之事交造办处糊饰,二日内要得。遵此。

于本月十六日司库常保带领领催马学尔持绢绫纸张等项,将围屏十二扇俱裱糊完讫。

1003. 二十八日,据圆明园来帖内称,本日太监刘沧洲传旨:皓月清风亭内南面后檐西次间安辅角围屏六扇,糊米色绢,四面楠木边栏,东边正面第二扇开一门,安鋄银波浪,内安包镶床一张,明间后檐围屏内安床一张,床东南角上安一柱,上安转角铁条二根,用鱼白春绸幔子二架,西面围屏三扇中间开一门,安鋄银波浪,用黑秋毛毡一块,西面明间安围屏六扇,糊米色绢,四面楠木边栏,安鋄银波浪,俱用铜合扇。钦此。

内大臣海望谕:将应用木料等项俱仍交工程档子房派人承办,唯糊饰之事仍交造办处承办。遵此。

于六月初三日将围屏十二扇俱糊饰完妥,司库常保持进乐志山村皓月清风亭内安装讫。

十一月

1004. 十一日,首领周世辅、马温良持来六扇折叠画金笺纸破围屏二架,米色绫五匹 每匹计三十尺,说宫殿监督领侍苏培盛、副侍李英传:着将金笺纸起下,二面俱用此绫裱糊。记此。

于十一月二十七日将围屏二架上金笺纸起下,二面另糊米色绫并下剩回残绫,领催马学尔交首领马温良持去讫。

十二月

1005. 十五日,太监赵朝凤持来白绫八匹,说宫殿监督领侍苏培盛传:着浆矾,配做卷杆。记此。

于本月二十日矾白绫八匹配做得杉木卷杆八根,领催马学尔持去交太监赵朝凤收讫。

1006. 二十七日,员外郎满毗、三音保同传:糊备用盛活计杉木盘子九个。记此。

本日糊得黄纸木盘九个随年节活计用讫。

11. 雕銮作

八月

1101. 初七日,员外郎满毗、三音保同传:做备用香斗二十份。记此。

于十一月初一日做得香斗一份随白檀香八两,紫降香八两,副领催赵老格交钦安殿首领李兴泰持去讫。

于十一月十五日做得香斗一份随白檀香八两,紫降香八两,副领催赵老格交钦安殿首领李兴泰持去讫。

于十二月初一日做得香斗一份随白檀香八两,紫降香八两,副领催赵老格交钦安殿首领李兴泰持去讫。

于十二月十五日做得香斗一份随白檀香八两,紫降香八两,副领催赵老格交钦安殿首领李兴泰持去讫。

于十一年正月初一日做得香斗一份随白檀香、紫降香各八两,副领催赵老格交首领太监李兴泰持去讫。

于正月十五日做得香斗一份随白檀香、紫降香各八两,副领催赵老格交首领太监李兴泰持去讫。

于二月初一日做得香斗一份随白檀香、紫降香各八两,副领催赵老格交首领太监李兴泰持去讫。

于二月十五日做得香斗一份随白檀香、紫降香各八两,副领催赵老格交首领太监李兴泰持去讫。

于三月初一日做得香斗一份随白檀香、紫降香各八两,副领催赵老格交首领太监李兴泰持去讫。

于三月十五日做得香斗一份随白檀香、紫降香各八两,副领催赵老格交首领太监李兴泰持去讫。

于四月初一日做得香斗一份随白檀香、紫降香各八两，副领催赵老格交首领太监李兴泰持去讫。

于四月十五日做得香斗一份随白檀香、紫降香各八两，副领催赵老格交首领太监李兴泰持去讫。

于五月初一日做得香斗一份随白檀香、紫降香各八两，副领催赵老格交首领太监李兴泰持去讫。

于五月十五日做得香斗一份随白檀香、紫降香各八两，副领催赵老格交首领太监李兴泰持去讫。

于六月初一日做得香斗一份随白檀香、紫降香各八两，副领催赵老格交首领太监李兴泰持去讫。

于七月初一日做得香斗一份随白檀香、紫降香各八两，副领催赵老格交首领太监李兴泰持去讫。

于七月十五日做得香斗一份随白檀香、紫降香各八两，副领催赵老格交首领太监李兴泰持去讫。

于八月初一日做得香斗一份随白檀香、紫降香各八两，副领催赵老格交首领太监李兴泰持去讫。

于八月十五日做得香斗一份随白檀香、紫降香各八两，副领催赵老格交首领太监李兴泰持去讫。

1102. 初八日，圆明园来帖内称，九月初八日司库常保来说内大臣海望谕：将降香丁、檀香丁、沉香丁、黄芸香、黑芸香每样送五斤来等语。记此。

于本月初九日将紫降香丁八两，白檀香丁八两，沉香丁八两，黄芸香八两，黑芸香八两，司库常保交太监梁子华持去讫。

1103. 十二日，圆明园来帖内称，本日司库常保来说宫殿监副侍苏培盛传：佛城陈设的珐琅香盒内用白檀香丁、降香丁、沉香丁送四两来等语。记此。

于本日将备用白檀香丁、降香丁、沉香丁各四两，司库常保持进交监副侍苏培盛讫。

12. 油漆作

正月

1201. 二十八日，司库常保来说，内大臣海望谕：着做备用楠木胎洋漆银口盆一对。遵此。

于八月十四日做得楠木胎洋漆银口盆一对，司库常保，首领李久明、萨木哈呈进讫。

二月

1202. 初七日，司库常保来说，内大臣海望谕：着做"戒急用忍"字样彩漆流云吊屏四件。遵此。

于九月二十日据圆明园来帖内称，本日宫殿监副侍李英传旨：着将"戒急用忍"漆吊屏安在安宁居二件。钦此。

本日将"戒急用忍"漆吊屏二件，司库常保持进安设在安宁居讫。

于十月二十日做得彩漆流云吊屏二件，司库常保持去交太监刘沧洲讫。

闰五月

1203. 初十日，据圆明园来帖内称，本月初九日内大臣海望面奉上谕：着将楠木胎漆斋戒牌做些，用石青绦子，俟做得时呈朕看过，再交与内阁颁行各处。钦此。

本日，司库常保、柏唐阿六达子回明内大臣海望，拟做楠木胎红漆斋戒牌七百件，其应用绦子，提系着买办。遵此。

于六月二十九日做得石青绦楠木胎红漆金字斋戒牌一百五十件，司库常保、首领萨木哈持去交太监刘沧洲讫。

于十月二十八日做得石青绦楠木胎红漆金字斋戒牌十二件，员外郎满毗交郎中西松，笔帖式歪塞持去讫。

13. 铸炉作

三月

1301. 十二日，太监焦进朝传：做铜烧古马蹄炉五件 各高三寸一分，口径三寸八分。记此。

于九月二十三日照尺寸做得铜烧古马蹄炉五件，随紫檀木座五件，上糊红猩猩毡，员外郎满毗、三音保，柏唐阿寿山交首领张文保持去讫。

四月

1302. 二十七日，据圆明园来帖内称，四月十九日司库常保、首领萨木哈奉旨：着做铜烧古小乳炉二十余件，各随香几，或硬木，或洋漆，其匙箸瓶，香盒照先做过象牙六角盆景样式配做连匙箸瓶香盒，但六角盆景形式甚俗，尔等另想法改做别式。钦此。

本日，司库常保回明内大臣海望，拟做铜烧古小乳炉二十四件，随铜丝炉罩二十四件，香几二十四件，象牙茜色盆景式匙箸瓶香盒二十四件内安钢匙箸。遵此。

于六月二十四日做得铜烧古小乳炉四件，随铜丝烧古炉罩四件，紫檀木小香几四件，象牙茜色盆景式匙箸瓶香盒四件，内安铜炕老鹳翎色匙箸四份，司库常保、首领萨木哈交太监刘沧洲呈进讫。

于八月十四日做得铜烧古小乳炉八件，随铜丝烧古炉罩八件，紫檀木小香几二件，紫檀木边洋漆面小香几二件，黑洋漆小香几四件，象牙茜色盆景式匙箸瓶香盒八件 内安铜炕老鹳翎色匙箸八份，司库常保，首领李久明、萨木哈呈进讫。

于九月十八日做得铜烧古小乳炉二件，随铜丝烧古炉罩二件，黑漆小香几二件，象牙茜色盆景式匙箸瓶香盒二件 内安铜炕老鹳翎色匙箸二份，司库常保交首领李久明持进，交太监刘沧洲呈进讫。

于十月二十八日做得铜烧古小乳炉六件，随铜丝烧古炉罩六件，紫檀木小香几二件，黑滚漆小香几二件，象牙茜色盆景式匙箸瓶香盒四件 内安铜炕老鹳翎色匙箸四份，司库常保，首领李久明、萨木哈呈进讫。

14. 旋作

二月

1401. 十五日，太监杨文杰来说，宫殿监督领侍陈福传：阿格里数珠原系首领郑忠成做，其应用材料亦是郑忠写押帖向造办处取用，今郑忠升了总管不得办做，着太监杨文杰成做，其应用材料着杨文杰斟酌遵造办处例取讨等因，内大臣海望、员外郎满毗准此。

于四月二十九日做得阿格里红帽顶十件 镀金座，上用阿格里数珠红色一盘，绿色一盘，赏用阿格里数珠红色一盘，蓝色一盘，绿色一盘，内大臣海望带领司库常保、首领萨木哈呈进讫。

于十二月二十八日做得上用红色阿格里数珠一盘 随黄绫面盒一件，赏用阿格里数珠青色一盘，绿色一盘，司库常保，首领萨木哈、李久明呈进讫。

三月

1402. 初八日，将库贮伽楠香一块 重二斤十四两，伽楠香一块 重二斤二两，伽楠香一块 重十八两，伽楠香一块 重三两九钱，司库常保，首领李久明、萨木哈呈览，奉旨：酌量做数珠用。钦此。

四月

1403. 初四日，圆明园来帖内称，本月初三日首领萨木哈持出扎布扎牙木碗一件 系达赖喇嘛进，说宫殿监督领侍陈福、副侍刘玉传旨：着交造办处收拾。钦此。

1404. 初六日，圆明园来帖内称，本月初六日首领萨木哈持出镶金足金口奢边拉固里碗一件，扎布扎牙木碗一件 系贝勒颇罗鼐进，说宫殿监副侍刘玉、苏培盛传旨：交造办处，照造办处样式收拾好送来。钦此。

八月

1405. 二十六日，据圆明园来帖内称，本日首领萨木哈持出珐琅白地百花图小酒圆一件，说宫殿监副侍李英传旨：着照此酒圆里口尺寸，旋做影子木酒圆一件，再比此酒圆小二分亦旋做一件。钦此。

本日，首领萨木哈又持出白金一两二分，说宫殿监副侍李英传旨：今日交做影子木酒圆二件，其里子着用此白金做，若有余量，其所剩或大或小再做一件。钦此。

于九月初八日做得影子木酒圆一件，白金里重三钱，影子木酒圆一件，白金里重二钱八分，影子木酒圆一件，白金里重二钱七分，折耗白金五分，并回留白金一钱二分，原珐琅小酒圆一件随镀金顶银盖三件，匣三件，套三件，漆盘四件 此银钟盖应用银两系李英交出，首领萨木哈持进交太监刘沧洲呈进讫。

十月

1406. 二十九日，首领萨木哈来说，宫殿监副侍刘玉传：上用龙眼菩提数珠二盘，俟选准时再行装严。记此。

十二月

1407. 初八日，首领萨木哈、李久明持出扎布扎牙木碗一件 系公珠尔马特策布登进，拉固里木碗一件 系贝勒颇罗鼐进，扎布扎牙木碗一件 系公那木查尔塞布腾进，碗边上破坏，说奏事太监王常贵、高玉着交造办处收拾。记此。

1408. 二十二日，太监阮禄持来酒黄玻璃花瓶一对，说膳房总管王太平传旨：着配紫檀木座。钦此。

于十二月二十六日做得紫檀木圆座一对，并原玻璃花瓶一对，柏唐阿常海交太监王进孝持进转交膳房总管王太平收讫。

15. 花儿作

二月

1501. 二十六日，首领太监李久明持来五彩葫芦瓷瓶一件，说太监刘沧洲传旨：着配架子瓶花。钦此。

于二月二十七日做得福寿长春通草瓶花一束，紫檀木架一件，并五彩葫芦瓷瓶一件，员外郎满毗着首领李久明持进交太监刘沧洲收讫。

16. 画作

正月

1601. 十六日，首领萨木哈来说太监王守贵传：做杉木正子二个，各高三尺二寸，宽二尺一寸，随画绢二块，纸张并颜料、笔墨等项，着画画人金玠带应用物料伺候。记此。

于本月十七日照尺寸做得杉木正子二个，并纸、绢、颜料、墨、笔等项，柏唐阿李六十交画画人金玠持去讫。

闰五月

1602. 十三日，据圆明园来帖内称，本日内大臣海望谕：今有奉旨交画喜客，着做木正子二个，随画绢二块并应用颜料，着画画人金玠往都统莽古里处办画。遵此。

本日做得杉木正子二个并画绢二块，颜料等项，柏唐阿李六十交画画人金玠持去讫。

17. 撒花作

三月

1701. 十一日，司库常保、首领李久明、萨木哈奉上谕：着将金轮做些珐琅的、降香镶嵌的、龙油珀的、攒凑珊瑚的、银母的亦各做些。钦此。

本日，司库常保回明内大臣海望、员外郎满毗，拟做镀金轮三件、珐琅轮三件、紫降香镶嵌轮五件、龙油珀轮四件、攒珊瑚轮三件、攒银母轮三件。遵此。

于四月二十九日做得镶金轮一件、紫降香镶嵌轮一件、龙油珀轮一件、攒银母轮一件 以上轮上各嵌珊瑚呆月白玻璃等，垫系铜胎梃座，内大臣海望带领司库常保，首领李久明、萨木哈呈进讫。

于闰五月初八日做得镀金轮一件、紫降香镶嵌轮一件、龙油珀轮一件、攒珊瑚轮一件、攒银母轮一件 以上轮上各嵌珊瑚呆月白玻璃等，垫系铜胎梃座，司库常保，首领李久明、萨木哈交太监刘沧洲呈进讫。

于七月初二日做得镀金轮一件、珐琅轮一件、紫降香镶嵌轮一件、龙油珀轮一件、攒珊瑚轮一件 以上轮上各嵌珊瑚呆月白玻璃等，垫系铜胎梃座，司库常保，首领李久明、萨木哈交太监刘沧洲呈进讫。

于九月十一日圆明园来帖内称，本日首领李久明、萨木哈来说太监刘沧洲传旨：着将银母降香珐琅等轮尽力多做些。钦此。

本日，司库常保，催总张自成，柏唐阿花善，领催潘义明，副领苏国政、常保柱等回明内大臣海望，员外郎满毗、三音保：拟做镀金轮九件、紫降香镶嵌轮十二件、龙油珀轮十五件、攒珊瑚轮九件、攒银母轮九件。遵此。

于十月二十八日做得镀金轮一件、紫降香镶嵌轮三件、龙油珀轮一件、攒珊瑚轮一件、攒银母轮二件 以上轮上各嵌珊瑚呆月白玻璃等，垫系铜胎梃座，司库常保，首领李久明、萨木哈呈进讫。

于十二月二十八日做得镀金轮二件、紫降香镶嵌轮二件、龙油珀轮三件、攒珊瑚轮三件、攒银母轮二件 以上轮上各嵌珊瑚呆月白玻璃等，垫系铜胎梃座，司库常保，首领李久明、萨木哈呈进讫。

于十一年五月初一日做得铜撒花镀金轮三件、紫降香轮三件、龙油珀轮三件、攽珊瑚轮三件、攽银母轮二件，司库常保，首领李久明、萨木哈呈进讫。

于十月二十八日做得珐琅轮一件、铜撒花镀金轮三件、紫降香轮三件、龙油珀轮三件、攽珊瑚轮三件、攽银母轮三件，司库常保、首领萨木哈呈进讫。

五月

1702. 初七日，据圆明园来帖内称，五月初一日司库常保、首领萨木哈持出白檀香心镶嵌宝石镀金梵字边满达一件 随紫檀木座一件，说宫殿监副侍李英传旨：照此样将尺寸酌量收小做錾花满达几件赏用，其满达顶上花纹甚糙，尔等往细致里做。钦此。

本日副领催苏国政回明员外郎满毗、三音保，拟做铜錾花镀金满达三件。记此。

于八月十四日做得铜錾花镀金满达一件 径八寸五分，高二寸八分，随紫檀木座一件，铜錾花镀金满达一件 径八寸，高二寸七分，随紫檀木座一件，铜錾花镀金满达一件 径七寸五分，高二寸六分，随紫檀木座一件，司库常保，首领李久明、萨木哈呈进讫。

于九月十一日圆明园来帖内称，本日首领李久明、萨木哈来说太监刘沧洲传旨：着将满达尽力多做些。钦此。

本日，副领催苏国政回明员外郎满毗、三音保，拟做铜錾花镀金满达三件。记此。

于十一月初八日做得铜錾花镀金满达三件，司库常保、首领萨木哈呈进讫。

闰五月

1703. 十六日，据圆明园来帖内称，本日太监韩魁来说，宫殿监副侍刘玉传：做常用假宝石朝帽顶三个 二面镶珠一个，一面镶珠二个。记此。

于闰五月二十一日做得嵌假红宝石铜錾花镀金帽顶三个，司库常保交太监吕进朝持进交宫殿监副侍刘玉收讫。

九月

1704. 二十六日，斋宫监修员外郎甕悟托来说，内大臣海望谕：斋宫陈设银耳挖十五支，着向造办处取用等因。遵此。

本日将旧存银耳挖十五支，副领催苏国政交员外郎甕悟托持去讫。

1705. 三十日，员外郎满毗、三音保传做年例备用金八宝二十份计一百六十个，银八宝三十份 计二百四十个，随黄杭细合牌匣三个，金钱四十个 随黄杭细面合牌匣一个，银钱八十个 随黄杭细面合牌匣二个，司库常保，首领李久明、萨木哈持进交宫殿监督领侍苏培盛、宫殿监副侍刘玉收讫。

十一月

1706. 十一日，司库常保、首领萨木哈来说，太监刘沧洲传旨：将径六寸錾花小满达做些，钦此。

本日柏唐阿花善回明员外郎满毗、三音保拟做铜錾花镀金小满达七件 径七寸。记此。

于十一年五月初一日做得铜镀金满达三件，司库常保、首领萨木哈呈进讫。

于十二月二十八日做得铜錾花镀金满达四件，司库常保、首领萨木哈呈进讫。

十二月

1707. 十一日，敬事房首领崔崇贵来说，宫殿监督副侍苏培盛等传：着将七年内所交出银如意等件之内选出可以收拾的物件，着挑来拣选以备应用。记此。

于十二年十一月二十一日做得银镀金头箍八吉祥飘带铃铛手镯五份，重十五两五钱镀小式活计，共用工料银八两六钱八分四毫，再收拾得如意大小十六柄，凤冠一顶，麒麟五件，贴金点翠用工料银十两六钱五分，熔化共折耗银二十四两三钱五分，除用外剩下银九十五两七钱一分〇六毫，俱交首领太监崔崇贵持去讫。

18. 眼镜作

闰五月

1801. 十六日，圆明园来帖内称，本日首领萨木哈持出乌木瓶式千里眼一件 随象牙套，说太监刘沧洲传旨：着照此样做些。钦此。

本日，磨眼镜柏唐阿杨国斌回明员外郎满毗、三音保，拟做乌木瓶式千里眼十件，随象牙套。记此。

于七月十九日做得乌木瓶式千里眼五件，随象牙套五件，司库常保，首领萨木哈、李久明持进交太监刘沧洲呈进讫。

1802. 十六日，圆明园来帖内称，本日首领萨木哈持出象牙瓶式千里眼一件 随乌木套，桦木包千里眼一件，说太监刘沧洲传旨：着收拾。钦此。

于七月十九日收拾得象牙瓶式千里眼一件，桦木包千里眼一件，首领萨木哈交太监刘沧洲讫。

19. 交库贮材料

五月

1901. 二十日，据圆明园来帖内称，本日奏事太监王常贵交玻璃插屏一件 长五尺一寸，宽二尺九寸，随楠木架，红猩猩毡夹套，大玻璃片一块 长五尺，宽三尺四寸，随白羊绒夹套，木板箱，系广东粤海关监督监察御史祖秉圭进，传旨：着交造办处收贮。钦此。

本日交库使七十五领去贮库讫。

十月

1902. 二十三日，司库常保，首领李久明、萨木哈来说，奏事太监王常贵、高玉交千里眼九件，罗镜一件 紫檀木匣，以上系广东巡抚鄂弥达进，女儿香一块 重四十八两，系广东巡抚杨永斌进，传旨：着交造办处。钦此。

本日交库使关福盛领去贮库讫。

1903. 二十七日，热河总管薛保库持来桦木乂刀把四个，桦木根刀把四个，桦木乂七块 长六寸，见方一寸二分一块；长六寸七分，径二寸二块；长六寸，径九分一块；长七寸五分，见方九分一块；长六寸八分，径七分一块；长三寸四分，径一寸五分一块，桦木根六块 长四寸五分，宽二寸九分，厚一寸一分一块；长二寸二分，径一寸二分四块；长一寸四分，径一寸五分一块，狗奶子根三块 长一寸六分，径一寸二分一块；长一寸一分，径一寸一分二块，说系薛保库进，奉旨：交造办处有用处用。钦此。

本日交库使德邻领去贮库讫。